Thomas Berndt

Eisenbahngüterverkehr

Thomas Berndt

Eisenbahngüterverkehr

Von Prof. Dr.-Ing. Thomas Berndt

Mit 96 Abbildungen und 50 Tabellen

B. G. Teubner Stuttgart · Leipzig · Wiesbaden

Die Deutsche Bibliothek – CIP-Einheitsaufnahme
Ein Titeldatensatz für diese Publikation ist bei
Der Deutschen Bibliothek erhältlich.

Prof. Dr.-Ing. Thomas Berndt lehrt das Fachgebiet Verkehrsträger und Transporttechnik an der Fachhochschule Erfurt.

1. Auflage Juni 2001

Alle Rechte vorbehalten
© B. G. Teubner GmbH, Stuttgart/Leipzig/Wiesbaden, 2001

Der Verlag B. G. Teubner ist ein Unternehmen der Fachverlagsgruppe BertelsmannSpringer.

www.teubner.de

Umschlaggestaltung: Ulrike Weigel, www.CorporateDesignGroup.de

Gedruckt auf säurefreiem und chlorfrei gebleichtem Papier.

ISBN-13: 978-3-519-06387-2   e-ISBN-13: 978-3-322-80131-9
DOI: 10.1007/978-3-322-80131-9

Inhaltsverzeichnis

0 Vorwort

Spätestens seit der Bahnreform ist die Eisenbahn in Deutschland wieder permanenter Gegenstand des öffentlichen Interesses. Kaum eine Woche vergeht, ohne dass in den Medien der eine oder andere Aspekt des Bahnwesens eine Rolle spielt. Dabei überwiegen die negativen Berichte. Streckenschließung, Personalabbau und Finanzprobleme sind häufig benutzte Schlagwörter. Auf der anderen Seite wünschen sich Politiker der meisten Parteien mehr Verkehr auf der Schiene zur Entlastung der Straßen. Vor diesem Hintergrund verwundert es nicht, dass auch die Zahl der wissenschaftlichen Betrachtungen zu diesem weiten Themenkreis anwächst. Dabei überwiegen Veröffentlichungen in Fachzeitschriften. Während die Menge der populärwissenschaftlichen Publikationen kaum überschaubar ist, hält sich die Zahl der in den letzten Jahren erschienenen Fachbücher zum Eisenbahnwesen dagegen in Grenzen. Naturgemäß bezieht sich die Fachliteratur überwiegend auf ausgewählte Spezialgebiete des Eisenbahnwesens.

Insbesondere Studierenden ohne bahnspezifische Vorbildung fällt es in diesem Umfeld nicht leicht die Möglichkeiten und Grenzen des Schienengüterverkehrs zu erkennen. Neben Studierenden der Verkehrswissenschaften und des Bauwesens stehen jedoch vor allem angehende Logistiker vor der Aufgabe ein Grundverständnis für die Funktionsmechanismen innerhalb des Systems Bahn zu entwickeln, um darauf ihre jeweiligen Spezialstudien gründen zu können.

Mit dem vorliegenden Buch wird der Versuch unternommen einen Überblick über die Stellung der Eisenbahn im Güterverkehr zu vermitteln. Dabei kann nicht der Anspruch erhoben werden alle Aspekte detailliert darstellen zu wollen. Das Ziel besteht vielmehr darin, die wichtigsten Zusammenhänge aufzuzeigen und über Verweise auf weiterführende Literatur die individuelle Vertiefung der Fragestellungen zu erleichtern, die den jeweiligen Leser aktuell bewegen. Hierbei werden bewusst neben den Printmedien auch elektronische Medien berücksichtigt.

Abschließend sei allen gedankt, die das Zustandekommen des Buches ermöglicht haben. Besonderer Dank gilt meiner Frau, Dr.-Ing. Rita Berndt, für die unermüdliche Unterstützung bei der technischen Erstellung des Manuskripts sowie die kritische Durchsicht.

Möge der zusammenfassende Charakter das vorliegende Buch auch für Praktiker in Industrie- und Dienstleistungsunternehmen zum nützlichen Ratgeber machen.

Radebeul, im Frühjahr 2001   Thomas Berndt

Für Anregungen und Hinweise ist der Autor per email unter

berndt@verkehr.fh-erfurt.de erreichbar.

1 Einleitung

Über Jahrzehnte bildete der Schienengüterverkehr das Rückgrat der Wirtschaft. Gravierende Veränderungen auf den Märkten führten zu verändertem Nachfrageverhalten. Die Bedeutung der eisenbahnaffinen Massengüter sinkt seit Jahren. Zunehmend werden Leistungen nachgefragt, bei denen hochwertige Güter in wechselnden Relationen zu transportieren sind. Zudem erwarten die Transportkunden marktgerechte Leistungsangebote. Während andere Wettbewerber auf dem Verkehrsmarkt von der wachsenden Nachfrage profitieren konnten, gelang es den Eisenbahnen nicht in angemessener Weise daran teilzuhaben. Insbesondere die Anbieter von Leistungen im Straßengüterverkehr konnten ihre Systemvorteile nutzen. Diese Vorteile bestehen vor allem darin, flexibel auf Kundenanforderungen reagieren zu können und im direkten Haus-Haus-Verkehr über ein weitverzweigtes Straßennetz fast überall präsent sein zu können. Eng begrenzte öffentliche Kassen, erheblicher Wettbewerbsdruck durch andere Marktteilnehmer und eine schwierige Finanzlage bei vielen Bahnen zwingen zu schnellem aber überlegtem Handeln. Die Eisenbahnen stehen somit vor gänzlich neuen Herausforderungen.

Nachfolgend bildet die **Systembetrachtung** (Abschnitt 2) den Ausgangspunkt. Sie zeigt neben wesentlichen Systemkenngrößen der Eisenbahn die Zusammenhänge zwischen Infrastruktur, Fahrzeugen, Aufbau- und Ablauforganisation. Innerhalb der Ablauforganisation lassen sich wesentliche Kernprozesse verdeutlichen, die für ein zielführendes Zusammenwirken aller Komponenten des Systems Eisenbahn maßgebend sind. Die prinzipiellen Systemmerkmale können nur vor dem Hintergrund der geltenden Rahmenbedingungen für den Schienengüterverkehr verstanden und ggf. verändert werden. Die **Rahmenbedingungen** sind vor allem technischer, wirtschaftlicher und rechtlicher Natur (Abschnitt 3). Weitere wichtige Einflussgrößen ergeben sich aus der **Marktsituation** im Schienengüterverkehr (Abschnitt 4). Einer differenzierten Nachfrage muss hier mit geeigneten Angeboten begegnet werden. Die Eisenbahnen haben daher verschiedene Dienstleistungen entwickelt, die unter Wettbewerbsbedingungen entsprechend vermarktet werden. Im Wesentlichen gründen sich diese Leistungsangebote auf Ganzzug-, Wagenladungs- und Kombinierte Ladungsverkehre. Die im Abschnitt 2 aufgezeigten Grundvoraussetzungen für die Erbringung von Schienenverkehrsleistungen werden anschließend einer näheren Betrachtung unterzogen. Fragen wie die Bewältigung wachsenden Transitverkehrs und der Verkehre in die zukünftigen EU-Länder sowie die Abwendung des Verkehrskollapses durch Verlagerung von Verkehren von der Straße auf die Schiene können nur dann sachgerecht beantwortet werden, wenn die Kenngrößen und Funktionsweise des Schienengüterverkehrs bekannt sind. Grundlage für Diskussionen über die Auswirkungen der aktuellen und zukünftigen Entwicklungen auf dem europäischen Verkehrsmarkt sowie die Rolle des Schienengüterverkehrs in diesem Kontext bereitgestellt.

Bei der **Infrastruktur** (Abschnitt 5) stehen die Gleisanlagen im Vordergrund, obwohl auch andere Bestandteile große Bedeutung haben. Insbesondere ist hier die zunehmende Verschmelzung von Signal- und Sicherungstechnik mit der Informations- und Kommunikationstechnik zu nennen. Generell ist zwischen Streckennetzen und deren Nutzungsbedingungen sowie Knoten und Zugangsstellen zu unterscheiden. Eine besondere Rolle spielen dabei neben den Anlagen des Wagenladungsverkehrs und des kombinierten Ladungsverkehrs Fragen der Interoperabilität zwischen den Eisenbahnen. Bei den **Fahrzeugen** (Abschnitt 6) bilden neben den technischen und sonstigen Anforderungen an Lokomotiven und Güterwagen die Möglichkeiten des Zugriffs den Schwerpunkt. Die **Aufbauorganisation** (Abschnitt 7) ist nicht nur im Hinblick auf die aktuellen Tendenzen bei der Umgestaltung der ehemaligen Staatsbahnen von Interesse. Am Beispiel Regionaler Bahnunternehmen lassen sich grundlegende Strukturen erkennen. Den größten Raum erfordert die Darstellung der **Ablauforganisation** (Abschnitt 8). Die bei der Systembetrachtung herausgearbeiteten Managementprozesse bilden dabei den Bezugsrahmen.

2 Systembetrachtung

2.1 Einführung

Als Bahnen werden alle spurgebundenen Verkehrsmittel bezeichnet. Dazu gehören neben Zahnrad- und Seilbahnen auch die Eisenbahnen. Im Gegensatz zu den erstgenannten Bahnen zählen die hier ausschließlich betrachteten Eisenbahnen zu den Schienenbahnen. Insgesamt stellt die Eisenbahn bei näherer Betrachtung ein recht komplexes System dar. Zum besseren Verständnis erscheint deshalb eine Systembetrachtung unter verschiedenen Aspekten zweckmäßig.

Als Betrachtungsweisen sind u. a. möglich:

- formal technische Systembeschreibung,
- Einteilung nach rechtsverbindlichen Kategorien oder
- funktionsorientierte Ebenenmodelle.

Auf dieser Basis lassen sich die wichtigsten Prozesse der Leistungserbringung und die daraus ableitbaren Produkte im Schienengüterverkehr darstellen.

2.2 Technische Systembeschreibung

Die **formal technische Systembeschreibung** verdeutlicht Möglichkeiten und Grenzen der Eisenbahn auf der Grundlage der wirkenden Naturgesetze und der angewendeten technischen Regeln.

Unter diesen Gesichtspunkten ist die Eisenbahn als sogenannte Reibungsbahn ein Rad-Schiene-System. Beim Rad-Schiene-System erfolgt die Kraftübertragung vom Fahrzeug auf die Fahrbahn über eine sehr kleine Aufstandsfläche. Eine wichtige Voraussetzung für deren Funktion ist die Reibung zwischen Rad und Fahrbahn. Als Fahrbahn dienen bei der Eisenbahn Stahlschienen. Die geringe Größe der Aufstandsfläche und der relativ niedrige Reibungswiderstand zwischen Stahlrad und Stahlschiene führen dazu, dass der Energiebedarf für die Bewegung der Eisenbahnfahrzeuge im Vergleich zum Straßenverkehr gering ist. Gleichzeitig führt der niedrigere Reibungswiderstand jedoch zu erheblich längeren Bremswegen. Dagegen sind die Reibungsverhältnisse für die Überwindung von Steigungen ungünstiger als bei anderen Landfahrzeugen.

Die Spurführung von Eisenbahnfahrzeugen trägt zu einer hohen Sicherheit bei. Andererseits sind Spurwechsel, Begegnungen oder Überholungen nur an dafür baulich vorgesehenen Abschnitten des Fahrweges mit Hilfe beweglicher Fahrwegelemente (Weichen) möglich. Für die Steuerung und Sicherung der beweglichen Fahrwegelemente sind besondere Techniken erforderlich. Zusätzlich wird für die zweckmäßige Durchführung der Fahrzeugbewegungen eine geeignete Organisation benötigt, da im Gegensatz zum Straßenverkehr ein Fahren im Sichtabstand nur unter bestimmten Bedingungen bei niedrigen Geschwindigkeiten in den Knoten des Eisenbahnnetzes zulässig ist.

Merkmal	Schienenverkehr	Straßenverkehr	Konsequenz für den Schienenverkehr
Reibungswiderstand Rad-Fahrbahn (Haftreibungsbeiwert)	Materialpaarung Stahl-Stahl $\mu = 0,1$	Materialpaarung Gummi-Asphalt $\mu = 0,6 \ldots 0,8$	Geringerer Energiebedarf Erheblich längerer Bremsweg Schlechteres Steigungsverhalten
Spurführung	Über Spurkranz am Rad gegeben	Keine	Hohe Sicherheit Technik und Organisation für Spurwechsel, Begegnung und Überholung erforderlich

Tabelle 2.1: Reibungsverhältnisse im Straßen- und Schienenverkehr[1]

Aus diesen physikalisch bedingten Systemeigenschaften ergeben sich eine Reihe Randbedingungen, die u. a. bei

- der Gestaltung der Fahrzeuge (z. B. Kräfteverhältnisse beim Anfahren und Bremsen),
- der Trassierung der Fahrwege (z. B. große Kurvenradien, lange Steigungen) und
- der Organisation der Verkehrsdurchführung (z. B. Fahrplanbezogene Betriebsführung)

berücksichtigt werden müssen. Bereits aus diesen hier nur schlaglichtartig angesprochenen Gegebenheiten leiten sich Systemeigenschaften der Eisenbahn ab, die im Hinblick auf die Nutzung dieses Verkehrsmittels erhebliche Bedeutung haben. Dazu gehören:

- Netzbindung
- Zugang zum Kunden
- Bedeutung von Transportketten
- Massenleistungsfähigkeit
- Ökologische Bilanz
- Bindung an Fahrpläne (Nutzung von Planangeboten oder Entwicklung von Plänen)
- Spezielle Ablauforganisation (Wagenbestellung, Produktionsverfahren...)
- Planungsvorlauf bei individuellen Angeboten

---

[1] Zur Reibung vergl.: Grundwissen des Ingenieurs. 11. Aufl. –Leipzig: Fachbuchverl. 1982 S. 424 ff.

Die **Spurführung** hat zur Folge, dass Eisenbahnen nur dort zum Einsatz kommen können, wo ein entsprechendes Gleisnetz zur Verfügung steht. Im Gegensatz zum Straßennetz werden die Schienennetze nicht vom Individualverkehr genutzt, sondern ausschließlich von zugelassenen Eisenbahnverkehrsunternehmen. Auch wenn diese Unternehmen öffentliche Verkehre durchführen, liegt die Verantwortung dafür ausschließlich in der Hand professioneller Betreiber. Dieser für die Sicherheit positive Aspekt hat jedoch auch eine negative Seite. In einer Zeit, in der weltweit die Mobilität als hohes Gut gilt, hat naturgemäß der Straßengüterverkehr dadurch Vorteile, dass ein sehr weit verzweigtes Netz an Verkehrswegen mit genutzt werden kann, welches auch dem Individualverkehr dient. Ausbau und Unterhaltung des Straßennetzes berühren zudem oft in sehr viel stärkerem Maße individuelle Interessen als der Erhalt des Schienennetzes oder gar dessen Ausbau. Hinzu kommt, dass die Infrastruktur bei Straße und Schiene unterschiedlich ausgelastet wird.

Für den **Zugang zum Transportkunden** ist die Netzdichte eine entscheidende Größe. Wenn das Wegenetz eine direkte Übernahme bzw. Übergabe des Gutes beim Kunden gestattet, sind keine anderen Verkehrsträger erforderlich. Als anderer Verkehrsträger kommt überwiegend die Straße in Betracht. Den Straßentransport kann entweder eine bahneigene Spedition durchführen oder die Leistung wird am Markt eingekauft. Diese Sammel- und Verteiltransporte erfordern nicht nur höheren Koordinierungsaufwand. Bei der Einbeziehung Dritter in die Transportabwicklung z. B. in Form von Sammelgutspediteuren, besteht auch die Gefahr der gänzlichen Abwanderung auf die Straße. Während mit Straßenfahrzeugen notfalls auch Baustellen befahren werden können, benötigt die Eisenbahn immer ein entsprechend ausgebautes Gleis, dessen Bau und Unterhaltung nicht nur technisch möglich, sondern vor allem auch wirtschaftlich sinnvoll sein muss. Leider ist aus diesen Gründen seit Jahren die Zahl der Gleisanschlüsse rückläufig.

Bedingt dadurch haben **Transportketten**[2] eine sehr große Bedeutung für den Transport per Eisenbahn. Diese durchgehend organisierte Transportdurchführung unter Einbeziehung unterschiedlicher Verkehrsmittel bietet die Chance, die Vorteile aller beteiligten Teilsysteme auszunutzen und individuelle Kundenbedürfnisse zu befriedigen (vergl. Abschnitt 2.6.5). Voraussetzung sind kundenorientierte Leistungsangebote, die auch wirtschaftlich erbracht werden können.

Bedingt durch den günstigen Rollreibungswiderstand können mit Eisenbahnen große Massen über große Entfernungen bei vergleichsweise geringem Energiebedarf transportiert werden. Diese hohe **Massenleistungsfähigkeit** wurde in der Vergangenheit vor allem durch Montan- und Chemieindustrie sowie durch die Landwirtschaft in Anspruch genommen.

Der gravierende Wandel der Weltwirtschaft hat den Bedarf an Massenguttransporten immer stärker sinken lassen. Heute führen vor allem der Logistik- und der Güterstruktureffekt zu immer kleineren Mengen, die zwischen einer wachsenden Zahl Quellen und Senken zu transportieren sind. Die technisch bedingten Vorteile der Eisenbahn können nur dann genutzt wer-

---

[2] Zur Definition von Transportketten vergl. DIN 30 781 Teil 1 Transportkette - Grundbegriffe. Ausgabe: 1989-05

den, wenn die Bündelung von Güterströmen, zumindest über Teile des zurückzulegenden Weges, gelingt.

Unter **ökologischen Gesichtspunkten** ist die Eisenbahn ein vergleichsweise vorteilhaftes Verkehrsmittel. Dies gilt nicht nur unter dem Blickwinkel des Energieverbrauchs sondern auch hinsichtlich der Emissionen und der Sicherheit. Trotzdem gibt es auch hier noch Problemfelder wie z. B. den Schallschutz.

Netzbindung und Betriebsführung zwingen zur Organisation der Fahrzeugbewegungen im Netz. Planungsmittel ist der **Fahrplan**. Zur Erstellung des Fahrplans ist ein entsprechender zeitlicher Vorlauf erforderlich. Die Systemvorteile der Eisenbahn kommen nur dann zum Tragen, wenn nicht nur Einzelwagen, sondern möglichst gut ausgelastete Züge durch das Netz bewegt werden. Den größten Anteil der Schienenfahrzeuge bilden jedoch Wagen ohne eigenen Antrieb. Damit die Güterwagen rechtzeitig am Verladeort zur Verfügung stehen und nach der Entladung schnell wieder einer neuen Nutzung zugeführt werden können, ist ein umfangreiches Wagenmanagement notwendig.

Sowohl die Planung der Fahrten mit Ladung, wie auch die Zuführung leerer Wagen zu den Bedarfsorten erfordern somit erheblichen organisatorischen Aufwand. Die Flexibilität gegenüber kurzfristigen Änderungswünschen ist durch den Planungsprozess eingeschränkt.

2.3 Einteilung der Bahnen nach rechtsverbindlichen Kategorien

Die **Einteilung nach rechtsverbindlichen Kategorien** ist unumgänglich, weil nicht alle Gesetze und Verordnungen für alle Bahnen in gleichem Maße zutreffen. Für Bau, Betrieb aber auch für die Organisation sowie die Rechtsverhältnisse der Bahnen nach innen und außen sind klare, verbindliche Rechtsgrundlagen unerlässlich. Das Allgemeine Eisenbahngesetz (AEG) bildet hier die entsprechende Basis. Neben einer klaren Abgrenzung des Geltungsbereiches, z. B. gegenüber den Straßen- und Magnetschwebebahnen, sind in diesem Gesetz Einteilungskriterien definiert. Dazu gehören:

- Geschäftszweck,
- Eigentumsverhältnisse,
- Leistungsangebot und
- Bedeutung

der Eisenbahnen (Bild 2.1).

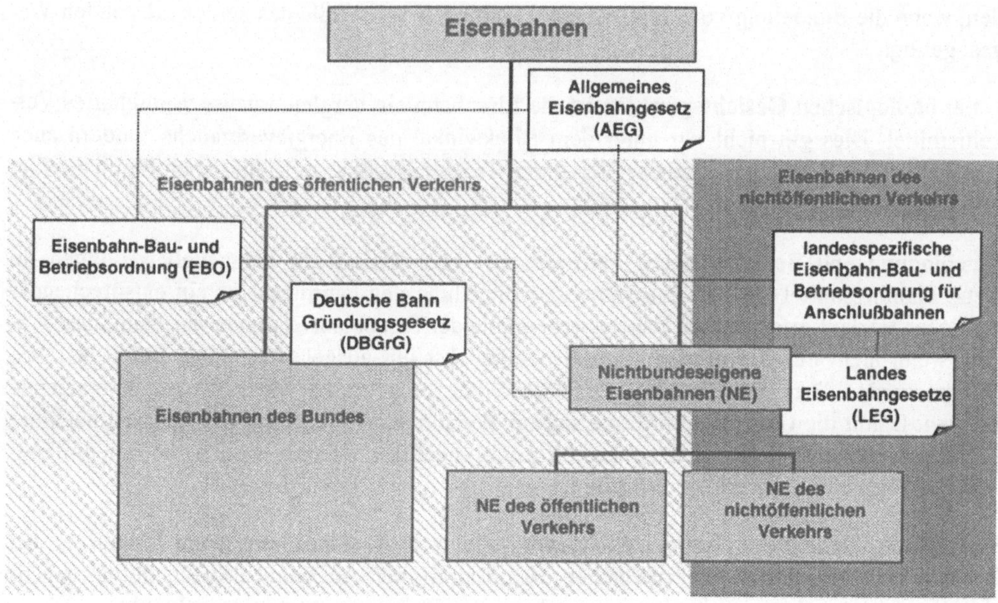

Bild 2.1: Einteilung der Eisenbahnen in Deutschland

Rahmenbedingungen für den Bau und Betrieb der bundeseigenen Bahnen sind in der Eisenbahn-Bau- und Betriebsordnung (EBO) geregelt. Für Schmalspurbahnen gilt analog die Eisenbahn-Bau- und Betriebsordnung für Schmalspurbahnen (EBOS). Zur Regelung von Bau und Betrieb der nichtbundeseigenen Bahnen haben die Bundesländer von ihren gesetzgeberischen Möglichkeiten Gebrauch gemacht und landesspezifische Bau- und Betriebsordnung erlassen. So gilt z. B. in den neuen Bundesländern die Bau- und Betriebsordnung für Anschlussbahnen in einer Form weiter, die bereits in der DDR in Kraft war[3].

Als **Geschäftszweck** kommen das Erbringen von Verkehrsleistungen durch Eisenbahnverkehrsunternehmen (EVU) oder das Betreiben von Eisenbahninfrastruktur durch Eisenbahninfrastrukturunternehmen (EIU) in Betracht. Das Erbringen von Verkehrsleistungen beinhaltet die Beförderung von Personen oder Gütern auf einer Eisenbahninfrastruktur. Das jeweilige EVU muss dabei auch die Zugförderung sicherstellen. Zum Betrieb einer Eisenbahninfrastruktur gehören nicht nur deren Bau und Unterhaltung sondern auch die Führung von Betriebsleit- und Sicherheitssystemen (§ 2 AEG).

Diese Unterscheidung der Eisenbahnen nach ihrem Geschäftszweck ist neueren Datums. Sie bildet jedoch eine wesentliche Voraussetzung für die Liberalisierung des Schienenverkehrs. Mit der „Richtlinie 91/440/EWG des Rates vom 29. Juli 1991 zur Entwicklung der Eisenbahnunternehmen der Gemeinschaft" wurde das Ziel vorgegeben den Eisenbahnverkehr leistungsfähiger und im Vergleich zu anderen Verkehrsträgern wettbewerbsfähiger zu machen. Als

---

[3] Anordnung über den Bau und Betrieb von Anschlußbahnen (Bau und Betriebsordnung für Anschlußbahnen –BOA) vom 13. Mai 1982 Gesetzblatt der Deutschen Demokratischen Republik Nr. 1080 - Sonderdruck – vom 31.12.1982

wichtige Maßnahme dazu wurde die Trennung zwischen der Erbringung der Verkehrsleistungen und dem Betrieb der Eisenbahninfrastruktur vorgeschlagen. Obwohl die Richtlinie lediglich ein getrenntes Rechnungswesen und eine getrennte Verwaltung beider Bereiche vorgibt, leitet sich hieraus die im AEG umgesetzte begriffliche Trennung der zwei Aufgabenbereiche ab.

Die **Eigentumsverhältnisse** bei Bahnen können vielfältige Formen annehmen. Die wesentlichste Unterscheidung ist dabei in Privat- und Staatseigentum. Letztere Form war in der jüngsten Vergangenheit sehr verbreitet und führte immer wieder zu politischen Einflussnahmen, die für die Entwicklung der Eisenbahnen meist nicht unbedingt vorteilhaft waren[4]. In Deutschland werden Bahnen, die ganz oder mehrheitlich im Eigentum des Bundes sind (bundeseigene Bahnen), von allen anderen unterschieden. Letztgenannte bezeichnet man als nichtbundeseigene Bahnen (NE-Bahnen). Die NE-Bahnen, die sich mit Güterverkehr befassen, erfüllen sehr wichtige Aufgaben bei der Erschließung der Fläche und bei der Erbringung kundenspezifischer Leistungen. Genannt seien in diesem Zusammenhang Hafenbahnen und Werkbahnen. Die Eigentumsverhältnisse bei diesen Bahnen sind sehr unterschiedlich. Das Spektrum reicht hier von Kommunalem Eigentum über private Unternehmen bis zu Beteiligungsgesellschaften.

Bei der Unterscheidung nach dem **Leistungsangebot** spielt vor allem das Kriterium der Öffentlichkeit eine Rolle. Eisenbahnen des öffentlichen Verkehrs können von jedermann genutzt werden. Zu Zeiten der Beförderungspflicht bedeutete dies, dass der Transportkunde einen Rechtsanspruch auf den Abschluss eines Beförderungsvertrages hatte. Diese gesetzliche Regelung ist abgeschafft. Heute haben auch öffentliche Bahnen Vertragsfreiheit. Nichtöffentliche Bahnen erbringen ihre Leistungen nur für einen eingeschränkten Nutzerkreis. Typische Vertreter dieser Kategorie sind die Werksbahnen. Sie befinden sich häufig im Besitz eines Industrieunternehmens und erbringen für dieses Unternehmen ihre Leistungen. Meist handelt es sich um spezifische Aufgabenbereiche, die eng mit der Produktion des jeweiligen Unternehmens verbunden sind. In der Stahlindustrie waren z. B. über lange Zeit die Werksbahnen integrierender Bestandteil der innerbetrieblichen Logistik.

Die Unterscheidung der Bahnen nach ihrer Bedeutung führt zur Unterteilung in Haupt- und Nebenbahnen. Entscheidend ist diese Zuordnung im Hinblick auf den einzuhaltenden technischen Standard. Nach § 1 (2) der Eisenbahn- Bau- und Betriebsordnung (EBO) entscheiden für Eisenbahnen des Bundes die Unternehmen selbst über die Zuordnung. Bei den NE-Bahnen obliegt der zuständigen Landesbehörde die Entscheidung. In Zukunft wird vermutlich das Leistungsangebot stärker unter dem Gesichtspunkt Regional- bzw. Fernverkehr in den Vordergrund treten. Diesbezügliche Merkmale verdeutlicht Tabelle 2.2.

---

[4] vergl. dazu u. a. Gall L. / Pohl, M. (Hrsg.): Die Eisenbahn in Deutschland: von den Anfängen bis zur Gegenwart. – München: Beck, 1999

Merkmale	Regionalbahn	Fernverkehrsbahn
Eine Bahn ist **definiert** als...	Regionalbahn, wenn sie Schienengüterverkehr in einem räumlich abgegrenzten Zuständigkeitsbereich zwischen den Kunden und den Schnittstellen zum Fernverkehr durchführt.	Fernverkehrsbahn, wenn sie Transporte zwischen nationalen und internationalen Bündelungspunkten (Rbf, KLV-Terminals oder bei Ganzzugverkehr Gleisanschluss) übernimmt.
Der **primäre Unternehmenszweck** ist ...	das Anbieten von Servicefunktionen für Unternehmen in der Region	das Durchführen von Eisenbahnbetrieb
Das **Leistungsangebot** ist ...	offen für alle Kunden jedoch regional geprägt	offen für alle Kunden jedoch überregional ausgerichtet
Der **Leistungsumfang** ist abgestimmt auf ...	die Nachfrage in der Region und die Unternehmensstrategie	die regionale und überregionale Nachfrage und die Unternehmensstrategie
Die **Zuständigkeitsbereiche** können sich...	bei benachbarten Regionalbahnen überlappen	bei benachbarten Bahnen überlappen
Das **genutzte Gleisnetz** ist überwiegend...	das Nebennetz (meist als astförmige Erweiterung des Fernnetzes)	das Fernverkehrsnetz
Stärken erwachsen aus ...	der Möglichkeit zur Anwendung vereinfachter Betriebsformen und der flexibleren Anpassung an individuelle Kundenanforderungen	den technischen, personellen und organisatorischen Voraussetzungen für die Durchführung von Fernverkehr
Schwächen ergeben sich aus ...	den überwiegend unzulänglichen technischen, personellen und organisatorischen Voraussetzungen für den Fernverkehr	den hohe Kosten beim Sammeln und Verteilen
Der **Wettbewerb** der Schienenverkehrsanbieter findet vorrangig statt zwischen ...	benachbarten Regionalbahnen, Werkbahnen und Fernverkehrsanbietern, die bis in den Gleisanschluss fahren	Fernverkehrsanbietern aber auch benachbarten Regionalbahnen, Werkbahnen

Tabelle 2.2: Typische Merkmale von Regional- und Fernbahnen[5]

---

[5] unter Bezug auf: Buchholz, J. / Melzer, K.-M. : Zusammenarbeit zwischen Eisenbahnunternehmen: Wettbewerb und Kooperation. In: Internationales Verkehrswesen. - 48 (1996) 3 S. 18 - 22, 51

2.4 Funktionsorientierte Ebenenmodelle

Funktionsorientierte Ebenenmodelle dienen vor allem dazu, das organisatorische Zusammenwirken innerhalb des komplexen Systems Eisenbahn transparenter zu machen. Der Zweck dieser Modellbetrachtungen ist ein besseres Verständnis der Zusammenhänge und einzelner Aspekte des Gesamtsystems. Jede Art von Modellen verdeutlicht nur bestimmte Aspekte der oft sehr komplexen Realität. Vereinfachungen bestimmter Aspekte werden dabei zugunsten einer besseren Übersichtlichkeit bzw. Verständlichkeit anderer bewusst in Kauf genommen. Die Verwendung modellhafter Betrachtungen ist auch bei der Eisenbahn in vielfältiger Weise erforderlich und üblich. Hier soll diese Betrachtungsweise auch dazu dienen mehr Verständnis für das komplexe System Eisenbahn zu erreichen.

Die Modelle basieren meist auf der Systemtheorie sowie der Organisationslehre. Es handelt sich dabei nicht um standardisierte Modelle wie z. B. in der Automatisierungstechnik. Der Rückgriff auf die Systemtheorie liefert die bekannten Instrumentarien und Vorgehensweisen für die Gliederung komplexer Systeme in überschaubarere Teilsysteme bzw. Elemente. Häufig wurden und werden solche Modelle jedoch für die Entwicklung der Aufbauorganisation von Eisenbahnverwaltungen bzw. Eisenbahnunternehmen herangezogen. Grundsätzlich gibt es dabei eine Unterscheidung in horizontale und vertikale Betrachtungsweisen.

Horizontale Modelle sind vor allem in der Logistik gebräuchlich[6]. Diese Modelle erleichtern das Verständnis von Prozessabläufen und Schnittstellenbetrachtungen. In derartigen Modellen lassen sich statische Elemente als Organisationseinheiten oder Infrastrukturen als darstellen. Sie liefern die notwendige Aufbauorganisation, in deren Rahmen physische, informationelle, finanzielle und energetische Flüsse zum Zwecke der Wertschöpfung ablaufen. Die Ablauforganisation beschreibt die erforderlichen Arbeitsabläufe zur Durchführung des physischen Materialflusses sowie seiner Vor- und Nachbereitung. Der physische Materialfluss ist bei der Eisenbahn die Transportdurchführung mit Hilfe der angetriebenen (Lokomotiven) und nicht-angetriebenen Fahrzeuge (Wagen). Umfangreiche Infrastrukturen sind für diesen physischen Materialfluss erforderlich. Es handelt sich dabei vor allem um Bahnanlagen in Form umfangreicher Gleisanlagen auf Strecken und Bahnhöfen, Güterverkehrsanlagen usw. Aber auch Signalanlagen sowie Informations- und Kommunikationssysteme gehören zur Eisenbahninfrastruktur. Zur Nutzung der genannten physischen Infrastruktur muss eine entsprechende organisatorische Infrastruktur als Aufbauorganisation gestaltet werden. Organisationseinheiten wie z. B. Struktureinheiten oder Stellen müssen so mit Aufgaben und Kompetenzen ausgestattet werden, dass sie die Prozessabläufe optimal durchführen können.

Neben eisenbahntypischen Aufgaben der Planung, Durchführung und Auswertung der Transportdurchführung sind klassische betriebswirtschaftliche Aufgaben sowie Managementaufgaben zu erfüllen. Zu den betriebswirtschaftlichen Aufgaben, die in spezifischer Ausprägung in jedem Unternehmen eine Rolle spielen, gehören Marketing, Akquisition, Rechnungswesen, Controlling usw. Neben Aufgaben der operativen und dispositiven Prozesssteuerung muss das Management der Bahnen auch strategische Arbeit leisten, um den Fortbestand des jeweiligen Unternehmens zu sichern. Zeitweise hatte neben anderen Bahnen die Deutsche Reichsbahn

---

[6] umfassende Untersuchungen dazu finden sich u. a. in: Pielok, T.: Management von Prozeßketten mittels Logistik Function Deployment. Reihe Unternehmenslogistik, Verlag Praxiswissen, Dortmund 1994

eine an diese Modellform angelehnte Aufbauorganisation. Die Struktureinheiten waren in diesen Fällen nach den wichtigsten Aufgabenbereichen benannt. Der besondere Vorteil solcher funktionsorientierten Ebenenmodelle ist die deutliche Darstellung des notwendigen Zusammenwirkens und der gegenseitigen Abhängigkeit der einzelnen Bereiche des Eisenbahnwesens und ihre Analogie zu Ebenenmodellen der Logistik. Letzteres erweist sich als vorteilhaft bei komplexen Projekten mit Kunden oder Partnern der jeweiligen Bahn z. B. bei der Verknüpfung von Informationssystemen (Bild 2.2).

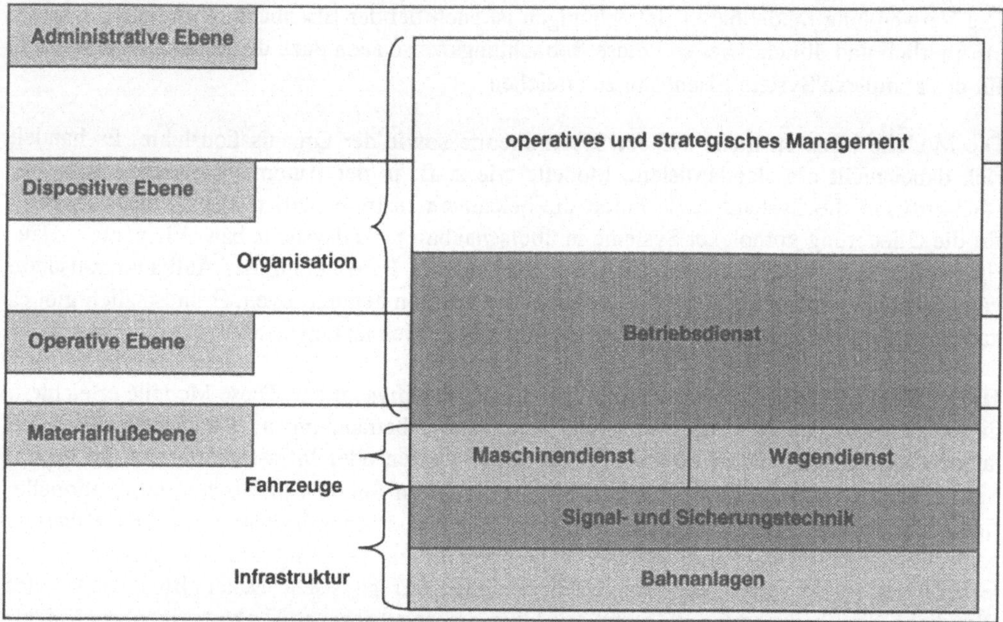

Bild 2.2: Horizontales Ebenenmodell am Beispiel der Eisenbahnen

Bei **vertikalen Modellen** wird häufig eine aufgaben- oder marktbereichsbezogene Betrachtung gewählt. Die derzeitige Konzernstruktur der DB AG kommt mit ihrer Gliederung in die Geschäftsbereiche Nahverkehr, Fernverkehr, Cargo, Netz usw. der vertikalen Modellbildung sehr nahe. Der Vorteil dieser Betrachtung liegt darin, dass ein Zusammenhang zu den aus Kundensicht relevanten Leistungen leichter herstellbar ist (Bild 2.3). Bei Rationalisierungsvorhaben oder Strukturanpassungen wird häufig auch wechselseitig auf beide Modellsichten zurückgegriffen.

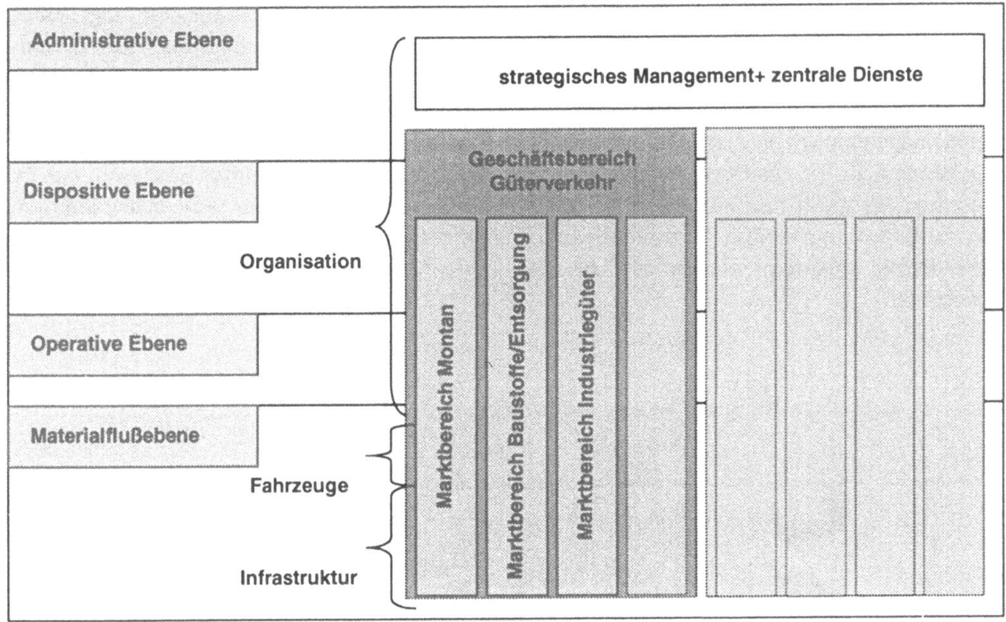

Bild 2.3: Vertikales Ebenenmodell am Beispiel der Eisenbahnen

2.5 Kernprozesse im Eisenbahngüterverkehr

Wesentliche Verständnisprobleme bei Nichtfachleuten rühren offensichtlich aus der vergleichsweise einfach erscheinenden und weitgehend von der Öffentlichkeit einsehbaren Prozessdurchführung, die den nicht sichtbaren, in ihrer Komplexität aber durchaus den in anderen Wirtschaftsbereichen erforderlichen Managementprozessen ebenbürtig ist. Die Wertschöpfung findet im Rahmen des Produktionsprozesses statt. Bei der Eisenbahn ist dies die qualitätsgerechte Ortsveränderung von Personen und Gütern. Der Wert für den Kunden besteht im Güterverkehr darin, dass ein bestimmtes Gut in einer vereinbarten Zeit von einem definierten Ort (Quelle bzw. Versandort) zu einem anderen definierten Ort (Senke bzw. Empfangsort) befördert wird. Diese Basisleistung hat den Charakter einer Dienstleistung. Sie kann durch zusätzliche Leistungen ergänzt und in unterschiedlichen Qualitätsstufen angeboten werden.

Die Eisenbahnverkehrsunternehmen haben in der Vergangenheit ihre Aufgabe überwiegend in der Abwicklung der Basisleistung gesehen. Der Trend geht jedoch immer mehr dahin, dass keine Einzelleistungen eingekauft werden, sondern komplexe Problemlösungen. Die EVU stehen also zunehmend vor der Alternative als Subunternehmer ihre Basisleistung in ein von Dritten organisiertes Leistungspaket einzubringen oder im Sinne eines Logistikdienstleisters die eigenen Leistungen durch Zukauf zu ergänzen. Welcher Weg auch beschritten wird, alle originären (Bahn-) Leistungen beinhalten als wichtigen Bestandteil die „Basisleistung Ortsveränderung".

Der Kunde ist primär an der im Produktionsprozess stattfindenden Wertschöpfung selbst, kaum jedoch an den dazu erforderlichen Prozessen interessiert. Trotzdem kann der Zusammenhang zwischen allen notwendigen Teilprozessen nicht vernachlässigt werden. Bei der Eisenbahn sind dies neben dem Produktionsprozess das Auftrags- und Produktionsprozessmanagement (Bild 2.4). Die modellhafte Darstellung dieser Prozesse bildet den Bezugsrahmen für die weiteren Ausführungen in den folgenden Abschnitten. Insbesondere im Zusammenhang mit der Aufbau- und Ablauforganisation sind teilweise jedoch detailliertere Betrachtungen notwendig. Obwohl die nachfolgend beschriebenen Kernprozesse bei allen Eisenbahnen ablaufen, werden die entsprechenden Managementprozesse nicht einheitlich bezeichnet.

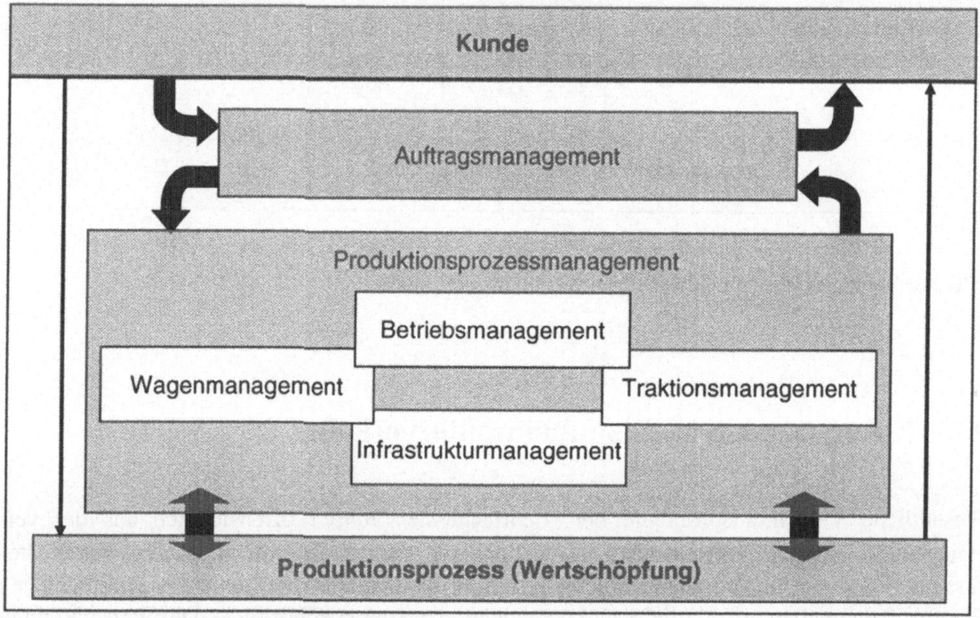

Bild 2.4: Kernprozesse im Eisenbahngüterverkehr

Das **Auftragsmanagement** hat eine Schnittstellenfunktion zwischen Kunden und Produktionsprozessmanagement. Im liberalisierten, wettbewerbsorientierten Transportmarkt beginnt das Aufgabenfeld mit der Marktbearbeitung durch geeignete Marketingmaßnahmen. Das Ziel ist die Akquisition von Leistungsaufträgen. Konnte ein solcher Auftrag gewonnen werden, ist die entsprechende Leistung zu planen, ihre Erbringung zu überwachen und mit dem Kunden abzurechnen. Bereits bei der Entscheidung, ob ein Auftrag überhaupt angenommen werden kann, wirkt das Produktionsprozessmanagement mit. Dienstleistungen sind nicht speicherbar und meist erheblich schwerer erklärbar als Produkte. Somit ist vor der Leistungserstellung immer die Frage zu beantworten, ob für die Leistungserbringung in der gewünschten Qualität die erforderlichen Kapazitäten verfügbar sind. Bei Leistungen, die nicht standardmäßig angeboten werden, sondern individuell auf den Kundenbedarf zugeschnitten sein sollen, ist zusätzlich die generelle Machbarkeit zu prüfen. Dabei können technische, organisatorische, wirtschaftliche und sonstige Kriterien (z. B. rechtliche) eine Rolle spielen. Allein bedingt durch die Spurbindung ist eine detaillierte Planung erforderlich. Kommt es zum Leistungsvertrag, ist die Leistungserbringung durch das Produktionsprozessmanagement sicherzustellen. Aufgabe des Auftragsmanagements ist es den Auftragsdurchlauf zu überwachen und bei Bedarf den Kunden zu informieren. Gerade der letztgenannte Aspekt gewinnt zunehmend an Bedeutung. Der Kunde erwartet nicht nur rechtzeitige Informationen im Falle unvorhergesehener Ereignisse (z. B. Verspätungen) sondern zunehmend die Möglichkeit zur permanenten Sendungsverfolgung bzw. zur Abfrage von Zustandsparametern. Nach erfolgter Leistungserbringung müssen die Leistungen mit dem Kunden und allen an der Leistungserstellung beteiligten Unternehmen abgerechnet werden.

Das **Produktionsprozessmanagement** beinhaltet die Koordination aller Prozesse, die für die Umsetzung der dem Kunden vertraglich zugesicherten Leistungen erforderlich sind. Wesentliche Aufgaben sind dabei das Planen, Steuern und Auswerten des Produktionsprozesses. Außerdem werden Zuarbeiten für das Auftragsmanagement erbracht.

Der Produktionsprozess selbst basiert auf grundlegenden Abläufen, die unter Nutzung verschiedener Produktionsverfahren umgesetzt werden können. Wichtigster Gegenstand des Produktionsprozesses ist die physische Ortsveränderung.

Die wichtigsten Aufgabenfelder des Produktionsprozessmanagements sind

- Betriebs.
- Trassen-,
- Wagen- und
- Traktionsmanagement

Aufgabe des **Betriebsmanagements** ist es, den kompletten Produktionsprozess zu planen, zu steuern, zu überwachen und abzurechnen. Dazu werden Infrastruktur, Wagen, Traktionsleistungen und Personal benötigt.

Das **Infrastrukturmanagement** dient der Bereitstellung und Unterhaltung von Eisenbahninfrastruktur. Dazu bedarf einer umfangreichen Organisation. Dies ist den systemtechnischen Besonderheiten des spurgeführten Verkehrs geschuldet. Außerdem sind beim angestrebten diskriminierungsfreien Zugang zur Infrastruktur durch im Wettbewerb befindliche Eisenbahnverkehrsunternehmen Regularien zu finden und anzuwenden, nach denen konkurrierende Nutzungsanforderungen behandelt werden. Dabei sind betriebsbedingte Unterschiede zu berücksichtigen. Im Eisenbahnbetrieb werden fahrdienstlich Bahnhöfe und freie Strecken unterschieden. Auf den freien Strecken finden Fahrzeugbewegungen in der Regel als signaltechnisch gesicherte Zugfahrten statt. Dagegen unterliegen die Rangierbewegungen in den Knoten des Eisenbahnnetzes nicht diesen hohen sicherungstechnischen Anforderungen. Die Sicherstellung der Zugfahrten d. h. des Betriebes auf den Strecken des Eisenbahnnetzes einschließlich der durchgehenden Hauptgleise auf den Bahnhöfen, gehören zu den Aufgaben des Infrastrukturmanagements. Die Eisenbahnverkehrsunternehmen erwerben für die Durchführung von Zugfahrten zeitlich und räumlich definierte Nutzungsrechte für die Eisenbahninfrastruktur in Form von Fahrplantrassen. Die Zugfahrten werden dann durch die Eisenbahnverkehrsunternehmen organisiert aber von den Eisenbahninfrastrukturunternehmen gesteuert, überwacht und gesichert. Bezugsobjekte dieser Managementaufgaben sind Zugfahrten in geplanten Fahrplantrassen. Man kann somit aus der Sicht der Eisenbahninfrastrukturunternehmen vom Trassenmanagement sprechen. Gänzlich andere Anforderungen bestehen hinsichtlich all der Fahrzeugbewegungen in den Knoten, die keine Zugfahrten sind. Die Rangierbewegungen zur Zugbildung und –auflösung, sowie zur Ladestellenbedienung sind direkte Aufgaben des Betriebsmanagements. Die dazu benötigte Infrastruktur der Bahnhöfe wird jedoch nicht für einzelne Fahrzeugbewegungen vertraglich gebunden. Vielmehr ist eine längerfristige Anmietung von den Infrastrukturunternehmen üblich, sofern die entsprechenden Bahnunternehmen nicht selbst Eigentümer bzw. Betreiber der Infrastruktur sind.

Größere Eisenbahnverkehrsunternehmen verfügen meist über eigene Wagen, die dann durch das Betriebsmanagement genutzt werden. Wagen sind teure Betriebsmittel, die deshalb einer intensiven Bewirtschaftung unterliegen. Diese Aufgabe obliegt dem **Wagenmanagement**. Das heißt, für den konkreten Einsatz muss die Bereitstellung des erforderlichen Wagenmaterials organisiert werden. Sind die benötigten Wagen im eigenen Bestand nicht vorhanden oder nicht verfügbar, ist auch die Nutzung von Wagen anderer Eigentümer (z. B. von Wagenvermietgesellschaften) möglich. Ziel des Wagenmanagements ist die optimale wirtschaftliche Verwertung der verfügbaren Wagen. Dazu werden möglichst hohe Lastfahrtanteile und kurze Wagenumlaufzeiten angestrebt.

Sowohl Zugfahrten wie auch die meisten Rangierarbeiten sind ohne Triebfahrzeuge nicht möglich. Um deren wirtschaftlichen Einsatz sicherzustellen, stellt das **Traktionsmanagement** Traktionsleistungen zur Verfügung, d. h. einsatzbereite Triebfahrzeuge mit Personal für konkrete räumlich und zeitlich definierte betriebliche Aufgaben. Zielgröße ist die möglichst wirtschaftliche Erbringung von Traktionsleistungen. Voraussetzung dafür ist die optimale Auslastung der vorhandenen Triebfahrzeuge und Personale.

Das Betriebsmanagement plant somit auf der Grundlage vorliegender Kundenaufträge den Produktionsprozess. Die dazu erforderlichen Teilleistungen werden von internen oder externen Dienstleistern zugekauft und zu einer Gesamtleistung kombiniert. Die Gliederung der mehrstufigen Gesamtleistung in Teilleistungen ist eine Folge der Arbeitsteilung. Selbstverständlich ist der überwiegende Teil der Leistungen ohne qualifiziertes und motiviertes Personal nicht zu erbringen. Heute sind die Personale meist für bestimmte Teilleistungen verantwortlich. Dadurch ist es für den Einzelnen nicht immer leicht überschaubar, welche Auswirkungen sein Handeln hat. Die Aufgabe des Managements insgesamt ist es deshalb diese Zusammenhänge immer wieder transparent zu machen.

Bei der Leistungserbringung sind zwei grundlegende Abläufe zu unterscheiden, die in mehr oder weniger modifizierter Form umgesetzt werden. Es handelt sich hierbei um die Produktionsprozesse im Wagenladungsverkehr und im kombinierten Wagenladungsverkehr. Gegenstand des **Wagenladungsverkehrs** ist der Güterwagen (Bild 2.5). Der Güterwagen wird leer beim Kunden zur Beladung gestellt. Voraussetzung für die Zustellung sind organisatorische Prozesse im Vorfeld, die Gegenstand des Wagenmanagements sind. Ist der Wagen durch den Kunden oder einen von ihm beauftragten Dienstleister beladen worden, wird er abgeholt. Die so gesammelten Wagen verschiedener Ladestellen werden dann zu Zügen zusammengestellt und als solche in Richtung Zielbahnhof transportiert. Leider sind nur selten ausreichend Wagen für einen wirtschaftlichen, ungebrochenen Transport von einer Versandladestelle bis zu einer Zielladestelle vorhanden. Häufig ist es notwendig, Wagen verschiedener Ladestellen mit unterschiedlichen Zielladestellen in einem Zug in Richtung Zielgebiet zu befördern und unterwegs einen Wagenübergang zu einem Zug zu organisieren, der zum Zielbahnhof bzw. näher an diesen heran fährt. Dieser Wagenübergang ist mit Aufwand verbunden und somit nachteilig, aber systembedingt. Der energetische Vorteil des Bahntransports liegt in der Fähigkeit, eine große Zahl Anhängefahrzeuge ohne eigenen Antrieb durch ein Triebfahrzeug und mit geringerem Energiebedarf als im Straßengüterverkehr befördern zu können. Dies erfordert jedoch den Wagenübergang zwischen Zügen mit unterschiedlichen Zielbahnhöfen, vergleichbar mit dem Umsteigen von Personen. Am Zielbahnhof sind wiederum nur selten alle Wagen für eine Ladestelle bestimmt. Die ladestellengerechte Wagenzustellung wird als Verteilen bezeichnet. Nach der Zustellung entlädt der Empfänger und informiert anschließend das Bahnunternehmen. Dieses wird dann den leeren Güterwagen abholen und einer erneuten Verwendung zuführen. Der hier sehr stark vereinfacht dargestellte Ablauf bildet die Basis für alle Produkte und Produktionsverfahren im Schienengüterverkehr.

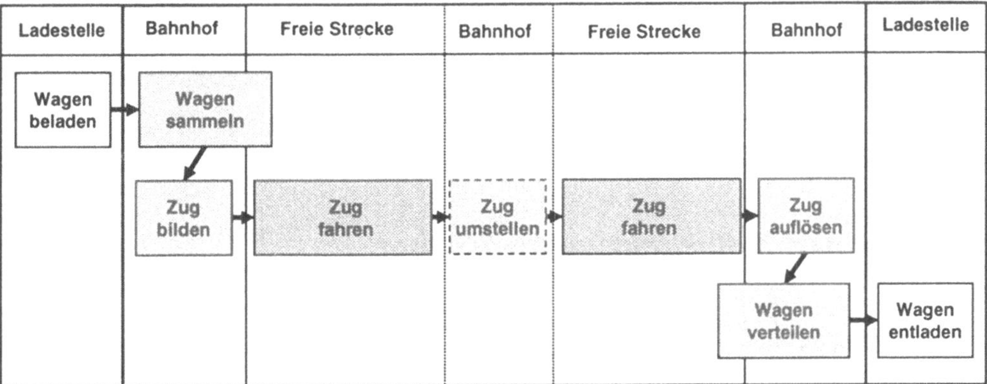

Bild 2.5: Produktionsprozess im Wagenladungsverkehr

Der **Produktionsprozess des kombinierten Wagenladungsverkehrs** (Bild 2.6) unterscheidet sich von dem des klassischen Wagenladungsverkehrs dadurch, dass hier die Ladeeinheit den Zug wechselt. Ein weiterer Unterschied besteht in der Einbeziehung des Straßengüterverkehrs in das Sammeln und Verteilen. Selbstverständlich sind auch andere Formen des kombinierten Verkehrs unter Einbeziehung der Bahn möglich.

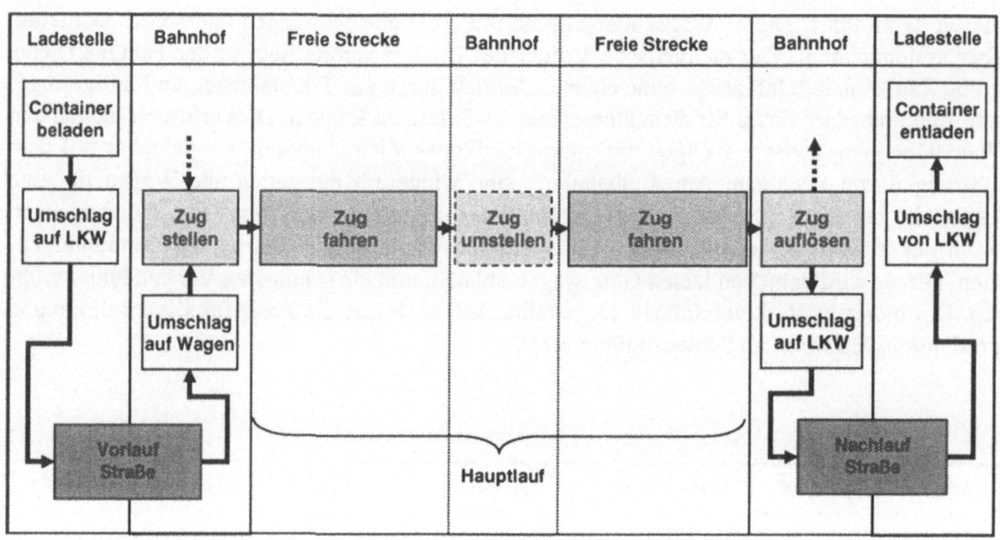

Bild 2.6: Produktionsprozess im kombinierten Ladungsverkehr

2.6 Produkte im Eisenbahngüterverkehr

2.6.1 Übersicht

Wie bereits erwähnt, handelt es sich beim Produktionsprozess um die Erbringung einer Dienstleistung. Folglich sind **Produkte der Bahnen** im eigentlichen Sinne definierte Dienstleistungen. Sie sollen den Kunden das Leistungsangebot transparent machen. Alle Produkte basieren auf Basisleistungen, die durch qualitative Abstufungen bzw. ergänzende Leistungen variiert werden können. Aus den im Rahmen der beschriebenen Kernprozesse erbringbaren Basisleistungen führen zu folgenden Produktgruppen (vgl. Bild 2.7):

- Ganzzugverkehr für Sendungen, die einen kompletten Zug auslasten,
- Einzelwagenverkehr für Sendungen, die den kompletten Laderaum eines oder mehrerer Wagen benötigen,
- Verkehr von Einzelsendungen, die nicht den kompletten Laderaum eines Güterwagens beanspruchen und
- Kombinierter Ladungsverkehr (KLV).

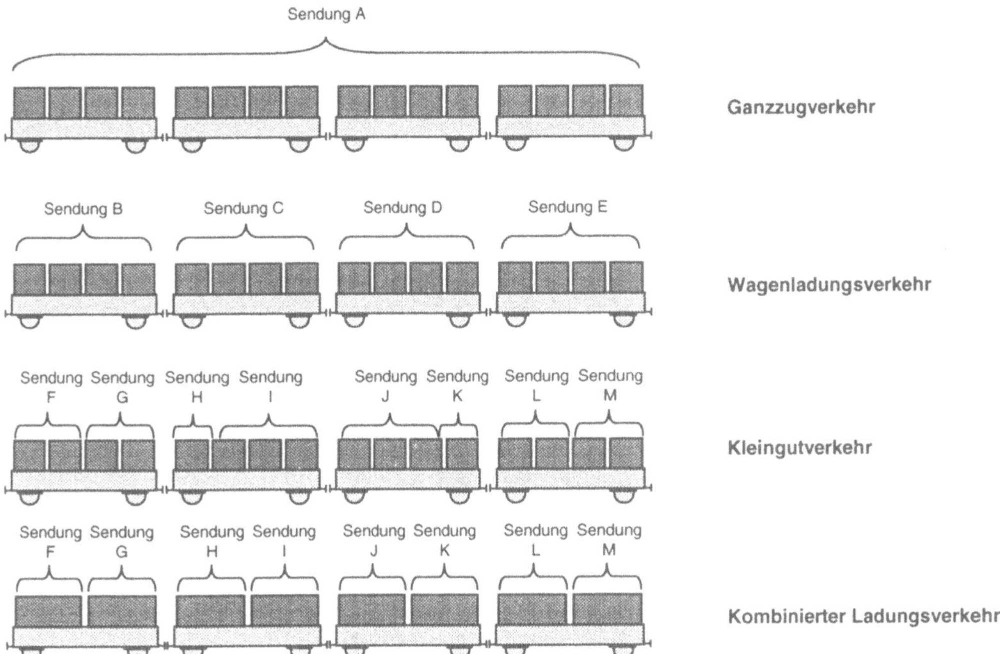

Bild 2.7: Produktgruppen im Schienengüterverkehr

2.6.2 Ganzzugverkehre

Bei Ganzzugverkehren werden alle Wagen eines Zuges vom gleichen Versandbahnhof zu einem gemeinsamen Empfangsbahnhof befördert. Die Übergabe erfolgt geschlossen durch den Versender. Der Empfänger übernimmt den Zug in unveränderter Zusammensetzung am Empfangsbahnhof. Ganzzüge können aus Wagenladungen einer Sendung bestehen oder als Bündelung von Einzelwagenverkehren auftreten.

Die Vorteile des Ganzzugverkehrs bestehen in

- der Konzentration der Be- / Entladeprozesse bei den Kunden,
- der einfacheren Abstimmbarkeit der Abfahrts- und Ankunftszeiten,
- dem minimalen Rangieraufwand,
- der vergleichsweise geringen Transportzeit,
- der Vereinfachung örtlicher Arbeiten (z. B. geschlossene Abfertigung statt Abfertigung von Einzelwagen),
- dem minimalen organisatorischen betrieblichen Aufwand und
- den vergleichsweise geringen Kosten.

Deshalb ist der Ganzzugverkehr das ideale Leistungsangebot der Bahn. Der einzige Nachteil, der ggf. bei der Bündelung von Einzelwagenverkehren und nur dann auftreten kann, ist die Zersplitterung der Frachtenströme bei anderen Wagenladungsverkehren.

Der Anwendungsbereich von Ganzzugverkehren liegt bei

- Massengütern (vor allem Erz, Roh- und Baustoffe, Kohle und Mineralöl),
- starken Güterströmen (z. B. in Automobilindustrie) und
- der Bündelung von Güterströmen.

Die DB Cargo AG bietet z. Z. die in Tabelle 2.3 zusammengestellten Produkte im Ganzzugverkehr an.

Logistikzug	<ul><li>Qualitativ hochwertig</li><li>Verbindung von Produktionsstätten (just in time)</li><li>Individuell abgestimmte Fahrpläne</li><li>Besonders für Konsumgüter, Investitionsgüter, Ersatz- und Zulieferteile</li></ul>
Programmzug	<ul><li>Speziell für planbaren Massengutverkehr</li><li>Besonders für Massengütern der Montan-, Baustoff- und Mineralölindustrie oder der chemischen Industrie</li></ul>

Tabelle 2.3: Produkte der DB Cargo AG im Ganzzugverkehr

2.6.3 Einzelwagen- bzw. Wagenladungsverkehr

Beim **Einzelwagen- bzw. Wagenladungsverkehr** wird mindestens ein Wagen ausschließlich von einem Kunden genutzt. Der Transport einer Sendung kann einen oder mehrere Wagen komplett auslasten. Maßgebend für den Einzelwagenverkehr ist die einzelne Abfertigung der Wagen. Dabei können auch ganze Wagengruppen eines Versenders den gleichen Empfänger haben. Sofern die Abfertigung nicht als Ganzzug erfolgt, handelt es sich um Wagenladungsverkehre. Diese Verkehre machen den größten Anteil am Verkehrsaufkommen der Bahnen aus. Obwohl die Abfertigung kompletter Wagen erheblich weniger Aufwand verursacht als das Sammeln, Umschlagen und Verteilen von Kleingutsendungen, ist auch hier der betriebliche Aufwand sehr hoch. Besonders problematisch sind das Sammeln und Verteilen der Einzelwagen in der Fläche. Bei dieser Aufgabe kommt den NE-Bahnen eine herausragende Bedeutung zu. Trotzdem gibt es erhebliche wirtschaftliche Probleme im Einzelwagenverkehr. Bei DB Cargo wird deshalb am Sanierungsprogramm MORA C (Marktorientiertes Angebot Cargo) gearbeitet. In diesem Zusammenhang wurden Zahlen zur gegenwärtigen Situation bekannt. DB Cargo bedient derzeit 320 Großkunden und 7000 Einzelkunden. Jedoch werden 85% der Umsätze mit den Großkunden erwirtschaftet. Die Gelegenheitsverlader verursachen zudem einen durchschnittlichen Verlust von 168 DM pro Wagen. Derzeit wird deshalb geprüft, welche der 2100 Güterverkehrsstellen in Zukunft noch bedient werden[7].

Die Nachteile des Einzelwagenverkehrs gegenüber dem Ganzzug lassen sich wie folgt zusammenfassen:

- erheblich höherer Rangieraufwand,

---

[7] Neues Konzept für den Güterverkehr der Deutschen Bahn AG. In: Internationales Verkehrswesen. 53(2001) 3 S.

* meist längere Transportzeiten,
* mehr örtliche Arbeiten (Abfertigung) und
* höherer organisatorischer Aufwand sowie
* entsprechend höhere Kosten.

Genutzt wird der Wagenladungsverkehr für alle Güter mit ausreichender Größe, Masse bzw. Menge.

Produkte der DB Cargo AG sind in Tabelle 2.4 zu sehen:

InterCargo	<ul><li>Nachtsprungverbindung zwischen 17 ausgewählten Wirtschaftszentren</li><li>Zeit- und Termingarantie</li><li>derzeit Bedienung von 1.000 Versand- und Empfangsstationen</li></ul>
EurailCargo	<ul><li>Internationale Verbindungen</li><li>36-Stunden-Takt in Europa</li><li>mit garantierten Beförderungszeiten wie InterCargo</li></ul>
SystemCargo	<ul><li>Basisangebot für Wagenladungen</li><li>derzeit Bedienung von rund 3.000 Versand- und Empfangsbahnhöfen</li></ul>

Tabelle 2.4: Produkte der DB Cargo AG im Wagenladungsverkehr

Dazu kommt ein spezielles Angebotsnetz in über 300 Relationen (ChemCargo Netz) für Verkehre der Chemiebranche sowie für die Mineralöl- und Düngemittelbranche. Hauptknotenpunkte dieses Netzes bilden die wichtigsten Chemiestandorte Deutschlands. Das ChemCargo Netz wird kontinuierlich von Montag bis Freitag betrieben. Darin werden Transporte des konventionellen und des kombinierten Ladungsverkehrs abgewickelt.

2.6.4 Verkehre von Einzel- bzw. Kleingutsendungen

Solche Verkehre, z. B. die früher von den deutschen Bahnen betriebenen Stückgutverkehre, sind insbesondere hinsichtlich des Sammelns und Verteilens in der Fläche sowie beim Umschlag sehr aufwendig. In der Vergangenheit existierte eine große Anzahl Bahnhöfe an denen Stückgut aufgegeben werden konnte. Dieses große Netz von Annahme- bzw. Ausgabestellen sowie der personalaufwändige Umschlag in den Stückgutknoten war in der konventionellen Form nicht mehr wirtschaftlich zu betreiben und wäre heute sicherlich auch hinsichtlich der Qualitätsparameter kaum noch wettbewerbsfähig. Ein wesentlicher Grund dafür liegt in den inzwischen drastisch veränderten Marktverhältnissen. Die weitgehende Liberalisierung der Postmärkte und die daraufhin entstandenen ausgefeilten Leistungsangebote der Postunternehmen sowie der Kurier-, Paket- und Expressdienste (KEP-Dienste) lässt den Bahnen kaum eine Chance in diesem Marktbereich. Das heißt jedoch nicht, dass in Zusammenarbeit mit diesen bzw. für diese Dienstleister durch die Bahnen keine Leistungen erbracht werden könnten. In Nordamerika ist dies bereits Praxis[8]. Die Schwierigkeit besteht hierbei in der geforderten Lage und der Enge der einzuhaltenden Zeitfenster. Teilweise denken auch die KEP-Dienste selbst

---

[8] BNSF, CN: A Valentine's Day pledge to the customers. In: Railway Age, March 2000 S. 14

über die Nutzung des Schienenverkehrs nach. Das „Pending Project" von UPS ist hierfür ein Beispiel[9]. Teilweise haben die Bahnen, wie z. B. Rail Cargo Austria, auch selbst geeignete Lösungen gefunden.

2.6.5 Kombinierter Ladungsverkehr

Der Ladungsverkehr der Eisenbahn hat im Vergleich zum Straßengüterverkehr u. a. dadurch einen Wettbewerbsnachteil, weil immer weniger Kunden über einen direkten Gleisanschluss verfügen. Während mit einem LKW Ladungen direkt vom Versender abgeholt werden können und die Anlieferung beim Empfänger wiederum direkt erfolgt, ist dies im Wagenladungsverkehr nicht immer möglich. Ein Lösungsansatz ist die Bildung verkehrsträgerübergreifender **Transportketten**. Unter einer Transportkette wird „die Folge von technischen und organisatorisch miteinander verknüpften Vorgängen, bei denen Personen oder Güter von einer Quelle zu einem Ziel bewegt werden," verstanden[10]. Dabei können die Systemvorteile der einzelnen Verkehrsträger ausgenutzt werden. Besondere Bedeutung hat dabei die Verwendung von Ladeeinheiten. **Ladeeinheiten** fassen Güter mit Hilfe eines Ladungsträgers zusammen. Genormte Ladeeinheiten z. B. in Form von Containern[11] werden so zu technischen Bindegliedern ganzer Transportketten. Transport-, Umschlag- und Lagermittel können dann technisch so auf die Ladeeinheiten abgestimmt werden, dass der Aufbau effektiver verkehrsträgerübergreifender Transportketten realisierbar wird. Man spricht dann von **kombinierten Verkehren**. Als synonyme Begriffe sind u. a. auch Kombiverkehr, Intermodaler oder Multimodaler Verkehr in Gebrauch.

Aus der Sicht des Schienengüterverkehrs wird für die kombinierten Verkehre, die mit Fahrzeugen des Ladungsverkehrs durchführbar sind, der Begriff kombinierter Ladungsverkehr (KLV) verwendet. Produkte der DB Cargo AG im KLV sind z. Z.:

---

[9] Henrici, T.: Parcel Intercity: Eine glückliche Verbindung. In: Internationales Verkehrswesen 52(2000) 7+8, S. 334 - 335

[10] Die Begriffsdefinitionen im Zusammenhang mit Transportketten finden sich in DIN 30 781 Teil 1 Transportkette Ausgabe: 1989 - 05

[11] zur Definition des Containers vergl. DIN ISO 688 ISO-Container der Reihe 1. Ausgabe: 1999-10

InterCargo	<ul><li>Verknüpfung der 17 bedeutendsten Wirtschaftszentren Deutschlands</li><li>verkehrt im Nachtsprung</li><li>Bedienung von ca. 1.000 Versand- und Empfangsstationen</li><li>Zeit- und Termingarantie</li></ul>
EurailCargo	<ul><li>Beförderung einzelner Wagen und Wagengruppen zwischen wichtigen Wirtschaftszentren Europas</li><li>36-Stunden Takt</li><li>zuverlässig mit garantierten Beförderungszeiten wie Inter-Cargo.</li></ul>
SystemCargo	<ul><li>Basisangebot für Wagenladungen</li><li>täglich über 6.000 Züge</li><li>Einbindung von rund 3.000 Versand- und Empfangsbahnhöfen</li></ul>

Tabelle 2.5: Produkte der DB Cargo AG im KLV

Die Eisenbahn kann jedoch im Rahmen solcher kombinierten Verkehre nur dann eine Rolle spielen, wenn

- die Ladeeinheiten bzw. Fahrzeuge mit Ladeeinheiten für einen solchen Übergang zwischen verschiedenen Transportsystemen geeignet sind,
- die Transportsysteme die Ladungen befördern können,
- der Umschlag zwischen den Verkehrsträgern technisch funktioniert,
- die Organisation der gesamten Transportkette für den Kunden akzeptable Angebote ermöglicht und
- die gesamte Durchführung wirtschaftlich ist.

Der Übergang von Ladeeinheiten bzw. Fahrzeuge mit Ladeeinheiten zwischen verschiedenen Transportsystemen ist nur dann möglich, wenn ihre Eigenschaften (z. B. Abmessungen und Massen) und ihre Anforderungen an den Transport (z. B. Erhaltung von Guteigenschaften bzw. –qualitäten) dies zulassen. Außerdem muss der Übergang zwischen den Transportsystemen effizient durchführbar sein. Wie bereits erwähnt ist dafür die Bildung von Ladeeinheiten eine wesentliche Voraussetzung, da sowohl der technisch reibungslose Umschlag wie auch die Wirtschaftlichkeit maßgeblich davon abhängen. Die organisatorischen Anforderungen ergeben sich vor allem aus der Notwendigkeit attraktive Angebote für die Kunden zu entwickeln (z. B. Nachtsprung) und diese auch technologisch und wirtschaftlich umsetzen zu können. Schwierig gestaltet sich dabei vor allem die Sicherstellung vergleichsweise schmaler Zeitfenster für den Umschlag Straße - Schiene und umgekehrt. Eine weitere Problematik ist die wirtschaftlich optimale Erschließung der Fläche.

Generell kann der Ladungsübergang zwischen verschiedenen Transportsystemen in sehr unterschiedlicher Weise erfolgen, durch

- Umladung des Gutes unter Verzicht auf Ladeeinheiten bzw. unter Auflösung derselben,
- Umschlag des Transportgefäßes,
- Huckepack eines Fahrzeuges mit Ladung auf einem anderen Fahrzeug oder

• Einsatz bimodaler Techniken.

Die Umladung des Gutes wird im allgemeinen nicht dem KLV zugerechnet. Diese Verfahrensweise verursacht insbesondere bei Stückgütern meist hohen Umschlagaufwand. Ihre Anwendung ist deshalb überwiegend unwirtschaftlich und daher nicht erstrebenswert.

Aus den übrigen Möglichkeiten des Ladungsüberganges ergeben sich verschiedene Arten kombinierter Verkehre. Im Hinblick auf den Schienenverkehr sind vor allem die in Bild 2.8 dargestellten Arten von Bedeutung.

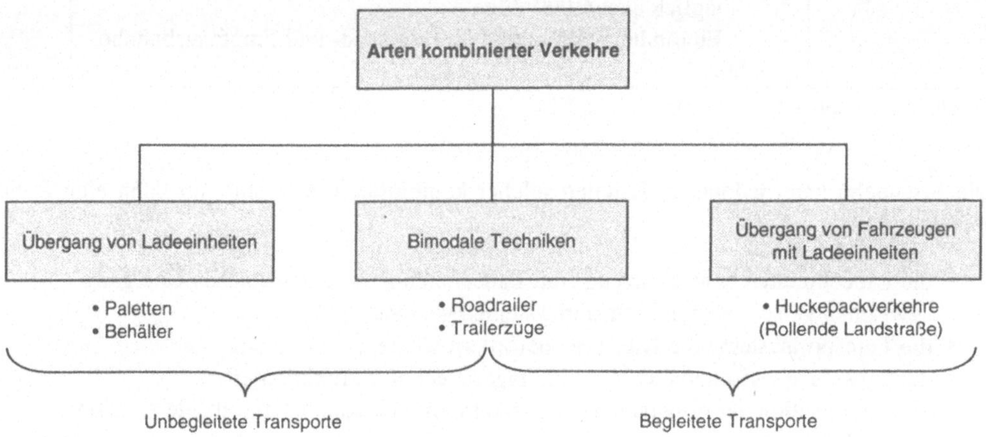

Bild 2.8: Arten kombinierter Verkehre

Der **Übergang von Ladeeinheiten** ist die verbreitetste Form des kombinierten Verkehrs. Bei der verladenden Industrie und den Eisenbahnen wurde bereits in der Vergangenheit in vielfältiger Weise mit unterschiedlichen Formen der Ladeeinheitenbildung experimentiert, um zunächst den Ladungsübergang innerhalb des Systems Bahn sowie zum Sammel- und Verteilverkehr auf der Straße so rationell wie möglich gestalten zu können. Viele dieser Ladeeinheiten, in Form von Behältern und Paletten, sind inzwischen fest etabliert. Neben dem schnellen und kostengünstigen Umschlag gilt es weitere Anforderungen zu erfüllen, z. B. eine optimale Laderaumauslastung. Das heißt, die Ladeeinheiten sollen möglichst gleichzeitig als Transport-, Umschlag- und Lagereinheiten nutzbar sein. Dabei sind im angelsächsischen Raum etablierte Systeme mit den metrischen Systemen in Europa nicht immer so in Übereinstimung zu bringen, dass eine vollständige Passfähigkeit erreicht wird. Diese Vielfalt der Anforderungen führt zum Entscheidungsproblem zwischen den Extrempositionen der optimalen Anpassung an die Anforderungen eines Hauptnutzers und dem Kompromiss zwischen allen Nutzungsanforderungen. Ladeeinheiten sind im gesamten Logistikbereich von großer Bedeutung. Bei der Ladeeinheitenbildung werden genormte Abmessungen berücksichtigt, um die Passfähigkeit im gesamten Prozessablauf und eine gute Auslastung von Lager- und Transportsystemen ermöglichen zu können. Die Abmessungen zielen weiterhin auf Modulsysteme in- und untereinander passfähiger Behälter bzw. Packungsabmessungen. Die Bildung von Ladeeinheiten wird durch

Bündeln, Paketieren, Palettieren oder die Nutzung von Behältern erreicht. Ladeeinheiten können somit auch unter Verwendung von Ladungsträgern (z. B. Paletten, Behältern) gebildet werden. Entscheidende Vorteile der Bildung von Ladeeinheiten sind u. a.:

- die Einsetzbarkeit moderner Transport-, Umschlag- und Lagertechnik,
- die Automatisierbarkeit der Logistikprozesse sowie
- die Senkung des Verpackungsaufwandes bei ausreichendem Schutz des Gutes vor Beschädigung.

Als **Ladeeinheiten im Kombinierten Verkehr** kommen in Betracht:

- Paletten und Ladeeinheiten auf Palettenbasis,
- Kleincontainer,
- Mittelcontainer,
- Großcontainer,
- Abrollcontainer,
- Wechselaufbauten und
- Bimodale Systeme.

Die in der Vergangenheit praktizierten Verkehre mit Straßenrollern (Culemeyer) und die Rollbockverkehre, mit deren Hilfe Regelspurfahrzeuge auf Schmalspurbahnen befördert werden konnten, haben praktisch keine Bedeutung mehr.

Insbesondere standardisierte **Paletten** spielen wegen ihrer genormten Abmessungen eine herausragende Rolle und haben eine entsprechend große Verbreitung gefunden. Die Europalette mit ihren international verbindlichen Grundmaßen von 800 mm x 1.200 mm in Form der Standard-Flachpalette[12] und der Standard-Boxpalette[13] sind dominierend. Daneben gibt es Flachpaletten mit den Grundmaßen 600 mm x 800 mm[14] sowie 1.000 mm x 1.200 mm[15]. Größere Behälter wie z. B. Container werden häufig mit palettiertem Gut beladen.

Ladeeinheiten auf Palettenbasis sind meist Pakete, die an Palettenmaße angepasst sind. Verschiedene Baustoffe werden z. B. in den Abmessungen von Europaletten unter Verzicht auf einen Ladungsträger eingeschrumpft. Diese Ladeeinheiten sind von Staplern unterfahrbar und können in der Logistikkette in gleicher Weise behandelt werden wie palettierte Güter.

Bei allen anderen hier betrachteten Ladeeinheiten handelt es sich um Behälter verschiedenster

---

[12] DIN 15141, Paletten - Formen und Hauptmaße von Flachpaletten. Ausgabe: 1986-01

[13] DIN 15155, Gitterboxpalette mit 2 Vorderwandklappen, Ausgabe: 1986-12

[14] DIN 15146-4, Vierwege Flachpaletten aus Holz 600 mm x 800 mm. Ausgabe: 1991-12

[15] DIN 15146-4, Vierwege Flachpaletten aus Holz 1000 mm x 1200 mm. Ausgabe: 1986-01

Art und Größe. Das Spektrum der Behälter ist sehr breit gefächert. Beginnend mit **Kleinstbehältern** in Form stapelbarer, palettierbarer Stiegen, Transport- und Lagerkästen reicht das Angebot über Klein- und Mittelcontainer bis zu den Großcontainern.

Kleincontainer sind genormte Behälter, die in ihren Abmessungen zwischen Kleinstbehältern und Mittelcontainern liegen. DB Cargo hat ihren Kunden Kleincontainer unter der Bezeichnung Logistikbox angeboten. Das Fassungsvermögen liegt bei bis zu 6 Poolpaletten. Die Logistikboxen haben einen quadratischen Bodenrahmen. Die Außenabmessungen betragen 2,44 m x 2,44 m x 2,25 m. Bedingt durch unterschiedliche Türen ergeben sich drei Typen mit gleichen Grundmaßen. Je 3 Logistik-Boxen lassen sich auf einen speziellen Tragrahmen stellen. Das Angebot fand jedoch in der Wirtschaft kein ausreichendes Interesse[16].

Mittelcontainer (auch pa-Container; pa steht für porteur aménagé) sind kleiner als 10' und wurden in Europa schon seit langem für den kombinierten Verkehr Schiene - Straße eingesetzt. Es handelt sich dabei um kranbare, geschlossene oder offene Metallbehälter. Es gibt eine Vielzahl verschiedener Typen für feste, staubförmige und flüssige Güter mit einem Fassungsvermögen zwischen 6 und 13 m³.

Als **Großcontainer** werden alle Container ab 10' (Fuß) bezeichnet. Über die genormten Abmessungen können zwei Großcontainersysteme unterschieden werden. Es handelt sich dabei um ISO- und Euro-Container.

Insbesondere der Überseeverkehr mit **ISO-Containern** spielt eine herausragende Rolle. Seitdem US-amerikanische Seereedereien diesen standardisierten Metallbehälter erstmalig eingesetzt haben, sind in vielen Bereichen des Transportwesens gravierende Veränderungen eingetreten. Dazu gehört z. B. der durchgreifende Strukturwandel im Seeverkehr. Während der Stückgutverkehr immer mehr an Bedeutung verliert, wächst der Containerverkehr weiter. Die Schiffsliegezeiten konnten dadurch drastisch gesenkt werden. Insbesondere im Überseeverkehr, dem dadurch indizierten Hinterlandverkehr und teilweise auch im kontinentalen und nationalen Verkehr hält das Wachstum an. Allgemein sind Container Metallbehälter, die sich durch

- multimodale, internationale Einsetzbarkeit,
- genormte Abmessungen und Befestigungselemente,
- hohe Anpassung an verschiedene Transportbedürfnisse durch enorme Typenvielfalt,
- Wiederverwendbarkeit, internationale Austauschbarkeit und
- Stapelbarkeit

auszeichnen. Die einschlägigen Normen enthalten weitere Kriterien[17]. Dazu gehören

- dauerhafte Beschaffenheit für den wiederholten Gebrauch,

---

[16] Baumann, G. / Lewerenz, W.: Lehrbuch für Fachkräfte Für Lagerwirtschaft und Handelsfachpacker. – Bad Homburg vor der Höhe: Verl. Dr. Max Gehlen 1998 S. 153

[17] DIN 30781 Teil 1 Transportkette Ausgabe: 1989 - 05

- Ermöglichen des Transports von Gütern mit einem oder mehreren Transportmitteln, ohne dass die Ladung umgepackt werden muss,
- bauliche Voraussetzungen für die leichte Be- und Entladung sowie den mechanischen Umschlag,
- einen Mindestrauminhalt von 1 m³.

Die genormten Abmessungen und Befestigungselemente sind die wichtigsten Voraussetzungen für den einfachen Einsatz dieser Behälter auf den unterschiedlichen Transportmitteln. Die Normung nach ISO findet in DIN 15190 ihren Niederschlag. Als Befestigungselemente dienen genormte Eckbeschläge[18] an den Containern. Diese Eckbeschläge können zur Arretierung der Container auf Fahrzeugen (z. B. Sattelaufliegern oder Containertragwagen) und untereinander genutzt werden. In diesen Fällen verfügen die Fahrzeuge über spezielle Verriegelungsbolzen, die in die Eckbeschläge der Container einrasten. Die Container können jedoch auch auf ebene Ladeflächen gestellt werden.

Ähnliche Vorteile bietet die Normung der Behälter für die Konstruktion der Umschlagtechnik insbesondere hinsichtlich der Anschlagmittel. So kommen für den Kranumschlag häufig spezielle Anschlagmittel (Spreader) zum Einsatz, die ebenfalls zur Arretierung in die Eckbeschläge einrasten.

Die Außenabmessungen der Container entsprechen einem Modulsystem. Die Länge kann bei einer Breite von 8' entweder 10', 20', 30', 35' oder 40' betragen. Noch größere Container mit 45' Länge stehen inzwischen zur Verfügung, können jedoch bisher in Europa nur mit Spezialchassis im Straßenverkehr transportiert werden[19]. ISO-Container sind bis zu sechsfach stapelbar.

Das Modulsystem der Containerabmessungen gestattet eine optimale Anpassung der jeweiligen Transportmittel. Die Abmessungen der Containertragwagen im Eisenbahnverkehr sind ebenfalls darauf ausgerichtet (Bild 2.9).

---

[18] DIN ISO 1161 ISO-Container der Reihe 1. – Eckbeschläge - Spezifikation Ausgabe: 1984

[19] vergl. http://www.global-container.com

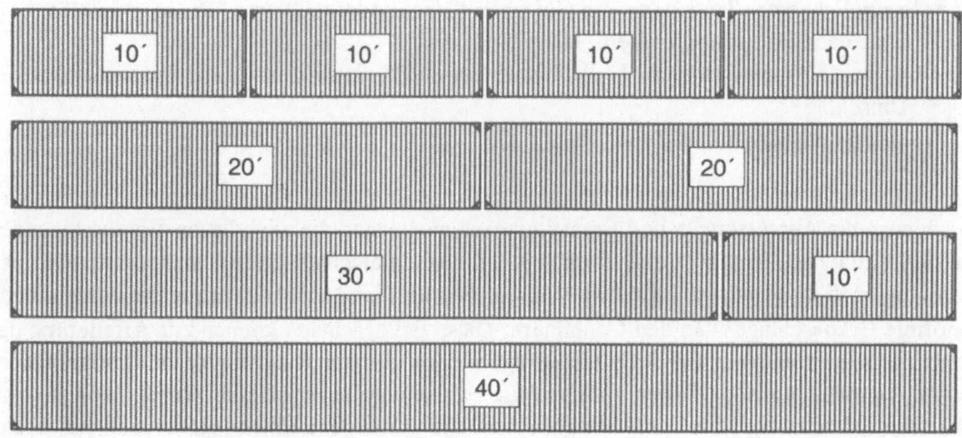

Bild 2.9: Das Modulsystem der ISO-Container

Eine Auswahl der wichtigsten Dimensionen von ISO-Containern der Reihe 1 enthält Tabelle 2.6. Daraus wird ersichtlich, dass alle Container dieser Reihe eine einheitliche Breite von 2.438 mm (entsprechend 8') aufweisen. Die unterschiedlichen Längen werden durch den ersten Kennbuchstaben ausgedrückt. Bei der Höhe gibt es neben den in Tabelle 2.6 aufgeführten Containern weitere Varianten, die durch zusätzliche Kennbuchstaben ausgedrückt werden. Die Höhenmaße liegen dort zwischen maximal 2.896 mm (9' 6 in) und reichen bis unter 2.438 mm (8').

Bezeichnung	Länge	Länge	Breite	Höhe	Gewicht
	ft	mm	mm	mm	kg
1A	40	12.192	2.438	2.438	30.480
1B	30*	9.125	2.438	2.438	25.400
1C	20*	6.058	2.438	2.438	24.000
1D	10*	2.991	2.438	2.438	10.160

* gerundet auf volle ft

Tabelle 2.6: Äußere Abmessungen und Gewichte ausgewählter Container[20]

Aus den Außenabmessungen ergeben sich die in Tabelle 2.7 zusammengefassten Innen- bzw. Türabmessungen. Daraus wird ersichtlich, dass ISO-Container nicht optimal mit Euro-Paletten ausgenutzt werden können.

---

[20] komplette Maßangaben aller Container der Reihe 1 s. DIN ISO 688 ISO-Container der Reihe 1, Ausgabe: 1999 - 10

Bezeichnung	Mindestinnenmaße			Mindestmaße für Türöffnungen	
	Länge	Breite	Höhe	Breite	Höhe
	mm	mm	mm	mm	mm
1A	11.998	2.330	Außenhöhe des Containers minus 241	2.286	2.134
1B	8.931				
1C	5.867				
1D	2.802				

Tabelle 2.7: Innere Abmessungen ausgewählter Container[21]

ISO-Container sind weltweit einsetzbar, **Euro-Container** dagegen nur im Kontinentalverkehr. Ihre Existenzberechtigung haben die auch als Binnen-Container bezeichneten Euro-Container wegen ihrer auf die Euro-Paletten abgestimmten Innenabmessungen. Bei gleichen Längenmaßen haben die Euro-Container eine abweichende Innenbreite von 2,440 m. Dieser Container ist von der UIC als Ladeeinheit zugelassen. Die Außenabmessungen weichen mit Ausnahme der Länge vom ISO-Container ab und betragen 2,50 m Breite und 2,60 m Höhe. Die Länge kann 20', 25' oder 40' betragen. Im Gegensatz zu den ISO-Containern sind Euro-Container leichter aber nur dreifach stapelbar.

Innerhalb der Großcontainersysteme gibt es eine Vielzahl Bauformen, die auf unterschiedliche Gutarten bzw. Verladeanforderungen zugeschnitten sind. Dazu zählen z. B.

- Bulk-Container für Schüttgut,
- Half-Container für schweres kranbares Gut,
- Tank-Container für Flüssiggut,
- Silo-Container für rieselfähiges Gut und
- Isolier-Container für temperaturempfindliches Gut.

Abrollcontainer entsprechen nicht der ISO-Norm für Großcontainer. Durch die spezifische Containerform begrenzt sich der Anwendungsbereich dieses Systems weitgehend auf den Landverkehr. In der Abfall- und Bauwirtschaft aber auch in Land- und Forstwirtschaft sind Abrollcontainer dagegen verbreitet. Inzwischen sind Abrollcontainer in mehreren auch gedeckten Bauformen verfügbar. Dadurch ist ihr Einsatz nicht mehr auf die genannten Branchen beschränkt.

Das **Abroll-Container-Transport-System (ACTS)**[22] stellt einen Sonderfall des Kombinierten Verkehrs dar. Bei diesem System wird vor allem die Problematik des effektiven Umschlags

---

[21] komplette Maßangaben aller Container der Reihe 1 s. DIN ISO 688 ISO-Container der Reihe 1, Ausgabe: 1999 - 10

von Containern zwischen Straßen- und Schienenfahrzeugen auf elegante Art und Weise gelöst. Damit ist es möglich, ohne spezielle Infrastruktur (z. B. Rampen oder Kräne) den Container an jedem Bahnhof umzuschlagen. Neben den Verladegleisen muss lediglich eine befestigte Fläche für die Lkws vorhanden sein. Der Umschlag kann durch eine Person in wenigen Minuten durchgeführt werden. Voraussetzungen dafür sind allerdings:

- Eisenbahnwagen mit Drehrahmen (z. B. Wagen der Gattung Rs-x mit Translift-Dreh-rahmen),
- Abrollcontainer mit normiertem Unterbau und
- LKW mit Zug- und Aufnahmevorrichtung für Abrollcontainer (z. B. mit Translift Kettengerät oder Hakengerät).

Die Beladung eines Güterwagens mit Drehrahmen läuft wie folgt ab:

- Die leeren Güterwagen stehen beladebereit und gesichert (gebremst) im Gleis.
- Der Fahrer des LKW dreht den Drehrahmen seitlich in Beladerichtung.
- Mit dem LKW wird der zu verladende Abrollcontainer rückwärts an das Drehgestell des Güterwagens herangefahren. Der Winkel zwischen Güterwagen und LKW beträgt ca. 45°.
- Mit dem Wechselgerät kann nun der Container auf den Drehrahmen geschoben werden. Am Anschlag verriegelt sich der Container selbsttätig.
- Anschließend wird das Drehgestell eingeschwenkt. Bei beladenen Containern erfolgt dies mit Hilfe des Zugseils durch den LKW. Leere Container sind manuell mit den Drehrahmen schwenkbar.

Die Entladung erfolgt in analoger Weise. Diese Form des Kombinierten Verkehrs wird u. a. in Deutschland und der Schweiz[23] angeboten. Bisher bestand beim ACTS der Nachteil, dass die Drehrahmen fest am Wagen befestigt waren. Inzwischen stehen verladbare Drehrahmen zur Verfügung, die bei Bedarf auf Containertragwagen aufgesetzt werden können[24].

Neben den Großcontainern spielen **Wechselaufbauten** von Lastkraftwagen im Kombinierten Verkehr eine große Rolle. Entscheidend für die Zulassung für diese Verkehrsart ist wie bei den Containern selbst die Kennzeichnung[25] mit dem Container-Safety-Code (CSC-Zeichen). Wechselaufbauten können nicht nur auf Güterwagen verladen werden. Durch fahrzeugseitige Liftsysteme am LKW können sie auch auf Stützbeine gestellt werden. Damit ist die Be- und

---

[22] ACTS, die Sache mit dem Dreh (Abroll-Container-Transport-System). Firmenschrift der Abroll-Container-Transport-Service GmbH

[23] vergl. http://www.sbcargo.ch

[24] vergl. Drehrahmen für Abrollcontainer nach UIC-Zulassung im Einsatz. In: Der Eisenbahningenieur (51) 2000 9 S. 162

[25] vergl. DIN ISO 6346 Container– Kodierung, Identifizierung und Kennzeichnung. Ausgabe: 1995

Entladung getrennt von Tragfahrzeugen möglich. Europäische Normen[26] schreiben Gewichte, Maße und Prüfvorschriften für Wechselaufbauten vor. Im Rahmen dieser Norm gibt es inzwischen verschiedene Bauarten. Dazu gehören

- Kofferbauarten
- Offene Aufbauten mit Plane und
- Pritschen mit Bordwänden.

Weitere Unterscheidungen ergeben sich aus den Längenmaßen. Die Wechselbehälter der Klassen A, B und C orientieren sich an der Länge der entsprechenden ISO-Container, wobei die Längenmaße im Detail nicht übereinstimmen. Aus den Bauarteigenschaften ergeben sich Einschränkungen hinsichtlich der Stapelbarkeit. Außerdem verfügen Wechselaufbauten oben nicht standardmäßig über ISO-Ecken. Am unteren Rahmen befinden sich jedoch Befestigungselemente, die eine Arretierung auf den Containerflachwagen der Bahn ermöglichen. So sind Wechselbehälter der Klasse A unten mit Befestigungsbeschlägen ausgerüstet, die den 1A-(40')-ISO-Containern entsprechen. Wechselaufbauten können nur mit Spreadern umgeschlagen werden, sofern diese mit speziellen Zusatzeinrichtungen ausgestattet sind, die unten am Rahmen der Wechselbehälter angreifen. Diese Lastaufnahmemittel heißen Spreader-Greifzangengeschirre. Der Umschlag mit Staplern ist ebenfalls möglich. Formal wird die Beförderung von Wechselaufbauten ebenso wie der Bahntransport von Sattelaufliegern sowie kompletten Last- und Sattelzügen dem Huckepackverkehr zugerechnet.

Bimodale Fahrzeuge sind technisch so gestaltet, dass sie für den Einsatz auf verschiedenen Verkehrsträgern geeignet sind. Im Landverkehr würden Zweiwegefahrzeuge diese Anforderung erfüllen. Sie können auf Schienen und Straßen fahren. In den USA wurde bereits ab 1959 mit einem solchen Konzept unter der Bezeichnung **RoadRailer**[27] experimentiert. Insbesondere bedingt durch die hohe Masse der zwei Radsysteme erwies sich dieser Fahrzeugtyp für den Gütertransport als ungeeignet.

Eine elegantere Lösung stellt die Weiterentwicklung in Form der Trailerzüge dar. Dabei werden spezielle Sattelauflieger (Trailer) eingesetzt, die für den Schienentransport zeitweilig auf Drehgestellen aufgesetzt werden. Während die Drehgestelle der europäischen Standardausführung entsprechen, werden an die Trailer vielfältige konstruktive Anforderungen gestellt. Im Straßenverkehr ist es erforderlich, dass Trailer wie gewöhnliche Sattelauflieger von Zugmaschinen aufgenommen und befördert werden können. Um auch im Schienenverkehr einsetzbar zu sein, müssen die Trailer zusätzlich die Möglichkeit zur Aufnahme von Drehgestellen bieten und die andersartigen Beanspruchungen im Zugverband, insbesondere in Form der auftretenden Traktions- und Bremskräfte, ertragen.

Der Übergang von der Straße zur Schiene wird als Eingleisen bezeichnet. Dabei wird zunächst ein Drehgestell angebremst. Der LKW drückt den Trailer dann rückwärts in Gleisrichtung auf das Drehgestell. Nach dem Kuppeln des Drehgestells mit dem Trailer werden die Stützfüße

---

[26] DIN EN 283 Wechselbehälter; Prüfung. Ausgabe: 1991-08

[27] Vergl. http://www.btz-bimodal.de

heruntergeklappt. Anschließend können die Straßenachsen hochgeklappt werden, die Zugmaschine wegfahren und das nächste Drehgestell unter den Trailer geschoben werden. Nach dem Kuppeln von Drehgestell und Trailer lässt sich die Zugbildung in analoger Weise fortsetzen. An das Enddrehgestell kuppelt die Lok.

Die Auflösung von Trailerzügen („Ausgleisen") läuft auf analoge Weise, jedoch in umgekehrter Reihenfolge ab.

Die Vorteile des Systems bestehen u. a. darin, dass

- keine Umschlagtechnik benötigt wird,
- außer einem für Straßenfahrzeuge befahrbaren Gleisbereich ist keine Infrastruktur erforderlich ist,
- Verlader und Spediteure ohne eigenen Gleisanschluss oder Umladeanlagen die Schiene zum Gütertransport nutzen können,
- Straßentrailer in kurzer Zeit ein- bzw. ausgleisbar sind (in ca. 5 Minuten),
- diese Form des Güterverkehrs ökologisch sinnvoll ist (u. a. geringerer Energiebedarf und niedrigere Lärmbelastung),

Als Nachteile erweisen sich neben der aufwändigeren Konstruktion der Trailer gegenüber gewöhnlichen Sattelaufliegern die Vorhaltung und bedarfsgerechte Bereitstellung der Drehgestelle. Außerhalb der USA bieten z. B. die Bayerische Trailerzug Gesellschaft für bimodalen Güterverkehr (BTZ mbH) und die alli Logistik GmbH dieses Transportsystem an[28].

Im **Huckepackverkehr** werden Roll on/Roll off- (RoRo) und Load on/Load off–Verkehre unterschieden. Zur ersten Kategorie zählen die

- Fahrzeugverladung auf andere Verkehrsmittel (meist Straßenfahrzeuge auf Güterwagen oder Schiffe) und
- die sogenannte Rollende Landstraße.

In beiden Fällen sind keine speziellen Umschlaggeräte erforderlich. Die Straßenfahrzeuge rollen mit eigener Kraft oder mittels Zugmaschine auf das Tragfahrzeug. Es muss lediglich die Möglichkeit zum Auffahren der Straßenfahrzeuge auf Schiffe bzw. Güterwagen der Eisenbahn geben. Dazu werden Verladerampen bzw. Verladebrücken genutzt. Bei der **Rollenden Landstraße** fahren komplette Lastzüge oder Sattelzüge auf Flachwagen der Eisenbahn. Geeignet sind dafür nur Spezialtiefladewagen mit durchgehendem Boden, da die Wagen von einer Stirnseite aus befahren werden. Zudem muss zur Einhaltung der zulässigen Lademaße (nach oben) das aufgefahrene Straßenfahrzeug auf einer Standfläche unterhalb der Plattformhöhe von Regelgüterwagen stehen. Diese Transporte sind meist begleitet. Am Zielort können die Lastzüge von den Güterwagen fahren und die restliche Wegstrecke auf der Straße zurücklegen. Die übrigen Roll on/Roll off-Verkehre sind überwiegend unbegleitet. Hierbei handelt es sich meist um Sattelauflieger bzw. Wechselaufbauten.

---

[28] http://www.btz-bimodal.de und http://www.roadrailer.com

Aus energetischer und betriebswirtschaftlicher Sicht werden RoRo-Land-Verkehre kritisch gesehen. Der Energiebedarf für die Güterbeförderung ist bedingt durch das ungünstige Nutzlast-Totlast-Verhältnis vergleichsweise hoch. Bedingt durch den Wettbewerbsdruck des reinen Straßentransports können meist auch keine Preise durchgesetzt werden, die es für die Eisenbahnen attraktiv machen würde, solche Verkehre in größeren Umfang anzubieten. Rollende Landstraßen werden überwiegend aus verkehrspolitischen Gründen eingerichtet und subventioniert, um die ökologischen Belastungen an Engstellen des Straßenverkehrs (z. B. Gebirgspässen) zu mindern oder zu vermeiden. Die Rollenden Landstraßen in den Alpenländern sowie zwischen Dresden und Lovosice sind dafür Beispiele.

Bei Load on/Load off-Verkehren gelangen die Sattelauflieger und Wechselbrücken ausschließlich durch Umschlaggeräte (meist Kranumschlag) auf die Trägerfahrzeuge und am Zielort wieder von diesen herunter. Diese Verkehre sind immer unbegleitet. In der Mehrzahl werden im Huckepackverkehr Wechselbrücken transportiert. Der Anteil an Sattelauffliegern oder Lastzügen ist dagegen wesentlich geringer.

Huckepackverkehre und der Einsatz bimodaler Fahrzeuge stellen zwar interessante Lösungen für ausgewählte Anwendungfälle dar, dominierend ist jedoch der Umschlag von Transportgefäßen. Da über die Seehäfen eine ständig wachsende Anzahl Container umgeschlagen wird, ergibt sich für die Bahnen ein interessantes Geschäftsfeld im Rahmen der Hinterlandverkehre. Kernprobleme des KLV sind

- der effektive d. h. vor allem der schnelle und kostengünstige Übergang der Ladeeinheiten von einem Transportmittel zum anderen,
- die Einhaltung zugesagter Qualitätskriterien und
- zunehmend das Angebot marktgerechter, zusätzlicher Serviceleistungen.

Um im Wettbewerb bestehen zu können, benötigen die Bahnen geeignete Infrastruktur, Fahrzeuge und Betriebskonzepte. Als **Infrastruktur** werden neben dem Gleisnetz Knoten benötigt, an denen die erforderliche Umschlagtechnik für den Übergang auf andere Transportmittel zur Verfügung steht. Auf Merkmale der Infrastruktur wir im Abschnitt 5.3.4 näher eingegangen.

Wesentliche Bedeutung für den rationellen Umschlag hat die eingesetzte **Umschlagtechnik**. Je nach Anforderungsprofil steht unterschiedliche Technik zur Auswahl. Dazu gehören vor allem

- Hubwagen (Portal- und Bügelhubwagen),
- Stapler (Front-, Seiten- und Teleskopstapler) sowie
- Krane (Brücken- und Portalkrane).

In jedem Fall wird von der eingesetzten Umschlagtechnik erwartet, dass sie

- sicher ihre Funktion erfüllt, insbesondere beim Aufnehmen und Abgeben des Umschlaggutes,
- einen schnellen Umschlag ermöglicht,
- mit hoher Zuverlässigkeit arbeitet und
- geringe Kosten bei Beschaffung und Betrieb verursacht.

Das Güteraufkommen in den Umschlagbahnhöfen ist sehr ungleichmäßig. Die Züge des KLV verkehren überwiegend nachts (Nachtsprung). Ziel ist dabei die Annahme bis 19.00 Uhr und die Bereitstellung am Zielbahnhof am nächsten Tag um 7 Uhr. Dadurch entstehen früh am Morgen und abends Zeitfenster mit hohem Aufkommen. Dagegen besteht den restlichen Tag über meist nur wenig Umschlagbedarf. Folglich entsteht ein Dilemma zwischen dem Bestreben nach optimaler Auslastung der Anlagen, d. h. minimalen Betriebskosten, und ausreichender Umschlagkapazität in den kritischen Zeitfenstern.

In der jüngsten Vergangenheit wurden in Deutschland mehrere **Versuchsanlagen** errichtet, um durch verbesserte Umschlagtechnik dem Kombinierten Verkehr Impulse zu verleihen. Es handelt sich um folgende Anlagen:

- **Noell-Schnellumschlaganlage der Noel Stahl und Maschinenbau GmbH** (Versuchsanlage in Würzburg; Bau ggf. am Ubf Lehrte),
- **Krupp-Schnellumschlaganlage der Krupp Fördertechnik GmbH Essen** (Pilotanlage Rheinhausen),
- **Demag-Transmann der Mannesmann Dematic AG** und
- **Concar**[29] (vormals Container-Transport-System CTS) der Thyssen Aufzüge GmbH und des Instituts für Fördertechnik der Universität Karlsruhe.

Dabei wurden unterschiedliche Konzepte verwirklicht. Neben großen leistungsfähigen Anlagen für Megahubs wurden auch innovative Konzepte für kleinere Umschlagpunkte entwickelt. Ein Durchbruch konnte jedoch bisher nicht erreicht werden. Die Gründe dafür sind sicher vielfältig. Zunächst hat sich der Kombinierte Verkehr bei weitem nicht so gut entwickelt, wie dies zunächst angenommen wurde. Zum anderen bestehen hinsichtlich der Wirtschaftlichkeit Probleme. Die derzeitigen niedrigen Preise im ungebrochenen Straßengüterverkehr sind bei gebrochenen Verkehren kaum erreichbar. Ursachen dafür sind u. a. die Kosten für den Umschlag.

Die Versuchsanlagen verdienen trotzdem Beachtung. Sie bestehen nicht nur aus moderner Umschlagtechnik sondern auch aus neuen Anlagenkonzepten. Zu den neuen Entwicklungen gehören z. B.:

- Umschlag unter Fahrdraht (Transmann),
- automatische Datenerfassung z. B. hinsichtlich Fahrtrichtung, Tragwagetyp, Beladezustand, Ladelänge (Krupp-Schnellumschlaganlage),
- Umschlag bei fahrendem Zug (Krupp-Schnellumschlaganlage)[30],
- Nutzung von Hängebahnsystemen (Concar) bzw. Umschlagrobotern (Transmann) statt sonst üblicher Umschlagtechnik.

---

[29] Arnold, D. / Rall, B.: Neues Umschlag und Transportsystem für den Kombinierten Verkehr entwickelt. In: Logistik im Unternehmen. 10 (1996) 7/8 S. 59-61

[30] Rendevous zwischen Schiene und Straße. In: Logistik im Unternehmen. 9(1995) 7/8 S. 56-57

Die Anlagen weisen nicht nur einen höheren Automatisierungsgrad auf, sie erreichen auch überwiegend höhere Umschlaggeschwindigkeiten. Weit wichtiger ist jedoch die Tatsache, dass mit diesen Anlagen der Nachweis erbracht wurde, dass völlig neue **Betriebskonzepte** umsetzbar sind, die weit über den KLV hinaus Bedeutung haben. So gestatten einige Anlagen den direkten Umschlag von Containern zwischen zwei Zügen. Das Rangieren zum Wagenübergang zwischen diesen Zügen entfällt dann. Durch die Verbindung von Wagenladungsverkehren und Kombiniertem Verkehr sowie die Anwendung des Vertikalrangierens, ist die Erschließung weiterer Rationalisierungspotentiale denkbar. Eine Konzeption dafür liefert das COMBI NET(zwerk)[31].

Für kleinere Umschlagpunkte in aufkommensschwächeren Regionen wurden neben dem Automatic Loading System (ALS) auch innovative Konzepte für Umschlag und Transport von Wechselbrücken entwickelt sowie erprobt. Zu den letztgenannten gehört auch das System "**Kombilifter**"[32].

Bei diesen Konzepten sind lediglich ein befahrbares Gleis mit Standmarkierungen für die Wechselbrücken und spezielle Güterwagen erforderlich. Die Wechselbrücken werden entsprechend der Markierungen im Gleisbereich auf ihre Stützfüße gestellt. Anschließend drückt ein Triebfahrzeug die Tragwagen gekuppelt unter die stehenden Wechselbrücken. Hydraulische Hubmechanismen an den Tragwagen heben, positionieren und zentrieren danach die Wechselbrücken. Mit dem Einklappen der Stützfüße ist der Ladeprozess abgeschlossen. Bei der Schenker Eurocargo AG wird diese Technologie genutzt.

Das **Automatic Loading System (ALS)**[33] wurde von ADtranz und der Stelcon AG vor allem für den Umschlag Sattelaufliegern entwickelt und in Schwelm bei Wuppertal vorgestellt. Das System basiert auf einem einfachen Verladebahnsteig bestehend aus Ladegleis mit beidseitiger Rampe sowie speziellen Güterwagen mit Wagenboden in Form eines Tiefbetts und bordeigenen Lafetten mit Raupenfahrwerk als Laderobotern. Der Verladebahnsteig muss in der Höhe dem Niveau des Tiefbetts angepasst sein. Die Lafetten können aus dem Wagenaufbau ausfahren, die Sattelauflieger anheben, über den Wagen ziehen und dort absenken.

Als **Vorteile** des Kombinierten Verkehrs gelten vor allem die Möglichkeit zur Verknüpfung unterschiedlicher Verkehrsträger und die Verlagerung von Verkehren auf die Schiene. Insbesondere kombinierte Verkehre zwischen Schiene, Binnenschiff und Straße sind aus verkehrspolitischer Sicht wünschenswert. Die Systemvorteile der Verkehrsträger sollen dabei genutzt werden. Der Straßengüterverkehr erschließt schnell und flexibel die Fläche und wird durch die umweltverträgliche, straßenentlastende und wirtschaftliche Beförderung des gebündelten Güterstroms über weite Entfernungen mit dem Binnenschiff oder der Bahn ergänzt. Diese Vor-

---

31 Kortschak, B. H.: Vertikalrangieren - das alternative Rangierkonzept. In. Der Eisenbahningenieur 48(1997)3 S. 24-30

32 Warmbold, J.: „Kombilifter" verknüpft Straße mit Schiene ohne Terminal. In: Logistik im Unternehmen 9(1995) 9 S. 66

33 vergl. u. a. Rossberg, R. R.: Raupenfahrzeug hievt Brummies auf die Bahn. In: VDI-Nachrichten (1997) 29 S. 15

teile werden jedoch nicht in gewünschtem Maße erschlossen. Ursachen dafür sind die generellen **Nachteile** des Kombinierten Ladungsverkehrs gegenüber direkten, „ungebrochenen" Verkehren. Diese Nachteile ergeben sich nicht nur aus den zusätzlichen Umschlagprozessen mit dem damit verbundenen Aufwand. Außerdem können Umschlagsterminals nur dort errichtet und betrieben werden, wo dies wirtschaftlich ist. Voraussetzung dafür ist wiederum eine ausreichend hohe und möglichst langfristige Nachfrage. Das Netz der Umschlagsterminals kann somit nicht soweit verdichtet werden, dass von jedem Versandpunkt das nächste Umschlagsterminal in optimaler Entfernung bzw. auf dem Weg zum Empfangspunkt liegt. Die Folge sind zusätzliche Wege, die wiederum Kosten und Zeitverluste verursachen. Mit wachsender Transportentfernung relativiert sich dieser Nachteil. Im Vergleich zu direkten Straßentransporten werden KLV-Direktverkehre ab Transportentfernungen von etwa 300 km als wirtschaftlich angesehen. Aus der Sicht der Transportkunden ist der Preis der kompletten Leistung das wesentlichste Entscheidungskriterium. Die geforderte Qualität setzt sich weitgehend durch den Wettbewerb durch. Für die Preisgestaltung bestehen nur geringe Spielräume. Maßgebende Rahmenbedingungen dafür sind die Preise der Wettbewerbsangebote im ungebrochenen Verkehr auf der Straße und die Kosten bei der Leistungserstellung. Die Kosten im kombinierten Ladungsverkehr ergeben sich aus der Summe der Kosten für die zugehörigen Teilleistungen. Ein konkurrenzfähiger Preis kann somit nur angeboten werden, wenn die Kostensumme unter dem Preis des ungebrochenen Verkehrs liegt. Entscheidendes Problem ist dabei, dass die niedrigen Preise im Straßengüterfernverkehr ihre Ursache nicht nur im hohen Wettbewerb haben, sondern auch durch Stückkostendegression entstehen. Dieser Kostenvorteil muß im Kombinierten Verkehr durch entsprechend geringere Kosten im Hauptlauf ausgeglichen werden. Im Vor- und Nachlauf auf der Straße ist dies nicht möglich. Dazu kommen die Umschlagkosten[34].

Die Entwicklung des Kombinierten Verkehrs ist gekennzeichnet durch:

- wachsendes Mengenaufkommen,
- tendenziell sinkende Transportkosten und
- verschärften Wettbewerb.

Ein **Wachsen des Mengenaufkommens** zeichnet sich ab wegen der angestrebten Vergrößerung der Containerschiffe im Seeverkehr und der schrittweisen Verlagerung von Massenguttransporten in den Containerverkehr. Größere Schiffe erfordern entsprechende Hafenanlagen, in denen Schiffe mit größerem Tiefgang anlegen können. Da nicht alle Häfen für einen solche Ausbau geeignet sind, konzentriert sich der entstehende Hinterlandverkehr auf noch weniger Häfen. Bei diesen Häfen wird eine wachsende Zahl Container zu- und abzuführen sein.

Angesichts des harten Wettbewerbs im liberalisierten Verkehrsmarkt ist ein Ende des **Verfalls der Transportpreise** nicht abzusehen. Auf der anderen Seite lockt ein wachsendes Aufkommen an Containern Marktteilnehmer an. Der **Wettbewerb** im kombinierten Verkehr verstärkt sich daher ebenfalls. Neben den klassischen Anbietern im Kombinierten Ladungsverkehr suchen daher auch neue Wettbewerber ihre Chance. Beispiele dafür sind die Aktivitäten von

---

[34] Kortschak, B. H.: Richtlinie 440/91 (EWG): Quersubvention ade? Auswirkungen auf das Produktionsprogramm im Bahngüterverkehr, in: Internationales Verkehrswesen 45 (1993) 3, S.103-110

Reedereien, die den Aufbau kompletter Transportketten unter Einschluss von See- und Binnenverkehren anstreben[35].

Die Akteure im Marktbereich des Kombinierten Ladungsverkehr lassen sich grob den im Bild 2.10 dargestellten Gruppen zuordnen.

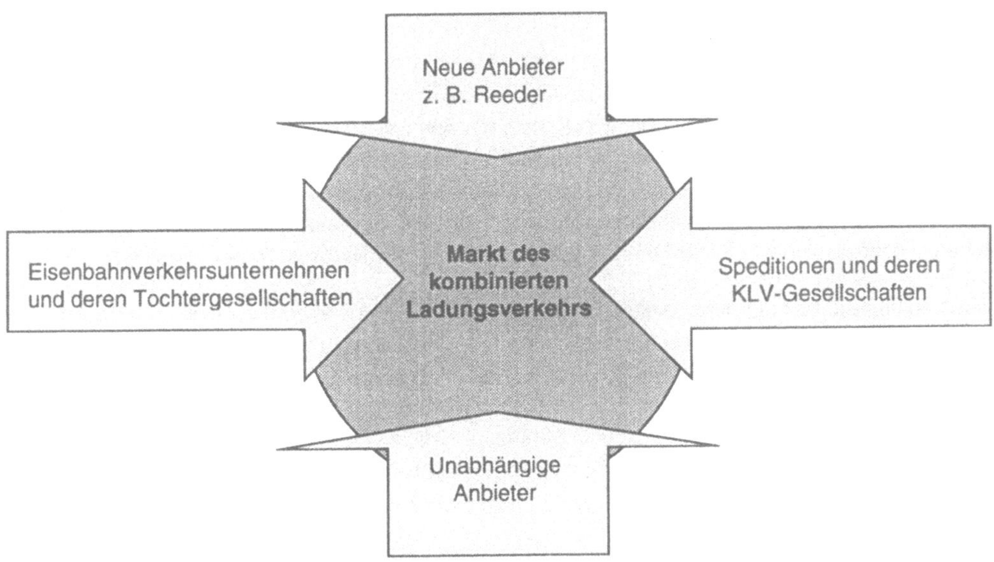

Bild 2.10: Akteure im Marktbereich des Kombinierten Ladungsverkehrs

Zu den Bahnunternehmen und ihren Tochtergesellschaften gehören:

- die DB Cargo AG als EVU,
- Transfracht Internationale Gesellschaft für kombinierten Güterverkehr mbH (TFG) Frankfurt am Main,
- Kombiwaggon Servicegesellschaft für den kombinierten Verkehr mbH (KSG) Mainz,
- BTT Bahntank Transport GmbH (BTT) Mainz und
- die Deutsche Umschlaggesellschaft Schiene-Straße mbH (DUSS),

Die **Transfracht** ist zuständig für die Organisation und Abwicklung des internationalen Containerverkehrs. Hauptgeschäftsfelder sind europaweite Hafenhinterlandverkehre und kontinentale, grenzüberschreitende Verkehre. Das Unternehmen hält eigene Container vor, befördert jedoch auch Container bzw. Wechselbehälter der Transportkunden. Im Hauptlauf wird die Schiene genutzt. Den Vor- und Nachlauf auf der Straße übernimmt der DB- bzw. Transfracht-Straßenzustelldienst.

---

[35] z. B. door-to-door-services von Maersk-Sealand (http://www.maersk.com)

Die **Kombiwaggon**[36] ist eine Servicegesellschaft für den Kombinierten Verkehr, deren Aufgabenschwerpunkt die Betreuung und Disposition des Fahrzeugparks ist. Dabei werden nicht nur die unterschiedlichen Tragwagen der DB AG für den kombinierten Verkehr betreut, Kombiwaggon ist auch für viele internationale Wageneinsteller als Dienstleister aktiv. Während der Tätigkeitsbereich in der Vergangenheit auf das Gebiet der Bundesrepublik Deutschland begrenzt war, gewinnen zunehmend grenzüberschreitende Transporte an Bedeutung, weil daraus Möglichkeiten zur Optimierung des Fahrzeugeinsatzes erwachsen.

Das Aufgabengebiet der **BTT** umfasst nationale und grenzüberschreitende Transporte von flüssigen, rieselfähigen und gasförmigen Gütern im Kombinierten Ladungsverkehr. Das Leistungsspektrum reicht dabei von der Bereitstellung der notwendige Ausrüstung über die technische Betreuung bis zur Beratung. Da viele der im kombinierten Flüssigtransport bewegten Güter als Gefahrgüter klassifiziert sind, spielt die Einhaltung der einschlägigen Rechtsgrundlagen bei der Planung und Durchführung dieser Transporte eine herausragende Rolle. Die BTT ist eine Tochtergesellschaft der DB AG, die gemeinsam mit der Transfracht gegründet wurde.

Selbstverständlich sind viele andere europäische Bahnen im kombinierten Ladungsverkehr aktiv. Bedingt durch die besonderen Probleme im Alpentransit bieten z. B. die Cargo Combi CH und Rail Cargo Austria vielfältige kombinierte Verkehre an.

An der Deutschen Umschlaggesellschaft Schiene - Straße (DUSS) mbH[37] sind DB Netz AG und Kombiwaggon Servicegesellschaft für den kombinierten Verkehr mbH zu je 50 % beteiligt. Das Unternehmen

- betreibt Umschlagterminals in Mannheim und Stuttgart,
- bietet Planungsleistungen an, insbesondere zur Planung von Terminals,
- berät bei allen Fragen im Zusammenhang mit Terminals des Kombinierten Ladungsverkehrs,
- ist aktiv in der Forschung und
- organisiert die Terminaldachorganisation (TDO).

Generelles Ziel ist die Förderung der Kooperation zwischen Schiene und Straße im Umschlagbereich des Kombinierten Ladungsverkehrs. Darüber hinaus vertritt die DUSS in der Terminaldachorganisation die Interessen weiterer privater Terminalbetreiber und ist Ansprechpartner gegenüber Politik, KV-Operateuren und Eisenbahngesellschaften.

Das Angebot der Bahngesellschaften steht in Konkurrenz zu den Leistungen der Transporteure und Spediteure. Die privaten Operateure haben sich in der **Union Internationale des sociétés de transport combiné Rail – Route (UIRR)**[38] zusammengeschlossen. Die **UIRR** ist eine Genossenschaft belgischen Rechts mit Sitz in Brüssel. Zur Zeit sind 18 Kombiverkehrsgesell-

---

[36] vergl. http://www.kombiwaggon.de

[37] vergl. http://www.duss-terminal.de

[38] vergl. http://www.uirr.com

schaften mit Sitzen in 18 europäischen Ländern Mitglieder. Die Aktivitäten dieses Verbandes umfassen:

- die Förderung des Kombinierten Verkehrs durch vielfältige Formen der Lobby- und Öffentlichkeitsarbeit,
- die Herstellung und Unterhaltung von Kontakten zu den Europäischen Behörden
- die Kontaktpflege mit verschiedenen anderen Beteiligten am Kombinierten Verkehr
- die Erarbeitung von Methoden und Systemen zur "Vereinfachung" des Kombinierten Verkehr in Verantwortung der internen Kommissionen Technik, Betrieb, Informatik und Kommerzielles,
- Der Betrieb eines "Service Centers" für die Durchführung bzw. Koordinierung von Forschungsarbeiten oder Ausarbeitungen zum Nutzen und im Auftrag der Mitglieder.

Die genossenschaftlich strukturierten Kombiverkehrsgesellschaften wie auch deren Verband, die UIRR, wurden auf Initiative von Speditionen, Transportunternehmen und deren Verbänden gegründet. Inzwischen stehen mehr als 1000 überwiegend mittelständische Speditions- und Transportbetriebe hinter den im UIRR organisierten Kombiverkehrsgesellschaften. Nationale Eisenbahnunternehmen halten jeweils nur Minderheitsbeteiligungen.

Die deutsche **Kombiverkehr GmbH & Co KG**[39] zählt zu den bedeutendsten Kombiverkehrsgesellschaften in Europa. Komplementär der Gesellschaft ist die Deutsche Gesellschaft für kombinierten Güterverkehr mbH. Kommanditisten sind ca. 270 Speditions- und Transportunternehmen. Die Kombiverkehr arbeitet mit den in der UIRR organisierten Partnerunternehmen zusammen. Damit ergibt sich ein Netzwerk für den kombinierten Verkehr, das territorial über Europa hinausreicht. Der Aufgabenschwerpunkt der Gesellschaft ist die Organisation nationaler und internationaler Huckepackverkehre. Dazu gehören auch Schienentransport, Umschlag zwischen Straßen- und Schienenfahrzeugen, Zwischenlagerung und Informationslogistik. Das eigene elektronische Informationssystem ALI BABA unterstützt z. B. die gesamte Auftragsabwicklung. Mit dem Kombi-Netz 2000+[40] wird versucht, über ein gestrafftes Angebot qualitativ hochwertige und schnelle Verbindungen zwischen den Wirtschaftszentren zu vermarkten. Ziele sind dabei

- Die Verknüpfung des nationalen und internationalen Netzes zu einem europaweiten Ganzzugsystem,
- Preisstabilität bis Ende 2001,
- permanente Fahrplanverbesserung und
- effektives Qualitätsmanagement in Zusammenarbeit mit DB Cargo und DB Netz.

---

[39] vergl. http://www.kombiverkehr.de und Wir machen das Beste aus Straße und Schiene. Firmenschrift der Kombiverkehr GmbH & Co KG. 1998

[40] Kombi-Netz 2000+ Das Ganzzugsystem für den Kombinierten Verkehr. Firmenschrift der Kombiverkehr GmbH & Co KG. Januar 2000

Neben den Unternehmen der Bahnen und Spediteure ist **Intercontainer – Interfrigo (ICF) s. c. Pan-europäischer Netzwerk-Operator für kombinierte Verkehre und Frigo-Transporte**[41] [42] ein weiterer wichtiger Wettbewerber. An der ICF s. c. sind fast alle europäischen Bahnen beteiligt. Die Vielzahl der Beteiligten spricht für eine weitgehende Unabhängigkeit gegenüber Individualinteressen. Das Unternehmen ist aus der von den europäischen Eisenbahnen bzw. ihren Tochtergesellschaften gegründeten Gesellschaft Intercontainer und der für temperaturgeführte Transporte zuständigen Bahntochter Interfrigo entstanden. Auch hierbei handelt es sich um eine Genossenschaft nach belgischem Recht mit juristischem Sitz in Brüssel. Die Generaldirektion befindet sich in Basel. Aufgabe der Gesellschaft ist die Vermarktung der Produkte „Interfrigo" [43] und „Intercontainer". Als Produkt „Intercontainer" wird die Entwicklung, Operation und Vermarktung von nationalen und internationalen Kombinierten Verkehren Schiene - Straße verstanden. Außer Albanien sind alle europäischen Eisenbahnverwaltungen sowie die Eisenbahnverwaltungen der Türkei und des Iran Mitglieder der ICF. Die in der ICF organisierten Containergesellschaften der Bahnen bieten den Verladern im europäischen Binnenverkehr die gesamte kombinierte Transportkette an. Das Leistungsangebot umfasst Straßenvorlauf, Schienenhauptlauf und Straßennachlauf sowie Terminal-Terminal-Verkehre. Neue Wettbewerber, z. B. ursprünglich vor allem im Seeverkehr aktive Unternehmen, drängen zusätzlich auf den Markt.

Ein weiterer wichtiger Aspekt ist die zunehmende Geschäftsabwicklung unter Nutzung elektronischer Medien (**electronic business**). Die Akteure des kombinierten Verkehrs nutzen hier vor allem die Möglichkeiten, elektronische Angebote zu platzieren und verschiedene Serviceleistungen auf elektronischem Wege zu erbringen. Ein Beispiel dafür ist die ICF s. c. Wie die meisten im KLV tätigen Unternehmen ist diese Genossenschaft mit einer Homepage im Internet vertreten. Dort wird das Unternehmen und seine Produkte vorgestellt. Neben Kundenbriefen kann der aktuelle Geschäftsbericht ebenso heruntergeladen werden wie die Allgemeinen Geschäftsbedingungen. Als elektronischer Service werden Tracking & Tracing sowie die Bereitstellung von Fahrplandaten angeboten. Die TFG wickelt bereits einen erheblichen Anteil des Informationsaustausches mit ihren Kunden auf elektronischem Wege ab. Neben EDI ist das Kapazitäts- und Reservierungssystem plus Infokette (KARIN) dafür eine wichtige Basis. Neben der elektronischen Reservierung durch den Kunden ist auch bei diesem Unternehmen die permanente Überwachung des Containertransports ein Leistungsbestandteil.

2.6.6 Marktgerechte Produkte

Marktgerechte Produkte sind dadurch gekennzeichnet, dass sie möglichst passgenau bestehende Kundenbedürfnisse (Nachfrage) abdecken und zu einem marktfähigen Preis angeboten werden können. Im gesamten Logistikbereich werden zunehmend Problemlösungen nachfragt. Es reicht heute nicht mehr aus, lediglich den klassischen Transport von A nach B anzubieten. Neben der qualitativ hochwertigen Transportdurchführung geht hier der Trend zu den bereits genannten Zusatzleistungen. Dazu gehören nicht nur die unmittelbar mit dem Transport im

---

[41] vergl. Gütertransport im Land-, See- und Luftverkehr. 40. Aufl. K. O. Storck Verl. 2000 S. 203

[42] http://www.icfonline.com

[43] Zum Problemkreis temperaturgeführte Transporte bzw. Produkt „Interfrigo" vergl. Abschnitt Fahrzeuge.

Zusammenhang stehende Leistungen wie z. B. Verwiegung, Be- und Entladung, Ladungssicherung usw. sondern auch „transportfremde" Leistungen wie Informations- und Finanzdienstleistungen. Nicht alle genannten Teilleistungen können und müssen dabei unbedingt durch die Bahnen selbst erbracht werden. Vielfach arbeiten die Bahnen mit geeigneten Partnern zusammen. Diese neuartigen Komplexangebote werden entweder individuell für und mit Kunden entwickelt sowie umgesetzt oder am Verkehrsmarkt als neue Produkte angeboten.

Aufbauend auf den vorgestellten Basisleistungen entwickeln die Bahnen deshalb zunehmend **individuelle Produkte**. Dabei sind zwei grundsätzlich unterschiedliche Sichtweisen zu berücksichtigen:

- die Produktion (betriebliche Sicht) und
- der Absatz (Kundenbezug, Vermarktungschancen...)

Aus **betrieblicher Sicht**:

- können nur wenige, ausschließlich technologisch bedingte Basisleistungen (Ganzzug, Wagenladung, Kleingut, KLV) realisiert werden, grundsätzliche Veränderungen bzw. Ergänzungen sind schwierig und kurzfristig meist nicht umsetzbar,
- sind im Rahmen dieser Basisleistungen über qualitative Abstufungen oder Kombinationen mit anderen Leistungen kunden- bzw. kundengruppenspezifische Leistungspakete möglich.

Qualitative Abstufungen sind vor allem möglich über

- die vereinbarte Einhaltung zeitlicher Kriterien,
- die Beachtung besonderer Anforderungen an die Behandlung (Sorgfalt, Vorsicht im Umgang...) und/oder
- die Kombination mit Zusatzleistungen (z. B. „eisenbahntypisch": Verwiegung / „eisenbahnuntypisch": Warenpflege, Informationsservice).

Die größten Spielräume bestehen bei zeitlichen Kriterien. Als Beispiele seien hier genannt:

- die Einhaltung vorgegebener Transportzeiten,
- die Abholung bzw. Anlieferung in vereinbarten Zeitfenstern und
- die Unterscheidung durch Priorität (z. B. Vorrang von Zuggattungen).

Im Wagenladungsverkehr der DB AG werden neben verschiedenen Zuggattungen verkehrlich zwei Beförderungsarten unterschieden, nämlich

- Wagen mit eiliger Beförderung (Eilwagen) und
- Frachtgutwagenladungen.

Mit Eilwagen werden alle eilbedürftigen Güter befördert. Sie sind somit nicht mit der früheren Beförderungsart „Eilgut" identisch. Für Eilwagen sind Schnellgüterzüge mit hohen Reisegeschwindigkeiten vorgesehen.

Aus der **Sicht des Absatzes** (verkehrliche Sicht) muss versucht werden, auf der Basis der Kernkompetenzen der Bahn, d. h. der Kernleistungen, marktgerechte Leistungspakete zu entwickeln und zu vermarkten. Dabei sind folgende Aufgaben zu lösen:

- die Anpassung von Basisprodukten an aktuelle Kundenanforderungen durch Kombination bzw. Ergänzung mit anderen Leistungen,
- der Ausgleich von technologischer Machbarkeit, Wirtschaftlichkeit und Attraktivität für den Kunden (z. B. durch guten Service) herzustellen sowie
- das Entscheidungsdilemma zwischen Kooperation und Wettbewerb situationsabhängig zu lösen.

Aus Marketingaspekten oder Gründen der Wirtschaftlichkeit können kurzfristige Änderungen erforderlich sein. Die Produkte unterliegen deshalb einem Wandel, der sich in der Änderung von Bezeichnungen, der Streichung oder einer Neudefinition äußern kann. Generell können Forderungen des Marktes jedoch nur in dem Maße erfüllt werden, wie sie betrieblich umsetzbar und wirtschaftlich realisierbar sind.

2.7 Produktionsverfahren im Güterverkehr

Als Produktionsverfahren werden grundlegende betriebliche Abläufe bezeichnet, die zur Erbringung der als Produkte definierten Dienstleistungen erforderlich sind. Zu den Produktionsverfahren zählen:

- Klassisches Verfahren,
- Knotenpunktverfahren,
- Flexibles Knotenpunktverfahren[44] und
- Modulzugsystem[45].

Die **Klassischen Verfahren** waren gekennzeichnet durch viele Betriebsstellen mit Güterverkehrsanlagen und den Einsatz spezifischer Zuggattungen. Der Wagenlauf folgte weitgehend dem Leitungsweg. Dieses Verfahren wurde bereits vor Jahren bei der Deutschen Bundesbahn durch das Knotenpunktverfahren abgelöst.

Der große Vorteil dieses Verfahrens bestand in der sehr guten Erschließung der Fläche. So wurden z. B. mit den sogenannten Nahgüterzügen kleine und kleinste Bahnhöhe bedient. Die umfassende Flächenerschließung verursachte einen sehr hohen Aufwand durch

---

[44] Beisler, L.: Transportzeiten im Schienengüterverkehr. In: ETR 48(1999)6 S. 361-366

[45] Mayer, J.: Produktionskapazitäten durch flexible Modulzugsysteme. In: ETR 48(1999)9 S. 560-565

- den großen Personalbedarf,
- den hohen Bedarf bzw. die ungünstige Auslastung der Triebfahrzeuge,
- die lange Wagenumlaufzeiten,
- erheblichen Rangieraufwand und
- schlechte Automatisierungsmöglichkeiten.

Mit dem **Knotenpunktverfahren** (KPV) wurde versucht, die massiven Nachteile des klassischen Verfahrens auszugleichen. Der Grundgedanke besteht dabei darin, den Knoten im Netz definierte Aufgaben zuzuweisen.

Es werden folgende Knotentypen unterschieden:

- wenige große Rangierbahnhöfe (Rbf) mit Ablaufanlagen aber weitgehend ohne Güterverkehrsanlagen,
- mittelgroße Knotenpunktbahnhöfe (Kbf) mit Rangieranlagen, meist mit Ablaufanlagen und
- kleine Satelliten-Bahnhöfe (Sbf) mit Güterverkehrsanlagen.

Den einzelnen Knotentypen sind dabei klare Aufgaben zugedacht. Am vereinfachten Beispiel eines Wagenlaufes soll diese Aufgabenteilung deutlich werden:

Knoten	Aufgabe
Sat (Versandknoten)	• Vorhaltung von Güterverkehrsanlagen für Beladung • Gleisanlagen zum Anschluss der Kunden und zur Ladestellenbedienung • Sammeln Wagen von Ladestellen • Bilden von Übergabezügen
Kbf (Sammelknoten)	• Sammeln der im Bereich des Kbf aufgekommenen Wagen • Nah-/Fernumstellung
Rbf (Sortiermaschine)	• Zugauflösung / Zugbildung • Fern- / Fernumstellung
Kbf (Verteilknoten)	• Verteilen der für den Bereich des Kbf bestimmten Wagen • Fern-/Nahumstellung
Sat (Empfangsknoten)	• Auflösen Übergabezüge • Gleisanlagen zum Anschluss der Kunden und zur Ladestellenbedienung • Verteilen der Wagen an Ladestellen • Vorhaltung von Güterverkehrsanlagen für die Entladung

Tabelle 2.8: Aufgaben der Knoten im Rahmen des Knotenpunktverfahrens

Der Wagenlauf richtet sich dabei nach der entsprechenden Knotenhierarchie. Umwege sind deshalb bis zur Ebene der Rbf nicht vermeidbar.

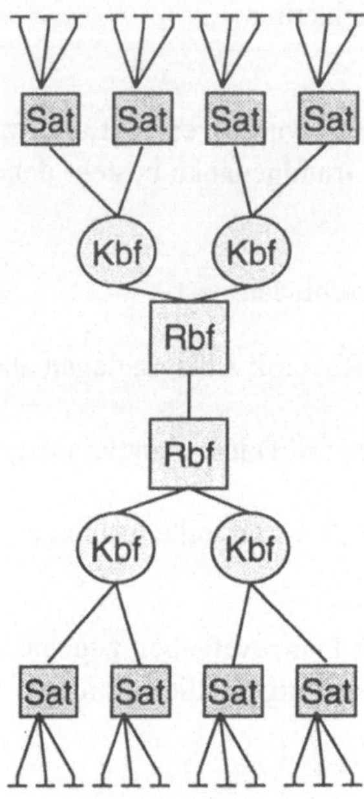

Bild 2.11: Kotenpunktverfahren

Die Vorteile des Kotenpunktverfahrens sind offensichtlich:

- die Rangierarbeiten werden soweit wie möglich auf Kbf und Rbf konzentriert und dort möglichst effizient durchgeführt,
- dadurch können Triebfahrzeuge und Personale effizenter eingesetzt werden,
- durch die Konzentration auf Kbf und Rbf bestehen dort bessere Automatisierungsmöglichkeiten,
- die Wagenumlaufzeiten können verkürzt werden,
- die Senkung des Aufwandes führt zu deutlich geringeren Kosten.

Nachteilig sind :

- die geringere Erschließung der Fläche,
- durch die Einhaltung der Knotenhierarchie auftretende Umwege und
- reativ starre Zeitfenster.

Mit dem **flexiblen Knotenpunktverfahren** (FKPV) wird das Knotenpunktverfahren dahingehend modifiziert, dass von der starren Einhaltung der Knotenhierarchie abgewichen werden kann, wenn dies technologische Vorteile bringt. Dadurch können die nachteiligen Umwege minimiert werden.

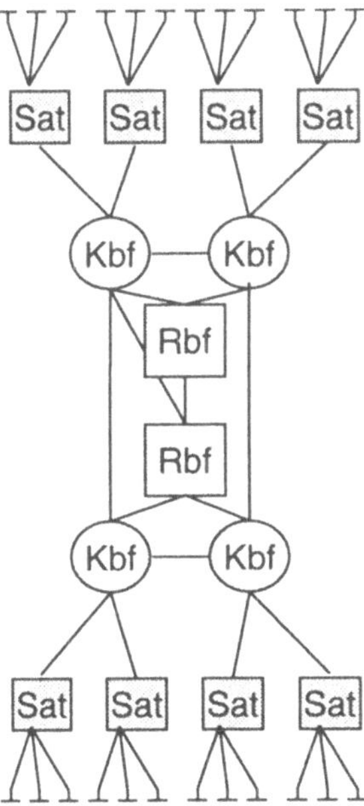

Bild 2.12: Flexibles Kotenpunktverfahren

In den letzten Jahren wurde bei der DB AG in Zusammenarbeit mit der Schienenfahrzeugindustrie ein neues Produktionsverfahren getestet, das **Modulzugsystem**[46]. Ziele waren dabei

- die Verbindung der Effizienz von Ganzzügen mit der Flexibilität des Einzelwagenverkehrs und
- das Realisieren häufigerer Angebote bei kleinerem Aufkommen.

Das Verfahren basiert auf spezieller Fahrzeugtechnik die in Anlehnung an den Straßengüterverkehr konzipiert ist. Der Grundgedanke besteht darin leichte, beladbare Zugmaschinen mit wenigen Anhängefahrzeugen zur Bedienung der Ladestellen einzusetzen. Treten auf dem Weg vom Sammelbereich zum Verteilbereich größere gemeinsame Streckenabschnitte auf, dann sollen mehrere solcher Einheiten weitgehend automatisch gekuppelt werden und diese Strekkenabschnitte als ein Zug durchfahren Der Verfahrensablauf lässt sich wie folgt beschreiben:

---

[46] vergl. Mayer, J.: Produktionskapazitäten durch flexible Modulzugsysteme. In: Eisenbahntechnische Rundschau 48(1999)9 S. 560-565

- kleine Modulzüge sammeln im Aufkommensbereich die Ladung,
- im Knoten, vor einer längeren gemeinsamen Strecke kuppeln mehrere Modulzüge automatisch bzw. automatisiert und durchfahren die gemeinsame Strecke als ein Zug,
- im Knoten am Ende der gemeinsamen Strecke entkuppeln die Modulzüge wiederum automatisch bzw. automatisiert
- danach fahren die einzelnen Modulzüge zur Bedienung der Kunden in den jeweiligen Zielbereich.

Dieses Betriebskonzept wird auch als **Train-Coupling and –Sharing (TCS)** bezeichnet.[47] Voraussetzungen dafür sind:

- die Verfügbarkeit technisch geeigneter Fahrzeuge, ausgestattet mit automatischer Kupplung, Sensorik, Zugbus usw.
- die Wirtschaftlichkeit der Fahrzeuge,
- die Beherrschung vom Mischverkehren mit konventionellen Zügen und
- die Durchführbarkeit eines weitgehend automatischen und/oder automatisierten Betriebes.

Als Vorteile sind angestrebt:

- Kurze Wagenumlaufzeiten,
- minimaler Rangieraufwand,
- der Verzicht auf die Nutzung von Kbf und Rbf,
- ein hoher Automatisierungsgrad,
- kaum auftretende Umwege und
- eine gute und flexible Erschließung der Fläche.

Als nachteilig hat sich bisher erwiesen, dass dieses Produktionsverfahren an die strikte Erfüllung der Voraussetzungen gebunden ist. Das gilt insbesondere für die Verfügbarkeit spezieller Fahrzeuge, die über die notwendige komplexe technische Ausrüstungen verfügen und über den kompletten Lebenszyklus betrachtet wirtschaftlich sind.

Zum gegenwärtigen Zeitpunkt sind diese Voraussetzungen noch nicht vollständig erfüllt. Z. B. wurde der Einsatz des Cargo-Sprinters auf den Strecken von Osnabrück und Hamburg zur Cargo City-Süd auf dem Frankfurter Flughafen vorerst eingestellt. Die Speditionen Hellmann und Birkart hatten hier fast zwei Jahre die neue Fahrzeugtechnik nach dem Modulzugsystem genutzt.[48]

---

[47] vergl. z. B. Siegmann, J.: Neue Betriebskonzepte eines intelligenten Güterzuges – Anstoß für mehr Güter auf die Bahn? Vortrag auf der railtec 2000

[48] Einsätze ändern sich. In: Der Eisenbahningenieur. – Frankfurt: 50 (1999) 12 S. 82

Trotz derzeit noch nicht vollständig gelöster Probleme könnte das Modulzugverfahren in Zukunft als Ergänzung zum flexiblen Knotenpunktsystem für ausgewählte Relationen durchaus interessant sein.

Im Rahmen der heute genutzten Produktionsverfahren sind eine Reihe Modifikationen möglich, die sich hinsichtlich ihrer Eignung und des damit verbundenen Aufwandes unterscheiden. Dazu gehören die in der Tabelle 2.9 zusammengefassten Verfahren.

Sowohl **Pendel- oder Shuttlezüge** wie auch Direktzüge stellen praktikable Formen des Ganzzugverkehrs dar. Stabile paarige Verkehre sind die Voraussetzung für den Einsatz von Pendelzügen. Wo immer möglich wird man dieses Verfahren wählen, weil der betriebliche Aufwand dafür minimal ist und die Ausnutzung des rollenden Materials kaum besser sein kann. Wenn ein ausreichend hohes Verkehrsaufkommen über einen längeren Zeitraum besteht, brauchen nur einmalig Leerwagen bereitgestellt werden und nach der Zugbildung kann der Zugverband im permanenten Kreislauf rollen. Der Wagenzug braucht in seiner Zusammensetzung nur geändert werden, wenn Fahrzeuge aus Gründen der Wartung oder Instandhaltung ausgetauscht werden müssen. Leider sind die Voraussetzungen für die Anwendung des Verfahrens eher selten anzutreffen. Der Wandel von der Massenproduktion zu immer kleineren flexibleren Produktionseinheiten ist dafür die Ursache. Zum Beispiel in der Automobilindustrie, der Chemie, der Montanindustrie und der Entsorgungswirtschaft lassen sich jedoch durchaus noch Einsatzfelder finden.

Direktzüge sind immer noch vorteilhafter als Einzelwagenverkehre. Sie unterscheiden sich von den Pendelzügen durch ihre Unpaarigkeit. In einem Aufkommensbereich müssen Leerwagen bereitgestellt und dort beladen werden sowie als geschlossene Zugeinheit bis zum Empfangsbereich verkehren.

Basisprodukt	Bezeichnung des Verfahrens	Darstellung des Verfahrens	Rangieraufwand
Ganzzug-verkehr	Pendel- oder Shuttlezug		Minimal
	Direktzug		Niedrig
Einzelwagen-verkehr	Linien- oder Ringzug		Minimal
	Flügelzug		Mittel
	Mehrgruppenzug		Hoch
	Einzelwagen		Sehr hoch
KLV	**Nabe-Speiche-Verfahren**		**Abhängig von der Umschlagtechnik**

Tabelle 2.9: Verfahren bei der Produktion von Schienenverkehrsleistungen

Nicht immer besteht nur die Alternative zwischen Ganzzug- und Einzelwagenverkehren. Aufbauend auf dem breiten Spektrum möglicher Variationen ergeben sich die verschiedenen Verfahren des Einzelwagenverkehrs. Im Bestreben den betrieblichen Aufwand minimal zu halten und bei guter Ausnutzung des Fahrzeugparkes ein attraktives Angebot zu gestalten, wurden mehrere Versuche mit **Linien- bzw. Ringzugverkehren** durchgeführt. Der Grundgedanke ist dabei, ähnlich dem Kreisförderer, definierte Bedarfspunkte entlang einer Strecke (Linienverkehr) oder einer Route (Ringzugverkehr) in festgelegten Zeitabständen anzufahren und dort Güter zu übernehmen bzw. zu übergeben. Die um 1995 untersuchten Ringzugkonzepte[49] [50] zielten auf den Kombinierten Ladungsverkehr. An den vorgesehenen Haltepunkten sollten Container oder Wechselaufbauten je nach zu erwartendem Aufkommen mit unterschiedlicher Umschlagtechnik verladen werden. In ähnlicher Weise funktionierten in früheren Zeiten die Nahgüterzüge im Wagenladungsverkehr mit Einzelwagen. Problematisch ist die Wirtschaftlichkeit dieser Verfahrensweise, vor allem hinsichtlich des Umschlagaufwandes. Um trotzdem nicht den hohen Aufwand des Einzelwagenverkehrs im Knotenpunktverfahren treiben zu müssen, wurde das flexible Knotenpunktverfahren und das Modulzugverfahren entwickelt. Diese Konzepte greifen den Gedanken auf, nicht aus organisatorischen Gründen einen Rangierbahnhof anfahren zu müssen, wenn kein Rangierbedarf besteht, bzw. ganz auf Rangierbahnhöfe zu verzichten. Dafür spricht, dass nicht immer nur einzelne Wagen oder komplette Züge von Versendern genutzt werden. Es gibt durchaus auch Wagengruppen die ihren Weg ganz oder teilweise gemeinsam zurücklegen sollen. Bei Flügel- und Mehrgruppenzügen wird dieser Sachverhalt genutzt. Beim **Flügelzug** legen alle Wagen zunächst eine Wegstrecke gemeinsam zurück. Der Zug wird erst getrennt, wenn sich die Wege der Wagengruppen trennen. Die Verfahrensweise ist nur bei ausreichend langen gemeinsamen Wegen und wenigen Gruppen mit unterschiedlichen aber nicht zu weit auseinanderliegenden Zielen sinnvoll. Ähnlich wie die Abfahrt an einem gemeinsamen Abgangsbahnhof für Wagengruppen mit verschiedenen Zielen als Flügelzug möglich ist, ist auch der umgekehrte Fall denkbar. Dann würden Gruppen von verschiedenen Abgangsbahnhöfen gesammelt und als kompletter Zug zum gemeinsamen Zielbahnhof befördert.

Mehrgruppenzüge sind lediglich als Zwischenstufe zwischen Flügelzügen und Einzelwagenverkehr anzusehen. Der Rangieraufwand ist niedriger als im Einzelwagenverkehr, weil innerhalb der Züge Wagen mit gleichem Zielbahnhof als Gruppe hintereinander stehen und damit die Zahl der notwendigen Trennstellen bei erforderlichen Wagenübergängen zwischen Zügen geringer sind.

Nabe-Speiche-Systeme spielen im KLV eine Rolle. Dort wird versucht, die Mehrzahl der Umschlagprozesse auf gut ausgebaute und automatisierte Umschlagbahnhöfe (Hubs) zu konzentrieren. Kleinere Umschlagpunkte (Spokes) haben die Aufgabe von Sammel- bzw. Verteilknoten. Die Höhe des Rangieraufwandes hängt davon ab, welche Technologie angewandt wird. Werden Containertragwagen mit Hilfe der Rangiertechnologie behandelt, so entsteht hoher Rangieraufwand. Beim Umschlag der Ladeeinheiten entsteht dagegen wenig Rangieraufwand.

Bei grober Betrachtung ist dies die Übertragung des Knotenpunktsystems auf den KLV. Der entscheidende Unterschied liegt in der Art und Weise des Übergangs der Ladungen zwischen den Zügen. Wie bereits erwähnt wechseln im Wagenladungsverkehr immer die Wagen mit der Ladung die Züge. Im KLV können Ladeeinheiten zwischen den Zügen umgeschlagen werden.

---

[49] Bosserhoff, D. / Biehl, H.-N.: „HessenCargo" – Neues Zugsystem für den regionalen Kombinierten Verkehr. In: Internationales Verkehrswesen, 47(1995) 9 S. 535-542

[50] Ringzug Rhein-Ruhr soll auch im Regionalverkehr Güter auf die Schiene locken. In: Logistik im Unternehmen) 9 (1995)3 S. 55

Zusammenfassend bleibt festzustellen, dass in der Praxis noch immer aufwändige und kosten-intensive Rangiertechnologien dominieren. Moderne Systemansätze konnten sich aus vielerlei Gründen noch nicht durchsetzen. Meist waren bisher die erforderlichen Fahrzeuge bzw. deren Einsatz nicht wirtschaftlich genug oder die Nutzeffekte ließen sich nur bedingt erschließen. Erschwerend ist häufig die Tatsache, dass der volle Nutzen erst nach einer weitgehend voll-ständigen Umstellung der Produktionsverfahren eintritt. Teilweise zwingen Mischverkehre noch zur Vorhaltung von Infrastrukturen, deren Abschaffung weitreichende Einsparungen bringen würden. Erfolgsaussichten bestehen neben Inselverkehren sicherlich in solchen Netz-bereichen, die eine schrittweise Einführung neuer Techniken und Abläufe gestatten. In dem Maße, wie der Einsatz der Telematik eine Verlagerung der für die Zugsicherung erforderlichen Technik aus dem Gleisbereich in die Fahrzeuge Wirklichkeit werden lässt, ergeben sich neue Chancen für den dringend notwendigen Wandel der Produktionsverfahren. Auf entsprechende Ansätze wird auch im Abschnitt 6.3.5 eingegangen.

3 Rahmenbedingungen

3.1 Übersicht

Für die realistische Beurteilung von Chancen und Risiken des Schienengüterverkehrs im Wettbewerb mit anderen Verkehrsträgern ist die Kenntnis der wesentlichsten Rahmenbedingungen unerlässlich. Dies ist unter den heutigen Wettbewerbsbedingungen umso wichtiger, zumal solche Betrachtungen zunehmend existenziellen Charakter annehmen. Dabei lastet auf den europäischen Bahnen ein historisches Erbe, welches eine optimale Anpassung an die dynamischen Marktverhältnisse nicht gerade leicht macht. Dieses Erbe ist durch divergierende Entwicklungen im Rahmen der Europäischen Nationalstaaten auf vielen Gebieten des Eisenbahnwesens geprägt. Trotzdem die Bahnen seit Jahrzehnten in internationalen Verbänden wie der UIC[1] um entsprechende Harmonisierungen gerungen haben, existieren noch heute Hemmnisse im internationalen Schienengüterverkehr. Selbst im nationalen Bereich besteht durchaus noch Handlungsbedarf. Darüber hinaus ist es wichtig für Kunden und Partner der Bahnen deren wesentlichste Rahmenbedingungen zu kennen. Erst daraus lässt sich ableiten, welche Möglichkeiten das System Bahn bietet aber auch welche Grenzen es hat. Die wichtigsten Beurteilungskriterien lassen sich in die Kategorien

- technische
- wirtschaftliche und
- rechtliche Rahmenbedingungen

einordnen.

3.2 Technische Rahmenbedingungen

Bei der Beurteilung der technischen Rahmenbedingungen spielen die Wechselbeziehungen zwischen Transportmittel, Transportgut und Transportanlagen eine herausragende Rolle. **Transportmittel** in Form von Schienenfahrzeugen nehmen bei der Ortsveränderung von Gütern (und Personen) eine zentrale Stellung ein. Sie haben die Aufgabe die wirtschaftliche Ortsveränderung der Güter zu ermöglichen (Transportfunktion). Darüber hinaus müssen sie die Güter in ausreichendem Maße gegenüber Transportbeanspruchungen schützen (Schutzfunktion). Beanspruchungen resultieren aus

- dem Wegenetz (Kurven, Steigungen...),
- der Behandlung in Bahn- und Verladeanlagen (Umschlaganlagen, Bremsanlagen..),
- bahntypischen Arbeitsabläufen (Rangieren...) und
- physikalischen Vorgängen bei der Ortsveränderung (Anfahr- und Bremsvorgänge, Witterungseinflüsse...).

---

[1] http://www.uic.asso.fr

Durch geeignete Fahrzeuggestaltung und optimale Ladungssicherung kann die Schutzfunktion gewährleistet werden.

Das **Transportgut** stellt bedingt durch seine spezifischen Eigenschaften individuelle Anforderungen an Fahrzeug, Fahrweg und Organisation der Transportdurchführung. Das Transportgut kann bedingt durch seine physikalischen und sonstigen Eigenschaften (z. B. Masse, Abmessungen, Aggregatzustand) nur mit einem geeigneten bzw. zugelassenen Fahrzeug transportiert werden. Auch der Fahrweg muss für den Transport geeignet sein. Besonders deutlich wird dieser Zusammenhang beim Transport außergewöhnlicher Sendungen, die durch ihre Masse, ihre Abmessungen oder ihre Gefährlichkeit eine gesonderte Behandlung erfordern.

Die Grundzusammenhänge zwischen Fahrzeug, Fahrweg und Organisation der Transportdurchführung treffen in Analogie für alle Verkehrsträger zu. Das System Bahn ist jedoch durch einige bestimmende Dimensionierungsgrößen charakterisiert, die nicht beliebig variierbar sind aber den Handlungsrahmen vorgeben, an den Bahnunternehmen gebunden sind. Die Kenntnis dieses Handlungsrahmens ist nicht nur für diese Unternehmen von Bedeutung sondern auch für deren Partner und Kunden. Hieraus leitet sich ab, was Bahnen im Güterverkehr leisten können und was nicht.

Bestimmende Dimensionierungsgrößen sind

- Zuglänge,
- Radsatzlast und
- Fahrzeugprofil

Dazu kommen abgeleitete bzw. abhängige Größen wie z. B. Meterlast und Oberstromgrenze. Nachfolgend wird auf die Dimensionierungsgrößen und die Auswirkungen möglicher Veränderungen näher eingegangen.

Als **Zuglänge** wird die zulässige Länge eines Zuges bezeichnet. Für betriebliche Belange findet teilweise nur der Wagenzug ohne Triebfahrzeug Berücksichtigung. Die Längenangabe ist in Metern oder Achsen üblich. Für die Bemessung von Anlagen bezieht sich die Zuglänge in Metern auf den kompletten Zug einschließlich Triebfahrzeug. Auf hochbelasteten Strecken und in Relationen mit sehr hohem Sendungsaufkommen könnten sehr lange Züge interessant sein. Der Vorteil längerer Züge besteht aus der Sicht von Kunden und Betreibern in der produktionstechnisch einfacheren Organisation. Für die Infrastrukturunternehmen kann durch längere Züge eine Entlastung von Engpass-Streckenabschnitten eintreten. Unter Umständen kann sogar auf den Ausbau verzichtet werden. Im Geltungsbereich der Eisenbahn-Bau- und Betriebsordnung (EBO) ist keine maximale Zuglänge festgelegt. Nach § 34 (8) EBO muss die Zuglänge lediglich an

- Bremsverhältnisse,
- Zug- und Stoßeinrichtungen und
- Bahnanlagen

angepasst sein. Trotzdem legen die Infrastrukturunternehmen Grenzen fest. Bei DB Netz sind Zuglängen von max. 700 m bzw. 250 Achsen zugelassen[2]. Diese Grenze ist nicht unumstößlich. Bei den US-amerikanischen Bahnen und in Russland werden z. B. erheblich längere Züge gefahren. Die Gründe für die Begrenzung liegen vor allem im Bereich der Anlagen. So werden Bahnanlagen benötigt, an denen die Bildung und Zerlegung (über-)langer Züge möglich ist. In den relativ komplexen mitteleuropäischen Netzen müssen geeignete Überholungs- und Kreuzungsmöglichkeiten vorhanden sein. Die ortsfeste Sicherungstechnik ist ebenfalls auf die derzeit vorgegebenen Zuglängen ausgerichtet und müsste entsprechend angepasst werden. Darüber hinaus sind Mischverkehre aus sehr langen und kürzeren Zügen fahrplantechnisch schwieriger zu handhaben. Selbstverständlich treten mit zunehmender Zuglänge auch weitere Schwierigkeiten, wie z. B. veränderte Zug-Längsdynamik, kompliziertere Bremsverhältnisse und verlängerte Bremswege, auf. Trotzdem geht der Trend zu längeren Zügen. Eine wesentliche Voraussetzung dafür ist die Einführung der bereits in Entwicklung befindlichen elektronischen Brems- und Triebfahrzeug-Funkfernsteuersysteme.

Die **Radsatzlast** ist als auf einen Radsatz entfallender Anteil am Fahrzeuggesamtgewicht bei stillstehendem Fahrzeug definiert. Diese Kenngröße ist sowohl für Verlader wie auch Eisenbahnverkehrs- und Eisenbahninfrastrukturunternehmen von zentraler Bedeutung. Der Verlader kann aus der Radsatzlast und weiteren Angaben die Tragfähigkeit der betreffenden Fahrzeuge ersehen. Daraus leitet sich ab, wie schwer das Ladegut maximal sein darf. Bedingt durch unterschiedliche Achsabstände und technische Ausstattungen der Güterwagen ist die Radsatzlast allein noch keine ausreichende Angabe. Die Verladerichtlinien[3] regeln detailliert die Art der Verladung und die zulässige Auslastung des betreffenden Wagens.

Für die Infrastrukturbetreiber ist die Radsatzlast eine wichtige Bezugsgröße für Bau und Unterhaltung der Bahnanlagen. Insbesondere Gleisanlagen, Brücken und Stützmauern müssen so bemessen sein, dass sie die entsprechenden Kräfte schadlos aufnehmen können. Die Einhaltung der physikalisch-technischen Tragfähigkeitsgrenzen bei Bahnanlagen und Fahrzeugen hat maßgeblichen Einfluss auf Verschleiß und Nutzungsdauer. Daraus leitet sich wiederum der Aufwand für die Instandhaltung ab. Neben der Radsatzlast beeinflusst die maximale Fahrgeschwindigkeit die Belastung der Infrastruktur (dynamische Beanspruchung).

Eine aus der Radsatzlast abgeleitete wichtige Bezugsgröße ist das **Fahrzeuggewicht je Längeneinheit** (Meterlast). Es drückt den Anteil der Gesamtlast je 1,0 m Fahrzeuglänge aus. Dabei wird das Fahrzeuggesamtgewicht auf die Fahrzeuglänge über Puffer bezogen. Diese Größe berücksichtigt vor allem für Brücken wichtige Kraftwirkungen. Die Begrenzung der Meterlast soll die Überlagerung von Schwingungsvorgängen an Güterwagen und Brücken in beherrschbaren Grenzen halten, um Schäden an Brücken zu vermeiden bzw. gering zu halten.

Unter diesem Gesichtspunkt werden die europäischen Eisenbahnstrecken in sogenannte Streckenklassen eingeteilt. Jede Strecke entspricht baulich den Anforderungen der entsprechenden

---

[2] DS 408.01-09 - Züge fahren und Rangieren – Fahrdienstvorschrift (FV), 2000-5

[3] Anlage II zum Übereinkommen über die gegenseitige Benutzung von Güterwagen im internationalen Verkehr RIV (Regolamento Internazionale Veicoli) - Verladerichtlinien, Band 1 und 3, 1999-1

Streckenklasse. Die Streckenklassen berücksichtigen Radsatzlast und Massen je Längeneinheit, die im Verkehr mit der betreffenden Bahn höchstens zugelassen sind (Tabelle 3.1).

Streckenklasse	Radsatzlast	Fahrzeuggewicht je Längeneinheit
A	16 t	5,0 t/m
B 1	18 t	5,0 t/m
B 2	18 t	6,4 t/m
C 2	20 t	6,4 t/m
C 3	20 t	7,2 t/m
C 4	20 t	8,0 t/m
D 2	22,5 t	6,4 t/m
D 3	22,5 t	7,2 t/m
D 4	22,5 t	8,0 t/m

Tabelle 3.1: Streckenklassen, Radsatzlast und Fahrzeuggewicht je Längeneinheit

Die Angaben sind gültig im Binnen-, Wechsel- und Transitverkehr. Übersichten zu den Verkehrsarten enthalten die Bilder 3.1 und 3.2.

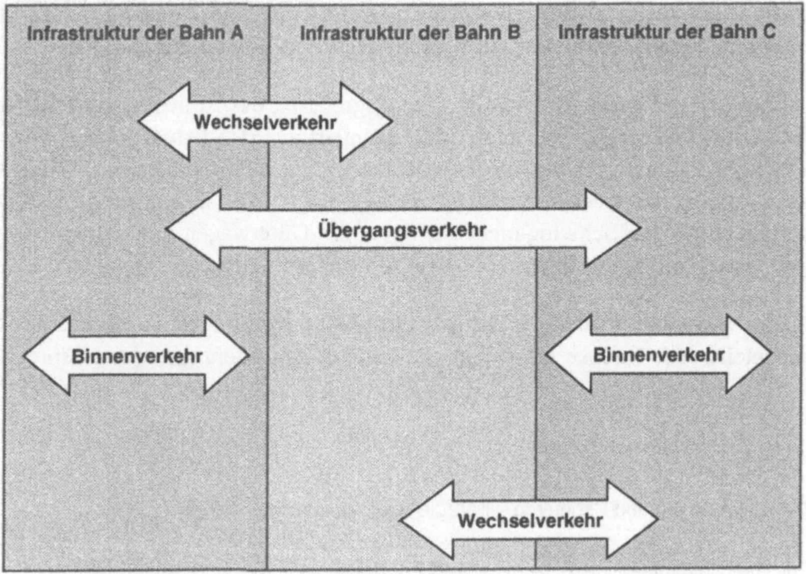

Bild 3.1: Verkehrsarten im nationalen Verkehr

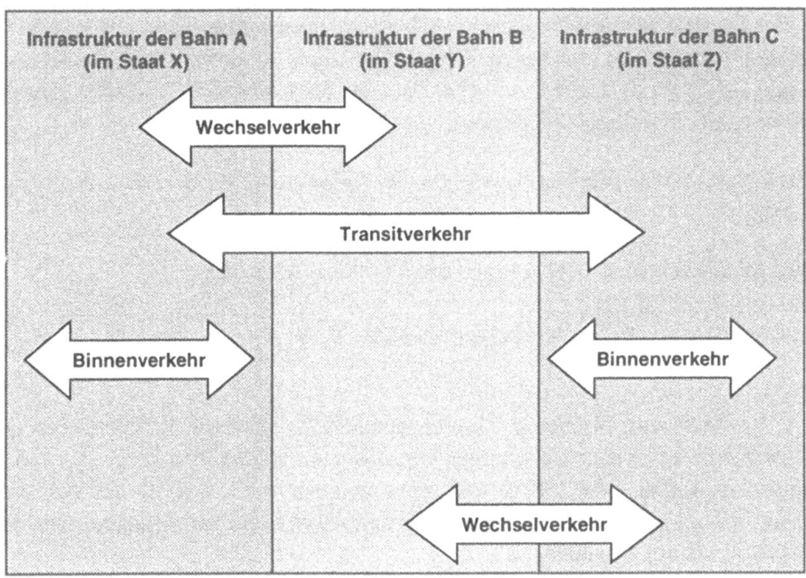

Bild 3.2: Verkehrsarten im internationalen Verkehr

Bei den Klassen C2 bis C4 sind Ausnahmefälle für die Überschreitung der Radsatzlast um 0,5 t in den Verladerichtlinien geregelt. Die Streckenklasse D4 lässt z. B. Radsatzlasten bis 22,5 t und Meterlasten bis 8,0 t/m zu. Diese Streckenklasse erfüllt die Marktbedürfnisse für die Mehrzahl der Güterverkehrskunden.

Für den Eisenbahnbetrieb leitet sich aus den Streckenklassen ab, welche Strecke mit welchen Achslasten befahren werden kann. Insbesondere bei Schwerlasttransporten können dadurch erhebliche Umwege erforderlich werden, die naturgemäß erhöhten organisatorischen Aufwand verursachen.

Den Standard in Europa stellt derzeit die Streckenklasse D 4 dar. Nebenstrecken erfüllen diese Anforderungen meist nicht. Ausgewählte Streckenabschnitte sind jedoch bereits für 25 t Radsatzlast zugelassen. In den USA und der Republik Südafrika sind 30 t zulässig. In der Diskussion ist dort bereits eine Erhöhung auf 33 - 36 t .[4]

Für Teile der verladenden Wirtschaft wäre einen Anhebung der Radsatzlasten interessant. Eine Erhöhung ist nicht prinzipiell ausgeschlossen. Z. B. enthält die EBO im § 19 nur Mindestvorgaben, lässt aber höhere Radsatzlasten und Fahrzeuggewichte je Längeneinheit zu. Voraussetzung ist jedoch, dass Oberbau und Bauwerke die daraus resultierenden Kraftwirkungen sicher aufnehmen. Bautechnisch sind solche Anforderungen erfüllbar. Grenzen setzt die Wirtschaftlichkeit. Eine generelle Ertüchtigung der Infrastruktur erscheint daher wenig sinnvoll. Eine Erhöhung der Radsatzlasten auf 25 t könnte jedoch auf ausgewählten Strecken wirtschaftlichere Transportlösungen für Massengüter im Montan- und Baustoffverkehr ermöglichen.

---

[4] Wieloch, B.: Anhebung der Radsatzlasten von Güterwagen. In: ETR 48(1999) 5 S.367 - 371

Weitere wichtige Dimensionierungsgrößen sind Regellichtraum und Fahrzeugbegrenzungslinie. Der **Regellichtraum** ist nach § 9 (1) EBO der zu jedem Gleis gehörende Raum. Er setzt sich zusammen aus dem von der jeweiligen Grenzlinie umschlossenen Raum und zusätzlichen Räumen für bauliche und betriebliche Zwecke. Dieses Maß ist vor allem für die bauliche Gestaltung von Bahnanlagen bedeutsam.

Die Grenzlinie umschließt den Raum, den ein Fahrzeug benötigt. Berücksichtigt werden bei der Berechnung

- Horizontale + vertikale Bewegungen des Fahrzeuges im Gleis,
- Gleislagetoleranzen und
- Mindestabstände von der Oberleitung (§ 9 (2) EBO).

In Anlage 1 der EBO sind für deren Geltungsbereich die genauen Maßvorgaben enthalten. Dabei wird zwischen der „kleinen Grenzlinie" für das gerade Gleis sowie der „großen Grenzlinie" im Bogen bei Radien von 250 m und mehr unterschieden. Die Unterscheidung wurde vorgenommen, um bei günstigen Trassierungsverhältnissen nicht die gleichen Anforderungen stellen zu müssen, wie bei ungünstigen.

Neben den Anforderungen an die Gestaltung der Bahnanlagen ergeben sich aus dem Regellichtraum die maximalen Abmessungen für die Schienenfahrzeuge. Die Grundlage dafür bilden die Begrenzungslinie G1 für freizügig im grenzüberschreitenden Verkehr einsetzbare Fahrzeuge (Anlage 7 EBO) und die Begrenzungslinie G2 für alle übrigen Fahrzeuge (Anlage 8 EBO). Regellichtraum und Fahrzeugbegrenzungslinie hängen voneinander ab.

Die Maßvorgaben für die bauliche Gestaltung von Bahnanlagen und Fahrzeugen interessieren die Bahnkunden nur bedingt. Für die Verladung sind die Abmessungen von Bedeutung, die das Ladegut einschließlich Verpackung und Ladungssicherung maximal annehmen darf. Bei Güterwagen mit baulich abgeschlossenen Laderäumen (z. B. gedeckte Güterwagen, Behälterwagen) sind diese Maße durch die Fahrzeuggestaltung vorgegeben und aus den Wagenanschriften zu entnehmen bzw. abmessbar. Bei Güterwagen ohne abgeschlossene Laderäume wie z. B. bei Flachwagen müssen die maximal zulässigen Abmessungen vorgegeben werden. Dies ist notwendig, damit Güter in benachbarten Gleisen, gleisnahen Anlagen und insbesondere Tunneln weder Schaden erleiden noch Schäden verursachen. Die Höhe und Breite, bis zu der ein Güterwagen maximal beladen werden darf, ergibt eine weitere Begrenzungslinie. Diese für den Verlader wichtige Begrenzungslinie wird als **Lademaß** bezeichnet. Auf Versandbahnhöfen mit größerem Versandaufkommen sind z. T. durchfahrbare Ladelehren für die Überprüfung des Lademaßes vorhanden. Das Lademaß wird bei Mittelstellung des Fahrzeugs im geraden Gleis gemessen. International sind nicht nur unterschiedliche Spurweiten historisch entstanden, sondern auch unterschiedliche Lichtraumprofile mit den davon abhängenden Begrenzungslinien. Obwohl für alle Strecken der im RIV organisierten Bahnen ein Internationales Lademaß vereinbart wurde, gibt es eine Reihe Ausnahmen. Anlage II zum Übereinkommen über die gegenseitige Benutzung der Güterwagen im internationalen Verkehr (RIV) enthält deshalb detaillierte Verladerichtlinien für die einzelnen Bahnen bzw. deren Strecken. Obwohl eine Vereinheitlichung sicher wünschenswert wäre, ist bestenfalls mit einer weiteren schrittweisen Angleichung zu rechnen, da hierzu die entsprechenden baulichen Voraussetzungen geschaffen werden müssen.

Ausgehend von der Praxis der nordamerikanischen Bahnen, die auf vielen Strecken die doppelstöckige Verladung von Containern und den Einsatz von Spezialwagen für den Autotransport mit 3 Ladeebenen übereinander zulassen, wird teilweise die Forderung nach ähnlichen Profilerweiterungen in Europa diskutiert. Dabei ist zu bedenken, dass abgesehen von gänzlich anderen geographischen Verhältnissen sowie entsprechenden baulichen Voraussetzungen (insbesondere bei Brücken und Tunneln) auch eventuell vorhandene Oberleitungen berücksichtigt werden müssten.

Eine generelle Profilerweiterung dürfte daher wirtschaftlich kaum vertretbar sein. Denkbar sind jedoch Ausnahmen für ausgewählte Strecken auf Relationen mit entsprechendem Aufkommen.

Bei der Vorstellung der wesentlichsten Dimensionierungsgrößen wurde bereits darauf hingewiesen, dass die derzeit bestehenden Maßvorgaben nicht unabänderlich sind und teilweise über Anpassungen nachgedacht wird. Bei der Diskussion über solche Veränderungen ist zu beachten, dass die einzelnen Größen nicht immer unabhängig voneinander verändert werden können. Generell sind bei Systembetrachtungen folgende **Wechselwirkungen** bei der Variation von Parametern im Hinblick auf die angestrebten Ziele möglich:

- Keinerlei gegenseitige Beeinflussung,
- Verstärkung,
- Kompensation oder Reduktion der angestrebten Wirkung.

Bezogen auf die Dimensionierungsgrößen des Systems Bahn bedeutet dies z. B.

- Wenn das Lichtraumprofil und die darauf aufbauenden Maße vergrößert werden, dann ist mehr Volumen transportierbar. Dieser erwünschte Effekt hat jedoch bei hoher Dichte des Gutes eine entsprechend größere Masse der Ladung zur Folge. Die daraus resultierende Belastung muss durch die Fahrzeuge und die betroffenen Bahnanlagen aufgenommen werden. Daraus kann sich der Bedarf an geeignetem Wagenmaterial und höheren zulässigen Radsatzlasten ergeben.
- Höhere zulässige Radsatzlasten erfordern ebenso wie längere Züge entsprechend höhere Traktionskräfte. Insbesondere beim Anfahren und Bremsen müssen diese Traktionskräfte durch geeignete Triebfahrzeuge bereitgestellt werden. Bei Elektrotraktion muss die erforderliche Elektroenergie über die Stromversorgung zur Verfügung stehen.

Insgesamt zeigt sich, dass im System Bahn sehr wohl Spielräume für Veränderungen vorhanden sind aber nicht alle Dimensionierungsgrößen willkürlich verändert werden können. Bei der Frage nach der optimalen Anpassung bestehender Dimensionierungsgrößen interessiert vor allem, ob dadurch Vorteile bei der Erfüllung von Marktanforderungen hinsichtlich einer Beschleunigung der Transportabläufe, einer Verbesserung der Beförderungsqualität und attraktiverer Preise erreichbar sind. Die DB AG hat diesen Problemkreis detaillierter untersuchen lassen[5]. Dabei wurden folgende Fragestellungen betrachtet:

- Ist eine verbesserte Ausnutzung der Dimensionierungsgrößen innerhalb der bestehenden Grenzen möglich/ausreichend?
- Für welche Gutarten und Relationen sind Erweiterungen nützlich?
- Welche Faktoren begünstigen oder behindern Erweiterungen?

Grundaussage dieser Untersuchung ist vor allem, das eine generelle Anhebung bestehender Begrenzungen technisch machbar sein mag. Auch rechtlich sind durchaus Spielräume vorhanden. Die Grenzen liegen vor allem in der wirtschaftlichen Sinnfälligkeit. Somit besteht für eine netzweite Anhebung der Dimensionierungsgrenzen kein Bedarf. Empfohlen wird deshalb ein pragmatisches Vorgehen im Sinne von Einzelfalluntersuchungen. D. h. in ausgewählten Relationen sollen in Zukunft die Dimensionierungsgrenzen dann maßvoll angehoben werden, wenn der erforderliche Aufwand durch konkrete Nachfrage akzeptable Erlöse erwarten lässt.

3.3 Wirtschaftliche Rahmenbedingungen

In der Geschichte der Eisenbahnen erlaubten die wirtschaftlichen Rahmenbedingungen die Positionierung der Bahnen zwischen zwei Polen: dem privaten Unternehmen und dem Staatsbetrieb. Die deutsche Eisenbahngeschichte liefert hierfür drastische Beispiele. Deutsche Reichbahn und Deutsche Bundesbahn waren als Staatsbetriebe nicht gewinnorientiert sondern hatten Aufgaben des jeweiligen Staates zu erfüllen. Diese verbindliche Vorgabe des Eigentümers fand ihren Niederschlag in der Gestaltung der Eisenbahnen als Staatsunternehmen und Regulierungsmaßnahmen des Schienengüterverkehrs. Die Folge waren Verpflichtungen des öffentlichen Dienstes statt gewinnorientiertes Handeln. Diese Verpflichtungen umfassten Betriebs-, Beförderungs- und Tarifpflicht. Eine freie Vertragsgestaltung war damit nicht möglich. Bereits in der EWG-VO Nr. 1191/69 wurden die Verpflichtungen des öffentlichen Dienstes definiert. Es handelt sich demnach um „Verpflichtungen, die ein Verkehrsunternehmen im eigenen wirtschaftlichen Interesse nicht oder nicht in gleichem Umfang und nicht unter gleichen Bedingungen übernehmen würde."[6]

Betriebspflicht bedeutet in diesem Zusammenhang, dass die Verkehrsbedienung zu festgelegten Konditionen sichergestellt werden muss. Dazu gehört auch die Verpflichtung die entsprechenden Fahrzeuge und Anlagen in gutem Zustand zu erhalten.

---

[5] Sachse, M. / Voges, W. : Neue Dimensionen für den Güterverkehr In: ETR 47(1998)10 S. 606 - 610

[6] Verordnung (EWG) Nr. 1191/69 des Rates vom 26. Juni 1969 über das Vorgehen der Mitgliedsstaaten bei mit dem Begriff des öffentlichen Dienstes verbundenen Verpflichtungen auf dem Gebiet des Eisenbahn-, Straßen- und Binnenschiffsverkehrs (ABL. der EG Nr. L 156 vom 28. Juni 1969, S. 1, zuletzt geändert durch VO (EWG) Nr. 1893/91 , ABL. der EG Nr. L 169, vom 29. Juni 1991, S. 1) .Artikel 2 (1)

Die **Beförderungspflicht** zwingt die Verkehrsunternehmen alle Güterbeförderungen zu bestimmten vorgegebenen Beförderungsentgelten und –bedingungen anzunehmen und auszuführen.

Die **Tarifpflicht** bindet die Verkehrsunternehmen an behördlich festgesetzte oder genehmigte Entgelte für bestimmte Güterarten oder Verkehrswege. Dies trifft auch zu, wenn die Entgelte nicht mit dem kaufmännischen Interesse des Unternehmens vereinbar sind.

In den europäischen Ländern, in denen die Liberalisierung vorangetrieben wurde, sind diese Einschränkungen zum größten Teil beseitigt. Dies trifft auch auf den deutschen Schienengüterverkehr zu, während im Personenverkehr noch gewisse Restriktionen bestehen (vergl. §§ 10 - 12 AEG). Die öffentlichen Bahnen haben erheblich größere Spielräume hinsichtlich Leistungsangebot und Vertragsgestaltung erhalten. Deutlicher Ausdruck dafür ist die weitgehende rechtliche Angleichung der Vertragsbeziehungen zwischen Transportkunden und Verkehrsunternehmen. Mit den Allgemeinen Leistungsbedingungen (ALB)[7] der Bahnen ist eine Basis gegeben, die sich auf das BGB bezieht und damit den Rechtsgrundlagen im Straßengüterverkehr vergleichbar ist. Damit sind erheblich bessere Voraussetzungen für die Entwicklung marktgerechter Leistungsangebote gegeben. Selbstverständlich bedeutet dies auch, dass die Wirtschaftlichkeit zum Gradmesser dafür wird, ob ein Vertrag überhaupt zustande kommt. Das mag aus volkswirtschaftlicher Sicht nicht immer wünschenswert sein, ist aber im Hinblick auf das wirtschaftliche Überleben der betreffenden Bahnen nicht zu vermeiden.

3.4 Rechtliche Rahmenbedingungen

Der Schienengüterverkehr ist wie alle anderen Verkehre an die jeweils gültigen rechtliche Rahmenbedingungen gebunden. Unabhängig davon, ob dieser vorgegebene Rahmen im Einzelfall vorteilhaft oder eher hinderlich ist, ist dessen Kenntnis und seine Einhaltung notwendig.

Bedingt durch die herausragende Rolle der Eisenbahn im Industriezeitalter sowie ihre vielfältigen politischen, wirtschaftlichen und sonstigen Verflechtungen entstand in der Vergangenheit ein umfangreiches System rechtlicher Regelungen. Diese historisch gewachsenen Rahmenbedingungen waren weitgehend durch die Nationalstaatlichkeit geprägt. Insbesondere in Deutschland bestand in diesem Rechtsbereich im letzten Jahrzehnt des zwanzigsten Jahrhunderts massiver Änderungsbedarf. Ursachen dafür waren vor allem

- die Zusammenführung der Deutschen Reichsbahn mit der Deutschen Bundesbahn als Folge der staatlichen Wiedervereinigung,
- die finanziellen Belastungen des Bundes durch die bundeseigenen Bahnen und
- die Umsetzung europäischen Rechts.

Das Eisenbahnrecht umfasst eine Vielzahl einzelner Rechtsgebiete[8]. Dazu gehören u. a.

---

[7] Allgemeinen Leistungsbedingungen (ALB) in der Fassung vom 01.07.2000

[8] vergl. z. B. Freise, R.: Taschenbuch der Eisenbahngesetze. 12. Aufl. –Darmstadt: Hestra-Verl. 1998

- Einteilung und Organisation der Bahnen,
- Bau und Betrieb von Eisenbahnen,
- Regelungen zur Sicherheit des Bahnbetriebes,
- Eisenbahnhaftungsrecht,
- Handels- und wettbewerbsrechtliche Regelungen für Eisenbahnen.

Auf einzelne Aspekte, wie z. B. die Einteilung und Organisation der Bahnen, wurde bereits im Abschnitt 1 eingegangen. An dieser Stelle sollen deshalb nur ausgewählte Gesichtspunkte mit besonderer Bedeutung für den Güterverkehr angesprochen werden.

Ausgehend von Artikel 71 und 72 des Grundgesetzes existiert neben der ausschließlichen Gesetzgebung des Bundes die konkurrierende Gesetzgebung. Das bedeutet, dass immer dann, wenn der Bund nicht von seiner Zuständigkeit zur Gesetzgebung Gebrauch macht, die Bundesländer ihre Befugnis zur Gesetzgebung nutzen können. Die ausschließliche Gesetzgebung des Bundes erstreckt sich auf Bau, Unterhaltung und Betrieb sowie das Entgelt für die Benutzung der Schienenwege aller Eisenbahnen des Bundes. Darüber hinaus unterliegt der Verkehr von Eisenbahnen, die ganz oder mehrheitlich im Eigentum des Bundes sind, der ausschließlichen Gesetzgebung (GG Art. 73, Nr.6a). Alle anderen Eisenbahnen, d. h. die NE-Bahnen, unterliegen der konkurrierenden Gesetzgebung der Länder. Die meisten Länder haben von ihrem Recht Gebrauch gemacht und eigene Landeseisenbahngesetze geschaffen.

Für den **Bau** und Betrieb von Eisenbahnen ist vor allem aus Gründen der Sicherheit ein verlässlicher Rechtsrahmen von allgemeinem Interesse. Auch aus diesem Grunde bedürfen Baumaßnahmen in Deutschland der Genehmigung. Grundlegende Aussagen zur Durchführung von Baumaßnahmen im Eisenbahnwesen sind bereits im AEG geregelt (z. B. § 17 bis § 22). Darüber hinaus enthält die Eisenbahn- Bau- und Betriebsordnung (EBO) insbesondere im zweiten Abschnitt Anforderungen an Bahnanlagen die beim Bau zu berücksichtigen sind. Im Wesentlichen werden hier Mindestanforderungen und Grenzwerte festgelegt, die bei Bau und Betrieb einzuhalten sind. Beispiele dafür sind Festlegungen zu Spurweite, Gleisbogen, Gleisneigung, Belastbarkeit des Oberbaus und der Bauwerke usw. Die wesentlichsten Grundlagen der baulichen Gestaltung von Signal- und Sicherungsanlagen sind in der Eisenbahn-Signalordnung (ESO) geregelt. Neben diesen und weiteren bahnspezifischen Rechtsgrundlagen gilt selbstverständlich das allgemeine Baurecht (z. B. das Bundesbaugesetz und die gültigen Bauordnungen der Länder).

Da die baulichen Anlagen die Infrastruktur für den Bahnbetrieb darstellen, enthalten AEG, EBO und ESO neben den baulichen Anforderungen auch maßgebliche Regelungen für den **Betrieb**. Bedingt durch die rechtliche Umgestaltung der bundeseigenen Bahnen mussten Strukturen und Aufgabenzuordnungen verändert werden. Dies betrifft vor allem die Wahrnehmung hoheitlicher Aufgaben. Dazu zählen nach § 4 AEG „Baufreigaben, Abnahmen, Prüfungen, Zulassungen, Genehmigungen und Überwachungen für Errichtung, Änderung, Unterhaltung und Betrieb der Bahnanlagen und für Schienenfahrzeuge...“. Infolgedessen wurde das **Eisenbahn-Bundesamt** (EBA)[9] in Bonn geschaffen. Diese Bundesbehörde ist per Gesetz für die Bahnen im Eigentum des Bundes zuständig. Ferner soll das Eisenbahn-Bundesamt die

---

[9] vergl. http//:www.eisenbahn-bundesamt.de

Entwicklung hin zum europäischen Hochgeschwindigkeitsverkehr ohne Grenzaufenthalte
fördern. Dazu wurde eine Benannte Stelle nach der Eisenbahn-Interoperabilitätsverordnung
eingerichtet. Die Eisenbahnaufsicht über die Nichtbundeseigenen Bahnen mit Sitz in der Bundesrepublik Deutschland liegt in der Zuständigkeit der Bundesländer. Welches Bundesland für
die jeweilige NE-Bahn zuständig ist, ergibt sich aus der Lage des Firmensitzes. Die Landesregierungen können die Bahnaufsicht ganz oder teilweise dem EBA übertragen. Das Amt wird
dann nach Weisung und auf Rechnung des beauftragenden Landes tätig. Aus dem Organigramm der Behörde ist deren Aufgabenspektrum ersichtlich (Bild 3.3).

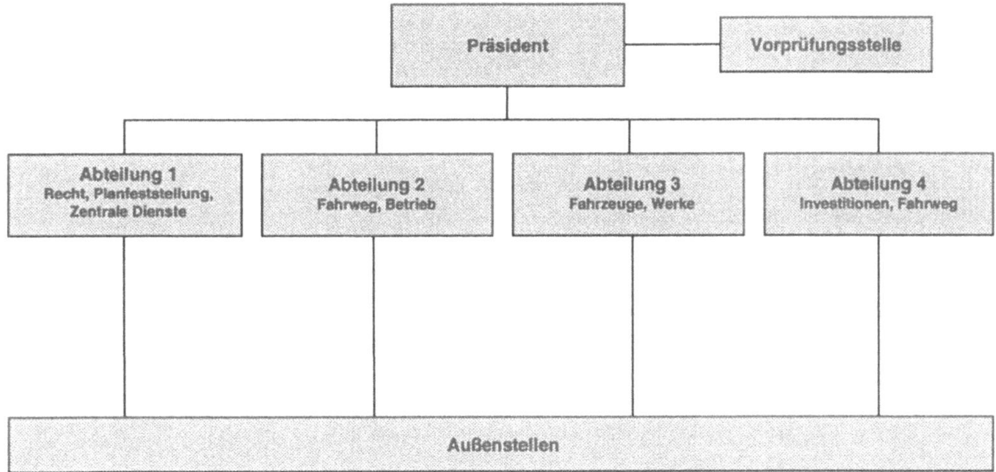

Bild 3.3: Organisation und Aufgaben des Eisenbahn-Bundesamtes[10]

Von besonderer Bedeutung sind dabei eine Reihe Neuerungen, die als Folge der Liberalisierung des Eisenbahnwesens und der Umsetzung von EU-Recht Eingang im deutschen Eisenbahnrecht gefunden haben.

Ein Beispiel dafür ist das Allgemeine Eisenbahngesetz (AEG) vom 27. Dezember 1993 einschließlich der letzen Änderungen vom 25. August 1998. Allein aus diesem Gesetz resultieren
für den Güterverkehr bedeutsame Veränderungen. Es geht dabei nicht nur um Zielvorgaben,
wie die Aufforderung an die Bundesregierung und die Landesregierungen die Wettbewerbsbedingungen der Verkehrsträger anzugleichen (§ 1 AEG). So sind z. B. Fragen des Netzzuganges
(§ 14 AEG) und des Anschlusses an andere Eisenbahnen (§ 13 AEG) ebenso explizit geregelt
wie die getrennte Rechnungsführung öffentlicher Bahnen die sowohl Eisenbahnverkehrsleistungen erbringen als auch Eisenbahninfrastruktur betreiben (§ 9 AEG). Diese für die Liberalisierung und den gewollten Wettbewerb auf der Schiene entscheidenden Regelungen sollen die
Öffnung des Eisenbahnnetzes für Dritte ermöglichen.

---

[10] Das Eisenbahn-Bundesamt stellt sich vor. 1994

Mit der „Richtlinie 91/440/EWG des Rates vom 29. Juli 1991 zur Entwicklung der Eisenbahnunternehmen der Gemeinschaft" wurde das Ziel vorgegeben den Eisenbahnverkehr leistungsfähiger und im Vergleich zu anderen Verkehrsträgern wettbewerbsfähiger zu machen. Der Hauptkonkurrent des Schienengüterverkehrs, der Straßengüterverkehr, setzt dabei die Maßstäbe. Dieser Verkehrsträger hat folgende nicht systembedingte Vorteile, die wesentlich zu den noch immer massiv wachsenden Anteilen am Verkehrsmarkt beitragen:

- Die Verkehrsunternehmen in Form von Fuhrunternehmen und Speditionen sind privatwirtschaftlich organisiert und erbringen ihre Leistungen am Markt im Wettbewerb.
- Die Infrastruktur wird vom Staat oder privaten Unternehmen gebaut, bereitgestellt und unterhalten. Sie ist für alle Wettbewerber zugänglich. Die Verkehrsunternehmen besitzen keine eigene Infrastruktur mit Ausnahme stationärer Anlagen z. B. in Form von Betriebshöfen, Werkstätten, Lager- und Umschlageinrichtungen.

Auf die europäischen Bahnen traf dies bis dato in überwiegendem Maße nicht zu. Die Bahnunternehmen waren historisch gewachsene Staatsbahnen mit Behördenstatus. Alle Bereiche des Eisenbahnwesens lagen im Verantwortungsbereich dieser Bahnverwaltungen. Die tendenzielle Ausrichtung auf die Bereitstellung staatlich erwünschter Leistungsangebote unter Vernachlässigung der Wirtschaftlichkeit führte zur Verschuldung der meisten Bahnen. Die unterschiedliche Anlastung der Infrastrukturkosten bei Straßen- und Bahnverkehr wurde als Wettbewerbsnachteil der Bahn erkannt, konnte aber wegen fehlender rechnerische Trennung von Infrastrukturbewirtschaftung und Betrieb meist nur durch externe Berechnungen ermittelt werden. Der Wagenübergang zwischen den europäischen Bahnen fand zwar bereits seit Jahrzehnten statt, eine gegenseitige freizügige Nutzung der Gleisnetze in Analogie zur Nutzung der europäischen Straßennetze jedoch nicht. Damit waren dem Wettbewerb der Bahnen untereinander und dem Marktzutritt neuer Anbieter enge Grenzen gesetzt. Lösungsansätze fanden ihren Niederschlag in der oben zitierten Richtlinie. Als wesentliche Voraussetzungen für eine Erhöhung der Wettbewerbsfähigkeit wurden vor allem folgende Schwerpunkte erkannt:

- Herstellung der Unabhängigkeit der Geschäftsführung der Eisenbahnunternehmen (Abschnitt II.),
- Trennung zwischen dem Betrieb der Infrastruktur und der Erbringung von Verkehrsleistungen (Abschnitt III.),
- die finanzielle Sanierung der Bahnen (Abschnitt IV.) und
- die Erleichterung des Zuganges zur Eisenbahninfrastruktur (Abschnitt V.)

Die **Unabhängigkeit der Geschäftsführung** soll dadurch erreicht werden, dass die Bahnen über vom Staat getrennte Vermögen, Haushaltspläne und Rechnungsführungen verfügen. Dies ist inzwischen bei den meisten Bahnen der Fall, wie z. B. bei der Deutschen Bahn AG und den Nachfolgebahnen von British Rail.

Die Forderung nach **Trennung zwischen Betrieb der Infrastruktur und Erbringung von Verkehrsleistungen** bezieht sich auf die Rechnungsführung und den Ausschluss von Subventionstransfers zwischen beiden Bereichen. Eine gesellschaftsrechtliche Trennung, wie sie bei der Deutsche Bahn AG mit der Trennung in DB Netz AG und DB Cargo AG durchgeführt wurde, geht über die Forderung der EU-Richtlinie hinaus.

Die **finanzielle Sanierung der Bahnen** ist eine der schwierigsten Aufgaben überhaupt, zumal es sich um gigantische Summen handelt. Auf der anderen Seite ist ohne solche finanziellen Kraftakte die angestrebte „Geschäftsführung auf gesunder finanzieller Basis" nicht zu erreichen. Von den Mitteln für die erforderliche Marktorientierung und den dafür notwendigen Modernisierungen ganz zu schweigen.

Die ungehinderte Nutzung des gesamten europäischen Schienennetzes durch die öffentlichen EVU stellt einen weiteren wesentlichen Schritt zur Liberalisierung und damit zur Wettbewerbsorientierung des Eisenbahnwesens dar. Dabei sind besonders die **Zugangsbedingungen und die Abgeltung der Infrastrukturnutzung** problematisch. Eine vollständige Freizügigkeit des Zuganges mag wünschenswert erscheinen, ist aber weder gegeben noch in RL 91/440/EWG gefordert. In der Richtlinie wird in Bezug auf die Zugangsbedingungen zwischen Wagenladungsverkehr und kombiniertem Güterverkehr unterschieden. Demnach sollen Internationalen Gruppierungen und Eisenbahnunternehmen, die Verkehrsleistungen im grenzüberschreitenden kombinierten Güterverkehr erbringen, die Durchführung solcher grenzüberschreitenden Verkehre ermöglicht werden. Außerdem sollen Internationale Gruppierungen und Eisenbahnunternehmen Zugangs- und Transitrechte für grenzüberschreitende Leistungen im Wagenladungsverkehr erhalten. Voraussetzung für die Gewährung dieser Rechte ist jedoch, dass eines der den Gruppierungen angehörenden bzw. an der Leistungserbringung beteiligten Unternehmen seinen Sitz in den betroffenen Mitgliedsstaaten hat. Die formal rechtliche Umsetzung dieser Forderungen in das jeweilige Landesrecht ist jedoch in der Praxis noch keine Garantie für einen problemarmen grenzüberschreitenden Schienengüterverkehr. Ein weiterer entscheidender Punkt ist die Abgeltung der Infrastrukturnutzung. Die Diskussion um die Höhe der Trassennutzungsgebühren von DB Netz hat gezeigt, dass ein sinnvoller Interessenausgleich zwischen dem Betreiber der Infrastruktur und den EVU nicht so einfach ist. Dem Infrastrukturunternehmen DB Netz fällt es dabei schwer zu verdeutlichen, dass die zum Konzern gehörenden Eisenbahnverkehrsunternehmen nicht bevorzugt werden.

Als Folge der Liberalisierung des Eisenbahnwesens und der Umsetzung von EU-Recht müssen die nationalen Eisenbahngesetzgebungen angepasst werden.

Ein auf das deutsche Eisenbahnrecht bezogenes Beispiel ist das Allgemeine Eisenbahngesetz (AEG) vom 27. Dezember 1993 einschließlich der letzen Änderungen vom 25. August 1998. Darin sind eine Reihe Neuerungen umgesetzt worden, die für den Güterverkehr bedeutsam sind. Es geht dabei nicht nur um Zielvorgaben, wie die Aufforderung an die Bundesregierung und die Landesregierungen die Wettbewerbsbedingungen der Verkehrsträger anzugleichen (§ 1 AEG). So sind z. B. Fragen des Netzzuganges (§ 14 AEG) und des Anschlusses an andere Eisenbahnen (§ 13 AEG) ebenso explizit geregelt wie die getrennte Rechnungsführung öffentlicher Bahnen die sowohl Eisenbahnverkehrsleistungen erbringen als auch Eisenbahninfrastruktur betreiben (§ 9 AEG). Diese für die Liberalisierung und den gewollten Wettbewerb auf der Schiene entscheidenden Regelungen sollen die Öffnung des Eisenbahnnetzes für Dritte ermöglichen.

4 Marktsituation

4.1 Übersicht

Der Schienengüterverkehr ist Bestandteil des Verkehrsmarktes. In diesem Marktsegment sind neben allgemeinen Erscheinungen einige spezifische Sachverhalte festzustellen. Die allgemeinen Prozesse auf Märkten sind in der betriebswirtschaftlichen Literatur umfassend dargestellt[1]. An dieser Stelle soll das allgemeine, aus Bild 4.1 ersichtliche, Marktmodell als Bezugsbasis für die folgenden Ausführungen dienen.

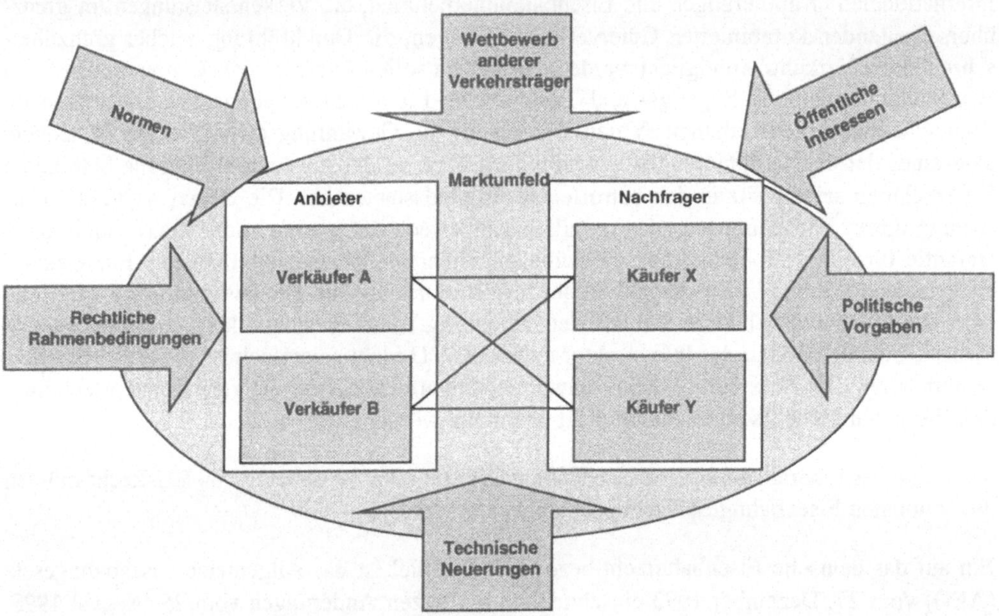

Bild 4.1: Allgemeines Marktmodell

Wesentliche Komponenten dieses Modells sind die Beziehungen zwischen Anbietern und Nachfragern von Verkehrsleistungen in einem durch komplexe Umgebungseinflüsse geprägten Marktumfeld. Zwischen den im Wettbewerb um Kundenaufträge stehenden Anbietern und den Nachfragern laufen Marktprozesse (Bild 4.2) ab, die sich bedingt durch erhebliche Veränderungen des Marktumfeldes in der letzten Zeit durchgreifend verändert haben. Hier stehen vor

---

[1] Vergl. z. B. Wöhe, G: Einführung in die Allgemeine Betriebswirtschaftslehre. 17. überarb. Aufl. , - München: Vahlen: 1990

allem die Marktprozesse im Vordergrund, die sich auf die Kernleistungen des Schienengüterverkehrs beziehen, d. h. auf die Transportleistungen.

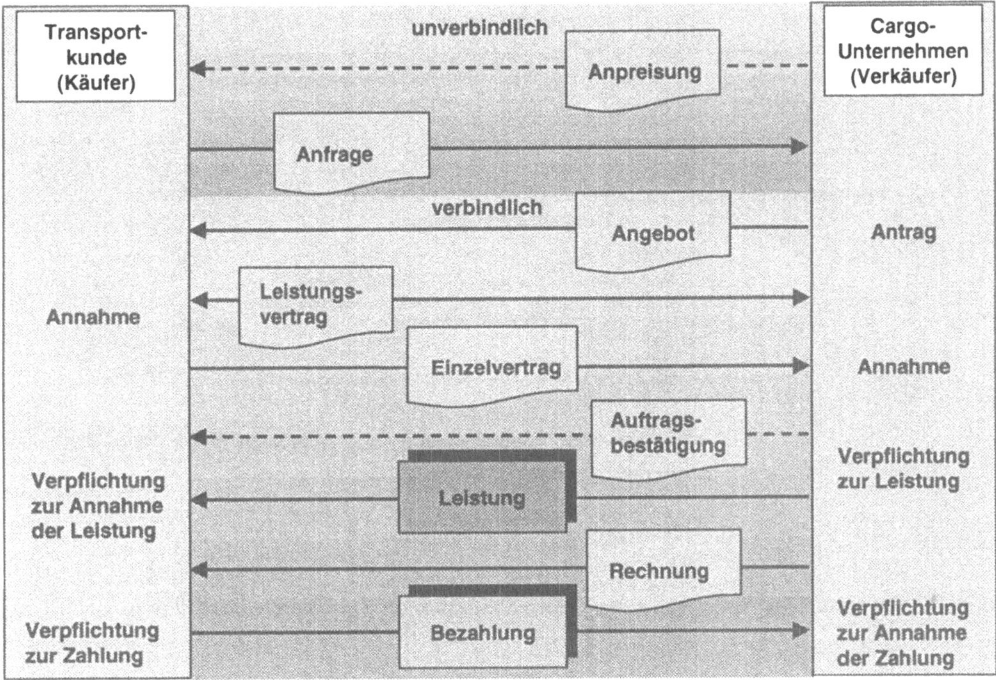

Bild 4.2: Marktprozesse beim Kauf von Schienenverkehrsleistungen (vereinfachte Darstellung)

Dabei darf nicht verkannt werden, dass eine wachsende Nachfrage nach komplexen Leistungsangeboten besteht, die weit über den klassischen Transport hinausgehen. Andererseits sind bei der Leistungserstellung ähnlich komplexe Marktprozesse wie in anderen Bereichen der Wirtschaft festzustellen. Der Grund liegt in der wachsenden Arbeitsteilung. Deutlich wird dieser Sachverhalt bereits bei der Betrachtung der Akteure auf der Anbieterseite (Bild 4.3).

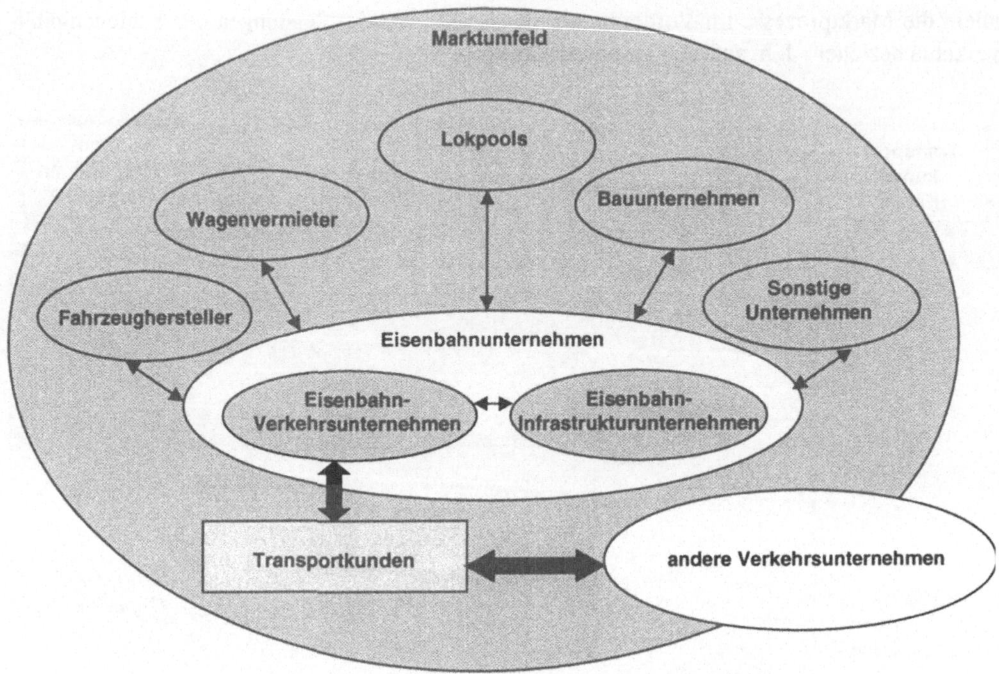

Bild 4.3: Akteure auf der Anbieterseite des Güterverkehrsmarktes (vereinfachte Darstellung)

4.2 Rahmenbedingungen

Das Marktgeschehen wird auch im Güterverkehr durch die geltenden Rahmenbedingungen d.
h. das Marktumfeld, erheblich beeinflusst. Gerade in den letzten Jahrzehnten des zwanzigsten
Jahrhunderts trat in dieser Hinsicht ein vergleichsweise schneller und tiefgreifender Wandel
ein. Die Ursachen dafür lagen im Zusammentreffen einer Vielzahl unterschiedlicher Entwicklungen, die zwar die gesamte Volkswirtschaft in mehr oder minder starkem Maße betrafen,
hier aber vor allem hinsichtlich ihrer Auswirkungen auf den Schienengüterverkehr betrachtet
werden sollen (Bild 4.4).

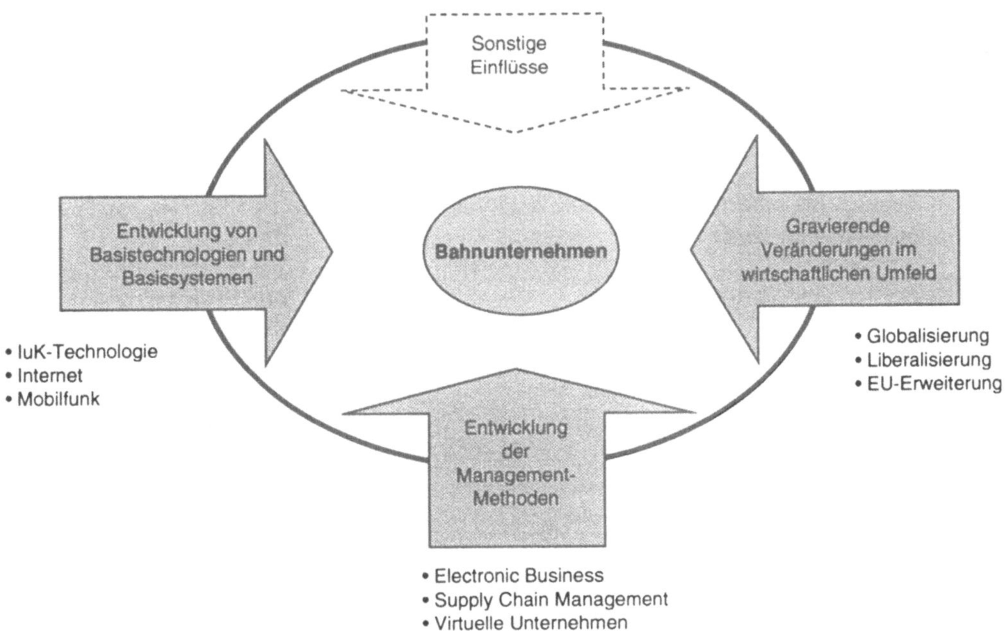

Bild 4.4: Wesentliche Markteinflüsse aus der Sicht der Eisenbahnunternehmen

Die gravierenden **Veränderungen im politischen und administrativen Umfeld** erreichten ab 1989 eine Dynamik, die in kurzer Zeit zum drastischen Wandel wesentlicher Rahmenbedingungen führte. Ursachen dafür waren vor allem die fortschreitende Zusammenarbeit der westeuropäischen Staaten im Rahmen der Europäischen Union und der Sieg der Demokratiebewegungen in Mittel- und Osteuropa. Wesentliche Merkmale dieser Entwicklung waren die Vollendung des Binnenmarktes und das Ende des kalten Krieges sowie die damit verbundene Aufhebung der Teilung Europas. Die Folgen für den Verkehrsmarkt waren

- Grenzöffnungen und die daraus resultierende Erleichterung der Marktzugänglichkeit,
- die Internationalisierung der Anbieter- und der Nachfragerseite,
- die schrittweise Liberalisierung der Verkehrsmärkte,
- eine wachsende marktwirtschaftliche Dynamik mit zunehmendem Wettbewerb.

Daraus ergab sich ein erhebliches quantitatives Wachstum des Güterverkehrs. Insbesondere Deutschland wurde durch die Veränderung der außenpolitischen Rahmenbedingungen zur Drehscheibe des Verkehrs in Europa (Transitland Deutschland). Die europäischen Bahnen konnten von dieser Nachfragesteigerung nicht im gewünschten Maße profitieren. Die Anteile der Verkehrsträger an der Verkehrsleistung verschieben sich insbesondere in Deutschland noch immer zu Lasten der Bahn. Der große Gewinner ist der Straßengüterverkehr. Diese Tendenz führt zunehmend zu Problemen im Hinblick auf die Kapazität des Straßennetzes aber auch unter ökologischen Gesichtspunkten. Die Umweltwirkungen des Verkehrs z. B. in Form von Abgasemissionen, Verkehrslärm, Landschafts- und Energieverbrauch stehen zunehmend unter Kritik. Die Bahnen bieten ökologische Vorteile gegenüber dem Straßengüterverkehr und verfügen in vielen Relationen über Kapazitätsreserven. Diese Trümpfe können aber nur ausgespielt werden, wenn die übrigen Konditionen des Leistungsangebotes attraktiv sind. Für die Bahnen heißt dies kundengerechte Leistungen zu marktfähigen Preisen anzubieten.

Diese Forderung war und ist den Verantwortlichen bei den Bahnen nicht neu. Die Möglichkeiten zu entsprechendem Handeln waren jedoch bisher durch politische Vorgaben eingeschränkt. Die schrittweise Deregulierung schafft Handlungsspielraum. Die Auswirkungen der Liberalisierung im Schienengüterverkehr zeigt die nachfolgende Tabelle 4.1 am Beispiel Deutschlands in komprimierter Form.

Eingriffe in den Markt	Früher	Heute (seit Inkrafttreten des ENeuOG am 1.1.1994)
Marktregulierung	• Protektion • Staatsbahnen mit eigenem Netz – kein Zugang zu fremden Netzen (nur Wagenübergang)	• Aufhebung der Protektion • Weitgehend diskriminierungsfreier Netzzugang
Preisregulierung	• Tarifpflicht • Tariffestlegung durch Tarifkommission • Staatliche Genehmigungspflicht • Margentarife zulässig	• Tariffreiheit
Leistungsregulierung	• Dienstleistungspflicht (Beförderungspflicht)	• Dienstleistungsfreiheit
Unternehmensziel	• Erfüllung politischer Zielvorgaben vor Gewinnorientierung	• Gewinnorientierung (Wirtschaftlichkeit)

Tabelle 4.1: Auswirkungen der Liberalisierung im Schienengüterverkehr

Parallel zur durchgreifenden Veränderung der politischen und administrativen Rahmenbedingungen wirken sich zunehmend veränderte **Managementkonzepte** im gesamten Wirtschaftsleben aus. Die Internationalisierung von Beschaffung (Global Sourcing), Produktion und Absatz machen die Beherrschung der damit verbundenen logistischen Anforderungen immer mehr zum Wettbewerbsfaktor. Die Industrie- und Handelsunternehmen versuchen durch die Konzentration auf Kerngeschäfte ihre Wettbewerbspositionen zu verbessern. Die Auslagerung aller Geschäftsprozesse, die nicht zum Kerngeschäft gehören (Outsourcing) ist jedoch nur möglich, wenn auf potente Dienstleister zurückgegriffen werden kann. Von diesen Dienstleistern wird erwartet, dass sie ebenso international agieren können, wie dies ihre Auftraggeber tun. Bisher blicken Logistikdienstleister, die diesen Anforderungen entsprechen, häufig auf eine Vergangenheit als Speditionen zurück. Im Stückgutmarkt bieten die Kurier-, Paket- und Expressdienste (KEP-Dienste) ein sehr umfangreiches und attraktives Leistungsangebot. Auch in diesem Marktbereich sind Speditionen und Postunternehmen aktiv oder an den betreffenden Unternehmen maßgeblich beteiligt. Die Bahnen haben bedingt durch die Netzbindung kaum eine Chance im direkten Wettbewerb mit diesen Unternehmen. Das heißt jedoch nicht, dass die Bahnen in Kooperationen, in Beteilungsgesellschaften oder als Erbringer von Teilleistungen in diesem Marktbereich nicht erfolgreich aktiv sein könnten. Speziell auf diese Anforderungen zugeschnittene Leistungsangebote, wie der Parcel Intercity, beweisen dies.

Wie in den meisten anderen Wirtschaftsbereichen auch, erwartet die verladende Wirtschaft von ihren Dienstleistern individuelle Problemlösungen. Es genügt seit langem nicht mehr im Rahmen eines Fahrplanes den Transport von Gütern zwischen definierten Orten anzubieten. Die Tendenz geht immer mehr hin zur Organisation ganzer Wertschöpfungsketten. Unter der Bezeichnung Supply Chain Management (SCM) wird versucht alle Aktivitäten der Wertschöpfung ganzheitlich zu koordinieren und zu steuern. Damit will man weg von der suboptimalen Rationalisierung innerhalb von Unternehmen oder Unternehmensverbünden. Die Umsetzung von Supply-Chain-Management Konzepten ist nur dann denkbar, wenn sich qualifizierte Logistikdienstleister derart in die Wertschöpfungsketten einbringen, dass ein optimaler, durchgehender Waren-, Informations- und Finanzfluss möglich wird. Wie so etwas funktionieren kann, demonstrieren Logistikdienstleister, wie z. B. Fiege[2], die für ihre Kunden nicht nur den Warentransport übernehmen, sondern auch Lagerhaltung, Warenpflege u. a. Die Leistungen sind individuell auf den Kundenbedarf zugeschnitten und müssen in gleichbleibend hoher Qualität erbracht werden. Wesentliche Qualitätsparameter sind Zuverlässigkeit und Pünktlichkeit. SCM erfordert somit nicht nur geeignete Informationssysteme und Organisationskonzepte sondern auch potente Logistikdienstleister. Diese müssen in der Lage sein, optimale Wertschöpfungsketten zu konzipieren und maßgeblich an der Umsetzung mitzuwirken. Auf Dauer haben solche Logistikdienstleister, die dazu in der Lage sind, Wettbewerbsvorteile. Anbieter standardisierter Einzelleistungen (z. B. Transportleistungen) laufen dagegen immer mehr Gefahr leicht ersetzbar zu werden. Die meisten Bahnen versuchen deshalb mit und für ihre Kunden individuelle Konzepte zu entwickeln. Bei DB Cargo gehen Kundenberater vor Ort zu ihren Kunden und versuchen im direkten Kontakt marktfähige Lösungen zu entwickeln. Auch die regionalen Bahnen in Form der NE-Bahnen erarbeiten zunehmend ganzheitliche Konzepte, die nicht mehr auf das eigene Gleisnetz beschränkt bleiben müssen.

Auch die **technische Entwicklung** hat in den letzten Jahren zu erheblichen Veränderungen auf vielen Gebieten geführt. Besonders markant sind die Auswirkungen der Entwicklungen im Bereich der Informations- und Kommunikationstechniken. Hervorzuheben sind dabei Netzwerktechnologien, einschließlich ihrer Anwendungen bis hin zum Internet , sowie mobile Kommunikationstechniken. Wie in allen anderen Bereichen der Wirtschaft sind auch bei den Bahnen diese Techniken in breitem Umfang im Einsatz. Besondere Bedeutung kommt dieser Technik überall dort zu, wo Prozessabläufe nachhaltig verbessert werden konnten. Dies trifft neben dem verkehrlichen Bereich in starkem Maße auf die Betriebsführung zu. Mit der Umsetzung der bereits in der Erprobung befindlichen Konzepte zum funkbasierten Fahrbetrieb wird diese dynamische Entwicklung im Bereich der Signal- und Sicherungstechnik fortgesetzt. Die Möglichkeit zur netzweiten Steuerung und Überwachung von Zugfahrten sowie von Lok- und Wagenumläufen stellt eine völlig neue Qualität im Eisenbahnwesen dar. Die Einführung elektronischer Stellwerke führt zu einer beispiellosen Konzentration der Betriebsstellen. Neben erheblichen Rationalisierungseffekten bietet sich über die fortschreitende Vernetzung der un-

---

2 Hille, A.: Warendienstleistungszentrum in Erfurt eröffnet. In: Logistik im Unternehmen. 10(1996) 9 S. 34-36

terschiedlichen Informationssysteme die Möglichkeit zum lange geforderten rationellen Datenaustausch sowohl bahnintern als auch mit Partnern und Kunden der Bahnen.

Die Verfügbarkeit neuer Basistechnologien und –systeme stellt für die Bahnen gleichzeitig Bedrohung und Chance dar. Die Bedrohung besteht darin, dass Kunden, Partner und Wettbewerber die schnelle und effektive Nutzung dieser Möglichkeiten erwarten bzw. selbst vorantreiben. Wenn die Angebote der Bahnen den Maßstäben nicht genügen, die der Wettbewerb gesetzt hat, entstehen Wettbewerbsnachteile. Entscheidend dabei ist jedoch konkreter Kundennutzen bzw. die nachweisliche Stärkung der Wettbewerbsfähigkeit durch Rationalisierung der Prozessabläufe. Schwierig gestaltet sich dabei der Umgang mit der sehr dynamischen Entwicklung und den daraus resultierenden kurzen Produktlebenszeiten der Hard- und Software. Eine große Herausforderung ist dabei nicht nur das Schritthalten mit der technischen Entwicklung sondern auch die erforderliche Qualifikation der Mitarbeiter. Chancen ergeben sich durch den Zwang, bei der Einführung neuer Informations- und Kommunikationstechniken die bestehenden Abläufe analysieren zu müssen. Häufig können auf diesem Wege unrationelle Abläufe identifiziert und anschließend grundlegend verbessert werden.

Der übrige **Infrastrukturbereich** unterliegt einem ähnlich gravierenden Wandel. Ursachen dafür sind geänderte rechtliche Rahmenbedingungen und Anforderungen. Netzzugang für Dritte bis hin zu eigenständigen Infrastrukturunternehmen seien hier als Stichworte genannt. Erhöhte Anforderungen ergeben sich auch aus Veränderungen von Stärke und Richtung der Verkehrsströme. Sie resultieren u. a. aus der wachsenden Integration innerhalb der EU und der bevorstehenden Osterweiterung. Dazu gehört der Ausbau europäischer Verkehrsmagistralen einschließlich der Lückenschlüsse und Planungen für den Ausbau der Ost-West-Korridore. Eine weitere Herausforderung stellen bauliche und betriebliche Maßnahmen zur Entmischung schnell- und langsamfahrender Verkehre dar.

Auch in anderen Bereichen z. B. der **Fahrzeugtechnik** zeichnen sich Änderungen ab. Hierbei handelt es sich um einen durchgreifenden Strukturwandel bei den Herstellern aber auch um konkrete technische Entwicklungen. Die Zahl der Fahrzeughersteller nimmt immer mehr ab. Internationaler Wettbewerb und Liberalisierung forcieren diese Entwicklung. Nur noch wenige, jedoch global agierende Unternehmen dominieren den Markt. Es handelt sich dabei jedoch nicht um Fahrzeugbauer im klassischen Sinne sondern um Bahnsystemanbieter. Das Leistungsspektrum dieser Systemanbieter umfasst die komplette Produktpalette vom Fahrweg über die Fahrzeuge bis hin zu Signal- und Sicherungseinrichtungen. Es werden jedoch nicht nur Produkte, sondern auch vielfältige Leistungen angeboten. Dazu zählen z. B. Konzeption, Projektierung und Herstellung bis hin zur Finanzierung der Produkte. Von den Herstellern wird neben hoher Qualität eine weitreichende Produktverantwortung erwartet. Dies äußert sich vor allem in der Forderung nach niedrigen Life-Cycle-Costs (vergleiche Abschnitt 6.3.5).

Von den neuen technische Entwicklungen im Fahrzeugbereich sind z. B. zu nennen:

- Bremstechnik,
- Zug-/Stoßeinrichtungen und
- Entgleisungsdetektoren.

Für die Bahnen ergaben sich daraus folgende Grundtendenzen:

- Veränderte Kundenanforderungen insbesondere hinsichtlich Leistungsspektrum, Qualität und Service,
- eine zunehmende Marktsegmentierung,
- wachsende Konzentration und
- die Forderung nach dem Schritthalten des Leistungsangebotes der Bahnen mit der Internationalisierung des Kundenbedarfs.

4.3 Nachfrage

Die gravierenden Veränderungen der Rahmenbedingungen blieben naturgemäß nicht ohne Auswirkungen auf Angebot und Nachfrage. Die Nachfrage hat in den letzten Jahren einen deutlichen Wandel erfahren. Die Veränderungen sind qualitativer und quantitativer Natur. Obwohl durch die veränderten Rahmenbedingungen ein quantitatives Wachstum des Verkehrsaufkommens zu verzeichnen ist, können die Bahnen daran nicht im gewünschten Maße partizipieren (Bild 4.5).

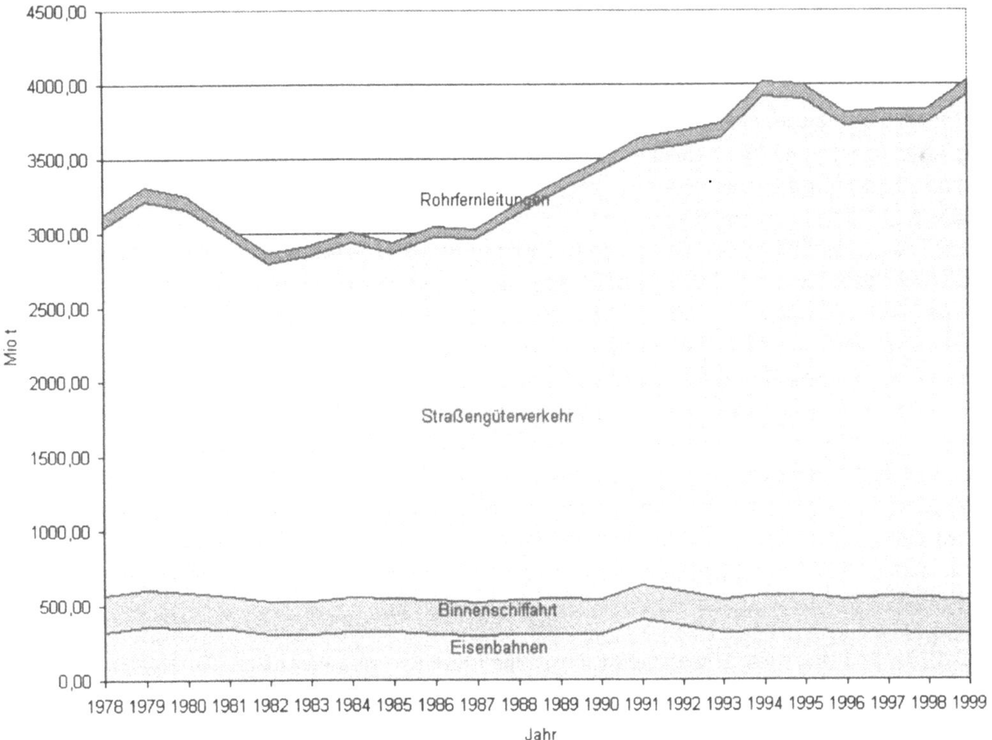

Bild 4.5: Anteile der Verkehrsträger am Verkehrsaufkommen [3]

---

[3] Quelle der Daten: Bundesministerium für Verkehr, Bau und Wohnungswesen 2000 ; 1991 methodische Änderung der Erhebung und Einbeziehung der Neuen Bundesländer in die Statistik. Der Anteil des Luftverkehr beträgt weniger als 3 Mio t und ist daher in diesem Maßstab nicht darstellbar.

Die Gründe für den Verlust von Marktanteilen durch die Bahnen sind vielfältig. Wesentliche Ursachen dafür sind z. T. dramatische Veränderungen hinsichtlich

- der Wettbewerbssituation gegenüber den anderen Verkehrsträgern,
- der geltenden Marktregularien (Liberalisierung),
- der Güterstruktur,
- der Produktionsabläufe (Logistik) sowie
- der Produktionsstrukturen (Internationalisierung) bei den Transportkunden.

Die **Wettbewerbssituation** der Eisenbahnen gegenüber den anderen Verkehrsträgern hat sich zunehmend verschlechtert. Hauptkonkurrent ist der Straßengüterverkehr. Mit dem öffentlichen Straßennetz verfügt dieser Verkehrsträger über eine sehr feinmaschige Infrastruktur. Die Erschließung der Fläche ist damit in flexibler und wirtschaftlicher Weise möglich. Die Eisenbahn muss im Gegensatz dazu ihre Infrastruktur selbst erbauen und betreiben. Selbst wenn die Eisenbahninfrastruktur letztendlich auch mit Steuergeldern finanziert wird, ist die unterschiedliche Anlastung der Infrastrukturkosten bei beiden konkurrierenden Verkehrsträgern für die Eisenbahn nachteilig. Hinzu kommen fiskalische Nachteile bzgl. der Energieträger (z. B. Ökosteuer). Seit der weitgehenden Liberalisierung hat zudem im Straßengüterverkehr ein sehr harter Wettbewerb zu drastisch gesenkten Transportpreisen geführt. Ein weiterer Nachteil der Bahnen liegt im systembedingt größeren Planungsvorlauf und –aufwand.

Die vormaligen Staatsbahnen beherrschten lange Zeit als unangefochtene Monopolisten mit eigenen, abgeschotteten Schienennetzen den Fernverkehr. Auch im Nahverkehr hatten die Staatsbahnen eine dominierende Stellung gegenüber den regionalen Bahnen. Die regionalen Bahnen, z. B. in Form von Werks- und Hafenbahnen, spielten insbesondere eine Rolle bei der Erschließung der Fläche und bei der Erfüllung spezifischer innerbetrieblicher Transportaufgaben. Die Abschottung verhinderte auf lange Zeit den Wettbewerb der Eisenbahnen untereinander und führte zudem zu einer Vielfalt nationaler Eigenentwicklungen bei Infrastruktur und Fahrzeugen. Mit der Marktliberalisierung erwiesen sich diese Inkompatibilitäten als erhebliche Hemmnisse im grenzüberschreitenden Verkehr, die in dieser Form im Straßengüterverkehr nicht existieren. Heute wird mit großem Aufwand an der Herstellung der Interoperabilität (vergl. Abschnitt 5.3.6) gearbeitet. Im internationalen Schienengüterverkehr besteht nicht nur im technischen Bereich sondern auch hinsichtlich organisatorischer bzw. kommerzieller Belange Harmonisierungsbedarf. Als Beispiele dafür seien die unterschiedliche Anlastung der Infrastrukturkosten und die differierende fiskalische Behandlung in den einzelnen EU-Staaten. Letzteres hat nicht nur Auswirkungen auf den Wettbewerb der Bahnen untereinander sondern auf die Wettbewerbsfähigkeit der Bahn als Gesamtsystem.

Die Liberalisierung des Eisenbahnwesens zählt zu den gravierendsten Veränderungen der **Marktregularien** und hat zu vielfältigen Veränderungen geführt. Neben der gewollten Zurückdrängung der politischen Einflussnahme auf die Bahnen zugunsten marktwirtschaftlicher Strukturen ist der ebenfalls angestrebte Wettbewerb in Gang gekommen. Folgen dieser Entwicklung sind umfassende Änderungen auf der Anbieterseite. Neben homogenen Eisenbahnunternehmen mit eigenem Netz, die lediglich rechnerisch zwischen Infrastruktur und Betrieb unterscheiden, gibt es eine Reihe neuer Möglichkeiten. Im einfachsten Fall sind dies Eisenbahnverkehrsunternehmen, die durch den Einkauf von Trassen Verkehrsleistungen auf fremder Infrastruktur erbringen. Zunehmend werden jedoch auch Bemühungen spürbar, in analoger Weise wie im Straßengüterverkehr zu agieren. Dort ist es seit jeher üblich, dass Spediteure

Teilleistungen einkaufen, um daraus neue Leistungsangebote zu entwickeln, ohne über eigene Infrastruktur, Fahrzeuge usw. verfügen zu müssen. Im Schienengüterverkehr scheinen sich nun schrittweise ähnliche Strukturen zu entwickeln. Indizien dafür sind neben der Zugänglichkeit der Infrastruktur die Herausbildung von Unternehmen, die Dienstleistungen rund um die Schienenfahrzeuge anbieten. Diese wachsende Arbeitsteilung im Bahnbereich ist auch Ausdruck einer stärkeren Konzentration auf Kerngeschäfte. Beispiele für solche Unternehmen sind u. a.

* Lokpools,
* Wagenvermietgesellschaften und
* Serviceunternehmen im Fahrzeugbereich.

Lokpools bieten (vergl. dazu auch Abschnitt 8.5) neben Verkauf, Vermietung und Leasing von Triebfahrzeugen auch Traktionsleistungen an. Außerdem werden Leistungsangebote entwikkelt, die die Finanzierung, Versicherung, Instandhaltung der Fahrzeuge aber auch Personalleistungen enthalten können. Auf der anderen Seite setzt sich die Tendenz zur Privatisierung der Wagenparks fort. Einige der großen **Wagenvermietgesellschaften** entwickeln ebenfalls immer komplexere Leistungspakete, die weit über die reine Wagenvermietung hinausgehen. Über den Service rund um das Fahrzeug (Wartung, Reinigung usw.) reichen die Angebote bis zur Organisation eigenständiger Verkehrsleistungen. Neben Verkehrs- und Infrastrukturunternehmen sowie Anbietern von fahrzeugbezogenen Leistungen treten zunehmend **Serviceunternehmen** in Erscheinung, die völlig neuartige Dienste anbieten. Dazu zählen Informatikunternehmen, die z. B. die Sendungsverfolgung als Dienstleistung vermarkten.

Die **Veränderungen der Güterstruktur** haben ihre Ursache in einem durchgreifenden Strukturänderung in den meisten Industrieländern. An die Stelle der klassischen Großindustrie treten immer mehr der Dienstleistungssektor und die neuen Industrien. Selbst die traditionellen Industrien haben in den letzten Jahrzehnten einen enormen Strukturwandel durchgemacht. Ein Beispiel dafür ist die Konzentration und Rationalisierung in der Montanindustrie. Als Folge dieser Entwicklung sinkt die Bedeutung des Massengutes. Es sind immer weniger große Mengen einer Gutart über längere Zeiträume in gleichbleibenden Relationen zu befördern. Stattdessen steigt der Transportbedarf bei relativ werthaltigen Gütern, die in kleineren Mengen aufkommen (sogenanntes Kaufmannsgut).

Das heißt die Bedeutung traditioneller Nachfrager (Landwirtschaft, Montan) schwindet und neue Nachfrager mit anderen Anforderungen treten an ihre Stelle (z. B. KEP-Dienste mit definierten Zeitfenstern). Diese Tendenz ist in allen entwickelten Volkswirtschaften zu beobachten. Die Folge ist eine Veränderung der Transportanforderungen d. h. der Verkehrsaffinität. Verkehrliche Auswirkungen dieser Art werden als **Güterstruktureffekt** bezeichnet. Es tritt eine Veränderung des modal split ein. In der Praxis äußert sich diese Entwicklung dadurch, dass der Schienengüterverkehr Anteile am Verkehrsaufkommen verliert, da der Transportbedarf bei eisenbahnaffinen Massengütern mit relativ stabilen Quelle-Senke-Beziehungen sinkt. Ein Hauptsystemvorteil der Eisenbahnen, die hohe Massenleistungsfähigkeit, wird unter diesen Umständen nicht mehr wie früher nachgefragt. Die eher kleinteiligen, werthaltigeren sogenannten „Kaufmannsgüter" sind zudem häufig in der Fläche zu verteilen. Dieser für den Straßengüterverkehr besonders geeignete Anteil am Verkehrsaufkommen wächst voraussichtlich auch in Zukunft noch in stärkerem Maße. Die Verbreitung des Electronic Commerce scheint diese Tendenz zu verstärken. Per Internet elektronisch bestellte Waren müssen nach wie vor physisch ausgeliefert werden. Die Belieferung frei Haus ist wiederum ein Geschäftsfeld für den Straßengüterverkehr, insbesondere die KEP-Dienste.

Neben strukturellen Veränderungen ist ein **qualitativer Wandel der Nachfrage** festzustellen. Ausdruck dafür ist der **Logistikeffekt**, der seinerseits den Güterstruktureffekt verstärkt. Dieser Effekt resultiert aus der wachsenden Arbeitsteilung in vielen Bereichen der Volkswirtschaft. Der Trend zur Konzentration auf Kernkompetenzen hat zur Auslagerung von ganzen Leistungspaketen geführt. Viele Industrieunternehmen und auch die Dienstleistungsbranche selbst (z. B. der Handel) kaufen Logistikleistungen am Markt ein. Diese Leistungen sollen sich nahtlos in die Wertschöpfungsketten einfügen. Dazu müssen sie eine hohe Qualität aufweisen und trotzdem wirtschaftlich sein.

Unter Ausnutzung standortspezifischer Vorteile für Beschaffung, Produktion und Vertrieb werden auch zunehmend neuartige Wertschöpfungsketten aufgebaut, die nur mit Hilfe ausgefeilter Logistikkonzepte umsetzbar sind. Die dabei durch die Logistikdienstleister zu lösenden Problemstellungen sind komplex, zumal diese Wertschöpfungsketten häufig internationalen Charakter tragen. Die Anforderungen bestehen vor allem in

- der Einbeziehung der Logistikdienstleister in den Aufbau der Wertschöpfungsketten durch die Entwicklung kundenspezifischer Leistungsangebote,
- der qualitätsgerechten Leistungserbringung (z. B. Einhaltung von Terminvorgaben, Vermeidung von Transportschäden) und
- der flexiblen Reaktion auf Veränderungen.

Gefragt ist also nicht nur eine physische Transportleistung, sondern eine hochwertige logistische Dienstleistung, die einen erheblichen informatischen Anteil hat. Die passgenaue Verzahnung der Wertschöpfungsketten ist ohne moderne Informations- und Kommunikationstechnologien nicht umsetzbar. Häufig sind dabei klassische Leistungen wie Transportieren, Umschlagen und Lagern mit neuen Zusatzdiensten (z. B. Informatikdienste zur Sendungsverfolgung) zu innovativen Logistikleistungen zu verbinden. Die Grundforderungen der Nachfrager und ihre Folgen zeigt Tabelle 4.2.

Gegenstände dieser Wertschöpfungsketten sind wiederum höherwertige Güter verschiedener Produktionsstufen. Obwohl die Bahnen z. B. für fast alle in Europa tätigen Automobilhersteller[4] als Logistikdienstleister tätig sind, ist die Entwicklung entsprechender Leistungsangebote

---

[4] siehe z. B.: Zuliefertransporte für die Adam Opel AG: Umlaufzeiten um drei Tage verkürzt. In: Cargo aktuell Nr. 6 / Dezember 2000 S. 8

Internationale Zusammenarbeit für Audi-Transporte nach Norwegen. In: Cargo aktuell Nr. 6 / Dezember 2000 S. 18

Einsatz von Wagen im XXL-Format für DaimlerChrysler. In: Cargo aktuell Nr. 6 / Dezember 2000 S. 19

Porsche Boxter und 911: Sportwagen auf neuen Wegen in Richtung Übersee. In: Cargo aktuell Nr. 5 / Oktober 2000 S. 13

Neues Drehscheiben-Konzept für die Volkswagen-Gruppe. In: Cargo aktuell Nr. 5 / Oktober 2000 S. 16

für die Bahnen schwieriger als für ihre Wettbewerber. Spurbindung, Fahrplanbindung und Produktionsverfahren setzten Grenzen, die im Straßengüterverkehr so nicht bestehen. Qualitätsvorgaben werden den Bahnen von den Kunden und durch konkurrierende Verkehrsträger in Punkto Zeit, Flexibilität, Service und Wirtschaftlichkeit gemacht.

Grundforderungen	Folgen
großräumige logistische Netzwerke	Herausbildung leistungsstarker, europäisch ausgerichteter Unternehmen
Lieferserviceleistungen statt Transportleistungen	Veränderter Bewertungsmaßstab: Zuverlässigkeit und Transparenz angebotener Systeme (nicht mehr nur Fähigkeit zum Transportieren!)
Individuelle Angebote	Zwang • Alte Dienstleistungsangebote an neue Anforderungen und höhere Qualitätsmaßstäbe anzupassen • neue Dienstleistungskonzepte zu kreieren
Integrationsfähigkeit (wegen zunehmender Konzentration auf Kerngeschäft Trend zum Outsourcing)	Forderung nach kooperativer Einbindung von Logistikdienstleistern in Kundensysteme (innovative Formen der Verzahnung zwischen Verlader und Logistikdienstleister)

Tabelle 4.2: Grundforderungen der Nachfrager und ihre Folgen

Die Vollendung des EU-Binnenmarktes, die bevorstehende EU-Osterweiterung und die Integration der EU-Staaten in den Welthandel tragen zu einem wachsenden Verkehrsaufkommen in Europa bei. Durch seine zentrale Lage und die starke Exportorientierung der Wirtschaft wirkt sich diese als **Integrationseffekt** bezeichnete Tendenz in Deutschland besonders aus. Leider können die europäischen Bahnen an diesem bereits spürbaren Wachstum des Transportbedarfs nur in geringem Maße teilhaben. Die Gründe hierfür liegen vor allem in den bereits erwähnten Hemmnissen im internationalen Schienengüterverkehr d. h. der mangelnden Interoperabilität.

Die genannten Effekte zeichnen sich seit längerem ab. In der Literatur finden sich seit geraumer Zeit Hinweise darauf, die auch mit Zahlen belegt sind[5].

4.4 Angebote

Angebote müssen passgenau die Anforderungen der Nachfrager abdecken. Voraussetzung dafür ist die exakte Kenntnis der Kundenanforderungen. Die Kunden tendieren immer stärker zur Übertragung weitreichender Aufgabenbereiche statt einzelner Leistungen. Dies bedeutet,

---

[5] vergl. hierzu Aberle, G.: Transportwirtschaft: Einzelwirtschaftliche und gesamtwirtschaftliche Grundlagen. –2. Aufl. – München; Wien; Oldenbourg: Oldenbourg, 1997 S. 86

dass die zu erbringenden logistischen Dienstleistungen zunehmend unternehmensindividuell zugeschnitten sein müssen. Die Anforderungen an die Dienstleistungsangebote gestalten sich dadurch immer differenzierter bzw. spezifischer. Es kommt zur zunehmenden Marktsegmentierung. Die Bahnen bearbeiten den Güterverkehrsmarkt häufig unterteilt nach Branchen. Auf diese Weise lassen sich Kunden bzw. Kundengruppen zu Teilmärkten zusammenfassen, die hinsichtlich ihres Anforderungsprofils vergleichbar sind. Die Teilmärkte werden mit auf die speziellen Bedürfnisse zugeschnittenen Leistungen bedient[6]. Damit soll eine hohe Übereinstimmung zwischen Marktleistung (Angebot) und Erwartungen bzw. Bedürfnissen (Nachfrage) einer abgegrenzten Zahl von Kunden erreicht werden. Zum Beispiel bei DB Cargo und Rail Cargo Austria ist die Marktbearbeitung entsprechend der Marktsegmente durch eine angepasste Aufbauorganisation untersetzt.

Innerhalb der einzelnen Marktsegmente erwarten die Kunden

- europaweite, flächendeckende Netze,
- spezifische produkt-, kunden- und/oder branchenorientierte Dienstleistungen,
- hohe Qualität,
- Flexibilität und
- überschaubare Unternehmensstrukturen.

Um diese Anforderungen erfüllen zu können, sind geeignete Organisationsformen auf der Anbieterseite erforderlich. Dabei sind zwei Tendenzen feststellbar. Auf der einen Seite bilden sich verschiedene Unternehmensformen heraus, auf der anderen Seite entstehen neue Formen der Zusammenarbeit.

Am Verkehrsmarkt agieren Unternehmen unterschiedlichster Form als Anbieter von Verkehrsleistungen (Bild 4.6).

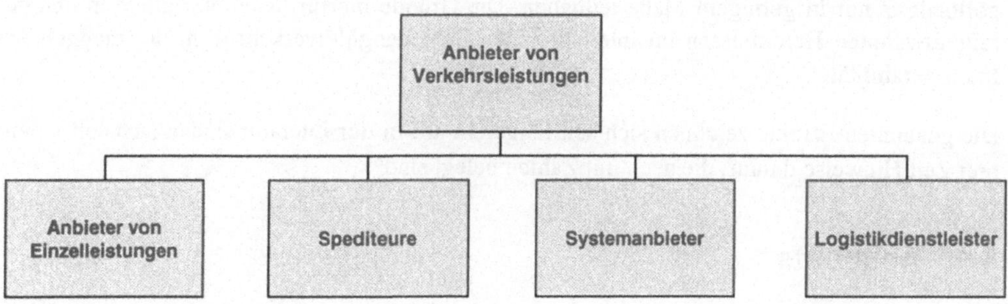

Bild 4.6: Anbieter von Verkehrsleistungen

---

[6] Vergl. zu Angeboten von DB Cargo: Schwarz, A.: Logistiklösungen auf die Bahn gebracht. In. Internationales Verkehrswesen. 52(2000) 6 S. 274-275

Die Grenzen zwischen diesen Anbieterkategorien sind fließend. Das Kerngeschäft der **Anbieter von Einzelleistungen** können Primärleistungen oder Sekundärleistungen sein. Die Transportdurchführung ist die eigentliche Primärleistung, die der Kunde von einem Verkehrsunternehmen erwartet. Sie kann von öffentlichen oder nichtöffentlichen Eisenbahnunternehmen angeboten werden. Die öffentlichen Eisenbahnunternehmen in Form der Eisenbahnverkehrsunternehmen (EVU) bieten je nach Größe und Tätigkeitsbereich sehr unterschiedliche Produkte an (vergl. Abschnitt 2), die fast ausschließlich als Zugfahrten durchgeführt werden. Das Leistungsangebot der nichtöffentlichen Eisenbahnunternehmen in Form der Anschlussbahnen besteht in der Durchführung von

- innerbetrieblichen Transporte in Industrieunternehmen,
- Zubringerverkehren zu öffentlichen Bahnen sowie
- Sammel- und Verteilverkehren innerhalb der jeweiligen regionalen Bahnnetze.

Zur Erbringung der Primärleistungen sind eine Reihe weiterer Leistungen erforderlich, die den Kunden nicht immer direkt interessieren aber für die Leistungserbringung unverzichtbar sind. Diese Leistungen werden nicht immer durch EVU bzw. Anschlussbahnen selbst erbracht. Dazu gehört die Bereitstellung von

- erforderlicher Infrastruktur durch Eisenbahninfrastrukturunternehmen,
- Güterwagen durch Wagenvermietgesellschaften oder
- Lokomotiven durch Lokpools.

Der Kunde erwartet jedoch häufig auch vielfältige Leistungen rund um den eigentlichen Transport. Dazu zählen u. a.

- Umschlagleistungen,
- Lagerhaltung,
- Verpackung,
- Ladungssicherung und
- Informationsdienstleistung.

Viele solcher Sekundärleistungen werden durch die Anbieter der Primärleistungen seit langem koordiniert und dem Kunden als Leistungspaket angeboten. In der Vergangenheit waren dabei die Leistungen meist durch den Tätigkeitsbereich der Bahnen regional begrenzt. Die Begrenzung ergab sich aus der räumlichen Überschneidung von Bereichen der Betriebsführung mit denen der verfügbaren Infrastruktur. Wagenübergänge zwischen den Bahnen (z. B. NE-Bahnen und bundeseigene Bahnen) fanden seit jeher statt, waren aber immer mit entsprechendem Aufwand verbunden. Wollte der Kunde gar gebrochene Verkehre durchführen, musste er meist die erforderliche Koordination der beteiligten Dienstleister selbst übernehmen. Mit dem liberalisierten Zugang zur Infrastruktur besteht nicht nur die Möglichkeit für EVU Komplettleistungen zu entwickeln, die über den Bereich der eigenen Betriebsführung hinausgehen. Es sind auch neue Formen der Zusammenarbeit zwischen verschiedenen Anbietern von Einzelleistungen, bis hin zur verkehrsträgerübergreifenden Zusammenarbeit möglich. Von den Kunden wird immer stärker die Übernahme von Logistik- und Organisationsfunktionen einschließlich der Verantwortung für gesamten Transport nachgefragt. Erst diese Form des Outsourcing in Form von Kontrakt Logistik führt in den Unternehmen der Transportkunden zu echten Kosteneinsparungen z. B. beim Personal.

Im Verhältnis zwischen EVU ergeben sich in diesem Zusammenhang Konstellationen, die im Straßengüterverkehr seit langem Praxis sind. ·

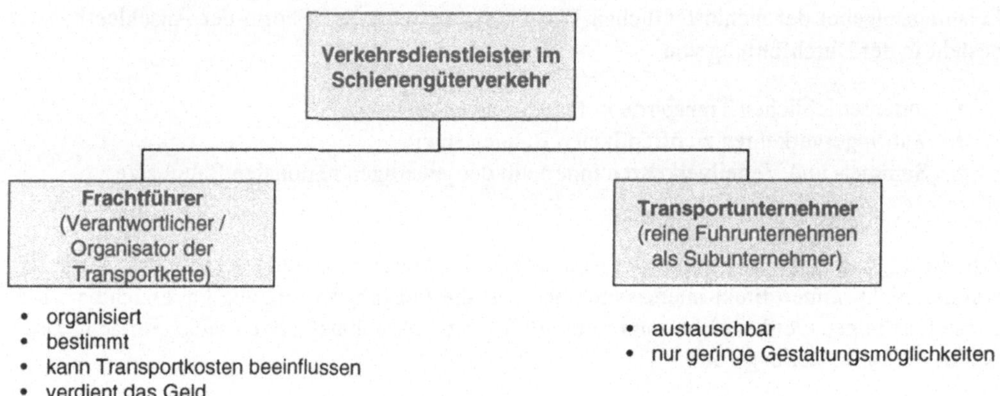

Bild 4.7: Frachtführer und Transportunternehmer

Im Straßengüterverkehr liefert § 407 HGB die rechtliche Grundlage für den Spediteur. Entscheidend ist dabei die Frage des Selbsteintritts (§ 412 HGB). Der Spediteur kann Leistungen am Markt einkaufen und daraus ein individuelles Leistungsangebot für seine Kunden entwikkeln. Ob er sich selbst direkt an der Leistungserbringung (Selbsteintritt) beteiligt, bleibt ihm überlassen. In der Vergangenheit haben diese Rahmenbedingungen zu erheblichem Wettbewerb geführt. Zudem hat der Wettbewerb äußerst flexible und kundenspezifische Leistungsangebote für die Transportkunden hervorgebracht. Für den Schienengüterverkehr sind damit die Maßstäbe gesetzt. Eine analoge Vorgehensweise ist hier jedoch erst mit Öffnung der Netze und wesentlichen Änderungen der Rechtsbeziehungen zwischen den Bahnen möglich. Dadurch ergibt sich erst seit diesem Zeitpunkt die Chance wesentlich attraktivere und damit wettbewerbsfähigere Leistungsangebote im Schienengüterverkehr aufzubauen. Eine besondere Rolle spielen in diesem Zusammenhang gemeinsame Leistungsangebote zwischen regionalen Bahnen und DB Cargo. Die Kompetenz vieler NE-Bahnen beim Sammeln und Verteilen in der Fläche sowie bei der direkten Zusammenarbeit mit dem Transportkunden in Verbindung mit der Leistungsfähigkeit von DB Cargo im Fernverkehr ermöglicht es die Leistungsanteile neu zu kombinieren. Entscheidend ist dabei, dass die Leistungsanteile nicht mehr zwangsläufig dadurch bestimmt sein müssen, auf wessen Infrastruktur die Leistung erbracht wird.

Da die Zusammenarbeit mehrerer Partner immer mit Koordinierungsaufwand verbunden ist, streben viele Dienstleister danach Leistungen in eigener Regie zu erbringen. Dazu sind wiederum nach dem Vorbild des Straßengüterverkehrs die Alternativen Entwicklung zum Systemanbieter oder zum Logistikdienstleister denkbar. **Systemanbieter** konzentrieren sich bewusst auf ein bestimmtes Leistungsspektrum und bauen dieses konsequent aus. Das Systemangebot wird aus einer Hand ohne Arbeitsteilung entwickelt und umgesetzt. Vorbilder dafür sind die Paketdienste. Sie beschränken ihr Angebot auf bestimmte Güter (nach Masse, Abmessungen u. Ä.) und Relationen. Innerhalb dieses Angebotsspektrums wird dann jedoch eine definierte Qualität garantiert und möglichst kundenfreundlich erbracht. Qualitätsparameter sind z. B. Liefertermine oder maximale Laufzeiten. Die Preissysteme sind für die Kunden durchschaubar. Die Sendungsverfolgung ist Produktbestandteil. Ähnliche Tendenzen zeichnen sich im Schienengüterverkehr ab. Im Sommer 2000 übernahm z. B. die Spedition Hoyer ein EVU um selbst Transportketten für den Transport chemischer Produkte aufbauen zu können[7]. Die VTG-Lehnkering AG ist zwar (noch?) nicht als eigenes EVU tätig, verfügt aber über umfangreiche Betriebsmittel und bietet Komplettleistungen u. a. im Bereich der flüssigen Gefahrgüter an. Neben einem umfangreichen Wagenpark für den Schienentransport werden eigene Tanklager betrieben[8]. Auch beim Transport temperaturgeführter Güter reicht das Leistungsangebot soweit, dass von Systemangeboten gesprochen werden kann[9].

Logistikdienstleister gehen noch weiter als Systemanbieter. Sie übernehmen zusätzlich zum Angebot kompletter Transportketten direkt Stufen der Wertschöpfung beim Kunden. Das erfordert nicht nur die Kombination und Koordination am Markt beschaffbarer Teilleistungen, sondern erfordert auch häufig die Entwicklung neuer Leistungen. Im Vordergrund stehen Problemlösungen für den Kunden, auch wenn dazu fachfremde Teilleistungen mit übernommen werden müssen. Diese Form der Zusammenarbeit zwischen Transportkunden und Logistikdienstleistern stellt den höchsten Grad der Integration in technischer, organisatorischer und kommerzieller Hinsicht dar. Es entstehen durchgängig geplante, zentral kontrollierte und hoch integrierten Organisationen. Der zusätzliche Nutzen solcher Formen der Zusammenarbeit entsteht durch die Erschließung von Synergieeffekten bei der direkten Einbindung der logistischen Leistungen in die Wertschöpfungskette. Die klassische Teilleistung Transportieren ist in diesen Fällen Bestandteil eines komplexen kundenspezifischen logistischen Produktes. Die engen Kundenbeziehungen der Logistikdienstleister führen dazu, dass solche Dienstleister schwer austauschbar sind aber auch in hohem Masse vom wirtschaftlichen Erfolg ihrer Kunden abhängen. Vorreiter auf diesem Gebiet sind große Speditionsunternehmen. Zunehmend entwickeln sich jedoch auch Bahnen in diese Richtung.

Da auch die Bahnen nicht alle erdenklichen Leistungen selbst erbringen können und aus Gründen der Wirtschaftlichkeit auch nicht erbringen sollten, ist die Zusammenarbeit mit Partnern unerlässlich. Dabei sind vielfältige fallspezifische Formen der Zusammenarbeit möglich. Zwei Gesichtspunkte erlangen bei Formen gemeinschaftlicher Leistungserbringung besondere Bedeutung: die Regelung des Zusammenwirkens zwischen den Partnern und das Auftreten gegenüber dem Kunden. Denn der Kunde möchte auch bei komplexen Problemlösungen möglichst nur einen kompetenten Ansprech- und Vertragspartner haben. Insbesondere bei der Umsetzung von Supply Chain Management-Konzepten werden nur die Dienstleister als Partner akzeptabel sein, die neben der Leistungsfähigkeit bei der Durchführung des physischen Wa-

---

[7] Schulte, D.: Spedition wird Eisenbahn? In: Gefahrgut; Juli 2000 S. 12-13

[8] Zapp, K.: Logistik statt Spedition – Der feine Unterschied. In: Internationales Verkehrswesen. – Hamburg: 52 (2000) 6 S. 269 - 271

[9] vergl. z. B. Leistungsspektrum der Intercontainer-Interfrigo (ICF) s. c. unter http://www.icfonline.com

renflusses die erforderlichen organisatorischen und informationellen Prozesse beherrschen. Wesentliche Problemstellungen in diesem Zusammenhang wurden bereits bei der Auseinandersetzung mit **virtuellen Unternehmen** diskutiert[10] (vergleiche Abschnitt 8.7).

Die Wege zur Erbringung komplexer Dienstleistungen[11] sind sehr unterschiedlich. Tabelle 4.3 zeigt dies bezogen auf Bahn- und Straßenverkehrsleistungen beispielhaft. Selbstverständlich sind in analoger Weise weitere Leistungsanbieter einbeziehbar.

	Anbieter von	
Beschaffung fehlender Leistungsanteile durch	**Bahnverkehrsleistungen**	**Straßenverkehrsleistungen**
Leistungskauf	Kauf von Straßenverkehrsleistungen	Kauf von Bahnverkehrsleistungen
Zusammenarbeit	Joint Venture	Joint Venture
Unternehmenskauf	Kauf einer Spedition	Kauf eines EVU

Tabelle 4.3: Wege zur Erbringung komplexer Dienstleistungen

---

[10] Berndt, T.: Die virtuelle Regionalbahn. In: Internationales Verkehrswesen. – Hamburg: 50 (1998) 10 S. 448 - 451

[11] Der Bahnspediteur: ein Weg zur modernen Schienenlogistik. In: VDV-Jahresbericht 1998 S.70-71

5 Infrastruktur

5.1 Übersicht

Vereinfacht kann das Eisenbahnnetz als Graph verstanden werden, dessen Knoten die Bahnhofsanlagen darstellen. Die Kanten des Graphen werden durch Streckengleise gebildet, welche die Knoten verbinden.

Bei näherer Betrachtung zeigt sich, dass Knoten, Strecken und bestimmte Netzbereiche sowohl hinsichtlich ihrer baulichen Gestaltung wie auch ihrer Nutzungsbedingungen erhebliche Unterschiede aufweisen. Diese Unterschiede erfordern eine differenzierte Betrachtung. Neben dem Gleisnetz sind für die Durchführung des Eisenbahngüterverkehrs eine Reihe weiterer Infrastrukturvoraussetzungen erforderlich. Sie werden unter dem Begriff Bahnanlagen zusammengefasst. Die EBO fasst diesen Begriff sehr weit. Neben Grundstücken und Bauwerken werden darunter auch alle sonstigen Einrichtungen verstanden, die eine Eisenbahn „unter Berücksichtigung der örtlichen Verhältnisse zur Abwicklung oder Sicherung des Reise- oder Güterverkehrs auf der Schiene" benötigt. Diese weite Auslegung findet sich auch im Europäischen Recht[1]. Die verschiedenen Bestandteile der Eisenbahninfrastruktur waren in der Vergangenheit meist im Besitz der Eisenbahnen und wurden häufig auch in deren Verantwortung gebaut, betrieben und unterhalten wurden. In der jüngsten Zeit ist eher ein Trend zum Outsourcing erkennbar. Die Ursachen sind sicher nicht nur in der Liberalisierung der Eisenbahnmärkte zu suchen sondern auch solchen Faktoren wie

- der stärkeren Konzentration auf Kernkompetenzen,
- dem Zwang zu höherer Wirtschaftlichkeit und
- dem Streben nach Flexibilisierung der Fixkosten

zuzuschreiben.

Die vielfältigen Problemstellungen im Zusammenhang mit der Eisenbahninfrastruktur können bedingt durch ihren Umfang und ihre Komplexität in diesem Rahmen nicht umfassend beleuchtet werden. Deshalb wird nachfolgend nur auf ausgewählte Aspekte eingegangen. Beispiele für Eisenbahninfrastrukturen zeigt Bild 5.1.

---

[1] Vergl. Anlage 1 der Verordnung (EWG) Nr. 2598/70 der Kommission vom 18. Dezember 1970 zur Festlegung des Inhalts der verschiedenen Positionen der Verbuchungsschemata des Anhangs I der Verordnung (EWG) Nr. 1108/70 des Rates vom 4. Juni 1970

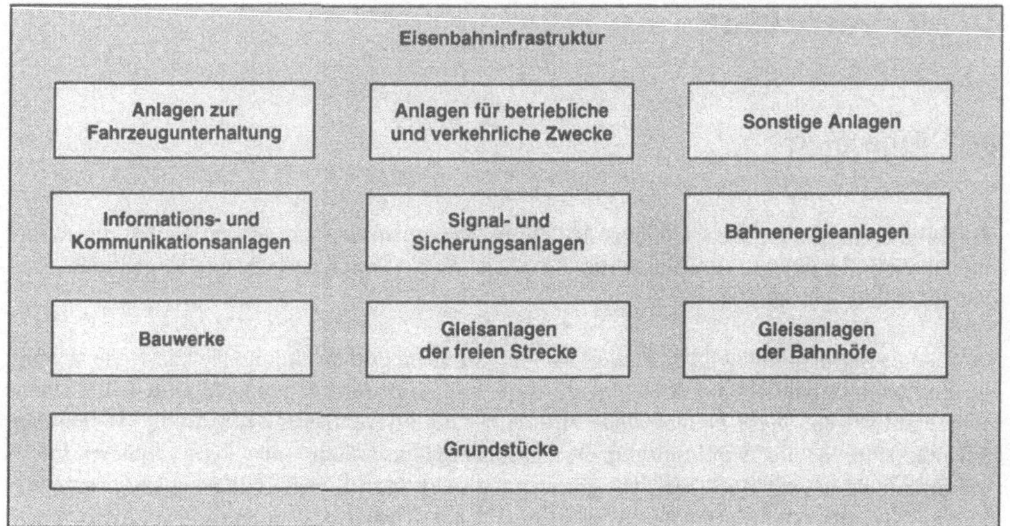

Bild 5.1: Beispiele für Eisenbahninfrastrukturen

Nach **betrieblichen Kriterien** werden Bahnanlagen der freien Strecke, der Bahnhöfe und sonstige Bahnanlagen unterschieden. Diese Differenzierung ist erforderlich, weil Verantwortlichkeiten, Regeln der Betriebsführung und letztlich auch bauliche Anforderungen in den Bereichen sehr unterschiedlich sind (vergl. zur Betriebsführung Abschnitt 8). Diese Form der Gliederung findet ihren Niederschlag in § 4 der EBO mit den Definitionen der Bahnanlagen:

„**Bahnhöfe** sind Bahnanlagen mit mindestens einer Weiche, wo Züge beginnen, enden, ausweichen oder wenden dürfen. Als Grenze zwischen den Bahnhöfen und der freien Strecke gelten im allgemeinen die Einfahrsignale oder Trapeztafeln, sonst die Einfahrweichen."

Zu den **Bahnanlagen der freien Strecke** zählen

- Blockstrecken,
- Blockstellen,
- Abzweigstellen,
- Überleitstellen,
- Anschlussstellen,
- Ausweichanschlussstellen,
- Haltepunkte,
- Haltestellen und
- Deckungsstellen.

Weiterhin werden Haupt- und Nebengleise unterschieden. Als Hauptgleise gelten von Zügen planmäßig durchfahrene Gleise. Als durchgehende Hauptgleise werden Hauptgleise der freien

Strecke und ihre Fortsetzung in den Bahnhöfen bezeichnet. Nebengleise sind alle übrigen Gleise.

Für die Gestaltung der Gleisanlagen sowie der Signal- und Sicherungsanlagen gelten eine Reihe wesentlicher Vorgaben, die ebenfalls in der EBO fixiert sind. Dies betrifft u. a.

- Spurweiten,
- zulässige Radien der Gleisbogen,
- maximale Gleisneigungen,
- die Belastbarkeit des Oberbaus und der Bauwerke,
- den Regellichtraum,
- zulässige Gleisabstände,
- die Gestaltung von Bahnübergängen, höhengleichen Kreuzungen, Bahnsteigen und Rampen,
- Signale und Weichen,
- Streckenblock und Zugbeeinflussung,
- Fernmeldeanlagen und
- das Untersuchen und Überwachen der Bahnanlagen.

Diese zunächst für die bauliche Gestaltung der Infrastruktur wichtigen Vorgaben haben jedoch auch wesentlichen Einfluss auf die Fahrzeuggestaltung und die Rahmenbedingungen für die Betriebsführung.

Bei **funktionaler Betrachtung** lassen sich die Bahnanlagen gliedern in

- Gleisanlagen,
- Signal- und Sicherungsanlagen,
- Informations- und Kommunikationssysteme,
- Anlagen zur Fahrzeugbehandlung,
- Anlagen zur Güterbehandlung und
- sonstige Bahnanlagen (z. B. Energieversorgungsanlagen, Umweltschutzeinrichtungen).

Die Eisenbahninfrastruktur ist nicht nur als komplexes technisches System zu verstehen. Weitere wesentliche Gesichtspunkte sind die Verantwortlichkeiten für Bau und Unterhaltung sowie die Nutzungsbedingungen.

Wenn EVU Eisenbahninfrastruktur nutzen wollen, deren Eigentümer sie nicht sind, erwerben sie zeitlich begrenzte Nutzungsrechte. Dabei besteht ein wesentlicher Unterschied zwischen Infrastruktur, die in kurzer zeitlicher Folge von unterschiedlichen Nutzern in Anspruch genommen wird und solcher, die einem Nutzer längerfristig allein zur Verfügung gestellt wird.

Der erste Fall trifft für den Zugverkehr auf der freien Strecke zu. Die Anmietung von Gleisanlagen in Ladestellen- oder Bahnhofsbereichen sind Beispiele für den zweiten Fall.

5.2 Bahnanlagen der freien Strecke

Während im Straßenverkehr das Befahren fremder Infrastruktur (z. B. Maut-Autobahnen) ohne Planungsvorlauf erfolgen kann, ist dies im Schienenverkehr nicht möglich. Zwar wird auch hier die Nutzung der Infrastruktur gegen Entgelt gestattet. Als Planungs-, Nutzungs- und Verrechnungsbasis dienen jedoch sogenannte **Trassen**. Diese Trassen sind im Fahrplan festgelegte Angaben zum Fahrtverlauf von Zügen. Die Summe der festgelegten Trassen ergibt den Gesamtfahrplan für eine Strecke oder einen Netzbereich. Aus **betrieblicher Sicht** regelt der Fahrplan für Züge den Laufweg, die zeitliche Lage, Zeitvorgaben für das Passieren bzw. den Aufenthalt auf dem Laufweg befindlicher Betriebsstellen und letztlich auch die Geschwindigkeiten in den betreffenden Streckenabschnitten. Für die Betriebsführung ist der Fahrplan die wesentlichste Planungs- und Arbeitsunterlage.

Als **verkehrliche Angaben** können den Fahrplänen die Zeiten von Abfahrt und Ankunft der Züge sowie eventuelle Verkehrshalte entnommen werden. Diese Informationen sind für die Organisation der vor- und nachgelagerten Prozesse wichtig, um kundengerechte logistische Ketten aufbauen zu können. Wesentlich ist in diesem Zusammenhang, dass eventuelle Abweichungen von den Planvorgaben rechtzeitig allen Beteiligten mitgeteilt werden. Auch für die **kommerziellen Beziehungen** zwischen EIU und EVU werden Trassen zugrunde gelegt. Neben dem Bezug zur ohnehin erforderlichen betrieblichen Planungsgrundlage spielt aus kommerzieller Sicht vor allem die zeitliche Lage und die Fahrzeit eine Rolle. Die Nutzerinteressen sind dabei nicht immer konfliktfrei koordinierbar. Über Qualitäts- und Preisabstufungen sowie organisatorische Regelungen haben die Infrastrukturbetreiber die Möglichkeit steuernd einzugreifen.

Zu den **Kernleistungen von EIU**[2] gehören:

- Fahrplan-
- Betriebs- und
- Vermittlungsservice.

Die Fahrplanleistungen umfassen Trassenberatung, Fahrplankonstruktion und Koordination. Betriebsführung und Notfallmanagement gehören zum Betriebsservice. Im Rahmen des Vermittlungsservice werden Zusatzleistungen Dritter angeboten. Dazu zählen Leistungen im Zusammenhang mit

- der Beschaffung von Fahrzeugen (Kauf, Miete oder Leasing),
- deren Betrieb (Bereitstellung von Bahnstrom bzw. Betriebsstoffen, Lotsendienste, mobiler Notfalldienst) und
- Unterhaltung sowie
- Finanzdienstleistungen (Finanzierung, Versicherung).

---

[2] Vergl. DB Netz Produkte & Leistungen. Stand 1/1999

Das europäische Streckennetz ist überwiegend für den **Mischverkehr** ausgelegt. Die sehr unterschiedlichen Anforderungen von Personen- und Güterverkehr sowie Nah- und Fernverkehr haben das Netz geprägt. Merkmale sind

- hohe Netzdichte,
- komplexe Betriebsprogramme und Fahrpläne,
- viele Überholungs- und Kreuzungsgleise sowie
- Anpassung der Anlagen an unterschiedliche Nutzungsanforderungen.

Während die hohe Netzdichte aus betrieblicher Sicht zunächst vorteilhaft erscheint, bereitet vor allem die Unterhaltung und der Ausbau der Infrastruktur massive wirtschaftliche Schwierigkeiten. Die vollständige Anpassung der Infrastruktur an alle möglichen Belastungsfälle (z. B. Ertüchtigung des Oberbaus für große Massen bei Güterzügen und Ausbau für hohe Geschwindigkeiten bei Personenzügen) wurde zwar auch in der Vergangenheit nicht allumfassend vorgenommen. Die bisherige Unterscheidung in Haupt- und Nebenstrecken mit differenzierten Vorgaben für die bauliche Gestaltung und daraus resultierende betriebliche Nutzungsmöglichkeiten erwies sich jedoch als nicht mehr ausreichend.

Mischverkehrsstrecken mit starker Auslastung erfordern eine andere Infrastrukturausstattung als Strecken, die auf bestimmte Verkehrsbedürfnisse speziell zugeschnitten sind. Die komplette Erhaltung der vorhandenen Infrastruktur für Mischverkehre bei gleichzeitiger Qualitätsverbesserung ist kaum leistbar. Die wesentlichen Qualitätsforderungen sind kurze Fahrzeiten, hohe Pünktlichkeit und attraktiver Preis. Voraussetzung dafür ist ein kostengünstiger, auf die jeweiligen Leistungsanforderungen zugeschnittener Fahrweg. Eine weitgehende Trennung von Personen- und Güterverkehrsanlagen, wie sie in Nordamerika verbreitet ist, wird jedoch in Europa kurzfristig kaum realisierbar sein.

Es zeichnen sich dagegen mehrere Vorgehensweisen ab, die teilweise auch kombiniert werden:

- Partielle Trennung von Personen- und Güterverkehrsanlagen,
- Beibehaltung des Mischverkehrs bei Erhöhung der Leistungsfähigkeit durch Infrastrukturmaßnahmen in Engpassbereichen oder
- Verkürzung der Reisezeit durch Einsatz angepasster Fahrzeuge.

Die DB AG strebt eine schrittweise, **partielle Entflechtung der Verkehre** an. Als Vorgabe für planerische und betriebliche Netzgestaltung hat hierzu die DB Netz AG ab 1998 eine neue Netzstruktur eingeführt. Bis dahin wurde das Streckennetz in ein Kernnetz mit Hauptabfuhrstrecken und Nebenfernstrecken sowie ein Ergänzungsnetz mit sonstigen Strecken unterschieden. Die neue Netzstruktur zielt auf die Herausbildung von Vorrangnetzen für Personen- und Güterverkehr. Die Entmischung soll aber nur dort erfolgen, wo dies möglich und wirtschaftlich sinnvoll ist. Daraus ergeben sich folgende Netztypen:

Netztyp	Größe	Merkmale
Vorrangnetz (V)	755 km	• Vorrang für einzelne Verkehrsarten (Personenfernverkehr im Hochgeschwindigkeitsnetz, Personennahverkehr und Güterfernverkehr) • hohe Geschwindigkeiten • geringe Beförderungs- bzw. Reisezeiten
Leistungsnetz (L)	2103 km	• Mischverkehr • hohe Leistungsfähigkeiten/Kapazitäten • gute Bedienungsmöglichkeit zwischen Wirtschaftszentren
Regionalnetz (R)	4776 km	• Personennah- und Güterverkehr • gute Bedienungsmöglichkeit in der Fläche • vertaktetes und homogenes Fahren

Tabelle 5.1: Netztypen der DB Netz AG [3]

Die Zuordnung liefert vor allem Kriterien für den weiteren Ausbau bzw. die Sanierung und Unterhaltung. Im Rahmen dieser Streckenstandardisierung soll eine weitere Detaillierung erreicht werden. Für den Güterverkehr, den Personenverkehr und für Mischverkehre sind detaillierte Streckenstandards[4] innerhalb der einzelnen Netztypen vorgesehen.

Teil dieser Entwicklung ist der Auf- und Ausbau des Hochgeschwindigkeitsnetzes. Die dazugehörigen Strecken sind in großem Maße Neubauten für spezielle Hochgeschwindigkeitszüge im Personenverkehr (z. B. ICE, Thalys, TGV). Teilweise werden durch die Verlagerung des Personenverkehrs auf diese Strecken Kapazitäten für den Güterverkehr frei.

Zur Umsetzung der angestrebten Infrastrukturmaßnahmen in Deutschland wurde eine Investitionsstrategie mit der Bezeichnung „Netz 21"[5] entwickelt. Im Zeitraum von 1999 bis 2009 soll diese Strategie mit einem Investitionsvolumen von mehr als 8 Mrd. DM verwirklicht werden. Hauptziele sind die Umsetzung der neuen Netzstruktur und die Modernisierung der bestehenden Strecken und Knoten. Die Modernisierung soll sich dabei vor allem auf Strecken mit hoher Systemwirksamkeit konzentrieren. Neben dem Aus- und Neubau von Gleisanlagen ist die Einführung moderner Leit- und Sicherungssysteme vorgesehen. Die vollständige Umsetzbarkeit der Strategie ist nicht unumstritten. Als Argumente werden von den Kritikern vor allem betriebswirtschaftliche Gründe angeführt.

---

[3] nach DB Netz. Für Sie geöffnet. Firmenschrift der DB Netz, Deutsche Bahn Gruppe Januar 1999

[4] Melzow, R.: Strecken und ihre Standards. In: Eisenbahningenieurkalender 1999 S. 431-445

[5] Fricke, M. u. a. : „Netz 21" – Integrierte Netzoptimierung und Korridor-Vorplanungen. In: ETR 49 (2000) 7/8 S. 494 - 499

In Österreich wird eine andere Strategie verfolgt. Statt an Hochgeschwindigkeitsstrecken wird am Bau von **Hochleistungsstrecken** gearbeitet. Der Unterschied ist nicht nur begrifflicher Natur, wie Tabelle 5.2 verdeutlicht.

Merkmal	Hochgeschwindigkeitsstrecken	Hochleistungsstrecken
Verkehrsart	überwiegend Personenverkehr	Mischverkehr
Primärziele	Hohe Reisegeschwindigkeiten (250 - 300 km/h)	• Höhere Geschwindigkeiten (bis 200 km/h) • Höhere Qualität der Leistungserbringung (Pünktlichkeit, Anschlusssicherheit, Transportzuverlässigkeit)
Fahrzeugeinsatz	Hochgeschwindigkeitszüge	Auch konventionelle Züge
Trassierung		
• Radien	Sehr groß	Groß
• Längsneigung	Höher	Nicht so hoch (wegen Güterverkehr)

Tabelle 5.2: Unterschiede zwischen Hochgeschwindigkeits- und Hochleistungsstrecken[6]

Wesentliche Gründe für den von den ÖBB eingeschlagenen Weg liegen in der komplexen Topographie und der Besiedelungsstruktur Österreichs, die allein aus ökonomischen Gründen einen Bau separater Hochgeschwindigkeitsstrecken wenig sinnvoll erscheinen lassen.

Eine weitere Möglichkeit zur Verkürzung der Reisezeit ist der Einsatz **speziell angepasster Fahrzeuge** im Personenverkehr. Fahrzeuge, die ohne spezielle Hochgeschwindigkeitsstrecken auskommen und trotz geringer Kurvenradien höhere Geschwindigkeiten entwickeln (z. B. Pendolino, ICE-T), können vorhandene Strecken ohne aufwändige Baumaßnahmen befahren. Diese Strecken werden auch meist im Mischverkehr betrieben. Im Güterverkehr sind weniger Fahrzeuge für extrem hohe Geschwindigkeiten gefragt als vielmehr leistungsfähige und zuverlässige Streckenloks.

Generell erscheint eine Strecken- bzw. relationenbezogene Fallbetrachtung mit dem Ziel am erfolgversprechendsten einen möglichst hohen Deckungsbeitrag pro Strecke zu erreichen.

---

[6] Horn, A. u. a.: ÖBB Handbuch 1999. – Wien: Bohmann 1999 S. 235 - 237

Die bauliche Gestaltung von Gleisanlagen der freien Strecke und die signal- und sicherungstechnischen Belange bei der Durchführung von Zugfahrten sollen an dieser Stelle nicht
vertieft werden. Ausführliche Darstellungen dazu finden sich in der Literatur[7].

5.3 Knoten im Eisenbahnnetz

5.3.1 Übersicht

Innerhalb des Eisenbahnnetzes sind neben der freien Strecke Knoten und Zugangsstellen zum
Eisenbahnnetz erforderlich. Die **Knoten** sind technisch und organisatorisch notwendige Bestandteile des Netzes für

- Überholungen,
- Richtungswechsel,
- die Bildung und die Auflösung sowie
- die Änderung der Zusammensetzung

von Zügen. Außerdem befinden sich in Netzknoten häufig Zugangsstellen zum Eisenbahnnetz
sowie Anlagen zur Behandlung von Gütern und Fahrzeugen.

Die Gleisanlagen der Bahnhöfe sind wesentlich von den Nutzungsanforderungen am jeweiligen Bahnknoten geprägt. Im Güterverkehr sind Grundanforderungen unterscheidbar, die sich
u. a. in bestimmten Bahnhofstypen niederschlagen.

Aus betrieblicher Sicht werden bei der DB AG unterschieden:

- Gleisanschlüsse,
- Güterverkehrsstellen,
- Zugbildungsbahnhöfe und
- Umschlagbahnhöfe.

Gleisanschlüsse sind Güterverkehrsanlagen, die als Zugangsstellen zum Gleisnetz dienen.
Dort beginnt bzw. endet der Schienengütertransport. Häufig findet in solchen Anlagen auch
der Übergang zu anderen Verkehrssystemen statt. Die Vielfalt der Gleisanschlüsse ist außerordentlich groß. Dies betrifft sowohl ihre Größe und Bedeutung wie auch ihre bauliche Gestaltung. Angefangen von einfachen Be- und Entladestellen über ausgedehnte Ladestellenbereiche
in Industrie- und Hafenbahnen bis zu Logistikzentren reicht die Palette. In Abhängigkeit von
Verkehrsaufkommen, Gutartenspektrum und Bedeutung der jeweiligen Zugangsstelle variieren
bauliche Ausgestaltung und Ausstattung mit Transport-, Umschlag und Lagertechnik. Mögliche Bauformen sind Ladegleise, Laderampen, Kaianlagen usw. bis hin zu komplexen Anlagen

---

[7] zum Bahnbetrieb vergl. z. B. Pachl, J.: Systemtechnik des Schienenverkehrs. – Stuttgart; Leipzig: B. G.
Teubner Verl. 1999 und zum Bahnbau z. B. Matthews, V.: Bahnbau. 3., erw. Aufl. – Stuttgart: Teubner,
1996

in Logistikzentren. Die Zahl der Zugangsstellen gibt Auskunft über die Verkehrserschließung der jeweiligen Fläche. Eine besondere Rolle bei der Bereitstellung bzw. Bedienung der Gleisanschlüsse kommt den Regionalbahnen zu. Während 1981 allein im Gebiet der Deutschen Bundesbahn über 11000 Gleisanschlüsse vorhanden waren[8], sinkt deren Anzahl immer mehr. 1998 gab es bei DB Netz 7024 Privatgleisanschlüsse[9].

Als **Güterverkehrsstellen** werden Bahnanlagen bezeichnet, die eine Verbindung zu den Gleisanschlüssen herstellen. Dazu zählen u. a. Satellitenbahnhöfe oder Anschlussbahnen. Die Güterverkehrsstellen sind meist so ausgebaut, dass Züge gebildet werden können und von dort der Übergang auf das Streckennetz möglich ist. Im Streckennetz der DB werden zur Zeit rd. 2300 Güterverkehrsstellen[10] betrieben.

Zugbildungsbahnhöfe dienen der Wagenumstellung im Rahmen der derzeit hauptsächlich genutzten Produktionsverfahren (Knotenpunktverfahren bzw. flexibles Knotenpunktverfahren). Hier erfolgt die Sortierung der Wagen oder Wagengruppen nach Richtungen und Zuggattungen. Entsprechend der Aufgabenteilung innerhalb des Knotenpunktverfahrens gibt es Zugbildungsbahnhöfe in Form von Rangier- und Knotenpunktbahnhöfen. Die Zugbildungsaufgaben werden immer stärker auf eine ständig kleiner werdende Zahl Zugbildungsbahnhöfe konzentriert. Die Zahl sank von ca. 730 im Fahrplanjahr 1975/76 allein bei der Deutschen Bundesbahn auf ca. 210 bei der Gründung der Deutschen Bahn AG[11]. Ein Grund dafür ist der hohe Unterhaltungsaufwand für diese komplexen Bahnanlagen.

Umschlagbahnhöfe (Ubf) bzw. Terminals dienen dem Umschlag von Ladeeinheiten des Kombinierten Verkehrs. Auch bei diesen Bahnanlagen ist eine ständige Konzentration auf immer weniger Anlagen festzustellen. Die DB Netz AG verfügte 1998 über 45 Ubf gegenüber 53 im Vorjahr[12]. Bedeutende Umschlagbahnhöfe in Deutschland befinden sich z. B. in den großen Seehäfen Bremen und Hamburg-Billwerder, in Duisburg und in Köln-Eifeltor.

Ausgewählte Gesichtspunkte der Infrastruktur in den Knoten des Eisenbahnnetzes werden nachfolgend vertieft.

5.3.2 Gleisanschlüsse und Anschlussbahnen

Die einfachste Form des **Gleisanschlusses** war in der Vergangenheit das Ladegleis im Bahnhof. Viele mittlere, aber vor allem größere Unternehmen wollten jedoch ohne zusätzlichen Transport direkt in ihrem Werksgelände einen Zugang zum Bahnnetz. Häufig spielten neben dem direkten Netzzugang auch spezifische Be- und Entlademöglichkeiten eine Rolle. Deshalb

---

[8] Bundesverkehrsministerium (Hrsg.): Verkehr in Zahlen 1998. – Hamburg: Deutscher Verkehrsverlag 1998

[9] Deutsche Bahn AG, Daten und Fakten 1998/99 S. 17

[10] Marktstudie Schienengüterverkehr, Landesinitiative Bahntechnik NRW, 1999, Seite 30

[11] Marktstudie Schienengüterverkehr, Landesinitiative Bahntechnik NRW, 1999, Seite 30

[12] Deutsche Bahn AG, Daten und Fakten 1998/99 S. 17

wurden bereits frühzeitig Anschlussgleise zur Anbindung an das Netz der damaligen Länder- bzw. Staatsbahnen errichtet. Vielfach bildeten jedoch auch isolierte Bahnen der Industrieunternehmen die Ausgangsbasis für die Netzbildung insgesamt. Im Zeitalter der Staatsbahnen waren zwei Alternativen bei der Einrichtung von Gleisanschlüssen möglich: die Netzerweiterung der Staatsbahn oder die Errichtung von Anschlussbahnen. Bei der DB AG gibt es für die bauliche Gestaltung von Gleisanschlüssen im Sinne einer Netzerweiterung eine spezielle Richtlinie[13]. Im Abschnitt „Anlagen für den Wagenladungsverkehr" werden u. a. Aussagen getroffen zu

- Gleisanlagen für den Wagenladungsverkehr,
- Ladestraßen und
- Laderampen.

Nach ihrer Funktion unterscheidet die genannte Richtlinie folgende Gleisanlagen des Wagenladungsverkehrs:

- Güterzugein- und –ausfahrgleise,
- Sammelgleise,
- Ordnungsgleise zum Ordnen von Wagengruppen,
- Ausziehgleise, meist als Stumpfgleise zum Rangieren,
- Verkehrsgleise zur Abwicklung des Rangierbetriebs,
- Ladegleise für die Be- und Entladung von Güterwagen,
- Abstellgleise und
- Gleise für sonstige Anlagen.

Anschlussbahnen sind keine Bahnen des öffentlichen Verkehrs. Jedoch können ihre Betriebsmittel auf Bahnen des öffentlichen Verkehrs übergehen[14]. Die Zuständigkeit für die Genehmigung und Überwachung aller NE-Bahnen, also auch der Anschlussbahnen, liegt bei den Landesbeauftragten für Bahnaufsicht (LfB) der Bundesländer, in denen sich die betreffenden Bahnen befinden.

Das Spektrum reicht bei diesen Bahnen von einfachen Anlagen bis zu komplexen Teilnetzen. Im einfachsten Fall kann dies ein Anschlussgleis mit einer einzigen Ladestelle sein. Insbesondere im Zeitalter der Massenproduktion verfügten jedoch viele Industrieunternehmen, insbesondere in der Montan- und der Chemieindustrie, über teilweise sehr große Anschlussbahnen mit hunderten Weichen.

Die Nichtöffentlichkeit entband von der Beförderungspflicht und bot weitere Vorteile für die Anschließer. Dazu gehörte z. B. die Nutzbarkeit der Bahn für innerbetriebliche Transporte und die Anpassung der internen Bahntechnik an individuelle Anforderungen. Solche Anforderun-

---

[13] DS 800 006 Bahnanlagen entwerfen – Güterverkehrsanlagen- Ausgabe: 1992-04

[14] § 1 (3) des Gesetzes über Kreuzungen von Eisenbahnen und Straßen (Eisenbahnkreuzungsgesetz-EkrG) In der Fassung der Bekanntmachung vom 21. März 1971, zuletzt geändert durch Gesetz vom 27. Dezember 1993

gen konnten z. B. sehr kostengünstige Fahrzeuge sein oder die Anpassung der Gleislage an extreme bauliche Gegebenheiten. Da in den Anschlussbahnen überwiegend Rangierbetrieb stattfand, waren auch nur entsprechend niedrige Geschwindigkeiten zulässig. Niedrige Geschwindigkeiten, Nichtöffentlichkeit und meist ausschließlicher Güterverkehr erlaubten es den Bahnaufsichtsbehörden die Anforderungen an

- die bauliche Gestaltung der Gleisanlagen,
- die Konstruktion der ausschließlich intern genutzten Fahrzeuge und
- die Betriebsführung

auch abweichend zum öffentlichen Verkehr zuzulassen. So findet man noch heute in den Anschlussbahnen teilweise sehr kleine Gleisradien und Werkswagen in primitivster (aber kostengünstiger) Bauweise. Auf der anderen Seite wurden in vielen Anschlussbahnen innovative Lösungen entwickelt. Bedingt durch die enge Bindung an industrielle Produktionsprozesse, die häufig direkte Verantwortlichkeit des Unternehmens für den Bahnbetrieb und die relative Autonomie konnten viele Neuerungen entwickelt, erprobt und eingesetzt werden, die später im gesamten Bahnbetrieb Verbreitung fanden. Dazu gehören z. B.

- die Funkfernsteuerung von Rangierloks
- der Einsatz von Lokrangierführern und
- Elektrische Ortsbediente Weichen (EOW).

In Abhängigkeit vom Zugang zur öffentlichen Bahn werden die im Bild 5.2 dargestellten **Arten** von Anschlussbahnen unterscheiden.

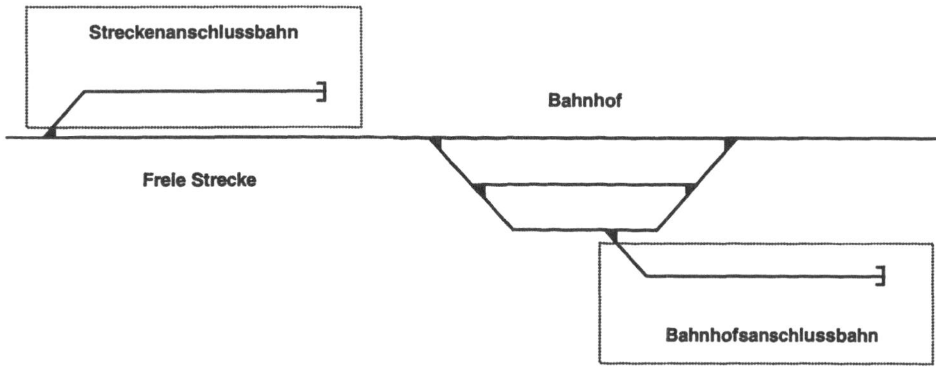

Bild 5. 2: Arten von Anschlussbahnen

Bei **Bahnhofsanschlussbahnen** erfolgt der Zugang über einen Bahnhof der öffentlichen Bahn, bei Streckenanschlussbahnen dagegen über die freie Strecke. Die Grenze der Anschlussbahn ist in der Regel die Anschlussweiche. Ist das nicht der Fall, legt die zuständige Behörde die Grenze fest.

Streckenanschlussbahnen können von verschiedenen Bahnanlagen der freien Strecke abzweigen, so z. B. von Abzweigstellen oder Haltestellen. Betrieblich werden Anschlussstellen,
Ausweichanschlussstellen und Anschlussabzweigstellen unterschieden. Während der Bedienung von Anschlussstellen bleibt das Streckengleis gesperrt. Bei Ausweichanschlussstellen
besteht die Möglichkeit die als Sperrfahrt durchgeführte Bedienungsfahrte im Anschluss einzuschließen. Solange der Einschluss besteht, kann die Strecke wieder freigegeben werden. Der
sicherungstechnische Schutz von Zugfahrten ist bei Anschlussabzweigstellen am günstigsten
gelöst. Hier ist die Anschlussbahn über eine signaltechnisch geschützte Abzweigstelle an die
freie Strecke angebunden.

Neben dem direkten Anschluss an eine öffentliche Bahn (**Hauptanschlussbahn**) kann die
Anbindung auch über eine andere Anschlussbahn erfolgen. Anschlussbahnen, die nur unter
Nutzung von Gleisanlagen einer anderen Anschlussbahn Zugang zur öffentlichen Bahn haben,
heißen **Nebenanschlussbahnen** (Bild 5. 3).

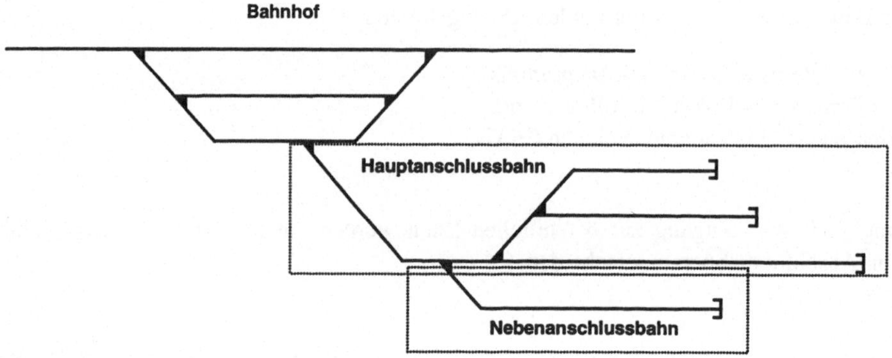

Bild 5. 3: Haupt- und Nebenanschlussbahnen

Die Unterscheidung nach Arten von Anschlussbahnen sagt nichts über deren Größe oder Bedeutung aus. Einige große Nichtbundeseigene Eisenbahnen, z. B. im Montanbereich, betreiben
räumlich zusammenhängende öffentliche und nichtöffentliche Bahnen. Bei der operativen
Betriebsführung spielen in diesen Fällen die Grenzen zwischen beiden Bahnen eine untergeordnete Rolle, da es sich meist um Bahnhofsanschlussbahnen handelt. Juristisch und kommerziell sind diese Grenzen dagegen sehr bedeutsam. Die juristische Relevanz ergibt sich aus den
unterschiedlichen Verantwortlichkeiten und Anforderungen an die technische Gestaltung öffentlicher und nichtöffentlicher Bahnen. Kommerziell ist der Status der Anschlussbahnen interessant, weil die Spielräume zur technischen Gestaltung größer sind und bei der Wagennutzung lange Zeit Unterschiede zwischen der Nutzung durch eine öffentliche Bahn oder durch
einen Anschließer bestanden. Zumindest aus der Sicht der vormaligen Staatsbahnen waren die
(öffentlichen) NE-Bahnen Wettbewerber, die Anschließer dagegen (Groß-)Kunden. Wichtig
für die Zusammenarbeit der Bahnen untereinander sind festgelegte **Wagenübergabestellen**
(WÜST). Dort erfolgt die Übergabe und Übernahme der Wagen von der benachbarten Bahn.
Im Geltungsbereich der BOA obliegt die Betriebsführung auf und hinter der WÜST dem An

schließer[15]. In der Vergangenheit hatten die Wagenübergabestellen den Charakter von „Grenzbahnhöfen" zwischen benachbarten Bahnen. Dort erfolgte der Wagenübergang mit entsprechendem Lokwechsel. Seit langem gibt es jedoch Formen der Zusammenarbeit, bei denen z. B. Ganzzüge ohne Lokwechsel direkt von der übergebenden Bahn an die Ladestelle gefahren werden und ggf. von dort auch wieder abgeholt werden.

Bei den Gleisanlagen sind eine Vielzahl möglicher **Topologien** zu unterscheiden. Aus einer Menge an Grundstrukturen (Bild 5.4) sind viele Kombinationen ableitbar, die sich an die jeweiligen örtlichen Gegebenheiten des Geländes, eventueller Bebauung und Erfordernissen der Anschließer anpassen. Aus der Topologie ergeben sich die Rahmenbedingungen für die jeweilige Betriebsführung.

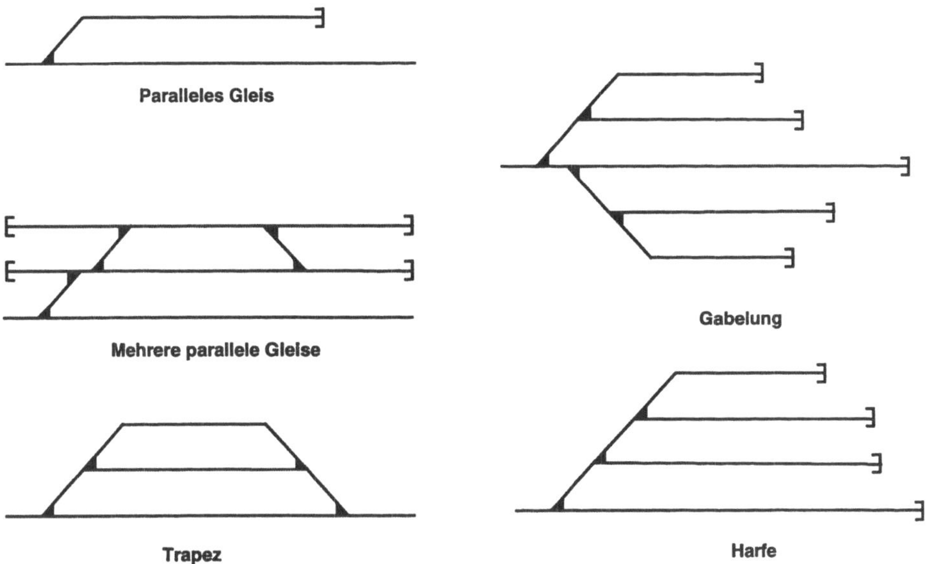

Bild 5.4: Beispiele für Netztopologien

Zu den **Einrichtungen in Gleisanlagen** gehören:

a)   Anlagen für die Be- und Entladung,
b)   betriebliche Anlagen und
c)   sonstige Anlagen

---

[15] § 2 (5) Anordnung über den Bau und Beztrieb von Anschußbahnen – Bau- und Betriebsordnung für Anschlussbahnen (BOA) der DDR vom 13. Mai 1982

Zu den **Anlagen für die Be- und Entladung (a)** zählen

- Rampen und Ladestraßen,
- Gleisfahrzeugwaagen,
- Wärmehallen,
- Gleistassen,
- automatisierte Umschlaganlagen und
- Wagenkippanlagen.

Bei **Rampen** und **Ladestraßen** handelt es sich um klassische Zugangsstellen zum Eisenbahnnetz. Ladestraßen sind befestigte Flächen in, neben oder zwischen Gleisen, auf denen Straßenfahrzeuge und Umschlagtechnik eingesetzt werden können. Die bauliche Gestaltung ist abhängig vom Verwendungszweck und der Anordnung der Freiladegleise. Wesentliche Gesichtspunkte beim Bau solcher Anlagen sind

- der Einbau einer geeigneten Entwässerung,
- eine ausreichende Tragfähigkeit (u. U. für Schwerlastverkehr oder für die Lagerung von Transportgut),
- eine zweckdienliche Ausstattung mit Zusatzeinrichtungen (z. B. Beleuchtung, Elektroanschluss, Betriebsgebäude)
- die bauliche Abgrenzung zum Gleisbereich (z. B. durch einen stoßfesten Bord) sofern der Gleisbereich nicht überfahrbar ausgebaut ist.

Ladestraßen sind in der einfachsten Form Flächen zum Umschlag zwischen Eisenbahnfahrzeugen und Straßenfahrzeugen. In Hafenbereichen und bei Containerumschlagplätzen handelt es sich dagegen meist um große Anlagen mit vielfältigen Zusatzeinrichtungen.

Rampen dienen der Anpassung an die Verladehöhe von Güterwagen. Unter Nutzung von Ladebrücken sind so z. B. Güterwagen mit Gabelstaplern befahrbar. Bei Rampen handelt es sich um feste bühnenartige Anlagen mit einer oder mehreren schiefen Ebenen. Die schiefen Ebenen ermöglichen die Auffahrt von Straßenfahrzeugen oder Umschlaggeräten auf die erhöhte Bühnenfläche. Von dort ist ein Umschlag in etwa gleicher Höhe zur Ladefläche von Güterwagen möglich. Darauf ist auch die Höhe der Rampen bezogen. Baulich werden Kopf-, Seiten- und kombinierte Rampen unterschieden. Darüber hinaus gibt es Sonderrampen für den Schüttgutumschlag. Bei Kopframpen kann die Verladung über die Stirnseite erfolgen. Für die Verladung schwerer Güter auf Flachwagen kann dies vorteilhaft sein. Seitenrampen befinden sich längs zum Gleis und ermöglichen die Verladung über die Wagenlängsseite bzw. über die Seitenwandtüren bei gedeckten Wagen. Kombinierte Rampen stellen eine Kombination von Kopf- und Seitenrampe dar.

Die Länge der Bühnenfläche von Seitenrampen orientiert sich an der mittleren Länge der Güterwagen. Für die bauliche Gestaltung gibt es eine Reihe Vorgaben z. B. hinsichtlich

- Abmessungen (Länge, Höhe, Breite, Gleisabstand),
- Entwässerung und
- Fahrbahndecken.

Tragfähigkeit bzw. Statik müssen nachgewiesen werden. Laderampen und Ladestraßen sind eine wichtige Voraussetzung für Umschlagprozesse.

Gleisfahrzeugwaagen[16] dienen der Ermittlung der Frachtkosten und der Sicherung des Betriebsgeschehens. Anwendungsbereiche sind u. a. die Montanindustrie (z. B. für die Verwiegung von Schrott) und die Chemieindustrie (Verwiegung von Chemieerzeugnissen – hier auch Dosiereinrichtungen).

Es gibt mehrere Arten von Gleisfahrzeugwaagen, die sich u. a. nach dem verwendeten Messverfahren unterscheiden. Bei statischer Verwiegung wird im Stillstand gewogen. Dagegen erfolgt bei dynamischer Verwiegung die Feststellung der Fahrzeugmasse während der Fahrt. Weiterhin kann nach dem Einbauort unterschieden werden. Im Bergbereich von Ablaufanlagen eingebaute Waagen werden als Bergwaagen bezeichnet.

Kernprobleme im Zusammenhang mit dem Bau und Betrieb von Gleiswaagen sind:

- der sachgerechte Einbau im Gleis,
- die bauliche Unterhaltung,
- die fristgemäße Eichung,
- die Automatisierung des Betriebes und
- die Einbindung in DV-Systeme (z. B. in Betriebsinformationssysteme).

Wärmehallen sind von Schienenfahrzeugen befahrbare Anlagen zum Auftauen von Ladegütern. Zum Beispiel beim Transport von Massengütern (vor allem Erz und Kohle) in offenen Wagen kommt es bei niedrigen Außentemperaturen zum Anfrieren des Gutes im Wagen. Eine vollständige Entladung ist dann nicht möglich. Durch die zeitweilige Abstellung der Wagen in beheizten Wärmehallen wird angefrorenes Gut aufgetaut und damit die vollständige Entladung ermöglicht. Solche baulich aufwändigen und energieintensiven Anlagen sind nur lohnend, wenn entsprechend starke und kontinuierliche Transportrelationen bestehen. Bedingt durch den Rückgang des Massengutverkehrs und den zunehmenden Einsatz modernerer Wagengattungen schwindet die Bedeutung solcher Anlagen. Alternativ zum Bau von Wärmehallen werden fahrzeugseitige Heizeinrichtungen verwendet. Andere Maßnahmen zum Auftauen des Ladegutes bzw. zur vollständigen Entladung bei angebackenem Ladegut mit Hilfe von **Rüttlern** sind weitgehend auch international geregelt, um die Beanspruchungen der Wagen in Grenzen zu halten und Gefährdungen auszuschließen[17].

Gleistassen[18] spielen vor allem in der Chemie- und Mineralölindustrie eine Rolle. Es handelt sich dabei Anlagen zum Schutz des Untergrundes vor Ladegutresten an Ladestellen. Dazu werden gruben- oder muldenförmige Bauwerke aus Beton unter den Gleisen errichtet. Je nach Ladegut kann eine speziell behandelte Oberfläche erforderlich sein (z. B. Säureschutz). Die

---

[16] vergl. z. B. http://www.pfister.de, http://www.schenk.de und http://www.essmann.de

[17] vergl. UIC-Kodex 504 VE Anlagen zum Rangieren, zur Entladung und zum Anheben und Aufgleisen von Güterwagen. 5. Ausgabe vom 1.1.1978 S. 19-25

[18] vergl. z. B. Firmenschrift der CBI Engineering A/S Frederikssund, Dänemark

Abdeckung erfolgt häufig mit Abdeckblechen oder begehbaren Gitterrosten. Neuere Konstruktionen bestehen aus Kunststoffen und sind mit weniger baulichem Aufwand zu errichten. Der Zweck dieser Anlagen besteht im Sammeln von Leckagen an Umschlaganlagen für chemische Produkte mit entsprechendem Gefährdungspotential. Damit wird der Verschmutzung von Boden und Grundwasser vorgebeugt. Ein weiterer Grund für den Bau solcher Anlagen ist der Arbeitsschutz. Durch das Sauberhalten von Rangierwegen werden Rutschgefahren vermindert.

Im Zusammenhang mit der Rationalisierung der Be- und Entladeprozesse gibt es automatisierte Umschlaganlagen. Bei ausreichend hohem Ladegutaufkommen sind solche Anlagen vor allem für Flüssigkeiten und Schüttgüter geeignet. In der einfachsten Form handelt es sich um überfahrbare Bunker. Komplexere Anlagen bestehen aus einer stationären Förderanlage kombiniert mit Steuerungs- und Überwachungseinrichtungen. Beispiele dafür sind

- Automatisierte Anlagen für den Mineralölumschlag[19],
- Anlagen für die pneumatische Be- und Entladung von staubförmigem oder granuliertem Schüttgut,
- im Gleis eingebaute Förderbänder für die automatisierte Entladung von Granulaten aus Selbstentladewagen.[20]

Automatisierte Umschlaganlagen sind meist auf ausgewählte Gutarten und passende Wagengattungen zugeschnitten. Das Vorhandensein solcher Anlagen und die damit erzielbaren Rationalisierungseffekte können maßgebend dafür sein, ob Verkehre per Schiene transportiert werden oder nicht.

Wagenkippanlagen[21] sind Anlagen zur schnellen und personalsparenden Entladung von Schüttgütern mit Massenaufkommen. Diese Entladetechnik ermöglicht den Einsatz einfachster offener Güterwagen im Massenguttransport (Erz, Kohle, Koks). Bei diesen Anlagen wird der beladene Wagen komplett in die Kippanlage gefahren, von dieser arretiert und anschließend über die Stirnseite (Stirnkipper), seitlich (Seitenkipper) oder über Kopf (Kreiselkipper) ausgekippt. Bei den Seitenkippern wird zwischen 45°, 145° und 180°-Anlagen unterschieden. Bedingt durch den Güterstruktureffekt besteht kaum neuer Bedarf an derartigen Anlagen. Zudem ermöglicht der Einsatz von Selbstentladewagen wesentlich flexiblere Entladekonzepte.

Beispiele für **betriebliche Anlagen (b)** sind:

- Beleuchtungseinrichtungen,
- Luftfüll- und Bremsprobenanlagen,
- elektrisch ortsbediente Weichen

---

19 Firmenschrift der VTG-Lehnkering AG

20 Fruchtbare Transportlösung. In: cargo aktuell. (1999)5 S.11

21 vergl. UIC-Kodex 504 VE Anlagen zum Rangieren, zur Entladung und zum Anheben und Aufgleisen von Güterwagen. 5. Ausgabe vom 1.1.1978 S. 14-19

Anlagen zur Beleuchtung von Gleisanlagen (**Beleuchtungseinrichtungen**) haben ihre Bedeutung nicht eingebüßt. Aus Gründen des Arbeitsschutzes sind solche Anlagen bei Nacht und Schlechtwetter unerlässlich. Hauptanforderungen an Beleuchtungseinrichtungen sind hohe Wirtschaftlichkeit und Ergonomie (z. B. Blendfreiheit, ausreichende Lichtstärke). Die Aufstellung bzw. Anbringung der Lampen ist dabei nicht immer einfach lösbar, da Masten im Gleisbereich unerwünschte Hindernisse darstellen.

Die noch immer dominierende Druckluftbremse erfordert nach der Zugbildung, bevor die Ausfahrt eines Zuges erfolgen darf, die Durchführung einer Bremsprobe. In den meisten Fällen liefert die Streckenlok die dafür erforderliche Druckluft. Dazu wird eine entsprechende Lokomotive benötigt, die je nach Luftfüllsystem mit leerlaufendem Motor oder angehobener Drehzahl am Zug steht. Dieses Verfahren bindet wertvolle Lokeinsatzzeit und ist auch ökologisch unbefriedigend. Mit Hilfe von Luftfüll- und Bremsprobenanlagen[22] kann die Bremsprobe an einem gekuppelten, geschlauchten und geprüften Wagenzug ohne Lok durchgeführt werden. Funkfernsteuerungen ermöglichen die Fernbedienung solcher Anlagen. Bei ausreichendem Aufkommen an zu prüfenden Zügen liegen die Vorteile auf der Hand. Sie bestehen in

- der Freisetzung von Lokomotivkapazität,
- der Beschleunigung der Zugbildung,
- der Senkung der Energiekosten und
- der Reduzierung der Umweltbelastungen.

Insbesondere größere und weitläufige Anschlussbahnen weisen Gleisbereiche auf, in denen nicht so häufig Fahrzeugbewegungen stattfinden, dass Stellwerke für die Weichenbedienung wirtschaftlich sind. Andererseits ist die Bedienung von Handweichen durch das Rangierpersonal unrationell. Eine sinnvolle Alternative stellen **elektrisch ortsbediente Weichen** (EoW) dar. Es handelt sich dabei um Stellanlagen, mit deren Hilfe Fahrwege eingestellt und Weichenlagen angezeigt werden. Diese aus elektrischen, elektronischen und mechanischen Komponenten bestehenden Anlagen sind bedienbar

- über im Gleisbereich aufgestellte Taster , die durch das Rangierpersonal im Vorbeifahren bedient werden können oder
- zugbedient durch Gleisschaltmittel von der stumpfen Seite der Weiche aus.

EoW können auch so verschaltet werden, dass eine alternative Bedienung der Weichen vom Stellwerk oder im Gleis möglich ist. In diesem Fall kann immer dann, wenn das Stellwerk unbesetzt ist, auf die Weichenbedienung durch das Rangierpersonal zurückgegriffen werden. Die Umstellung ganzer Weichengruppen mit einer Bedienhandlung ist ebenso möglich wie die Einbeziehung von Gleissperren. Der Nutzen der EoW-Technik liegt in

- der Einsparung von Stellwerkspersonal,
- der Minimierung des Unfallrisikos,
- der Verflüssigung des Betriebsablaufes und

---

22 Funkferngesteuerte Luftfüll- und Bremsprobenanlage. Firmenschrift der Verkehrsbetriebe Peine-Salzgitter GmbH

- der Reduzierung der Anfahr- und Bremsprozesse.

Gemessen am Aufwand für klassische Stellwerkstechnik ist der Einbau von EoW vergleichsweise preiswert. Für den individuellen Aufbau solcher Systeme bieten mehrere Anbieter[23,24] Komplettlösungen und Einzelkomponenten z. B. Schaltschränke, Weichenlagemelder, Bedienstellen und Schienenschalter.

Klassische Rangiertechnik ist mit hohen Investitions- und Betriebskosten verbunden. Insbesondere die Kosten für Anschaffung, Betrieb und Unterhaltung von Rangierloks sowie die Personalkosten setzen dem wirtschaftlichen Einsatz dieser Technik Grenzen. Ein wesentliches Entscheidungskriterium ist die Auslastung.

Die Wirtschaftlichkeit von Be- bzw. Entladekonzepten scheitert daher bei Verkehren mit geringem oder stark schwankendem Aufkommen häufig an zu hohen Lokeinsatzkosten.

Daraus erwächst die Forderung nach kostengünstiger, einfacher Technik, die nicht dem Zwang zu hoher Auslastung unterliegt und mit geringem Personalbedarf betrieben werden kann. Eine mögliche Lösung ist hier spezielle Rangiertechnik. Dazu zählen Seilrangieranlagen und Rangierfahrzeuge besonderer Bauart. Bei einfachen Betriebsverhältnissen ist auch der Einsatz von Straßenfahrzeuge oder Zweiwegefahrzeugen möglich.

Bei den Seilrangieranlagen handelt es sich um ortsfeste Anlagen, mit deren Hilfe Wagenbewegungen durchgeführt werden. Die Rangierfahrzeuge besonderer Bauart basieren auf einfacher Fahrzeugtechnik, die teilweise mit stationärer Energieversorgung betrieben wird. Der Anwendungsbereich solche Lösungen liegt vor allem in Ladestellenbereichen mit geringem Wagenaufkommen und kurzen Rangierwegen. Wie die nachfolgende Übersicht zeigt (Bild 5.5), sind unter dieser speziellen Rangiertechnik fördertechnische Einrichtungen mit entsprechend begrenztem Aktionsradius zu verstehen.

---

23 Elektrisch ortsbediente Eisenbahnstelleinrichtungen. Firmenschrift der Verkehrsbetriebe Peine-Salzgitter GmbH

24 Dezentrale Rangiertechnik, Firmenschrift der Tiefenbach GmbH

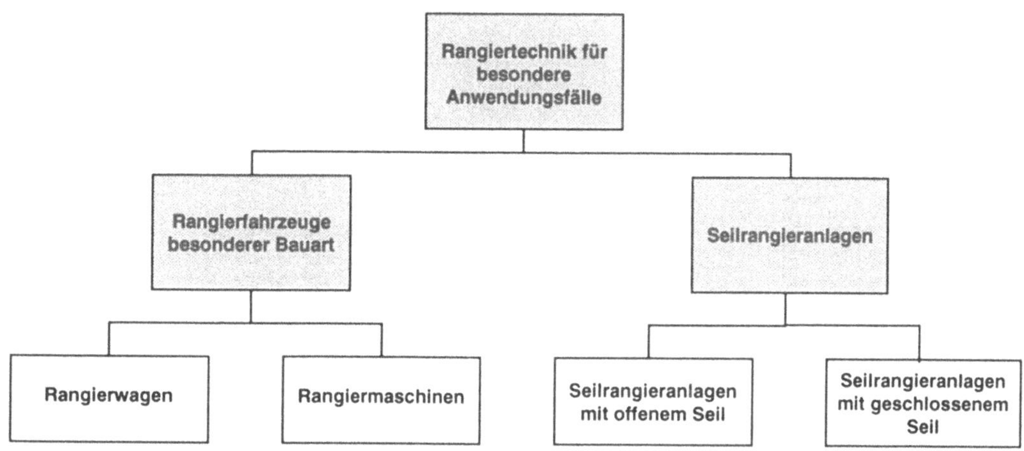

Bild 5.5: Rangiertechnik für besondere Anwendungsfälle

Gemeinsame Merkmale dieser Technik sind die spezifischen **Einsatzkriterien** und die erzielbaren Vorteile. Ein wesentliches Einsatzkriterium ist der Einsatzbereich. Spezielle Rangiertechnik ist in Gleisanschlüssen und Ladestellen dann eine sinnvolle Alternative zur Rangierlokomotive, wenn nur kurze Fahrstrecken zurückzulegen sind und insgesamt mit einer geringen Einsatzdauer zu rechnen ist. Dann können die Vorteile dieser Technik genutzt werden. Sie bestehen in

- der hohen Anpassungsfähigkeit dieser Rangiertechnik an spezifische Einsatzbedingungen,
- der Möglichkeit den Betrieb mit wenig Personal durchzuführen,
- den niedrigen Anschaffungs- und Betriebskosten,
- der vergleichsweise hohen Sicherheit und
- dem geringen Energiebedarf.

Die möglichen Antriebskonzepte zeigt Bild 5.6.

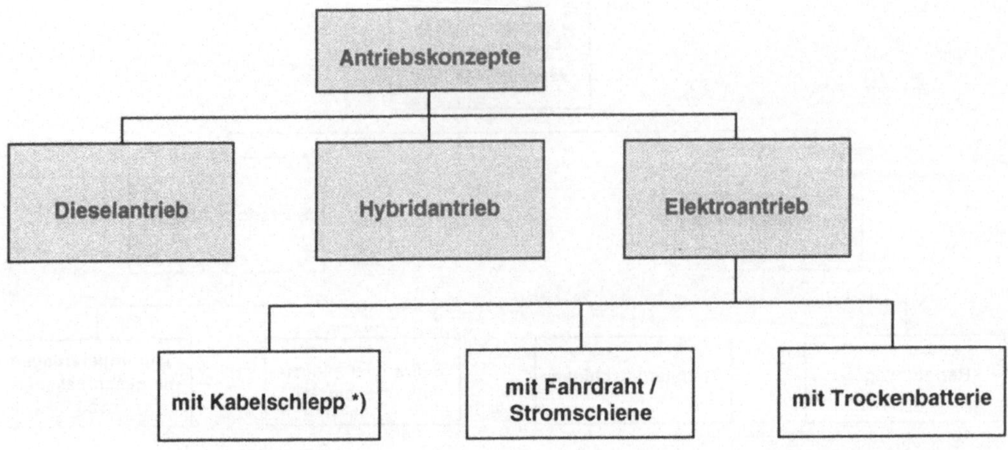

Bild 5.6:   Antriebskonzepte der Rangiertechnik für besondere Anwendungsfälle
                 (* nicht für Rangiermaschinen)

Hersteller dieser Technik sind u. a. Vollert GmbH & Co. KG[25] und unitrans Rangiertechnik
GmbH.

Rangierwagen und **Rangiermaschinen**[26] unterscheiden sich vor allem nach den in Tabelle
5.3 dargestellten Kriterien.

Merkmal	**Rangierwagen**	**Rangiermaschinen**
Beanspruchung	gering, gleichmäßig	stärker, schwankend
Geschwindigkeit (generell max. 20 km/h)	geringer als 20 km/h	bis 20 km/h
Aufbau	sehr einfach	einfach
Preis (im Vergleich zu Lok)	sehr gering	gering
Fahrwerk	sehr einfach	stabiler wegen höherer Geschwindigkeit / Rangierstoß

Tabelle 5.3: Kriterien zur Unterscheidung von Rangierwagen und Rangiermaschinen

---

[25] http//:www.vollert.de

[26] Scheibel, G.: Rangierfahrzeugtechnik für besondere Anwendungen. In: Der Eisenbahningenieur
48(1997) 6 S. 36-38

Sowohl für die bauliche Ausführung von Anlagen mit Rangierwagen als auch mit Rangiermaschinen gelten folgende Parameter:

- die Abmessungen der zu bedienenden Gleisanlage,
- die erforderliche Zugkraft,
- die zu erreichende maximale Geschwindigkeit,
- die notwendige Beschleunigung,
- die gewünschte Art des Antriebs,
- die Art der Energiezuführung,
- die Kraftübertragung
- der zulässige Achsdruck
- die installierte Leistung und
- die Anzahl der angetriebenen Radsätze.

Kernstück jeder **Seilrangieranlage**[27] ist eine Seilzugeinrichtung, mit deren Hilfe Fahrzeuge bewegt werden können. Es handelt sich bei diesen Anlagen somit nicht um Fahrzeuge. Zwei grundlegende Bauformen werden in Abhängigkeit von der Seilführung unterschieden: Anlagen mit offenem (endlichem) Seil für kleine Rangierleistungen und leistungsfähigere Anlagen mit geschlossenem (endlosem) Seil. Das Zugseil kann seitlich oder gleismittig an den zu ziehenden Fahrzeugen angreifen. Im letzteren Fall ist ein Vorschubwagen erforderlich.

Die Bedeutung solcher Anlagen liegt vor allem darin, dass bei sorgfältiger Planung und geeigneten Einsatzanforderungen Rangierarbeiten in Gleisanschlüssen auch dann noch wirtschaftlich durchgeführt werden können, wenn dies mit Rangierlokomotiven nicht mehr möglich wäre. Ein Beispiel dafür ist das Bewegen von Kesselwagen mit Propangas an Abfüllanlagen. In diesem Fall werden kleinere Wagengruppen mit einer Rangierlok zur Entladung zugeführt. Im Ladestellenbereich sind nur wenige Wagen am Tag eine kurze Wegstrecke bewegen. Diese Aufgabe erfüllt eine Seilrangieranlage. Die entleerten Kesselwagen werden dann wieder durch eine lokbespannte Überführungsfahrt abgeholt.

Drehscheiben und Schiebebühnen ermöglichen den Gleiswechsel einzelner Fahrzeuge. Es handelt sich dabei um maschinelle Einrichtungen, mit deren Hilfe wahlweise Gleisverbindungen hergestellt werden können. Dabei muss die Fahrt unterbrochen werden. Drehscheiben sind kreisrund und verbinden radiale Gleise. Moderne Einheitsdrehscheiben haben einen Durchmesser von 26 m, eine Tragfähigkeiten von 225 t und eine Maximalgeschwindigkeit am

---

[27] Krampe, H. (Hrsg.) : Transport-Umschlag-Lagerung. –1. Aufl. –Leipzig: Fachbuchverl. 1990 S. 248 - 249

Umfang von 90 m/min. Größere Durchmesser, z. B. zum Drehen von Triebzügen, sind realisierbar aber bisher noch nicht gebaut worden[28].

Schiebebühnen gibt es in Portal- und Brückenbauweise. Weiterhin können sie unterschieden werden in[29]:

- versenkte,
- schwachversenkte und
- unversenkte Bauart.

Sie verbinden parallele Gleise. Der vergleichsweise hohe bauliche Aufwand bei der Errichtung der klassischen Anlagen mit Betongruben kann heute teilweise durch den Einbau kleinerer grubenloser Anlagen vermieden werden[30].

Vorteilhaft ist der geringe Raumbedarf bei Drehscheiben und Schiebebühnen. Einsatzbereiche sind vor allem Produktion und Instandhaltung von Schienenfahrzeugen. Früher waren solche Anlagen weit verbreitet. Die damalige Bedeutung ergab sich aus der Richtungsabhängigkeit der Dampfloks. Mit der Konzentration von Produktion und Instandhaltung auf wenige Standorte schwindet der Bedarf. Zusätzliche Einsatzfelder sind Ladestellenbereiche. Bei guter Planung können z. B. Beladeanlagen für Baustoffe mit Schiebebühnen ausgerüstet werden, die gut automatisierbar sind und nicht den Betriebsablauf stören.

Sonstige Anlagen (c) können Anlagen zur Wartung und Instandhaltung, wie z. B. Untersuchungsgruben, sein.

Bei den **Untersuchungsgruben** handelt es sich um Anlagen zur Durchführung von Kontroll- oder Instandhaltungsarbeiten an der Unterseite von Schienenfahrzeugen. Sie sind vor allem in Werkstatt- und Hallengleisen anzutreffen. Beim Bau sind

- vorgegebene Abmessungen einzuhalten,
- Vorrichtungen zur Entwässerung vorzusehen und
- Vorkehrungen zum Schutz des Bodens bzw. der Gewässer (z. B. Absperrschichten, Ölabscheider) zu treffen.

Im Betrieb sind zur Vermeidung von Unfällen Sicherungsmaßnahmen (z. B. Abdeckungen, Sicherungen, Absperrungen) erforderlich.

---

[28] Böhme, G. / Schlecht, B.: Maschientechnische Ausrüstungen zur Fahrzeugproduktion und –instandhaltung. In: EI 51(2000) 4 S. 42-50

[29] DS 999/368 Anlagen des maschinen- und elektrotechnischen Dienstes – Band 1 vom 01.01.1964 mit Berichtigungen und Bekanntgaben

[30] vergl. Vollert-Waggon-Schiebebühne in grubenloser Ausführung. Firmenschrift der Vollert GmbH & Co KG

5.3.3 Rangierbahnhöfe

Rangierbahnhöfe (Rbf) sind die Sortiermaschinen im Eisenbahnnetz und auf diesen Einsatzzweck hin optimiert. Ihre Aufgabe besteht darin, in kurzer Zeit möglichst wirtschaftlich eine große Anzahl an Güterwagen aus eingehenden Zügen auszusortieren und daraus neue Güterzüge zu bilden. Im Rahmen der Knotenpunktverfahren kommt den Rangierbahnhöfen die Aufgabe der Fern-Fern-Umstellung zu (vergl. Abschnitt 8). Entsprechend ihrer Hauptaufgabe befinden sich auf Rangierbahnhöfen meist keine Gleisanschlüsse. Bei der DB AG ist in den letzten Jahren die Zahl der Rangierbahnhöfe drastisch reduziert worden bei gleichzeitiger Steigerung der Leistungsfähigkeit durch massive Automatisierung.

Rangierbahnhöfe weisen eine spezifische Gleisanordnung auf, die dem Verwendungszweck angepasst ist (Bild 5.7). Die einzelnen Gleisgruppen haben spezielle Aufgaben (Tabelle 5.4).

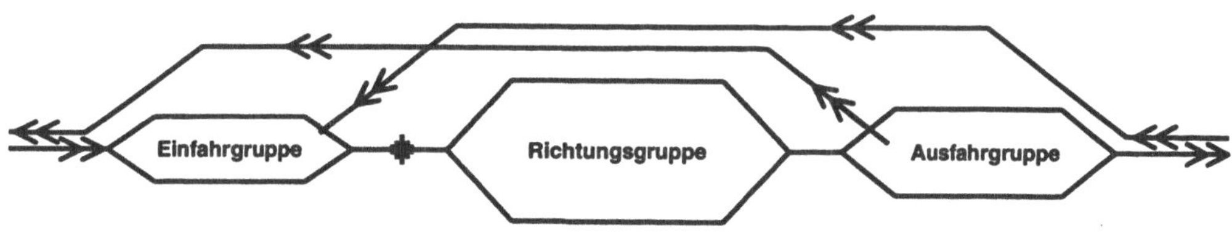

Bild 5.7: Systemskizze Rangierbahnhof (Flachbahnhof)

Gleisgruppen	Aufgabe
Einfahrgruppe (E)	• Aufnehmen unkontinuierlich zulaufender Züge • Aufstellung von Zügen zur Eingangsbehandlung • Warten bis zur Zerlegung
Ablaufanlage (auch Ablaufberg oder Hauptablaufberg)	• Zerlegen der Züge
Richtungsgruppe (R) (auch Sammel- oder Ordnungsgruppe)	• Sammeln ablaufender Wagen nach Verkehrsbeziehungen
Ausfahrgruppe (A)	• Aufstellen der Ausgangszüge während der Ausgangsbehandlung • Wartezone bis zur Abfahrt

Tabelle 5. 4: Funktion der Gleisgruppen in einem Rangierbahnhof

Um die Sortierung der Güterwagen möglichst schnell und kostengünstig durchführen zu können kommt das Rangierverfahren Abdrücken / Ablaufen zur Anwendung (vergl. Abschnitt 8, Rangierverfahren). Voraussetzung dafür ist das Vorhandensein einer Ablaufanlage, die Bestandteil jedes Rangierbahnhofes ist. Der Grundgedanke des genannten Rangierverfahrens besteht darin, dass die Güterwagen eine künstlich angelegte Gefällestrecke durchlaufen, in der sie bedingt durch den Höhenunterschied zwischen dem Scheitelpunkt des Ablaufberges und der Richtungsgruppe im Tal soviel kinetische Energie erhalten, dass sie ohne zusätzlichen Antrieb das vorgesehene Zielgleis erreichen. Der Ablauf vollzieht sich dabei in folgenden Arbeitsschritten (detailliertere Beschreibung vergl. Abschnitt 8.3.3).

Hinter der Einfahrgruppe befindet sich ein sogenannter Ablaufberg über den mit Hilfe einer Rangierlok ein vorher an den vorgesehenen Trennstellen entkuppelter Wagenzug gedrückt wird. Der Ablaufberg wird über ein Zuführgleis erreicht und hat zunächst eine Gegensteigung. Die Steigung wird mit Hilfe der von hinten drückenden Rangierlok überwunden. Hinter der Bergkuppe befindet sich der sogenannte Brechpunkt. Sobald ein Wagen diese Stelle passiert hat, bewegt er sich durch seine potentielle Energie über die Gefällestrecke in ein vorgesehenes Gleis der Richtungsgruppe. In der Gefällestrecke befinden sich Steil- und Zwischenrampe.

Der Abstand zwischen nacheinander ablaufenden Wagen muss so groß sein, dass die Zeit ausreicht, um im Weichenbereich vor den Richtungsgleisen die erforderlichen Weichenumstellungen vornehmen zu können. Weichenstellungen unter rollenden Fahrzeugen sind dabei aus Sicherheitsgründen auszuschließen. Andererseits muss die Weichenstellung überhaupt möglich sein, damit keine Wagen in falsche Richtungsgleise laufen. Falschläufer verursachen zusätzlichen Rangieraufwand. Die Richtungsgleise haben den Charakter von Zwischenspeichern, in denen Wagen für bestimmte Ausgangszüge gesammelt werden.

Hinter der Richtungsgruppe befindet sich die Ausfahrgruppe. Dort werden Wagengruppen zu Ausgangszügen aufgebaut, bevor sie als Züge den Rangierbahnhof verlassen.

Die Bewegungsabläufe in Ablaufanlagen sind sehr komplex. Wesentlichen Einfluss auf die Wagenbewegungen haben die Neigungsverhältnisse in den einzelnen Gleisbereichen der Anlage (Bild 5.8).

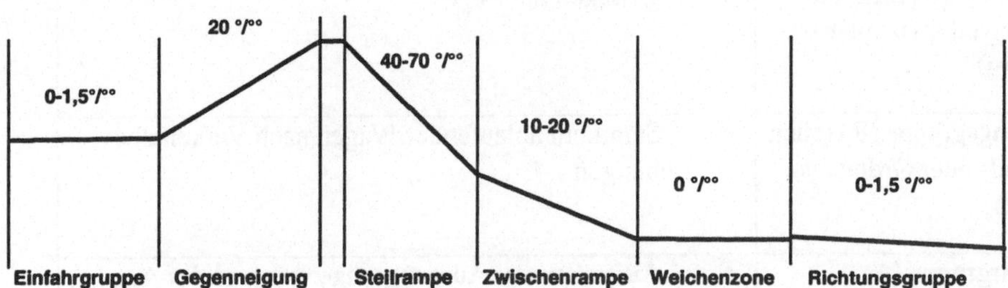

Bild 5.8: Neigungsverhältnisse im Rangierbahnhof (Flachbahnhof)

Die angegebenen Neigungsverhältnisse sollen lediglich Größenordnungen vermitteln. In der Praxis finden sich im Detail viele Variationen der bauliche Gestaltung von Rangierbahnhöfen.

Die Gründe dafür liegen nicht nur in entwicklungsbedingten Veränderungen. Neben baulichen Gegebenheiten spielten Kriterien des Betriebs und der Automatisierungsgrad zum Zeitpunkt des Baus eine Rolle[31]. So wurden in der Vergangenheit z. B. häufig Rangierbahnhöfe in Stadtgebieten errichtet. Bedingt durch den unterschiedlichen Zuschnitt der dort verfügbaren Flächen und die geographischen Verhältnisse mussten unterschiedliche bauliche Lösungen gefunden werden. Heute werden nur noch selten neue Anlagen errichtet. Zudem werden dann außerstädtische Standorte bevorzugt. Bei solchen Standorten ist neben der besseren Anpassung der Anlage an die technologischen Anforderungen, die Einhaltung von Umweltauflagen (z. B. des Schallschutzes) weniger problematisch als in Innenstadtlagen. In der Literatur ist die Vielfalt realisierter Rangierbahnhöfe dokumentiert[32]. Bei der DB AG existiert eine eigene Richtlinie zur baulichen Gestaltung von Rangierbahnhöfen[33]. Hier sollen lediglich ausgewählte Aspekte vertieft werden.

Baulich lassen sich mehrere **Arten von Rbf** unterscheiden. Die Unterscheidung bezieht sich auf die Neigung der gesamten Anlage und auf die Anzahl der vorhandenen Rangiersysteme. Hinsichtlich der Neigung werden Flach- und Gefällebahnhöfe unterschieden. In beiden Fällen wird die potentielle Energie der Wagen für das Sortieren der Züge bzw. Wagengruppen genutzt. Bei **Flachbahnhöfen** wird die gesamte Anlage im ebenen Gelände errichtet.

Einige ältere Rangierbahnhöfe wie z. B. Dresden-Friedrichstadt und Chemnitz-Hilbersdorf wurden als **Gefällebahnhöfe** gebaut. Bei diesen Bahnhöfen hat fast der gesamte Gleisbereich des Bahnhofs Gefälle in Ablaufrichtung, außer kurzen Gegensteigungen im Bereich des Ablaufberges und im Weichenbereich kurz vor der Richtungsgruppe. Die Steigungsverhältnisse in den einzelnen Gleisbereichen sind somit anders als in Flachbahnhöfen. Die Gleisgruppen unterscheiden sich jedoch in Art und Anordnung nicht grundsätzlich von Flachbahnhöfen. Der Ablaufberg ist nicht so ausgeprägt bzw. als Ablauframpe ausgeführt.

Man glaubte zum Zeitpunkt des Baus den Ablaufbetrieb wirtschaftlicher gestalten zu können. Dem Vorteil, dass die Wagen aus eigner Kraft durch die gesamte Anlage rollen, stehen die Notwendigkeit der ausreichenden Abbremsung und der Sicherung gegen unbeabsichtigte Wagenbewegungen, neben dem baulichen Aufwand als Nachteile entgegen. Alle neueren Rangierbahnhöfe sind deshalb Flachbahnhöfe.

Zur Steigerung der Leistungsfähigkeit wurden ausgewählte **Rangierbahnhöfe** als **zweiseitige** Anlagen gebaut. In diesen Fällen sind alle Gleisgruppen zweimal vorhanden. Ist z. B. eine Anlage in Nord-Süd-Richtung gebaut, dann ist bei diesen Bahnhöfen eine zweite Anlage in Süd-Nord-Richtung vorhanden. Der Vorteil besteht darin, dass einfahrende Züge aus beiden Richtungen ohne Umfahrung der Anlage behandelt werden können. Eventuelle Wagenübergänge zwischen beiden Anlagen sind über Verbindungsgleise zwischen Richtungsgruppe und Einfahrgruppe der benachbarten Anlage möglich. Diese sogenannten Eckverkehre gestatten

---

[31] Vergl. z. B. Potthoff, G.: Verkehrsströmungslehre Band 2: Betriebstechnik des Rangierens. –3., neu bearb. Auflage –Berlin: Transpress, 1977

[32] Vergl. z. B. Grau, B.: Bahnhofsgestaltung. Band 1 und 2. -Berlin: Transpress 1968

[33] DS 800: Bahnanlagen entwerfen Teilheft 800 04 Rangierbahnhöfe

Wagenausfahrten in Wageneingangsrichtung. Der Preis dafür ist das Passieren von zwei Ablaufanlagen mit entsprechender Verlängerung der Wagenumlaufzeit. Solche Anlagen wurden in der Vergangenheit nicht nur bei den damaligen Staatsbahnen gebaut. Bei größeren Anschlussbahnen gab es ebenfalls **zweiseitige Rangierbahnhöfe** (z. B. bei der Werkbahn des EKO Eisenhüttenstadt).

Das in Rangierbahnhöfen angewendete Ablaufverfahren ist im Rahmen der derzeit dominierenden Produktionsverfahren die wirtschaftlichste Technologie für das Zerlegen und Bilden von Zügen. Voraussetzungen für dessen Anwendung sind jedoch neben der entsprechend gestalteten Gleisanlage eine Reihe weiterer **technischer Hilfsmittel.**

Diese Hilfsmittel sind erforderlich, da die vorgesehenen Laufwege der Güterwagen und deren Laufverhalten unterschiedlich sein können. Unterschiede im Laufverhalten können ihre Ursache in

- der konstruktiven Verschiedenartigkeit europäischer Güterwagen (z. B. Wagengattungen, Konstruktionsunterschiede),
- unterschiedliches wagenspezifisches Laufverhalten (z. B. durch Verschleiß),
- ihre unterschiedliche ladungsbedingte Masse,
- und die herrschenden Witterungsverhältnisse zum Zeitpunkt des Ablaufes (z. B. starker Wind).

Aus diesen Gründen ist eine exakte Steuerung des Ablaufvorganges unverzichtbar. Die Steuerung erfolgt durch gezielte Geschwindigkeitsbeeinflussung der ablaufenden Wagen an mehreren Stellen der Ablaufanlage. Dazu sind eine Reihe Technischer Einrichtungen erforderlich.

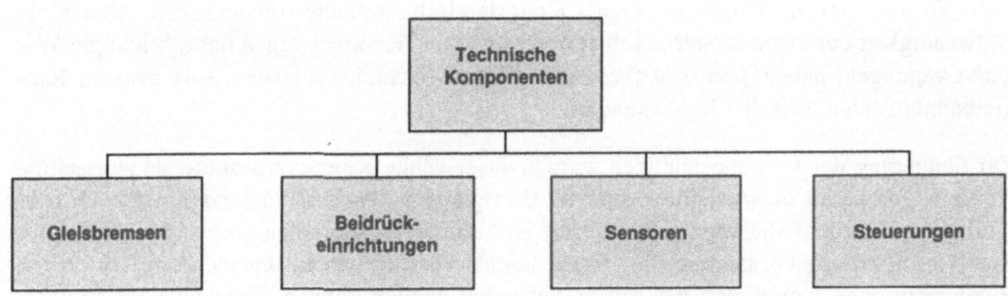

Bild 5.9: Technische Komponenten von Rangierbahnhöfen

Mit Hilfe von **Gleisbremsanlagen** werden Energieüberschüsse bei solchen Wagen abgebaut, die günstige Laufeigenschaften haben oder sich bereits nah am Laufziel befinden. Der Abbau kinetischer Energie wird durch punktförmige Beeinflussung mittels Bremskraft herbeigeführt.

Die dabei umsetzbare Energiehöhe ist ein Maß für die Leistungsfähigkeit der jeweiligen Bremse.

Im Laufe der Entwicklung wurden verschiedene **Bauarten von Gleisbremsen** konstruiert und eingesetzt[34]. Den Ausgangspunkt bildete die Hemmschuhbremse, die nicht nur eine geringe Leistungsfähigkeit aufwies, sondern arbeitskräfteintensiv und gefährlich war. Heute werden vor allem Balkengleisbremsen und Kolbengleisbremsen eingesetzt.

Schraubenbremsen gehören wie Hemmschuhgleisbremsen der Vergangenheit an. Bei **Gummigleisbremsen** wird der Energieabbau dadurch herbeigeführt, dass ein Stück Stahlschiene durch eine Gummischiene ersetzt wird. Die zu leistende Walkarbeit beim Überfahren der Gummischiene führt zur Umwandlung kinetischer Energie. Die Bremswirkung ist lastabhängig. Der Nachteil dieser Bremsen besteht darin, dass anfahrende Lokomotiven und ganze Wagengruppen diese Bremse nicht befahren dürfen. **Balkengleisbremsen** verfügen über Bremsbalken, die kurzzeitig von beiden Seiten an die Räder des überfahrenden Wagens angepresst werden. Je zwei dieser Bremsbalken können an einer Schiene (einseitige Balkengleisbremse) oder an beiden Schienen des Gleises (zweiseitige Balkengleisbremse) angebracht sein. Die Bremswirkung ist regulierbar. Ist keine Bremswirkung erwünscht, befinden sich die Bremsbalken in abgeklapptem Zustand. In dieser Bremsstellung können die Bremsen auch von Lokomotiven problemlos überfahren werden. Mit den Thyssen Balkengleisbremsen TW-F bzw. TW-E ist ein modulartiges System von Balkengleisbremsen verfügbar.[35]

Kolbengleisbremsen funktionieren nach dem Prinzip der hydraulischen Dämpfung. Zu diesem Zweck werden die Bremselemente direkt mit Hilfe einer Halterung an den Schienensteg angeschraubt. Eine Absenkvorrichtung ermöglicht es, die Bremselemente aktiv oder inaktiv zu schalten. Die Bremswirkung tritt ein, wenn die Kolbenrohre aktiv geschalteter Bremselemente durch den Spurkranz überfahrender Wagen in den Bremszylinder gepresst werden. Über ein Ventilsystem ist die Schaltgeschwindigkeit voreinstellbar. Unterhalb der Schaltgeschwindigkeit tritt keine Bremswirkung ein. Kolbengleisbremsen erzeugen selbstständig eine geschwindigkeitsabhängige Bremswirkung. Diese Bremsen sind in inaktiver Stellung durch Loks überfahrbar. Ein Beispiel für diesen Bremsentyp ist die Thyssen Gefälleausgleichsbremse TKG.[36]

---

[34] vergl. z. B. George, W. u. a.: Transporttechnologie Eisenbahn. Bd. 2 -1. Aufl. – Berlin: Transpress 1989 S. 183-195

[35] Thyssen Balkengleisbremsen TW-F/ TW-E Ein variables System zur Geschwindigkeitsregelung in Zugbildungsanlagen. Firmenschrift der Thyssen Umformtechnik + Guss GmbH, 2000

[36] Thyssen Gefälleausgleichsbremse TKG Ein innovatives System zur Automatisierung von Zugbildungsanlagen. Firmenschrift der Thyssen Umformtechnik + Guss GmbH, 2000

Bauart	Vorteile	Nachteile
Hemmschuh-gleisbremsen	• Einfache Bauart	• lange Bremswege • nur eine Achse gebremst • keine Steuermöglichkeit während der Bremsung • geringe zulässige Einlaufgeschwindigkeit • arbeitsintensiv • gefährlich
Schraubenbremsen	• Bremskraft einstellbar • Abklappbar / überfahrbar	• Bremswirkung begrenzt wegen Entgleisungsgefahr
Gummigleisbremsen z. B. Bauart TG (Thyssen Gummi)	• lastabhängige Abbremsung (durch beim Abrollen verrichtete Walkarbeit)	• Befahrbar nur durch ablaufende Wagen mit mäßiger Geschwindigkeit, (nicht anfahrende Lokomotiven + ganze Wagenzüge)
Balkengleisbremsen z. B. Bauart TW (Thyssen Wuppertal)	• geschwindigkeits- und lastabhängige Steuerungsautomatik • Überfahrbar durch Loks	
Einseitige Balkengleisbremsen z. B. Bauart TWE (Thyssen Wuppertal)	• geschwindigkeits- und lastabhängige Steuerungsautomatik • hohe Genauigkeit der Geschwindigkeitsregelung (maximale Abweichung +/- 0,1 m/s) • Überfahrbar durch Loks	

Tabelle 5.5: Gleisbremseinrichtungen (Entwicklung in Reihenfolge der Aufzählung)

Gleisbremsen kommen zur Geschwindigkeitsregelung in Ablaufanlagen bei unterschiedlichen Topologien und verschiedenen technologischen Verfahren zum Einsatz. Solche Einsatzfälle können sein:

- **Laufzielbremsung** in Flachbahnhöfen mittels Tal- und Richtungsgleisbremsen sowie eventueller Korrekturbremsen,
- **Konstantgeschwindigkeitsbremsen** mittels Tal- und Richtungsgleisbremsen sowie anschließender Fördereinrichtung in Flachbahnhöfen,

- **Gefälleausgleichsbremsung** nach Talbremsen und auch Richtungsgleisbremsen mittels Kleinbremselementen und Spitzensicherungseinrichtungen sowie
- **Halte-, Zulauf- und Sammelbremsung** in Gefällebahnhöfen.

Die verschiedenen Einsatzfälle erfordern unterschiedliche Einbauorte[37] der Gleisbremsen (Tabelle 5.6). Mit Hilfe gesteuerter Bremsmanöver wird sichergestellt, dass ausreichender Abstand zum vorherigen Wagen besteht und der ablaufende Wagen keine zu große Geschwindigkeit entwickelt.

In den Richtungsgleisen können weitere Gleisbremseinrichtungen vorhanden sein, um ein zu hartes Auffahren auf bereits im Gleis stehende Fahrzeuge durch Zielbremsung zu verhindern.

Bezeichnung	Lage
Rampenbremse	• Steilrampe / Anfang Zwischenrampe
Talbremse	• Zwischenrampe vor Richtungsgleisbündeln
Richtungsgleisbremse	• Spitze der Richtungsgleise
Zwischenbremse (nur bei Dreikraftbremse)	• Zwischen Tal- + Richtungsgleisbremse

Tabelle 5.6: Lage von Gleisbremseinrichtungen

Eine weitere Unterscheidung der Gleisbremsen kann nach ihrer Funktion vorgenommen werden (Tabelle 5.7).

Bezeichnung	Funktion
Abstandsbremse	• Verringerung der Geschwindigkeit des Nachläufers zum Erreichen eines größeren Abstandes zum Vorläufer • Herstellen notwendiger Abstände für behinderungsfreies Passieren der Weichen
Laufzielvorbremse	• Behinderungsfreies Einlaufen in nächste Gleisbremse mit zulässiger Geschwindigkeit
Laufzielbremse	• Abbremsung in Richtungsgleisbremse damit Wagen am Laufziel mit zulässiger Auflaufgeschwindigkeit ankommt
Zielbremse	• Bremsung am Laufziel auf Halt

Tabelle 5.7: Funktionen von Gleisbremseinrichtungen

---

[37] Meyer, H.-J. / Euler, L.: Moderne Rangiertechnik. In: Blank, P. / Rahn (Hrsg.): Die Eisenbahntechnik – Entwicklung und Ausblick. –Darmstadt: Hestra-Verl. 1982 S. 199-206

Trotz des Einsatzes von Gleisbremseinrichtungen gelingt es meist nicht, die Wagen im Richtungsgleis lückenlos und kuppelfähig zum Stehen zu bringen. Um die Lücken zwischen den Wagen schließen zu können, werden deshalb in den Richtungsgleisen der Rangierbahnhöfe spezielle **Fördereinrichtungen** eingebaut, die diese Aufgabe übernehmen. Damit wird das zeitaufwendige und teure Beidrücken mit Rangierloks vermieden.

Fördereinrichtungen bestehen aus einem endlosem, innerhalb des Gleises an den Schienen geführten Seil, welches über ein Antriebsaggregat und eine Spanneinrichtung läuft. Dieses Seil zieht überfahrbare Mitnehmerwagen mit ausklappbaren Transportarmen. Bei ausgeklappten Mitnehmerarmen werden die im Gleis stehenden Wagen erfasst und an das Ende des Richtungsgleises bewegt. Dort kommen die Wagen dann lückenlos zum Stehen. Der Mitnehmerwagen wird dann mit eingeklappten Mitnehmerarmen unter den stehenden Wagen zurückgeführt um weitere abgelaufene Wagen beizudrücken.

Bei der DR wurde ein solches System mit der Bezeichnung Beidrückeinrichtung (BDE)[38] entwickelt. In den 28 Richtungsgleisen des Rbf Seddin/Nord sind derartige Anlagen für Förder- und Beidrückaufgaben eingebaut. Bei der DB wurde Entwicklung mit der „Weiterführungsanlage System Hauhinco" und später mit der „Förderanlage 73"[39] vorangetrieben. Die heute zur „kombinierten Förderanlage" weiterentwickelten Wagentransporteinrichtungen für das automatische Räumen und Beidrücken in Richtungsgleisen gehören zur Standardausrüstung moderner Hochleistungsrangierbahnhöfe wie z. B. München-Nord, Zürich-Limmattal und Rotterdam.[40]

Die komplexen Bewegungsvorgänge auf Rangierbahnhöfen sind nur dann wirtschaftlich beherrschbar, wenn die eingesetzte Technik

- optimal aufeinander abgestimmt ist,
- zuverlässig und wartungsarm funktioniert,
- eine hohe Leistungsfähigkeit aufweist und
- weitgehend automatisiert wirkt.

Insbesondere der Aspekt der Automatisierung wurde mit der Entwicklung der modernen Informations- und Kommunikationstechnik weit vorangetrieben. Mit Hilfe von Sensoren[41] werden die aktuellen Bewegungszustände und Umgebungsbedingungen erfasst und über Datenleitungen Ablaufsteuerrechnern als Messwerte bereitgestellt. Als Sensoren kommen zum u. a. Einsatz:

---

[38] George, W. u. a.: Transporttechnologie Eisenbahn. Bd. 2 -1. Aufl. – Berlin: Transpress 1989 S. 195-197

[39] Meyer, H.-J. / Euler, L.: Moderne Rangiertechnik. In: Blank, P. / Rahn (Hrsg.): Die Eisenbahntechnik – Entwicklung und Ausblick. –Darmstadt: Hestra-Verl. 1982 S. 199-206

[40] Firmenschrift der Tiefenbach GmbH, 2000

[41] Manfred Schlabschi / Eberhard Pannier: Moderne Steuerungstechnik für rangiertechnische Anlagen-Steuerungssystem der Ablaufanlage Seddin-Süd. In: Eisenbahningenieur 44 (1993) 10 S. 648-656

- Schienenkontakte,
- Gewichtssensoren und
- Radaranlagen

Schienenkontakte sind punktförmig wirkende Gleisschaltmittel. Sie werden an den Schienen befestigt und durch das rollende Rad darüberfahrender Schienenfahrzeugen betätigt. In Abhängigkeit vom zugrundeliegenden physikalischen Prinzip werden magnetische Schienenkontakte und Schienenstromschließer unterschieden. Schienenkontakte können einzeln oder mehrfach angeordnet werden. Mehrfachanordnungen dienen der Erkennung der Fahrtrichtung bzw. der Erhöhung der Schaltsicherheit. Schienenkontakte bestehen aus:

- Gleisgerät,
- Schienenbefestigung,
- Anschlusskasten und
- Einem Impulsformer der je nach Einsatzfall verschieden sein kann.

Sie sind als Innen- oder Außengleisschalter installierbar. Als Anwendungsbereiche kommt neben der Rangiertechnik vor allem die Sicherungstechnik in Betracht:

Anwendungsbereich	Anwendungsbeispiele
Rangiertechnik	• Gleisbremsensteuerungen, • Achszählung, • Frei-/Besetztmeldung, • Geschwindigkeits- und Längenermittlung in der Rangiertechnik mit Lauf- und Rollwiderstandsermittlung, • Achsabstandsermittlung
Sicherungstechnik	• Wegeübergangssicherung, • Automatischen Streckenblock, • Fahrstraßenauflösung, • Räumungsmelder, • Ankündigungsschaltung und • Achszahlmeldeanlagen.

Tabelle 5.8: Anwendungsbereiche von Schienenkontakten

Gewichtssensoren sind Messeinrichtungen zur Radkraftermittlung. Mit ihrer Hilfe wird die Gewichtskraft ablaufender Wagen über deren Achslasten bestimmt. Das genutzte Messverfahren basiert auf der Veränderung des elektrischen Widerstands von Dehnungsmessstreifen. Beim Befahren der Gleise führt die Kraftwirkung der Einzelräder zu einer Durchbiegung der Fahrschiene. Diese Biegung der Schiene wird auf am Schienenfuß angebrachte Dehnungsmessstreifen übertragen. Durch die Dehnung verändert sich der elektrische Widerstand der Messstreifen. Die Widerstandsänderung wird mit Erfassungs- und Übertragungselektronik ausgewertet und als gewichtsproportionale Frequenz ausgegeben. Als Hardwarebasis dienen z. B. die Steuerungssysteme SIMATIC, SIMICRO und SICOMP der Siemens AG.

Radaranlagen (bzw. –antennen) werden als Messeinrichtungen zur kontinuierlichen Geschwindigkeitsmessung frei ablaufender Wagen eingesetzt. Die zur Messung verwendeten

Geräte arbeiten im X-Band nach Doppler-Effekt im Dauerstrichbetrieb. Die Ablaufgeschwindigkeit der Wagen wird durch die Messgeräte als geschwindigkeitsproportionale Frequenz ausgegeben. Inzwischen wird bereits im Zusammenhang mit Versuchen zum Einsatz führerloser Abdrückloks die Verwendung von Radartechnik zur Abstandsmessung getestet[42].

Auf der Grundlage vorgegebener Ablaufpläne werden dann mit Hilfe der Messwerte die Ablaufprozesse gesteuert. Dazu gehört die Weichensteuerung und die geschwindigkeitsabhängige Bremsung. Die Verknüpfung dieser anspruchsvollen automatisierungstechnischen Aufgaben bei der Ablaufsteuerung mit den Belangen der Betriebsführung in Rangierbahnhöfen führte zu eigenständigen Informationssystemen (vergl. 8.7). Diese **örtlichen Systemen für Rangierbahnhöfe (ÖSRbf)** stellen einen Meilenstein in der Entwicklung der Eisenbahntechnik dar.

Das generelle Ziel des Einsatzes solcher Systeme ist die wirtschaftliche und weitgehend automatisierte operative Steuerung der Betriebsvorgänge. Im einzelnen werden folgende Ziele verfolgt:

* Rationalisierung durch Senkung des Personalbedarfs und die Konzentration auf weniger aber automatisierte Anlagen,
* Leistungssteigerung durch die Verkürzung der Wagendurchlaufzeiten (Anzahl behandelten Wagen/ Zeiteinheit) und
* deutliche Qualitätssteigerung durch Verkürzung der Transportzeiten und die Verminderung von Rangierschäden .

Der Schwerpunkt liegt dabei vorrangig auf der zielgerichteten Beeinflussung des Wagenlaufs vom Ablaufberg in die Richtungsgleise. Dabei sind folgende operativen Aufgaben zu lösen:

* die Laufwegsteuerung für ablaufende Wagen,
* die Verfolgung des Laufweges der Wagen durch die gesamte Anlage,
* die Steuerung der Abdrücklok und
* die Geschwindigkeitsregelung der Abläufe.

Schrittweise wurde auch die Unterstützung vor – und nachgelagerte Prozesse durch örtliche Systeme vorangetrieben. Dazu gehört auch der Datenaustausch mit anderen Systemen. Von besonderer Bedeutung ist dabei die Übernahme von Daten der Züge die auf den Rangierbahnhof zulaufen bzw. die Datenübergabe für die Zugbehandlung an Nachfolgeknoten für Züge die den Rbf verlassen. Der entstehende durchgehende vorauseilende Informationsfluss gestattet die Planung von Arbeiten zur Zugbehandlung vor dem Eintreffen der Züge.

Die Wagenbehandlung auf Rangierbahnhöfen ist mit folgenden Arbeitsabläufen verbunden:

* Eingehen der Vormeldung auf den Knoten zulaufender Züge
* Zugeinfahrt
* Vorbereitende Arbeiten zur Zugzerlegung (Wagendaten und Wagenpapiere vergleichen, Bremsen lösen, entschlauchen...),

---

42 Abdrücklok automatisch. In: BahnTech (2000)1 S. 11

- Festlegung Abdrückreihenfolge nach Wagenübergangsplan,
- Erstellen Zerlegedaten (Achszahl, Trennstelle, Richtungsgleis),
- Ausgabe Zerlegekontrollliste,
- Falschläuferkorrektur,
- Gleisspiegelerstellung,
- Führung Betriebsüberwachungsblattes (Bü-Blatt),
- Führung Betriebsbuches,
- Ausgabe Wagen- + Bremszettels
- Erteilen Abfahrtmeldung.
- Vormelden der Zug- und Wagendaten
- Zugausfahrt

Bevor die heute im Einsatz befindlichen Systeme zur Verfügung standen, wurden folgende Entwicklungsstufen[43] durchlaufen:

- Dezentraler Einsatz klassischer Automatisierungstechnik
- Einführung zentrale Systeme auf Prozessrechnerbasis (Midrange)
- Nutzung des Client-Server-Konzeptes

Der **dezentrale Einsatz klassischer Automatisierungstechnik** stellte bereits einen wesentlichen Fortschritt dar. Die Kernprobleme des klassischen Ablaufbetriebes, d. h. der Hemmschuhbremsung, konnten überwunden werden. Sie bestanden vor allem in

- der schwierigen Koordinierung der Zusammenarbeit vieler Beteiligter,
- einer Vielzahl schwer abschätzbarer manueller Eingriffe und
- erheblichen Kosten bedingt durch den hohen Personalbedarf, die langen Wagendurchlaufzeiten und die Bindung von Rangierfahrzeugen.

Bereits die Einführung bzw. Automatisierung von Einzelkomponenten erlaubte einen schnelleren und präziseren Ablaufbetrieb. Insbesondere durch den Einsatz von Gleisbremsen und Sensoren konnte der Wagenlauf nicht nur schneller sondern auch wirksamer beeinflusst werden als bei manueller Steuerung. Nachteilig war jedoch noch immer der verbliebene Bedienungsaufwand und die fehlende Automatisierung der Koordination der Einzelkomponenten.

Mit Hilfe von Prozessrechnern (Mainframe- bzw. Midrangerechner) wurden im nächsten Schritt zentrale Systeme aufgebaut, die erstmals eine informationelle Verknüpfung der automatisierten Einzelkomponenten gestattete. Die Steuerung von Weichen, Bremsen, Förderanlagen und Abdrückloks konnte nun weitgehend automatisiert und koordiniert von einem zentralen Punkt aus erfolgen. Die Anforderungen an Hard- und Software waren dabei sehr anspruchsvoll:

- Informationsverarbeitung in Echtzeit (real time),

---

43 vergl. Meyer, H.-J. / Euler, L.: Moderne Rangiertechnik. In: Blank, P. / Rahn (Hrsg.): Die Eisenbahntechnik – Entwicklung und Ausblick. –Darmstadt: Hestra-Verl. 1982 S. 199-206

- hohe Verfügbarkeit,
- Beherrschung der sehr komplexen Algorithmen,
- Bedienung viele Schnittstellen mit den zugehörigen Protokolle,
- Mehrbenutzerfähigkeit (multi-user) und
- Parallele Abarbeitung mehrere Prozesse (Multitaskingfähigkeit).

Mit dem Erreichen dieser Automatisierungsstufe konnten die wesentlichen Rationalisierungsziele erreicht werden. Schwierigkeiten bereitete jedoch die enorme Komplexität der zentralen Systeme insbesondere bezüglich der Software. Dies galt vor allem für notwendige Änderungen und Erweiterungen, da nicht alle erdenklichen Betriebssituationen im Vorfeld testbar sind.

Mit der Umstellung auf das nun verwendete Client-Server-Konzept konnten weitere Fortschritte erzielt werden. Das Grundprinzip besteht vor allem in einer Dezentralisierung der Aufgaben innerhalb des DV-Systems. Steuerungstechnische Aufgaben sind nun im Gegensatz zu den Koordinierungs- / Überwachungsaufgaben nicht mehr vollständig in den zentralen Komponenten des Systems konzentriert. Dadurch können einzelne Funktionseinheiten besser getestet, leichter verändert und bei Bedarf problemloser ersetzt werden. Neben einer Erhöhung der Verfügbarkeit des Gesamtsystems erleichtert diese Vorgehensweise die Wartung und Instandhaltung. Hinzu kam das Bestreben möglichst Hardware einzusetzen, die nicht nur optimal die an sie gestellten Anforderungen erfüllt, sondern auch eine weite Verbreitung am Markt hat. Dadurch sind Erweiterungen, Veränderungen und Instandhaltungsmaßnahmen einfacher und kostengünstiger. Zusätzlich wurde systematisch an der Vervollkommnung und Verbesserung der Steuerungstechnik gearbeitet. Trotz aller erreichten Fortschritte sind Rangierbahnhöfe noch immer sehr komplexe und kostenintensive Systeme.

Leider sind solche Anlagen im Rahmen der derzeit üblichen Produktionsverfahren unverzichtbar. Die DB AG versucht deshalb seit Jahren durch die Konzentration auf immer weniger Rangierbahnhöfe die Wirtschaftlichkeit ihrer Produktionsabläufe zu steigern.

Einen Eindruck von der Größe moderner Rangierbahnhöfe vermitteln die Daten des Rbf_München-Nord (Tabelle 5.9).

Baubeginn	1987
Einweihung	26.9.91
Leistung	4000 Wagen/Tag
Baukosten	500 Mio. DM (ohne ÖS Rbf?)
Einsparungen	40 Mio. DM/Jahr (Ersatz von München-Laim u. München-Ost)
Einfahrgruppe	12 Gleise
Richtungsgruppe	40 Gleise
Ausfahrgruppe	12 Gleise
Weichen	230
Signale	300
Gleisbremsen	Balken- und Gummigleisbremsen
Fördereinrichtungen	in allen Richtungsgleisen

Tabelle 5.9: Kenngrößen des Rbf_München-Nord[44]

Solange die Einführung gänzlich anderer Produktionsverfahren Rangierbahnhöfe nicht überflüssig macht, wird weiter an deren Automatisierung gearbeitet. Ein Ansatz ist dabei der bereits erwähnte Einsatz führerloser Abdrückloks. Weitere Möglichkeiten würden sich mit innovativen Güterwagen[45] ergeben (vergl. Abschnitt 6). Unter anderem die bereits getesteten Komponenten

- elektronisches Brems-/Ansteuer- und Auswertungssystem (EBAS)
- Elektronische Steuerleitung (ESL)
- Automatische Zugkupplung (Z-AK)

könnten eine wesentliche Vereinfachung und Verkürzung der Arbeitsabläufe im Rangierbahnhof ermöglichen. Beim Vorhandensein einer Datenleitung zwischen der Lok und allen Wagen ließen sich z. B. Kuppel- und Entkuppelprozesse ebenso automatisieren wie Bremsvorgänge. Die möglichen Effekte verdeutlichen die Bilder 5.10 und 5.11 schematisch.

---

44 Rangierbahnhof München Nord. In: Kundenbrief der DB (1992)1 S.9-10

45 vergl. z. B. Flesing, A.: Revolutionieren innovative Wagenkomponenten die Zugbildung im Güterverkehr? In: ETR 45(1996)7/8 S. 421-424

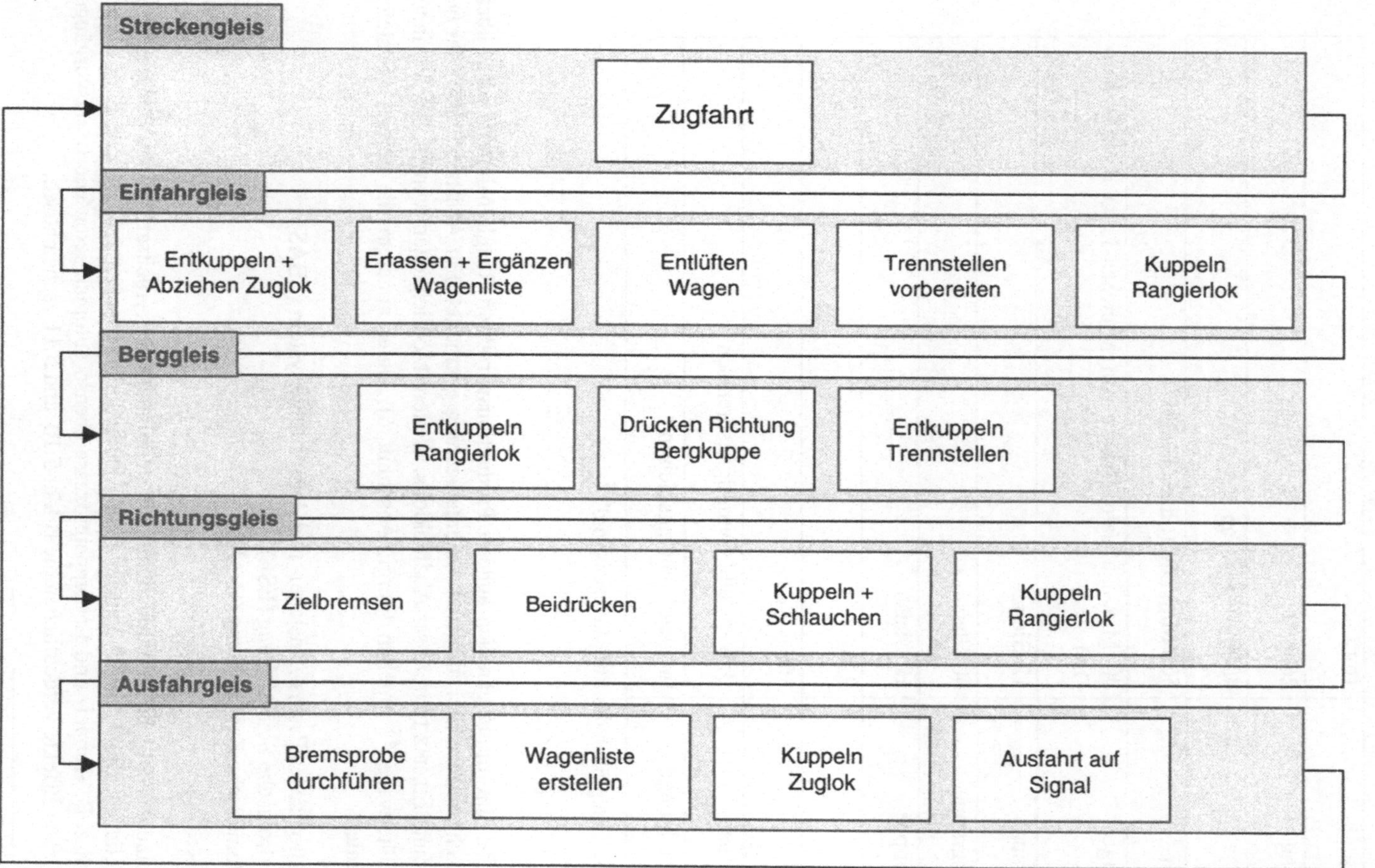

Bild 5.10: Vereinfachter Arbeitsablauf im Rangierbahnhof ohne innovative Güterwagen

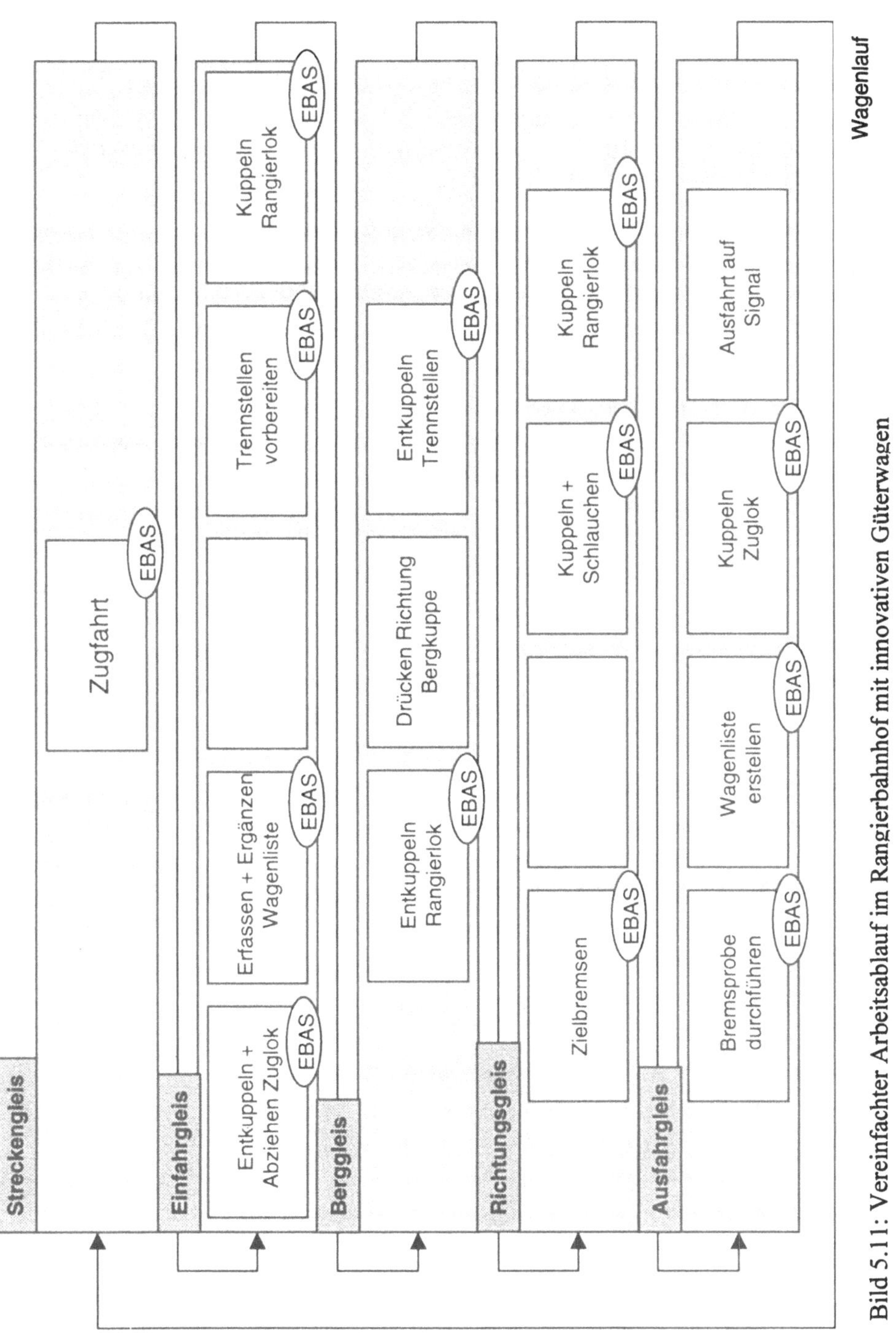

Bild 5.11: Vereinfachter Arbeitsablauf im Rangierbahnhof mit innovativen Güterwagen

5.3.4 Anlagen des Kombinierten Verkehrs

Als Infrastruktur für den Kombinierten Verkehrs werden neben dem Gleisnetz Knoten benötigt, an denen die erforderliche Umschlagtechnik für den Übergang auf andere Transportmittel zur Verfügung steht. Das Gleisnetz wird überwiegend im Mischverkehr mit anderen Formen des Güterverkehrs und Personenverkehrs genutzt.

Die **Umschlagpunkte** des kombinierten Verkehrs heißen Umschlag- bzw. Containerterminals. Als Umschlagpunkte zwischen der Bahn und anderen Verkehrsträgern werden kleinere Be- und Entladeplätze sowie die großen **Umschlagbahnhöfe (Ubf)** genutzt. Insbesondere Umschlagbahnhöfe müssen eine Reihe Anforderungen erfüllen, die sich von anderen Bahnhöfen unterscheiden:

- Gute Anbindung aller relevanten Verkehrsträger,
- zweckmäßige Verkehrsanlagen zur Vorbereitung, Durchführung und Nachbereitung des Umschlags sowie für die Zu- und Abfuhr,
- geeignete Umschlagtechnik,
- Flächen für die Zwischenlagerung umzuschlagender Ladeeinheiten sowie
- Gebäude und Anlagen für Administration und Service.

Die gute Anbindung an das Straßennetz ist von besonderer Bedeutung. Die Zufahrtsstraßen sollten so gestaltet sein, dass eine gute Erreichbarkeit gesichert ist und möglichst geringe Belastungen für das Umfeld, insbesondere für Wohnbereiche auftreten. Deshalb wird eine möglichst gute Anbindung über Bundesautobahnen angestrebt.

Innerhalb von Ubf müssen für alle dort zusammentreffenden Verkehrsträger zweckmäßige Verkehrsanlagen vorhanden sein. Für die Straßenfahrzeuge sind dies

- Einfahrt- und Ausfahrtbereiche (bei größeren Anlagen mit Autoschaltern für die An- und Abmeldung),
- Parkspuren
- Ladespuren
- Lagerflächen
- Fahrspuren
- Sonstige Flächen (z. B. Wendebereiche, Störfallplätze)

Die Eisenbahninfrastruktur besteht aus

- Anschlussgleisen zur Anbindung an das Streckennetz,
- Ein- und Ausfahrgruppe,
- Umschlaggleisen und
- sonstigen Gleisen (z. B. Auszieh- und Umfahrgleise sowie Gleise für die Wartung von Lokomotiven).

Die Ein- und Ausfahrgruppe dient zur Ein- und Ausfahrt sowie zur Eingangs- bzw. Ausgangsbehandlung der Züge. Zusätzlich befinden sich dort Gleise zum Abstellen von Wagen. Die erforderliche Anzahl der Ein- und Ausfahrgleise hängt vom Aufkommen an Wagen und

Zügen ab. Die Umschlaggleise befinden sich zwischen den Lade- bzw. Lagerspuren. Dort erfolgt der Umschlag. Bei Kranumschlag sind in diesem Bereich somit auch die Krananlagen eingebaut.

Je nach Anordnung der Anlagenteile kann zwischen Längen- und Breitenentwicklung unterschieden werden. Bei Längenentwicklung ist die Ein- und Ausfahrgruppe in Reihe zum Umschlagbereich angeordnet. Bei der Breitenentwicklung befinden sich beide Anlagenteile parallel nebeneinander. Die Bahnen haben detaillierte Vorgaben für den Entwurf der Bahnanlagen für den kombinierten Ladungsverkehr entwickelt.[46]

Wesentliche Bedeutung für den rationellen Umschlag hat die eingesetzte **Umschlagtechnik**. Je nach Anforderungsprofil steht unterschiedliche Technik zur Auswahl. Dazu gehören vor allem

- Hubwagen (Portal- und Bügelhubwagen),
- Stapler (Front-, Seiten- und Teleskopstapler) sowie
- Krane (Brücken- und Portalkrane).

In jedem Fall wird von der eingesetzten Umschlagtechnik erwartet, dass sie

- Sicher ihre Funktion erfüllt, insbesondere beim Aufnehmen und Abgeben des Umschlaggutes,
- einen schnellen Umschlag ermöglicht,
- mit hoher Zuverlässigkeit arbeitet und
- geringe Kosten bei Beschaffung und Betrieb verursacht.

Das Güteraufkommen in den Umschlagbahnhöfen ist sehr ungleichmäßig. Die Züge des KLV verkehren überwiegend nachts (Nachtsprung). Ziel ist dabei die Annahme bis 19.00 Uhr und die Bereitstellung am Zielbahnhof am nächsten Tag um 7 Uhr. Dadurch entstehen früh am Morgen und abends Zeitfenster mit hohem Aufkommen. Dagegen besteht den restlichen Tag über meist nur wenig Umschlagbedarf. Folglich entsteht ein Dilemma zwischen dem Bestreben nach optimaler Auslastung der Anlagen d. h. minimalen Betriebskosten und ausreichender Umschlagkapazität in den kritischen Zeitfenstern.

In der jüngsten Vergangenheit wurden in Deutschland mehrere **Versuchsanlagen** errichtet, um durch verbesserte Umschlagtechnik dem Kombinierten Verkehr Impulse zu verleihen. Es handelt sich um folgende Anlagen:

- Noell-Schnellumschlaganlage der Noel Stahl und Maschinenbau GmbH (Versuchsanlage in Würzburg; Bau ggf. am Ubf Lehrte),
- Krupp-Schnellumschlaganlage der Krupp Fördertechnik GmbH Essen (Pilotanlage Rheinhausen),
- Demag-Transmann der Mannesmann Dematic AG und

---

[46] für die DB AG vergl. DS 800 - Bahnanlagen entwerfen - bzw. daraus entwickelte Richtlinien der Modulfamilie 800, insbesondere DS 800 06 - Bahnanlagen entwerfen, Güterverkehrsanlagen -

- Concar47 (vormals Container-Transport-System CTS) der Thyssen Aufzüge GmbH und des Instituts für Fördertechnik der Universität Karlsruhe.

Dabei wurden unterschiedliche Konzepte verwirklicht. Neben großen leistungsfähigen Anlagen für Megahubs wurden auch innovative Konzepte für kleinere Umschlagpunkte entwickelt. Ein Durchbruch konnte jedoch bisher nicht erreicht werden. Die Gründe dafür sind sicher vielfältig. Zunächst hat sich der Kombinierte Verkehr bei weitem nicht so gut entwickelt, wie dies zunächst angenommen wurde. Zum anderen bestehen hinsichtlich der Wirtschaftlichkeit Probleme. Die derzeitigen niedrigen Preise im ungebrochenen Straßengüterverkehr sind bei gebrochenen Verkehren kaum erreichbar. Ursachen dafür sind u. a. die Kosten für den Umschlag.

Die Versuchsanlagen verdienen trotzdem Beachtung. Sie bestehen nicht nur aus moderner Umschlagtechnik sondern auch aus neuen Anlagenkonzepten. Zu den neuen Entwicklungen gehören z. B.:

- Umschlag unter Fahrdraht (Transmann),
- automatische Datenerfassung z. B. hinsichtlich Fahrtrichtung, Tragwagetyp, Beladezustand, Ladelänge (Krupp-Schnellumschlaganlage),
- Umschlag bei fahrendem Zug (Krupp-Schnellumschlaganlage)[48],
- Nutzung von Hängebahnsystemen (Concar) bzw. Umschlagrobotern (Transmann) statt sonst üblicher Umschlagtechnik.

Die Anlagen weisen nicht nur einen höheren Automatisierungsgrad auf, sie erreichen auch überwiegend höhere Umschlaggeschwindigkeiten. Weit wichtiger ist jedoch die Tatsache, dass mit diesen Anlagen der Nachweis erbracht wurde, dass völlig neue **Betriebskonzepte** umsetzbar sind, die weit über den KLV Bedeutung haben. Naturgemäß müssen Neuentwicklungen eine entsprechende Produktreife sowie ausreichende Stückzahlen erreichen, bevor Herstellung und Betrieb wirtschaftlich möglich sind.

Für kleinere Umschlagpunkte in aufkommensschwächeren Regionen wurden neben dem Automatic Loading System (ALS) auch innovative Konzepte für Umschlag und Transport von Wechselbrücken entwickelt sowie erprobt[49]. Zu den Letztgenannten gehört auch das System **"Kombilifter"[50]**.

---

[47] Arnold, D. / Rall, B.: Neues Umschlag und Transportsystem für den Kombinierten Verkehr entwickelt. In: Logistik im Unternehmen. 10 (1996) 7/8 S. 59-61

[48] Rendezvous zwischen Schiene und Straße. In: Logistik im Unternehmen. 9(1995) 7/8 S. 56-57

[49] vergl. u. a. Rossberg, R. R.: Raupenfahrzeug hievt Brummies auf die Bahn. In: VDI-Nachrichten (1997) 29 S. 15

[50] Warmbold, J.: „Kombilifter" verknüpft Straße mit Schiene ohne Terminal. In: Logistik im Unternehmen 9(1995) 9 S. 66

Bei diesen Konzepten sind lediglich ein befahrbares Gleis mit Standmarkierungen für die Wechselbrücken und spezielle Güterwagen erforderlich. Die Wechselbrücken werden entsprechend der Markierungen im Gleisbereich auf ihre Stützfüße gestellt. Anschließend drückt ein Triebfahrzeug die Tragwagen gekuppelt unter die stehenden Wechselbrücken. Hydraulische Hubmechanismen an den Tragwagen heben, positionieren und zentrieren danach die Wechselbrücken. Mit dem Einklappen der Stützfüße ist der Ladeprozess abgeschlossen. Bei der Schenker Eurocargo AG wird diese Technologie genutzt.

5.3.5 Informations- und Kommunikationsinfrastruktur

Zwischen dem Transport von Gütern und Nachrichten bestand schon immer eine enge Beziehung. Bei den Bahnen kam dieser Aspekt besonders im Zusammenhang mit der sicheren Betriebsdurchführung sehr früh zum tragen. Infolgedessen wurden nicht nur seit jeher moderne Informations- und Kommunikationstechnologien angewendet, sondern auch in erheblichem Maße dazu erforderliche Infrastrukturen aufgebaut und betrieben. Die Vielzahl inzwischen genutzten **Informationssysteme** erfordert eine umfangreiche Systembasis bestehend aus Hardware und Systemsoftware. Während Anfangs sehr umfangreiche zentrale DV-Systeme dominierten, sind inzwischen auch viele dezentrale Systeme in den unterschiedlichsten Bereichen des Bahnwesens eingesetzt. Insgesamt ist auch bei den Bahnen eine fortschreitende Vernetzung innerhalb der Unternehmen und mit Systemen ihrer Partner festzustellen. Die Vielzahl der inzwischen genutzten Informationssysteme ist selbst innerhalb eines Fachgebietes des Bahnwesens nur schwer zu überschauen. Auf ausgewählte Systeme wird im Zusammenhang mit der Ablauforganisation eingegangen (vergl. Abschnitt 8). Voraussetzungen für die Erfüllung des wachsenden Kommunikationsbedarfs und die Vernetzung der Informationssysteme sind neben entsprechenden Festnetzen auch funkbasierte Netze. Gerade im Bahnbetrieb gibt es eine Reihe beweglicher Objekte, mit denen kommuniziert werden muss. Geeignete **Kommunikationssysteme** spielen deshalb eine herausragende Rolle.

Wie in anderen Bereichen der Bahntechnik war auch die Entwicklung auf diesem Gebiet in der Vergangenheit geprägt durch

- nationale Eigenentwicklungen,
- große Vielfalt parallel existierender Infrastrukturen, Dienste und Anwendungen sowie
- weitgehende Autonomie.

Die **unterschiedlichen Entwicklungen** bei den einzelnen Bahnen sind im Hinblick auf die internationale Zusammenarbeit hinderlich. So hatten sich z. B. die Zugfunksysteme von DR und DB trotz Einhaltung der einschlägigen UIC-Richtlinien[51] soweit auseinanderentwickelt, dass bei der Zusammenführung beider Bahnen Anpassungen unumgänglich waren[52].

---

[51] Vergl. UIC-Merkblatt 751 Technische Vorschriften für Zugfunksysteme im internationalen Dienst

[52] vergl. Naumann, E.: Zugfunksysteme DB und DR sowie deren Anpassung. In: Deine Bahn. (1992) 5 S.287-289

Selbst bei der DB AG existierte eine große Zahl analoger, miteinander nicht kompatibler Funknetze:

* Zugfunk / Nebenbahnfunk (DB / DR),
* Betriebs- und Instandhaltungsfunk,
* Kfz-Funk,
* Rangierfunk,
* Funknachrichtenschleife,
* Diagnosefunk,
* Funk für Rettungszüge,
* Linienzugbeeinflussung,
* Datenfunkanwendungen und
* sonstige Funkanwendungen.

Der große Erfolg der digitalen Nachrichtentechnik im öffentlichen Bereich in Form des Mobilfunks auf Basis des GSM-Standards (GSM - Global System for Mobile Communication) veranlasste die europäischen Bahnen diese Technologie für den Bahnbetrieb zu nutzen. Wesentliche Ziele sind dabei

* Umstieg auf digitale Technik,
* Vereinheitlichung und damit Erreichung europäischer Interoperabilität,
* Schaffung der Voraussetzungen für die Einführung neuer Dienste,
* deutliche Kostenreduktion sowie
* spürbare Leistungssteigerung.

Zur Erreichung dieser Ziele kann nicht einfach auf bestehende Mobilfunknetze zugriffen werden, weil für die meist sicherheitsrelevanten Anwendungen erheblich höhere Anforderungen bezüglich der Zuverlässigkeit und Verfügbarkeit zu erfüllen sind. So muss z. B. auch in Einschnitten, unter Brücken und in Tunneln die Versorgung sichergestellt sein. Die auf Flächenversorgung ausgerichteten öffentlichen GSM-Netze können dies nicht leisten. Es wird deshalb an einem eigenen Netz für Bahnanwendungen auf Basis des GSM-Standards gearbeitet. Die Entwicklung läuft unter der Bezeichnung GSM-R. GSM-R[53] steht für Global System for Mobile Communication Railways und ist als Plattform für alle betrieblichen Anwendungen im Bahnfunk konzipiert. Eine eigene Projektgruppe innerhalb der UIC mit der Bezeichnung EIRENE (European Integrated Railway Radio Enhanced Network) soll die Standardisierung sicherstellen. Prototypen für Netz und Endgeräte liegen in Verantwortung eines Konsortiums von Bahn und Industrie mit der Bezeichnung MORANE (Mobile Radio for Railway Networks in Europe). GSM-R ist Bestandteil des Vorhabens ERTMS (European Railway Transport Management System).

Das Netz soll folgende Anforderungen erfüllen:

* sehr hohe Verfügbarkeit,
* stringente Dienstgüteparameter,

---

[53] vergl. Antscher, M.: GSM-Rail – Eine länderübergreifende Lösung für Bahnkommunikation. In: Signal + Draht 90(1998)10 S. 5-7

- bahnspezifische Funkversorgung entlang der Bahnstrecken und
- zusätzliche Leistungsmerkmale wie
    - Gruppen- und Sammelnotrufe (Rangierfunk),
    - Notruffunktion mit Prioritätsbehandlung und Verdrängung,
    - funktionale Adressierung mittels Zugnummer od. Gruppenkennung,
    - ortsabhängige Adressierung mit automatischem Rufaufbau zum Fahrdienstleiter.

Mit der Verfügbarkeit des GSM-R werden eine Reihe neuer Anwendungen umsetzbar, die erhebliche Fortschritte im Bahnbetrieb darstellen werden. Dazu gehören:

- Funkunterstützte Zugsteuerung und Zugsicherung d. h. ermöglichen von Funk-Fahr-Betrieb,
- Verbesserung der Voraussetzungen für die betriebliche Kommunikation des Bahn-Personals,
- Schaffung und Ausbau von Diagnosemöglichkeiten an Anlagen, Fahrzeugen sowie Transportgütern,
- Erfassung von Energiedaten,
- Aufbau von Facility-Management-Systemen,
- Erweiterung der Möglichkeiten für die Ortung im Bahnbetrieb relevanter Objekte und
- Bereitstellung allgemeiner Informationsdienste für die Bahnkunden.

Erste Tests von GSM-R haben bereist stattgefunden[54].

Das Netz soll nicht nur den (vormaligen) Staatsbahnen zugänglich sein. Am 12.11.1998 wurde zwischen der DB AG und dem VDV eine Vereinbarung getroffen, die den im VDV organisierten Mitgliedsunternehmen den Zugang zum GSM-R-Netz sowie zum Bezug der erforderlichen Endgeräte sichert[55]. Neben der angestrebten europäischen Zusammenarbeit bei GSM-R ist ein weiterer wesentlicher Trend erkennbar. Während in der Vergangenheit die Kommunikationsinfrastruktur der Bahnen meist parallel zu den öffentlichen Systemen in eigener Regie errichtet und betrieben wurde, wächst auch im Hinblick auf die Liberalisierung der Telekommunikationsmärkte die Bereitschaft mit Telekommunikationsunternehmen zusammenzuarbeiten[56], bzw. Leistungen nicht mehr selbst zu erbringen sondern am Markt einzukaufen.

5.3.6 Interoperabilität

Für den internationalen Eisenbahnverkehr steht in Europa ein dichtes Streckennetz zur Verfügung, das zudem Anschluss an wichtige Netze Asiens hat. Die vorhandenen Potentiale werden

---

[54] Schrenk, R. GSM-R: Quality of Service Test at Costumer Trial Sites. In: Signal + Draht 92(2000)9 S. 61-64

[55] Neues digitales Funksystem (GSM-R) auch für nichtbundeseigene Eisenbahnen gesichert. In: VDV-Jahresbericht 1998 S. 54-55

[56] Schinkel, P.: Mannesmann Arcor – der GSM-R Service Provider der DB AG. In: EI 51(200) 5 S. 24-25

jedoch noch nicht voll ausgeschöpft. Während z. B. die Nordamerikanischen Bahnen erhebliche Anteile des kontinentalen Verkehrs übernehmen, werden Verkehre zwischen Europa und Asien überwiegend dem Seeverkehr überlassen. Insbesondere Containerverkehre in Richtung Japan und China sowie in den asiatischen Teil Russlands bieten hier noch Reserven.

Der intensiven Nutzung dieser Infrastruktur und damit der Gewinnung von Marktanteilen für den Schienengüterverkehr stehen eine Reihe Hindernisse entgegen, die sich vor allem in mangelhafter Harmonisierung des Übergangs zwischen den Teilnetzen äußern. Wünschenswert wäre ein reibungslos funktionierendes Eisenbahnsystem, bei dem Fahrzeuge ohne Schwierigkeiten netzweit verkehren können d. h. interoperabel sind. Bisher gelingt dies in gewissem Maße auf der Grundlage der insbesondere im Rahmen UIC getroffenen Vereinbarungen mit Güterwagen. Triebfahrzeuge sind dagegen nur bedingt transeuropäisch einsetzbar.

Zu den Ursachen dafür gehören vor allem die jahrzehntelange nationalstaatlich geprägte Eisenbahnpolitik sowie organisatorische Probleme.

Die **nationalstaatlich geprägte Eisenbahnpolitik** hat dazu geführt, dass trotz jahrzehntelanger internationaler Zusammenarbeit und intensiven Bemühungen der EU noch heute hinderliche Unterschiede innerhalb und zwischen den nationalen Eisenbahnsystemen auf den verschiedensten Ebenen bestehen. Mit Blick auf das Ebenenmodell lassen sich für jede Ebene Beispiele unterschiedlichen Gewichts finden. Eine Übersicht der verschieden Sicherungs-, Steuerungs- und Stromsysteme sowie der Spurweiten zeigt Unterschiede im **technischen Bereich** (Bild 5.12). Allein für die Zugbeeinflussung werden bei den europäischen Bahnen 10 verschiedene Systeme genutzt, deren fahrzeugseitige Komponenten an verschiedenen Stellen des Triebfahrzeugs eingebaut werden müssen und nach unterschiedlichen physikalischen Prinzipien funktionieren[57]. Mit Mehrsystemloks sind diese Probleme zwar technisch lösbar aber die Fahrzeuge werden dadurch entsprechend kostenintensiv.

Hinzu kommen die in Anlage II zum Übereinkommen über die gegenseitige Benutzung der Güterwagen im internationalen Verkehr RIV dargestellten unterschiedlichen Lichtraumprofile. Im Bereich der Informations- und Kommunikationssysteme herrscht ebenfalls beträchtliche Vielfalt.

Bedenklich erscheint die Tatsache, dass selbst bei neu errichteten Infrastrukturen weitere inkompatible Systeme eingeführt wurden. Beispiele dafür sind die Signal- und Sicherungssysteme bei Hochgeschwindigkeitsstrecken, die automatische Fahrzeugidentifikation und die Sendungsverfolgung. Die Bemühungen zur Einführung des ETCS wecken die Hoffnung zur weiteren Angleichung in der Zukunft.

---

[57] Vergl. Pachl, J.: Zugbeeinflussungssysteme europäischer Bahnen. In: ETR 49 (2000) 11 S.725-733

	Bahnbetreiber / -verwaltungen	Belgien SNCB	Deutschland DB-AG	Dänemark DSB	Finnland VR	Frankreich SNCF	Grißbritannien BR	Italien FS	Luxemburg CFL	Niederlande NS	Norwegen NSB	Österreich ÖBB	Polen PKP	Portugal CP	Spanien RENFE	Schweden SJ	Schweiz SBB	Ungarn MAV
nationale Leitsysteme	CROCODILE	o				o			o									
	TBL	o					o			o								
	INDUSI		o									o						
	LZB 72/80		o									o			o			
	ZUB 123			o														
	TVM 300 / TVM 430					o												
	KVM					o												
	PDS						o											
	AWS						o											
	BACC 50 Hz							o										
	ATB									o								
	EBICAB				o						o			o		o		
	ASFA														o			
	SIGNUM																o	
	ZUB 121																o	
	EVM																	o
	KHP												o					
ETCS	Level 1 Teststrecke		u					u			u	u		u				u
	Level 2 Teststrecke		u			u	u	u				u		u			u	
	Level 3 Teststrecke		u				u	u	u									
Stromsysteme	AC : 16 2/3 Hz : 15 kV		n								n	n				n	n	
	AC : 50 Hz : 25 kV	x)		n	n	n	n	n	n					n				n
	DC : 50.65 , 0,75 u. 1,2 kV						n											
	DC : 1,5 kV					n				n				n				
	DC : 3 kV	n						n					n		n			
Spurweite	1435 mm.	s	s	s		s	s	s	s	s	s	s	s		s	s	s	s
	1524 mm				s													
	1600 mm							s										
	1676 mm													s	s			

x) = Insel

Bild 5. 12: Leitsysteme, ETCS, Stromsysteme und Spurweiten in Europa[58]

Die **Fahrzeugtechnik** führt ebenfalls zu Inkompatibilitäten, die z. T. durch die Infrastruktur bedingt sind. Viele technische Probleme sind zwar lösbar aber die Lösung kostet Zeit und Geld. Beispiele dafür sind

- Netze mit unterschiedlichen Strom- und Sicherungssystemen die mit entsprechenden Mehrsystemloks befahrbar sind,

---

[58] aus Leinhos, D.: Analyse und Entwurf von Ortungssystemen für den Schienenverkehr mit strukturierten Methoden. TU Braunschweig, Dissertation. VDI-Verl. Fortschritt Berichte Reihe 12, Nr. 238, Düsseldorf, 1996 und Schnieder, E.: Geleitwort. Formale Techniken für die Eisenbahnsicherung FORMS'98. Institut für Regelungs- und Automatisierungstechnik (IfRA) der Technischen Universität Braunschweig, 1998

- Fahrzeugübergänge bei unterschiedliche Spurweiten durch Umspuren,
- Datenaustausch zwischen unterschiedlichen Informations- und Kommunikationssysteme über definierte Schnittstellen mit vereinbarten Protokollen.

Die arbeitsaufwendige und automatisierungsfeindliche Schraubenkupplung ist trotz mehrerer neuer Entwicklungen noch immer europäischer Standard.

Erhebliche Widerstände sind auch in der **Ablauforganisation** festzustellen. Beginnend mit der weitgehenden Vereinheitlichung von Arbeitsabläufen, über die gegenseitige Anerkennung durchgeführter Untersuchungen bis zu durchgehenden Arbeitsabläufen mit flexiblem Personaleinsatz der beteiligten Unternehmen, gibt es viele bekannte Lösungsansätze deren Umsetzung jedoch immer wieder Schwierigkeiten bereitet. So wird z. B. die Vereinheitlichung der technischen Untersuchungen beim Wagenübergang zwischen benachbarten Bahnen und die gegenseitige Anerkennung derselben partiell durchaus praktiziert.

Über den operativen Bereich hinaus gibt es Hemmnisse bis hin zu den ordnungs- und verkehrspolitischen Rahmenbedingungen. Genannt sei hier beispielsweise die länderweise unterschiedliche Handhabung des Netzzuganges und der Anlastung der Verkehrswegekosten.

Ansatzpunkte für die Lösung der insbesondere im grenzüberschreitenden Verkehr spürbaren Hemmnisse wurden bereits vor einigen Jahren vorgeschlagen[59]:

- Strategische Allianzen in bestimmten Geschäftsfeldern (Tochtergesellschaften mit eigenen Fahrzeugen z. B. Häfen, Industrieansiedlungen..)
- Allianzen mit anderen Verkehrsträgern
- Grenzüberschreitender Personaleinsatz (Akquisition, Marketing,...)
- Personal-Sharing Bahnenübergreifende
- Produktion der Transportleistungen
- Bahnenübergreifende Bündelungseffekte nutzen (parallele Strecken in Grenzgebieten nötig?)
- Verbesserte Informationstransparenz und –weitergabe
- Informationen in anderen Sprachen (in der Produktion und gegenüber Kunden)
- Automatisierte Übertragbarkeit von Informationen in Landessprachen
- Technische Harmonisierung
- Gemeinsame automatische Kupplung
- Länderübergreifende Produktion incl. Tfz-Einsatz
- Bessere fahrplantechnische Abstimmung

Die Forderung nach Interoperabilität ist nicht neu und hat seit dem Weißbuch der Kommission von 1996 bereits zu einer Reihe rechtlicher Vorgaben geführt. Der Rahmen reicht dabei von Vorgaben durch diverse Richtlinien der EU bis zu DIN-Normen, die sich auf die Normung und Zertifizierung einzelner Bauteile beziehen. Inzwischen wurde beim Eisenbahnbundesamt ein

---

59 Heimerl, G.: Strukturelle Hemmnisse im grenzüberschreitenden Güterverkehr. In: Internationales Verkehrswesen. –Hamburg: 50(1998) 12 S. 594-598

EISENBAHN-CERT als deutsche Benannte Stelle Interoperabilität eingerichtet[60]. Hauptansatzpunkte der technischen Harmonisierung sind faktisch alle Aspekte der Infrastruktur und die Fahrzeuge.

Neben dem Harmonisierungsbedarf im technischen Bereich gibt es eine Reihe organisatorischer bzw. politischer Hindernisse zu überwinden. Dazu zählen die traditionellen Mischverkehre zwischen Personen- und Güterverkehr. Hinzu kommt die zunehmende Konzentration der Verkehre auf bestimmte Relationen. Diese Konzentrationen resultieren aus Bündelungseffekten die durch wachsende Transportentfernungen entstehen und durch die zunehmende internationale Arbeitsteilung ausgelöst werden. Die Folgen davon sind Kapazitätsengpässe auf bestimmten Hauptstrecken bei gleichzeitig zunehmender Minderauslastung großer Teile des Nebennetzes. Nicht zuletzt stellen die sehr unterschiedlichen Interpretationen des Netzzuganges und der Kostenanlastung für die Infrastrukturnutzung Schwierigkeiten dar.

In Europa sind **Mischverkehre** traditionell üblich. Die gemeinsame Abwicklung von Güter- und Personenverkehr auf dem vergleichsweise dichten Streckennetz sollte zu dessen wirtschaftlichen Betrieb beitragen. Dies trifft jedoch nur bedingt zu, denn die bauliche Gestaltung der Infrastruktur in einer Weise, die viele Nutzungsformen zulässt, ist kostenintensiv. Infolge der Ausrichtung auf die gemeinsame Nutzung sind die wesentlichen Dimensionierungsgrößen immer mit Rücksicht auf beide Verkehrsarten festgelegt worden. Zuglängen, Radsatzlasten und Lichtraumprofile sind aus diesem Grund meist kleiner (zudem teilweise unterschiedlich) als bei außereuropäischen Bahnen. Die bauliche Umsetzung dieser Vorgaben in Form von entsprechend bemessenen

- Kunstbauten (z. B. Tunnel und Brücken),
- Gleisanlagen (z. B. Bahnhofs- und Überholgleise, Oberleitungen)
- Signal-und Sicherungsanlagen (vor allem die Länge der Blockabschnitte) und
- sonstige Anlagen

lässt nur sehr begrenzt für den Güterverkehr wünschenswerte aber wirtschaftlich vertretbare Erweiterungen zu. Darüber hinaus sind Mischverkehre bedingt durch die unterschiedlichen Geschwindigkeiten von Personen- und Güterzügen betriebstechnisch schwieriger zu handhaben und im Hinblick auf die Kapazität hochbelasteter Strecken nachteilig. Negative Auswirkungen haben vor allem starke fahrplanmäßige Bevorzugungen von Personenverkehren in Bereichen mit Kapazitätsengpässen. In Deutschland haben sich teilweise durch die Neubaustrecken Möglichkeiten zur Entmischung ergeben. So ist z. B. auf dem Korridor Ruhrgebiet - Hannover - Berlin die Strecke Hannover - Magdeburg - Seddin überwiegend für den Güterverkehr nutzbar.

Zudem ist die Inanspruchnahme des verfügbaren Netzes sehr unterschiedlich. Bei der DB Netz AG werden derzeit 60 % der Leistung auf 25 % des Streckennetzes erbracht. Die Mischverkehre mit unterschiedlich schnellen Züge erzwingen jedoch in den hochbelasteten Netzberei-

---

60 vergl. dazu Thomasch, A.: EU-Zertifizierung durch die deutsche Benannte Stelle Interoperabilität. In: ETR, 49(2000) 7/8 S. 510-516 sowie www.eisenbahn-cert.de

chen teilweise die Vorhaltung von Überholgleisen und Betriebshalte. Zusätzlich kommt es dort zu betriebsbedingten Fahrzeitverlängerungen[61].

Trotz Mischnutzung bleibt die durchschnittliche, mittlere Auslastung der Strecken hinter denen der Bahnen anderer Kontinente zurück.

In Kenntnis dieser Problematik hat der Aufsichtsrat der DB AG 1999 der Investitionsstrategie Netz 21 zugestimmt. Im Rahmen dieser Strategie sollen bis zum Jahr 2010 ca. 48 Milliarden DM in das bestehende Schienennetz investiert werden. Das Gesamtnetz wird in drei Netzbereiche mit unterschiedlichen Funktionen gegliedert:

Bezeichnung	Funktion	Länge
Vorrangnetz	• Verbindung von Ballungsgebieten	insgesamt 10.000 km, davon
	• Senkung der Schnell-Langsam-Konflikte durch Harmonisierung der Geschwindigkeiten	• 3.500 km für schnellfahrenden Verkehr
		• 4.500 km für langsamfahrenden Verkehr
		• 2.000 km für reinen S-Bahnverkehr in Ballungszentren
Leistungsnetz	• Strecken mit hoher Verkehrsbedeutung • Ergänzung des Vorrangnetzes (jedoch ohne Entmischung)	10.000 km für gemischten Verkehr
Regionalnetz	• Erschließung regionaler Aufkommensgebiete • Anbindung an das Vorrang- und Leistungsnetz	18.500 km für gemischten Verkehr

Tabelle 5.10: Netzbereiche im Konzept Netz 21 der DB AG

Bei der Umsetzung des Konzeptes werden folgende Schwerpunkte gesetzt:

• Bestandsnetz erhalten und optimieren,
• Leit- und Sicherungstechnik modernisieren,
• Konzentration auf Neu- und Ausbaustrecken mit hoher Wirksamkeit im Rahmen des Netzkonzeptes.

Kernziele sind

• die Entmischung von Verkehren,
• die Harmonisierung der Geschwindigkeiten und
• die nachhaltige Reduzierung der laufenden betrieblichen Kosten.

---

61 Fricke, E. : Netz 21. In: Eisenbahningenieur - Frankfurt 51 (2000) 1 . - S. 10 – 13

Das Konzept setzt konsequent auf Erhalt und Verbesserung des bestehenden Netzes. Der Erfolg der Konzeption wird wesentlich davon abhängen, ob die erforderlichen Mittel bereitgestellt werden können und ob die Einzelmaßnahmen wie vorgesehen streng unter Wirtschaftlichkeitskriterien umgesetzt werden.

Das europäische Eisenbahnnetz besteht aus einer Vielzahl von Teilnetzen. Überwiegend aber nicht ausschließlich sind das Netze der Staatsbahnen und deren Nachfolger. Daneben verfügen Privatbahnen unterschiedlichster Form und Größe über eigene Streckennetze. In Deutschland sind dies die **Nichtbundeseigenen Eisenbahnen**. Die im VDV[62] organisierten Bahnen verfügen zwar mit 80.058 km Gleislänge über einen vergleichsweise geringen Anteil am Gesamtstreckennetz, transportieren jedoch eine größere Transportmenge als DB Cargo Bild 5.13.

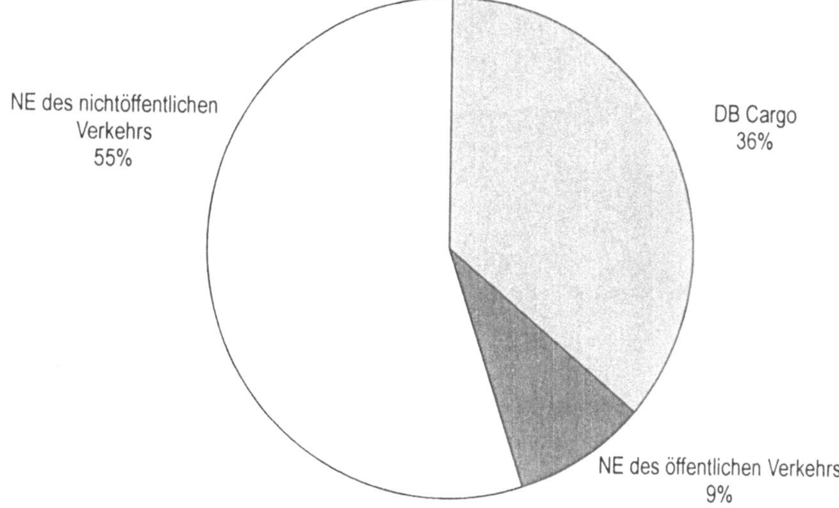

Bild 5.13: Beförderte Tonnen im deutschen Schienengüterverkehr 1998

Bedingt durch die kurzen Entfernungen entspricht dies jedoch einer vergleichsweise geringen Transportleistung (Bild 5.14). Die Zahlen verdeutlichen die große Bedeutung der NE-Bahnen bei der Bedienung der Fläche.

---

[62] alle Zahlenangaben basieren auf: VDV aktuell '98/99. Verband Deutscher Verkehrsunternehmen 1999

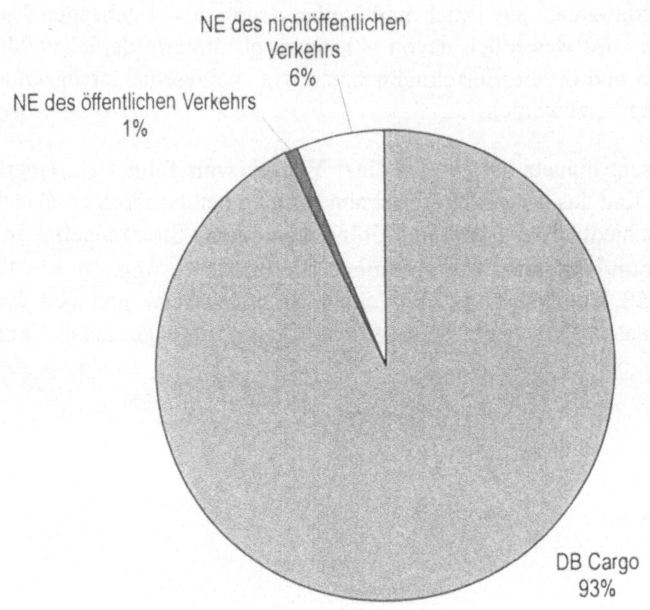

Bild 5.14: Tonnenkilometer im deutschen Schienengüterverkehr 1998

Entscheidend für die Wettbewerbsfähigkeit der Eisenbahnen sind bezogen auf die Infrastruktur

- Dichte,
- Zugänglichkeit und
- Nutzungsbedingungen

des Schienennetzes.

Die vergleichsweise hohe **Dichte** des europäischen Eisenbahnnetzes bietet formal technisch gute Voraussetzungen zur Erschließung der Fläche. Die Nutzung dieser Möglichkeiten bereitet indes immer größere wirtschaftliche Schwierigkeiten. Hier zeigt sich ein generelles Dilemma der Bahnen. Auf der einen Seite wird über ein weitverzweigtes Nebennetz eine gute Erschließung der Fläche gewährleistet. Auf der anderen Seite sind diese Teile des Netzes für sich betrachtet unrentabel, da ihre Unterhaltung meist nicht durch entsprechende Deckungsbeiträge aus der Streckennutzung erwirtschaftet werden kann. Rentable Transporte auf gut ausgelasteten Fernstrecken des Hauptnetzes kommen jedoch nur dann zustande, wenn ausreichend Wagen im Netz gesammelt wurden. Die Lösung kann nur in einer detaillierten Einzelfallbetrachtung liegen. Dort wo es nicht gelingt, durch gezielte Unterstützungsmaßnahmen ein ausreichend große Potential für den wirtschaftlichen Betrieb zu erreichen, werden auch in Zukunft Streckenschließungen nicht vermeidbar sein. Für eine auf Wirtschaftlichkeit ausgerichtete Bahn bleibt dann keine Alternative.

Tendenziell sind in Deutschland seit Jahren die Streckenlängen abnehmend bzw. trotz gewaltiger Baumaßnahmen (z. B. Neubaustrecken, Verkehrsprojekte Deutsche Einheit) stagnierend[63]. In anderen Ländern ist dies teilweise erheblich anders. In einer Untersuchung von 1998 wurde das weltweite Investitionsvolumen für Infrastrukturvorhaben auf fast 500 Milliarden DM geschätzt. Davon beträgt der Anteil für Neubaustrecken 64 %[64]. Selbst wenn nicht alle Strecken für den Güterverkehr zur Verfügung stehen, sind hier positive Entwicklungen festzustellen.

Die **Nutzungsbedingungen** für die Infrastruktur weisen erhebliche Unterschiede auf. Betrachtet man ausschließlich die öffentlichen Bahnen, zeigen sich diese Differenzen in der unterschiedlichen Vorgehensweise bei der Umsetzung der RL 91/440/EWG in den europäischen Staaten. Indizien dafür sind Stand sowie Art und Weise der Umsetzung in nationales Recht. Sehr deutlich äußert sich dieser Sachverhalt auch an der Handhabung der Zugangsmöglichkeit und in den unterschiedlichen Trassenpreise in Europa. Während in Deutschland und der Schweiz die Trassenpreise im Güterverkehr über 8 DM / Zug-km erreichen, liegen die Preise in den Benelux-Ländern unter 1 DM/ Zug-km[65]. Diese Preise für die Nutzung der Schieneninfrastruktur resultieren aus unterschiedlichen politischen Vorgaben zur Finanzierung von Bau, Unterhaltung und Betrieb der Infrastruktur. Die Trassenpreise sind somit nicht Ausdruck unterschiedlicher Kosten sondern unterschiedlicher Vorgaben. Die Gestaltung der Trassenpreise unterliegt einer hohen Dynamik, da insbesondere die Netzunternehmen ehemaliger oder bestehender Staatsbahnen permanenter Kritik dahingehend unterliegen, über die Trassenpreissysteme den Wettbewerb zu behindern.

Darüber hinaus sind Trassenpreise abhängig von

* den befahrenen Strecken,
* den genutzten Zeitlagen
* den benötigten Fahrzeiten und
* der Menge der bestellten Trassen.

Im Trassenpreissystem TPS 98 von DB Netz gibt es die sogenannte InfraCard über die je nach Vertragsdauer weitere Preisnachlässe möglich sind. [66]

Wegen ihrer vielfältigen Auswirkungen sind die Trassenpreissysteme national und international noch immer sehr starken Veränderungen unterworfen. So werden auch gänzlich neue An-

---

63 Bundesministerium für Verkehr: Verkehr in Zahlen 1998. –Hamburg: Deutscher Verkehrsverl. 1998 S. 52-53

64 Marktstudie neue Eisenbahninfrastrukturvorhaben weltweit, Landesinitiative Bahntechnik NRW, 1998, S. 5

65 Marktstudie Schienengüterverkehr. Landesinitiative Bahntechnik NRW. 1999 S. 29

66 DB Netz. Für Sie geöffnet. Informationen rund um den Zugang zum Netz. Firmenschrift der DB Netz AG, Januar 1999

sätze diskutiert die eine bessere Berücksichtigung der Interessen der Infrastrukturunternehmen und der verschiedenen Nutzer versprechen[67].

Für die Forcierung des internationalen Schienengüterverkehrs wurde bereits 1994 von der EU-Kommission im EU-Vertrag (Maastricht-Fassung) ein Konzept eines „**Transeuropäische Netzes (TEN)**" entwickelt. Dieses Leitschema bezog sich auf alle für Europa bedeutenden Verkehrsträger. Für die Bahn waren Schienenwege von insgesamt 20.000 km Länge enthalten. Damit sollten die einzelstaatlichen Verkehrswegeplanungen insbesondere im Hinblick auf grenzüberschreitende Verkehre besser aufeinander abgestimmt werden. Inzwischen ist das Konzept weiterentwickelt worden. Es enthält 10 Paneuropäische Korridore, die vor allem der Integration der Mittel- und Osteuropäischen Länder dienen sollen. Die Ausweisung dieser Korridore hat den Charakter einer weit in die Zukunft reichenden Verkehrswegeplanung. Dabei reichen die Integrationsbemühungen über die Europa hinaus bis nach Asien[68].

Die Finanzierung der gigantischen Infrastrukturmaßnahmen soll durch nationale Haushalts-mittel, EU-Fördermittel aber auch private Investitionen im Rahmen von Public Private Part-nerships erfolgen. Die Umsetzung der Planungen ist sehr unterschiedlich und erfolgt überwie-gend projektbezogen.

---

[67] vergl. z. B. Gerhard, M.: Trassenpreise für Schienentransporte als Anreizsystem zur Innovationsförde-rung. Der Eisenbahningenieur 52(2001) 3 S. 12-15

[68] unter http://www.bahn.de finden sich ausführliche Informationen dazu

6 Fahrzeuge für den Güterverkehr

6.1 Einteilung der Eisenbahnfahrzeuge

Der Entwurf für die DIN 25003[1] enthält eine Systematik der spurgeführten Fahrzeuge und zugehörige Begriffsdefinitionen. Eine Untermenge der Schienenfahrzeuge bilden neben Straßenbahn- und sonstigen Schienenfahrzeugen die hier betrachten Eisenbahnfahrzeuge. Dabei wird auch auf die EBO Bezug genommen, die sich insbesondere im dritten Abschnitt mit den Fahrzeugen der Eisenbahn auseinandersetzt. Auf dieser Basis ergibt sich die im Bild 6.1 dargestellte Einteilung.

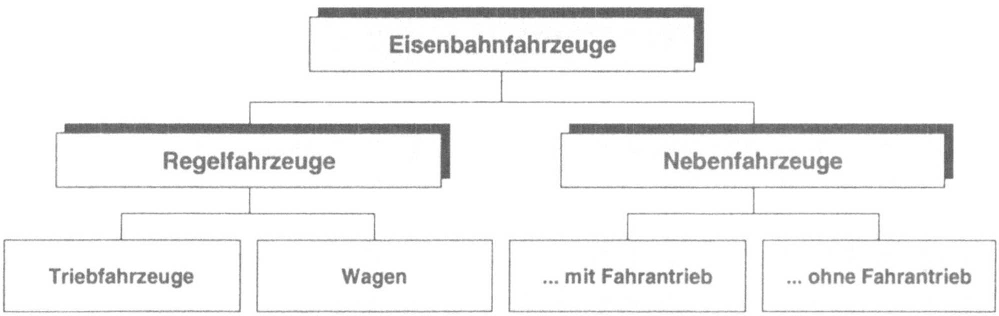

Bild 6.1: Einteilung der Eisenbahnfahrzeuge

Regelfahrzeuge müssen vollständig den Bauvorschriften nach EBO entsprechen. Diese Fahrzeuge sind für den Einsatz im Regelbetrieb vorgesehen. Triebfahrzeuge und Wagen machen den größten Anteil am Gesamtbestand von Eisenbahnfahrzeugen aus. Der Bestand der DB Cargo AG lag 1998 bei insgesamt 4.600 Lokomotiven und 130.000 Güterwagen.[2] Wegen ihrer Bedeutung als wichtige Betriebsmittel der Bahnen wird auf die Regelfahrzeuge nachfolgend detaillierter eingegangen.

Nebenfahrzeuge sind für besondere Einsatzfälle konzipiert. Dazu zählen vor allem spezielle Eisenbahnfahrzeuge für den Bau und die Unterhaltung der Infrastruktur (z. B. Gleisbaufahrzeuge). Da diese Fahrzeuge für das entsprechende Einsatzfeld ausgerüstet sind, brauchen sie auch nur in dem Maße den Bauvorschriften der EBO genügen, wie es für diesen Sonderzweck notwendig ist. Daraus ergeben sich anderseits Einschränkungen in der betrieblichen Behandlung von Nebenfahrzeugen. So können und dürfen Nebenfahrzeuge nicht in Züge ein-

---

[1] DIN 25003 (Entwurf) Systematik der Schienefahrzeuge – Übersicht, Benennungen, Definitionen. Ausgabe: 1999-09

[2] DB Cargo Report, Firmenschrift der DB Cargo AG, Mai 1999

gestellt werden. Zu den Nebenfahrzeugen gehören Kleinwagen und Schienenkleinwagen. Eine Definition dieser Fahrzeuge liefert die EBO nicht. Betrieblich bezeichnet man Nebenfahrzeuge mit weniger als 3,5 t Radsatzlast als **Kleinwagen**. Alle Nebenfahrzeuge mit höheren Radsatzlasten zählen zu den **Schwerkleinwagen**.

DIN 25003 unterscheidet Nebenfahrzeuge mit und ohne Fahrantrieb. Zu den **Nebenfahrzeugen mit Fahrantrieb** zählen solche Arbeits- und Sonderfahrzeuge wie z. B.

- Rangiergeräte,
- Gleisfahrbare Baumaschinen,
- Schienen- und gleisfahrbare Krane,
- Zweiwegebagger,
- Zweiwege-Kraftfahrzeuge,
- Gleiskraftfahrzeuge,
- Mess- und Prüffahrzeuge sowie
- Oberleitungsinstandhaltungsfahrzeuge.

Beispiele für **Nebenfahrzeugen ohne Fahrantrieb** sind

- Anhänger
- Bauhilfswagen und
- Gleisbauhilfsgeräte.

Die Aufzählung zeigt, dass diese Technik in erster Line Bedeutung für die Eisenbahninfrastrukturunternehmen hat. Für Bau und Unterhaltung der Eisenbahninfrastruktur sind Nebenfahrzeuge unverzichtbar. Im Jahr 2000 verfügte allein die DB Netz AG über ca. 1500 Fahrzeuge dieser Art[3].

6.2 Triebfahrzeuge

Als Triebfahrzeuge mit Bedeutung für den Güterverkehr gelten die im Bild 6.2 dargestellten Kategorien von Eisenbahnfahrzeugen. DIN 25003 unterscheidet hier nur nach Triebfahrzeugen und Triebköpfen bzw. Triebwagen. Deshalb folgt Bild 6.2 der detaillierteren Gliederung nach EBO.

---

[3] Linack, Jürgen: Einsatz von Zweiwegefahrzeugen bei der DB AG. In: Der Eisenbahningenieur. 51(2000) 8 S. 26-37

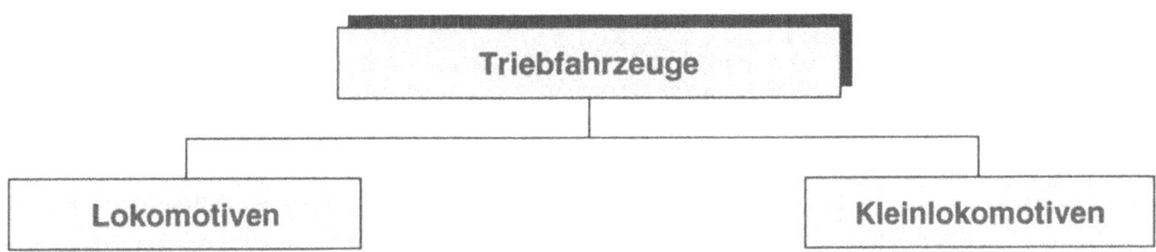

• Elektrische Lokomotiven (E-Lok)
• Brennkraftlokomotiven (V-Lok)
• Dampflokomotiven

Bild 6.2: Einteilung der Triebfahrzeuge des Güterverkehrs

Triebwagen sind nur im Personenverkehr einsetzbar. Formal zählen auch nichtangetriebene Fahrzeuge für Triebwagen-Züge, wie Steuerwagen, Mittelwagen und Beiwagen, zu den Triebfahrzeugen, da sie ausschließlich in Triebwagenzügen entsprechender Bauart einsetzbar sind.

Lokomotiven mit geringer Leistung und niedriger Höchstgeschwindigkeit gelten als **Kleinlokomotiven.** Eine nähere Definition findet sich in der EBO nicht. Diese Fahrzeuge wurden auf kleineren Bahnhöfen sowie bei Industrie- und Feldbahnen genutzt. Für leichte Rangierarbeiten haben diese Lokomotiven gute Dienste geleistet. Bedingt durch die Konzentration der Rangieraufgaben im Rahmen der derzeit üblichen Produktionsverfahren sind Kleinlokomotiven kaum noch im Einsatz.

Die größte Bedeutung für den Güterverkehr haben die **Lokomotiven.** Als **Antriebsarten** wurde in der Vergangenheit neben dem klassischen Dampfbetrieb in speziellen Anwendungsbreichen (z. B. Bergbau, Industriebahnen) auch mit Pressluft- oder Dampfspeicherantrieb gearbeitet. Der Grund dafür war neben der Verfügbarkeit der entsprechenden Antriebsmedien die Möglichkeit zum Betrieb in explosionsgefährdeten Bereichen. Für diese speziellen Einsatzfelder gibt es inzwischen andere Lösungen.

Heute kommen bedingt durch den günstigeren Wirkungsgrad und die besseren Einsatzparameter fast ausschließlich elektrische oder verbrennungsmotorische Antriebe in Betracht. Dabei sind zwei große Einsatzfelder mit sehr unterschiedlichen Anforderungsprofilen zu unterscheiden: der Streckendienst und der Rangierdienst.

Streckenlokomotiven sind für die Beförderung von Zügen im Streckendienst ausgelegt. Sie müssen in der Lage sein, Züge der zulässigen Länge und mit dem zulässigen Maximalgewicht fahren zu können. Dazu gehört das Beherrschen der Anfahr- und Bremsvorgänge ebenso wie die Fahrt mit hoher Geschwindigkeit über einen längeren Zeitraum. In Abhängigkeit von der Ausstattung der zu durchfahrenden Strecke müssen Streckenloks über die jeweils erforderlichen fahrzeugseitigen Sicherungseinrichtungen verfügen (z. B. Sicherheitsfahrschaltung, Indusi). Hinzu kommen die entsprechenden Informations- und Kommunikationseinrichtungen. Die Anforderungen an Streckenlokomotiven sind sehr vielfältig und werden durch entsprechend spezialisierte Fahrzeugkonzepte abgedeckt. So wurde z. B. kürzlich die derzeit leistungsstärkste Elektro-Lok der Welt nach Schweden geliefert. Diese Lok hat eine Masse von ca. 360 t und eine Leistung von 10,8 MW. Sie soll schwere Erzzüge von über 8000 t mit bis zu 68 Wagen und einer Radsatzlast von 30 t befördern[4]. Bedingt durch die bei den europäischen Bahnen noch immer bestehenden Unterschiede hinsichtlich Stromversorgung sowie Signal- und Sicherungstechnik (vergl. Interoperabilität), wurden Streckenlokomotiven entwickelt, die mehrsystemtauglich sind. Bei diesen Triebfahrzeugen sind die erforderlichen Komponenten für die Energieversorgung so aufgebaut, dass mehrere Stromarten in verschiedenen Spannungen aufgenommen und bedarfsgerecht umgewandelt werden können. Alle notwendigen fahrzeugseitigen Signal- und Sicherungseinrichtungen für den vorgesehenen Einsatzbereich sind eingebaut. Solche Fahrzeuge sind dann bei den benachbarten Bahnen netzübergreifend einsetzbar. Diese Flexibilität wird jedoch mit höherem technischen und wirtschaftlichen Aufwand erkauft.

Rangierlokomotiven sind an das Anforderungsprofil beim Rangieren angepasste Triebfahrzeuge. Dieses Anforderungsprofil ist durch häufiges Anfahren und Bremsen unter Last charakterisiert. Die Rangierprozesse finden bei relativ niedrigen Geschwindigkeiten statt. Deshalb sind Rangierlokomotiven für niedrigere Höchstgeschwindigkeiten und geringere Leistungen ausgelegt als Streckenlokomotiven. Teilweise wird zusätzlicher Ballast zur Masseerhöhung eingebaut, um eine bessere Ausnutzung der maximal zulässigen Radsatzkraft zu erreichen. Dadurch sind größere Zugkräfte an der Kraftschlussgrenze im unteren Geschwindigkeitsbereich möglich. Rangierlokomotiven sind überwiegend mit Verbrennungsmotoren ausgestattet. Ein Hauptgrund dafür liegt in der Energieversorgung in Ladestellenbereichen. Die Elektrifizierung dieser Bereiche ist meist nicht wirtschaftlich. Zudem sind Oberleitungen für viele Umschlagprozesse (z. B. Kranverladung) hinderlich. Weitere Hindernisse in Rangier- und Umschlagbereichen stellen die für die Elektrifizierung erforderlichen Masten dar.

Zur Ausrüstung moderner Rangierlokomotiven gehören Funkfernsteuerung und Rangierkupplung. Durch diese technischen Neuerungen konnten in Verbindung mit veränderten Arbeitsabläufen und Automatisierungsmaßnahmen im Bereich der Infrastruktur (z. B. elektrisch ortsbediente Weichen) erhebliche Rationalisierungseffekte erzielt werden. Die Rangierarbeiten in Ladestellenbereichen werden heute überwiegend von einem Lokrangierführer durchgeführt, der nicht nur die Lok steuert, sondern auch kuppelt, die Rangierwege einstellt und zusätzliche Serviceleistungen (z. B. Verwiegung) erbringt. Auf die früher erforderlichen Rangierer und Stellwerkspersonale kann dadurch weitgehend verzichtet werden. Häufig sind neben dem Rangierdienst im Sammel- und Verteilverkehr sowie der Zugbildung Nahgüterzüge zu befördern. Dabei kommt es zur Überschneidung der Anforderungsprofile von Rangier- und Streckendienst. Diese durchaus üblichen Einsatzfälle werden durch Mehrzwecklokomotiven abgedeckt. So kann z. B. die RegioLok DH 1004 im Rangierdienst und als Doppeltraktion auch für die Bespannung schwerer Regionalgüterzüge eingesetzt werden[5].

Wesentliche Anforderungskriterien für den Strecken- bzw. Rangierdienst zeigt Tabelle 6.1.

---

[4] Heinrich, Jürgen: Schwere Jungs für Schwedens schwerste Lasten. In: VDI-Nachrichten vom 3.11.00 (2000) 44 S. 30

[5] Firmenschrift der On Rail Gesellschaft für Eisenbahnausrüstung und Zubehör mbH 2000

Merkmal	Streckendienst	Rangierdienst
Maximale Fahrge-schwindigkeit	160 km/h	20 – 85 km/h (meist durch Stufengetriebe in Rangier- und Streckengang geteilt)
Formgebung	strömungstechnisch möglichst günstig	Tritte zum gefahrlosen Mitfahren eines Rangierers
Installierte Motor-leistung	500 kW und 4400 kW	meist nur gering
Führerstände	meist 2 Endführerstände für gute Sicht auf die Strecke in beiden Fahrtrichtungen	meist 1 Mittelführerstand mit Tiefsichtfenstern zur Beobachtung des Gleisbereiches
Sonstige Anforderungen	• hohe Zugkraft und guter Wirkungsgrad in mittleren und hohen Geschwindigkeitsbereichen • hohe Laufgüte	• Hohe Zugkraft und guter Wirkungsgrad in niedrigen Geschwindigkeitsbereichen
Zusatzeinrichtungen	• Sicherungseinrichtungen (z. B. SiFa) • Zusatzheizeinrichtung (bei paralleler Nutzung als Reisezuglokomotive)	• Funkfernsteuerungen • Rangierkupplungen • Ballast zur Masseerhöhung • •

Tabelle 6.1: Anforderungskriterien für den Strecken- bzw. Rangierdienst

Jedes Triebfahrzeug ist individuell über seine Triebfahrzeugnummer[6] identifizierbar. Die entsprechende **Kennzeichnung** ist bei den im Güterverkehr eingesetzten Lokomotiven meist an beiden Stirnseiten angebracht. Bei modernen Triebfahrzeugen im Personenverkehr ist die Triebfahrzeugnummer nicht immer so offen erkennbar, da hier über das aufwändig gestaltete Äußere der Fahrzeuge eine stärkere Attraktivität für den Reisenden assoziiert werden soll.

Die Triebfahrzeugnummer besteht aus Baureihen- und Ordnungsnummer sowie einer Kontrollziffer. Aus der Baureihennummer ist neben der Fahrzeugart die konkrete Baureihe ersichtlich. Es werden folgende Fahrzeugarten unterschieden:

1 = Elektrische Triebfahrzeuge
2 = Brennkrafttriebfahrzeuge
3 = Kleinlokomotiven
4 = Elektrische Triebwagen
5 = Akkumulatortriebwagen
6 = Brennkrafttriebwagen

---

[6] vergl. Janicki, J.: Einteilung der Schienenfahrzeuge. In: Deine Bahn (1993)5 S. 294-297

7 = Bahndiensttriebwagen, Wendezug-Steuerwagen, Schienenomnibusse
8 = Steuer-, Mittel- und Beiwagen zu elektrischen Triebwagen
9 = Steuer-, Mittel- und Beiwagen zu Brennkrafttriebwagen und Schienenomnibussen

Die Ordnungsnummer ist eine laufende Nummerierung innerhalb der jeweiligen Baureihe. Die Kontrollnummer ist lediglich zu Kontrollzwecken vorhanden. Mit ihrer Hilfe kann die formale Richtigkeit der anderen Ziffern der Triebfahrzeugnummer überprüft werden (Bild 6.3). Hinter der im Bild dargestellten Triebfahrzeugnummer verbirgt sich somit eine (diesel-getriebene) Rangierlok der Baureihe 94.

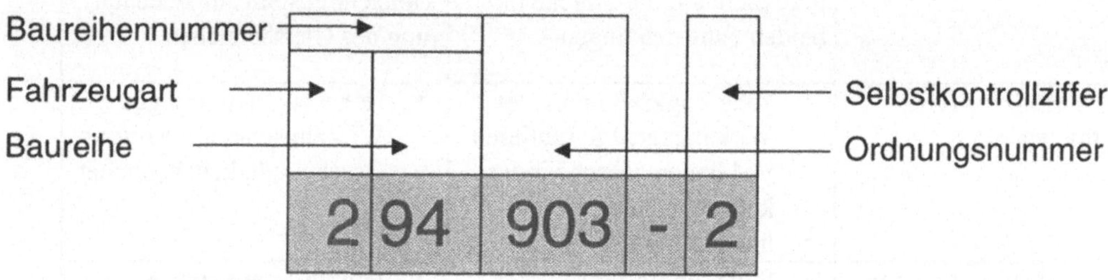

Bild 6.3: Bedeutung der Triebfahrzeugnummern

Neben der Triebfahrzeugnummer gibt es eine Reihe weiterer äußerer Anschriften[7]. Darüber gibt es im Fahrzeuginneren vielfältige Zeichen und Piktogramme, auf die hier nicht näher eingegangen werden soll. Die Anschriften, Merk- und Kennzeichen Sie beziehen sich auf sehr unterschiedliche Sachverhalte und sind für die UIC-Bahnen in entsprechenden Merkblättern geregelt. Dazu zählen zum Beispiel

- Bremsen,
- elektrische Anlagen,
- Bedienelemente bis zu
- Nachfülleinrichtungen für Brennkraftschienenfahrzeuge.

Auf analoge Formen der Kennzeichnung für die Wagen wird im entsprechenden Abschnitt näher eingegangen. Für die Beschreibung der Triebfahrzeuge in technischen Kennblättern spielt die Darstellung der **Achsfolge im Laufwerk von Triebfahrzeugen** gemäß UIC-Merkblatt 612V eine Rolle. Tabelle 6.2 enthält die entsprechende Symbolik. Tabelle 6.3 zeigt ausgewählte Beispiele.

---

[7] UIC-Merkblatt 640VE Triebfahrzeuge – Anschriften, Merk- und Kennzeichen. 2. Ausgabe 1997- 01

Sachverhalt	Darstellung	Beispiel
Anzahl aufeinanderfolgender Lauf-achsen	Arabische Zahlen	1, 2, 3
Anzahl aufeinanderfolgender Trei-bachsen	Große, lateinische Buchstaben (Anzahl = Stellung des Buchstaben im Alphabet)	A, B, C
Ungekuppelte Treibachsen (Einzel-antrieb)	Index o	1Bo
Mehrere voneinander trennbare + unabhängig verfahrbare Einheiten	Verbindung der Bezeichnungen mit +	B´2´+2´2´+2´B´
Zu einem Drehgestell gehörende und nicht im Hauptrahmen gela-gerte Achsen	Apostroph oder Klammer (bei mehr als einer Ziffer bzw. Buchstaben)	2´B´ (1A)

Tabelle 6.2: Bezeichnungssymbolik der Triebfahrzeuge

Achsbezeichnung	Bedeutung
2C1	2 Laufachsen 3 angetriebene gekuppelte Achsen 1 Laufachse
1Bo	1 Laufachse 2 einzeln angetriebene Achsen
B´2´+2´2´+2´B´	3 teiliger Schnelltriebwagen, (Maschienwa-gen+Beiwagen+Maschienwagen)
2´	2 vom Hauptrahmen unabhängige Laufachsen
Bo´	2 einzeln angetriebene Achsen im Drehgestell
(1A)	1 Laufachse und 1 angetriebene Achse im Drehgestell

Tabelle 6.3: Beispiele für die Bezeichnungssymbolik der Triebfahrzeuge

6.3 Güterwagen

6.3.1 Einteilung der Güterwagen

Die Güterwagen zählen zu den wichtigsten Betriebsmitteln im Eisenbahnwesen. Sie haben eine Vielzahl unterschiedlicher Anforderungen zu erfüllen. Aus der Sicht der Schienenfahrzeugindustrie sind Güterwagen komplexe Produkte die im Wettbewerb auf den Verkehrsmärkten gewinnbringend verkauft werden müssen. Kunden dieser Produkte sind neben den Eisenbahnverkehrsunternehmen, Transportkunden aus Industrie, Handel und Landwirtschaft sowie Wagenvermietgesellschaften. Die Käufer und Nutzer der Güterwagen erwarten nicht nur immer stärker an die jeweiligen Einsatzbedingungen angepasste, sondern auch bezogen auf den gesamten Lebenszyklus, wirtschaftliche Fahrzeuge.

Die Eisenbahninfrastrukturunternehmen erwarten den Einsatz zuverlässiger, sicherer und den vorgegebenen Normen entsprechender Schienenfahrzeuge, die einen störungsfreien und anlagenschonenden Betrieb gestatten. Aus Bild 6.4 sind weitere Anforderungen an Güterwagen ersichtlich. Bereits diese skizzenhafte Aufzählung der Anforderungen zeigt, dass Güterwagen heute bei weitem nicht mehr mit den einstigen Holzkästen auf Stahlrädern aus der Pionierzeit der Eisenbahn vergleichbar sind.

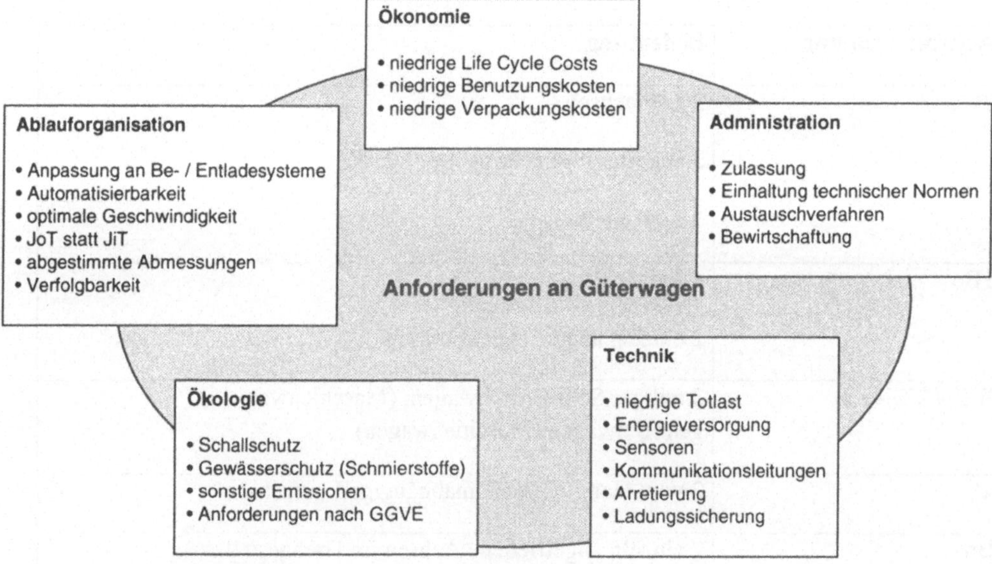

Bild 6.4: Ausgewählte Anforderungen an Güterwagen

Die **Einteilung der Güterwagen** kann nach unterschiedlichen Kriterien erfolgen. Als Einteilungskriterien kommen vor allem die in Bild 6.5 dargestellten Kriterien in Betracht.

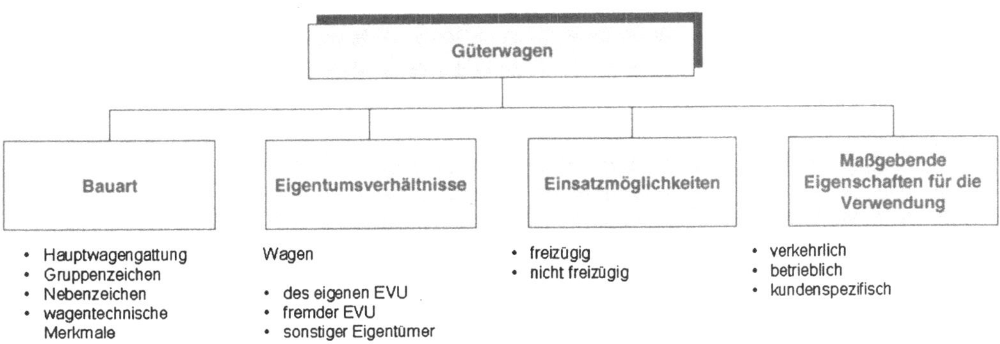

Bild 6.5: Einteilung der Güterwagen

Die **Unterscheidung nach baulichen Merkmalen** erleichtert den Umgang aller am Transportprozess beteiligten Personen mit diesem wichtigen Betriebsmittel. Die Vielzahl der inzwischen im Einsatz befindlichen Güterwagen weist aus der Sicht des Fahrzeugtechnikers unterschiedliche technischen Details auf, die für den praktischen Einsatz nicht immer und überall in gleichem Maße von Bedeutung sind. Zum einfacheren und einheitlichen Umgang werden die Güterwagen nach einem spezifischen System klassifiziert, das zunächst eine grundsätzliche Unterscheidung nach Hauptmerkmalen vorsieht. Über diese Hauptmerkmale lassen sich Wagengattungen unterscheiden. Alle Güterwagen werden in diese Wagengattungen eingeteilt. Zu einer Wagengattung gehören Wagen mit gleichen Merkmalen. Die Wagengattung ist an jedem Güterwagen in Form einer Wagenanschrift ersichtlich. Die Unterscheidung der Wagengattungen erfolgt durch Kennzeichnung mit einem Großbuchstaben. Innerhalb der Hauptwagengattungen gibt es weitere Differenzierungen. Über Gruppenzeichen und Nebenzeichen sind Detaileigenschaften der Wagen innerhalb der Gattungen aus der Wagenanschrift ablesbar. Eine Übersicht der Hauptgattungen enthält Tabelle 6.4. Derzeit liegt eine DIN-Norm im Entwurf vor, die wesentliche Begriffe und bauliche Anforderungen an Güterwagen zusammenfasst und Verweise auf Detailregelungen enthält[8].

---

[8] DIN 27151 (Entwurf) Schienenfahrzeuge, Nationale Güterwagen – Anforderungen. Ausgabe: 2000-05

Gatt.-buch-stabe	Bezeichnung	Merkmale	Rad-sätze	Nutzlänge (m)	Last-grenze (t)
E	Offene Wagen der Regelbauart	stirn- und seiten-kippbar mit fla-chem Boden	2 4 6...	7,7 12,0 12,0	25 - 30 50 - 60 60 - 75
F	Offene Wagen der Sonderbau-art	(z.B. mit Schwer-kraftentladung)	2 3 4 6...		25 - 28 25 - 40 50 - 60 60 - 75
G	Gedeckte Wa-gen der Regel-bauart	mit wenigstens 8 Lüftungsöffnun-gen	2 4 6...	9,0 - 12,0 15,0 - 18,0 15,0 - 18,0	25 - 30 50 - 60 60 - 75
H	Gedeckte Wa-gen der Sonder-bauart	(z.B. Schiebe-wandwagen)	2 4 6...	9,0 - 12,0 15,0 - 18,0 15,0 - 18,0	25 - 30 50 - 60 60 - 75
I	Wagen mit Temperatur-beeinflussung	Kühlwagen mit - Isolierung, - Luftumwälzung, - Fußbodenrost, - Eiskästen	2 4	19,0 – 22,0 - 39,0 1)	15 - 25 30 - 40
K	Flachwagen der Regelbauart mit 2 Radsätzen	mit klappbaren Borden und kur-zen Rungen	2	> 12,0	25 - 30
L	Flachwagen mit unabhängigen Radsätzen der Sonderbauart	(z.B. für Au-totransport)		> 12,0	25 - 30
O	Gemischte Of-fen-Flachwagen der Regelbauart	mit umklappbaren Borden und Run-gen	2 3	> 12,0 > 12,0	25 - 30 25 - 40
R	Drehgestell-Flachwagen der Regelbauart	mit klappbaren Stirnborden und Rungen		18,0 - 22,0	50 - 60
S	Drehgestell-Flachwagen der Sonderbauart	(z.B. mit Tele-skophauben)	4 6	18,0 22,0	50 - 60 60 - 75
T	Wagen mit öff-nungsfähigem Dach	(z.B. mit Schiebe-dach, Schiebe-wand)	2 4 6...	9,0 - 12,0 15,0 – 18,0 15,0 – 18,0	25 - 30 50 - 60 60 - 75

Gatt.-buchstabe	Bezeichnung	Merkmale	Rad-sätze	Nutzlänge (m)	Last-grenze (t)
U	Sonderwagen	nicht unter Gattungen F, H, L, S oder Z	2 3 4 6...		25 - 30 25 - 40 50 - 60 60 - 75
Z	Kesselwagen	Behälter aus Metall für den Transport flüssiger oder gasförmiger Güter	2 3 4 6...		25 - 30 25 - 40 50 - 60 60 - 75

Tabelle 6.4: Hauptgattungen der Güterwagen

Zusätzlich kann über die Wagennummer jeder Güterwagen individuell identifiziert werden. Inzwischen verfügen viele Bahnunternehmen über Wagendateien, die für jeden Wagen die technischen Details bis hin zu durchgeführten technischen Veränderungen enthalten. Auch Wartungs- und Instandhaltungsmaßnahmen können auf diese Weise wagenspezifisch organisiert und nachgehalten werden. Auf die einzelnen Wagengattungen wird nachfolgend noch näher eingegangen.

Der Bestand an Güterwagen unterliegt marktbedingt sowohl mengenmäßig wie auch strukturell permanenten Veränderungen. Während in der Vergangenheit die Güterwagen überwiegend Eigentum der Staatsbahnen waren, geht heute der Trend zur Privatisierung. So nimmt der Wagenbestand bei der DB AG schrittweise ab, während die Zahl der Privatwagen leicht zunimmt[9]. Insgesamt sinkt der Wagenbestand in Deutschland.

Hinsichtlich **Eigentum und Nutzung** der Güterwagen sind verschiedenen Konstellationen möglich. In der Praxis sind die Eigentümer von Güterwagen meist:

- Eisenbahnverkehrsunternehmen,
- Regionalbahnen,
- Unternehmen der verladenden Industrie oder
- Wagenvermietgesellschaften.

In jedem Falle steht der Eigentümer vor der Aufgabe das teure Betriebsmittel Wagen optimal einzusetzen. Voraussetzung dafür ist nicht nur eine möglichst gute Anpassung der Fahrzeugkonstruktion an die Anforderungen bei Be- und Entladung sowie beim Transport. Zusätzlich ist eine geeignete Organisation des Wageneinsatzes und zur Wagenunterhaltung unerlässlich. Bei der Anpassung der Fahrzeugkonstruktion sind zwei gegensätzliche Vorgehensweisen möglich. Die Entwicklung möglichst universell einsetzbarer Fahrzeuge ermöglicht die Bedarfsabdeckung in einem breitem Anwendungsspektrum und verspricht eine hohe Auslastung. Grundlage dafür ist eine Nachfragestruktur, die durch weitgehend gleichartige Anforderungen größerer Nutzergruppen gekennzeichnet ist.

---

9 vergl. Bundesministerium für Verkehr: Verkehr in Zahlen 1998. –Hamburg: Deutscher Verkehrsverl. 1998
S. 52-53

Seit längerem geht der Trend eher in die Richtung sehr differenzierter Nutzerbedürfnisse d. h. hin zu komplexen Spezialfahrzeugen. Die Spezialisierung hat ihre Ursachen im Güterstruktureffekt mit dem damit verbundenem Rückgang der Massengutverkehre zugunsten hochwertigerer empfindlicherer Transportgüter. Hinzu kommt der Zwang zur Rationalisierung und Automatisierung. Insbesondere die bedienarme Be- und Entladung sowie die unkomplizierte aber wirkungsvolle Ladungssicherung sind Grundforderungen der verladenden Wirtschaft, die ihren Niederschlag in modernen Wagenkonzepten finden. Beispiele dafür sind

- Selbstentladewagen für Schüttgut,
- Kesselwagen mit Anschlussmöglichkeiten an Systeme für die automatisierte Be- und Entladung,
- Wagen mit öffnungsfähigem Dach für den Kranumschlag von Stückgut,
- Wagen mit verschiebbaren Seitenwänden für die Staplerbeladung ohne Raumverlust und
- Haubenwagen für die Kranbeladung.

Strukturell zeigt sich die Veränderung am Anteil der einzelnen Wagengattungen am Gesamtbestand. Die historische Entwicklung der Güterwagen begann mit primitiven Kastenwagen. Die Hauptgattungen sind aus diesen Grundmodellen abgeleitet. Einfachste offene und gedeckte Wagen der Regelbauart sowie die Flachwagen und Behälterwagen machten über lange Zeit den Hauptanteil am Güterwagenpark aus. Die Statistik berücksichtigt meist nur diese grobe Unterscheidung in die vier genannten Kategorien ohne weitere Differenzierung. Unberücksichtigt bleiben daher die Spezialisierungen innerhalb der groben Gattungszusammenfassungen. Jede dieser Kategorien hat bei DB Cargo etwa den gleichen Anteil am Bestand. Eine Ausnahme bilden die Behälterwagen (Bild 6.6).

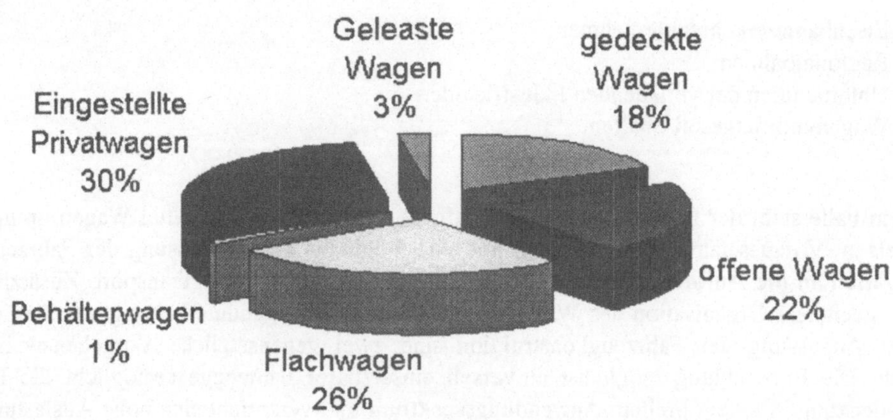

Bild 6.6: Anteil der Bauarten am Bestand der DB AG und Wagen anderer Eigentümer 1998[10]

---

10 Deutsche Bahn Daten und Fakten 1998/99 S. 15

Solche auf spezifische Bedürfnisse der Nutzer zugeschnittenen Fahrzeugen sind naturgemäß nicht mehr für ein so breites Einsatzfeld geeignet, zudem meist kostenintensiver in Herstellung und Unterhaltung. Die Wirtschaftlichkeit beim Einsatz von Spezialwagen kann somit nur erreicht werden, wenn eine intensive Nutzung erfolgt und eine rationelle Unterhaltung gesichert ist. In Relationen, die durch ein längerfristiges, kontinuierliches Gutaufkommen und angemessenen Mengen gekennzeichnet sind, ist eine intensive Wagenutzung problemarm organisierbar. Weit schwieriger ist die Situation bei stark schwankender Nachfrage. Ein klassisches Beispiel dafür ist die Vorhaltung von Drehgestellflachwagen für Coiltransporte. Diese Wagen werden in der Montanindustrie eingesetzt. Bedingt durch die deutlich zyklische Nachfrage im Montanbereich besteht seit langem das Dilemma, zwischen einer schlechten Wagenauslastung in konjunkturell ruhigeren Zeiten und akutem Wagenmangel bei guter Wirtschaftslage. Für den Eigentümer der Wagen, in diesem Falle überwiegend DB Cargo, entstehen auf der einen Seite hohe Kosten für die Wagenvorhaltung, die bei schlechter Auslastung nicht gedeckt werden können. Bei Hochbedarf gehen dagegen mögliche Einnahmen verloren, weil nicht ausreichend Wagen zur Verfügung stehen[11]. Die zunehmende Globalisierung der Wirtschaft führt außerdem dazu, dass die Wirtschaftslage einzelner Branchen sich zunehmend in größeren Regionen einheitlich darstellt. Damit ist ein Wagenaustausch mit benachbarten Bahnunternehmen meist auch kein gangbarer Weg.

Am häufigsten sind Wagen im Eigentum der **Eisenbahnverkehrsunternehmen**, die diese für die Erbringung von Transportleistungen nutzen. Dabei ist auch der Wagenübergang zwischen unterschiedlichen Eisenbahnverkehrsunternehmen möglich und üblich. Damit nicht in jedem Einzelfall detailliert geprüft werden muss, welcher Wagen für einen solchen Wagenübergang technisch geeignet und vom jeweiligen Eigentümer zugelassen ist, existieren seit vielen Jahren sogenannte Austauschverfahren. Es handelt sich dabei um Vertragswerke, denen Eisenbahnverkehrsunternehmen unter bestimmten Bedingungen beitreten können. Die Mitgliedsbahnen der Austauschverfahren gestatten sich zu vertraglich vereinbarten Bedingungen gegenseitig die Nutzung von Güterwagen, die für diesen Zweck entsprechend ausgerüstet und gekennzeichnet sind.

Die **regionalen Bahnen** sind nicht in jedem Falle Eisenbahnverkehrsunternehmen. Zudem ist die Unterscheidung zwischen öffentlichen und nichtöffentlichen Bahnen für den Wageneinsatz bedeutsam. Trotzdem verfügen auch diese Bahnen über teilweise eigene Güterwagen. Dabei sind Wagen zu unterscheiden, die für Verkehre im öffentlichen Netz zugelassen sind und solche, die nicht ins öffentliche Netz übergehen dürfen. Die für den öffentlichen Verkehr zugelassenen Wagen sind überwiegend nicht Eigentum der regionalen Bahnen. Es werden meist Wagen anderer Eigentümer (z. B. Vermietgesellschaften, EVU) gegen Entgelt genutzt oder von diesen angemietet. Nur in begrenztem Umfang befinden sich auch für den öffentlichen Verkehr zugelassene Güterwagen im Besitz regionaler Bahnen. Es handelt sich in diesen Fällen um **Privatgüterwagen**. Betriebswirtschaftliche Gründe können für die Anschaffung eigener Wagen sprechen. Dies kann z. B. der Fall sein, wenn die betreffenden Wagen sehr gut in die Logistikkette des Unternehmens integriert werden können aber nicht in ausreichender Zahl

---

[11] vergl. z. B. Stahlindustrie: Fehlende Bahnwaggons. In: Internationales Verkehrswesen 52(2000) 10 S. 418

bei Dienstleistern verfügbar sind. Denkbar sind auch speziell ausgerüstete Güterwagen die so an die Bedürfnisse eines Kunden individuell angepasst wurden. Für die Beförderung von Privatwagen durch ein EVU gelten andere Konditionen als bei Transporten mit gestellten Transportmitteln des betreffenden Verkehrsunternehmens[12]. Das Leistungsangebot der EVU für Privatwageneinsteller umfasst nicht nur den Transport der Wagen in leerem und beladenem Zustand, sondern eine Reihe weiterer Dienstleistungen. So z. B.

- Beratungsleistungen,
- Schadensabwicklung,
- Abstellung und
- Rangierleistungen.

Insbesondere für die Einsteller von Kesselwagen werden umfangreiche Leistungen angeboten. Bei DB Cargo gehören dazu u.a. technische Betreuung und europaweite Disposition.

Bei den Güterwagen, die nicht ins öffentliche Netz übergehen dürfen, handelt es sich überwiegend um **Werkwagen,** die in nichtöffentlichen Bahnen eingesetzt werden. Bei diesen Wagen handelt es sich um Fahrzeuge, die ausschließlich für Binnenverkehre genutzt werden. Es können Regelgüterwagen sein, die lediglich aus verkehrlichen Gründen nicht für den Übergang ins öffentliche Netz zugelassen werden oder um Wagen, die baulich an spezielle Anforderungen angepasst sind und deshalb nicht mehr den Normen für den öffentlichen Güterverkehr entsprechen. Solche Veränderungen können „Abrüstungen", „Aufrüstungen" oder Sonderkonstruktionen sein. Bei **abgerüsteten Wagen** handelt es sich um Fahrzeuge, die möglichst einfach und preiswert sein sollen. Das können z. B. einfachste offene Wagen in Kastenform sein, bei denen auf Bremseinrichtungen gänzlich verzichtet wird und die nur mit niedrigen Geschwindigkeiten bewegt werden dürfen. **Aufrüstungen** können Standardwagen sein, die mit zusätzlichen Komponenten ausgestattet werden um so eine optimale Anpassung an spezifische Einsatzfälle zu erreichen. In der Stahlindustrie und bei Grubenbahnen werden z. B. Wagenzüge mit Mittelpufferkupplung genutzt, die nur im internen Verkehr eingesetzt werden. Auf diese Weise können die Rationalisierungsvorteile genutzt werden, ohne das Probleme bei der Kupplung mit Wagen aus dem freizügig verwendbaren Wagenpark auftreten. **Sonderkonstruktionen** sind dann hilfreich, wenn Wagen so auf einen Einsatzfall zugeschnitten sind, dass eine anderweitige Verwendung nicht möglich oder nicht zulässig ist. In der Montanindustrie waren z. B. Spezialwagen für den Transport von flüssigem Roheisen im Einsatz. Diese sogenannten Torpedopfannenwagen mussten die hohen Temperaturen und die große Masse des Ladegutes aushalten. Sie hatten deshalb eine entsprechend dicke Behälterwand und waren zusätzlich mit Schamotte ausgemauert. Eine Anwendung außerhalb des vorgesehenen Einsatzzweckes war kaum möglich und nicht zulässig. Torpedopfannenwagen sind heute kaum noch im Einsatz, da durch die starke Konzentration der Stahlstandorte und die Weiterentwicklung der Herstellungstechnologien der Bedarf an solchen Fahrzeugen zurückgegangen ist.

Auch **Transportkunden** können sich Güterwagen beschaffen (Privatwagen) oder mieten und diese durch EVU befördern lassen.

---

[12] vergl. z. B.: Preise und Konditionen DB Cargo, Bestimmungen für Privatgüterwagen

Eine zunehmende Rolle spielen spezialisierte **Wagenvermietgesellschaften**. Traditionell werden die Behälterwagen durch solche privaten Unternehmen bewirtschaftet. Insbesondere bei Mineralöl- und Chemiekesselwagen erfordern Reinigung, Prüfung und Unterhaltung der Wagen spezielle Anlagen sowie eine geeignete Organisation. Zunehmend bieten jedoch auch Unternehmen Wagen anderer Gattungen an. Dabei ist neben der Ausdehnung der Angebotsbreite vor allem eine Erweiterung der Angebotstiefe festzustellen. Heute wird meist nicht nur die Vermietung von Wagen angeboten sondern komplexe Dienstleistungspakete rund um den Güterwagen. Eine besondere Rolle kommt dabei informatikunterstützten Dienstleistungen zu (Wagenverfolgung, Zustandskontrolle usw.). In der Vereinigung für Privatgüterwagen-Interessenten (VPI) waren 1999 mehr als 30 in- und ausländische Unternehmen Mitglied, die Privatgüterwagen vermieten. Die Anzahl der je Unternehmen angebotenen Güterwagen ist jedoch extrem unterschiedlich.

Auch die **EVU mit eigenem Wagenbestand** vermieten Güterwagen. Die Konditionen zur Wagenvermietung von DB Cargo sollen hier als Beispiel dienen. Für die Wagenvermietung gibt es eine Mietpreisliste mit Festpreisen. Die maximale Vertragslaufzeit beträgt 3 Monate. Verlängerungen sind nach Prüfung möglich. Längerfristige Verträge werden nicht eingegangen, um die Vermietung in Abhängigkeit vom Eigenbedarf steuern zu können. Neben der eigentlichen Miete können für den Mieter weitere Kosten anfallen. So z. B. für die Zustellung, bei Überschreitung des vereinbarten Mietendes oder bei kurzfristiger Abbestellung.

Generell trägt der Eigentümer eines Güterwagens die Verantwortung für den technischen Zustand. Um die Einhaltung grundlegender Anforderungen bereits bei der Einstellung eines Wagens sicherzustellen, muss das Eisenbahnbundesamt den Wagen **zulassen.**.

Die überwiegende Zahl der Güterwagen ist freizügig einsetzbar. EVU überlassen sich gegenseitig zu vereinbarten Konditionen diese Güterwagen gegen Entgelt zur Nutzung. (vergl. Abschnitt 8 Ablauforganisation).

Einsatzmöglichkeiten der Güterwagen hängen von Bauart und Eigentumsverhältnissen ab. Im öffentlichen Verkehr werden freizügig einsetzbare und nicht freizügig einsetzbare Wagen unterschieden. Nicht freizügig einsetzbare Wagen dürfen nur in einem vorgegebenen Einsatzbereich bzw. in ausgewählten Verkehren eingesetzt werden. Die Gründe dafür liegen meist in der Zuordnung von Güterwagen zu bestimmten wiederkehrenden Transportaufgaben. Dies trifft insbesondere bei Gutarten zu, die bedingt durch ihre Eigenschaften Spezialwagen oder Wagen mit speziellen Einrichtungen erfordern. Dies können aber auch längerfristige Pendelverkehre sein, die nicht gestört werden sollen. Die Mehrzahl der Güterwagen ist freizügig einsetzbar. Diese Einteilung erleichtert die Entscheidung über die Wagenverwendung und ist meist aus den Wagenanschriften ersichtlich (z. B. an Eigentumsmerkmal und Austauschverfahren). Für den Einsatz eigener Wagen im Binnenverkehr spielt vor allem die technische Eignung des betreffenden Wagens eine Rolle. Wesentlich bedeutsamer ist der Austausch von Güterwagen im Wechselverkehr mit anderen Bahnen, insbesondere der internationale Verkehr. Der Wagenaustausch erfolgt immer auf der Grundlage vertraglicher Regelungen. Die wichtigste Vertragsgrundlage für den europäischen Güterverkehr ist das vom internationalen Güterwagenverband erlassene „Regolamento Internazionale Veicoli" (RIV). Wesentliche Regelungen dieses Vertrages betreffen

* Die Bedingungen für die Wagenübergabe und –übernahme (z. B. hinsichtlich des technischen Zustandes der Wagen, der Einhaltung von Beladevorschriften und der Beigabe loser Wagenbestandteile),
* die Bestimmungen über die Ausnutzung der Ladefähigkeit bzw. des Laderaumes und
* kommerzielle Fragen (z. B. Arbeitsabläufe an Grenzbahnhöfen).

Als weitere Einteilungskriterien kommen **Eigenschaften,** die **für die Nutzung- bzw. Verwendung maßgebend sind,** in Betracht (Tabelle 6.5). Je nach Betriebssituation können ausgewählte Unterscheidungsmerkmale wichtig sein, die nicht immer für alle Wagen einer Wagengattung zutreffen.

Art der Merkmale	Beispiele
Verkehrsdienstlich	• Ladelänge • Ladebreite • Ladefähigkeit • Laderaum
Betriebsdienstlich	• Einstellbarkeit in schnellfahrende Züge • Ablaufverbot
Kundennutzen	• Selbstentladeeinrichtungen • öffnungsfähiges Dach

Tabelle 6.5: Ausgewählte Unterscheidungsmerkmale von Güterwagen

6.3.2 Kennzeichnung von Güterwagen

Grundlage für eine wirtschaftliche Wagenverwendung und -unterhaltung ist eine eindeutige Identifikation jedes Wagens. Zu diesem Zweck sind eindeutige Identifikationsmerkmale erforderlich. Damit diese Identifikationsmerkmale auch während des Wageneinsatzes für alle am Transport Beteiligten nutzbar sind, gibt es seit langem Wagenanschriften. Die ursprünglich national unterschiedlichen Kennzeichnungssysteme sind heute weitgehend international vereinheitlicht. Im Rahmen von Ausschüssen der UIC (Union International des Chemins de fer = Internationaler Eisenbahnverband) und der OSShd (Organisazija Sodrushestwa Shelesnysch Darog = Organisation für die Zusammenarbeit der Eisenbahnen) wurde ein international gültiges Kennzeichnungssystem geschaffen, dass die eindeutige Identifikation jedes Güterwagens zulässt und zusätzlich Informationen über wichtige Wagenmerkmale für Betrieb und Technik liefert[13]. Die Kennzeichnung wird auf dem Wagenkasten und auf den Längsträgern angebracht. Die Bestandteile der Kennzeichnung sind aus Bild 6.7 ersichtlich.

---

[13] UIC-Kodex 438-2 V Kennzeichnungen der Güterwagen. 6. Ausgabe 1987-01, Neuauflage 1994-01

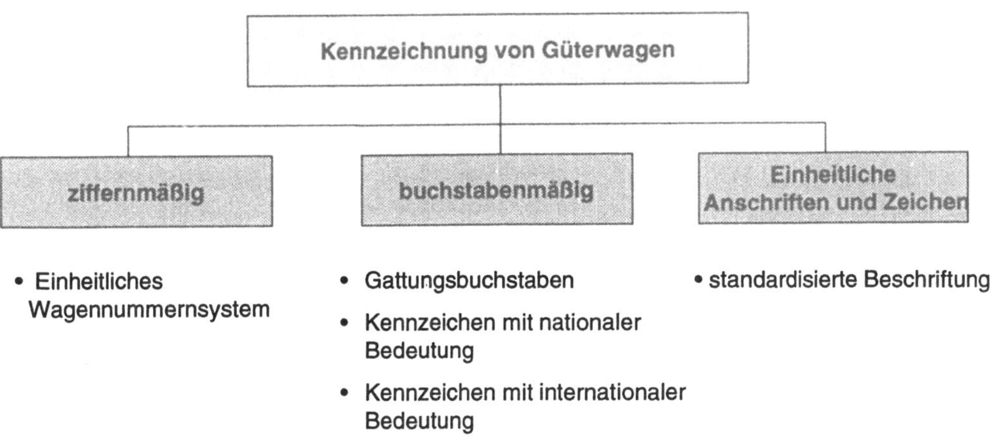

Bild 6.7: Bestandteile der Kennzeichnung von Güterwagen

Die **Ziffernmäßige Kennzeichnung** erfolgt mit Hilfe einer Wagennummer. Diese Wagennummer ist nach einem einheitlichen Schlüssel aufgebaut und gestattet die notwendige eindeutige Identifikation jedes Wagens. Insbesondere für die Behandlung wagebezogener Daten in Informations- und Kommunikationssystemen ist dieser Sachverhalt von fundamentaler Bedeutung. Die Wagennummer enthält nicht nur selbst in verschlüsselter Form wichtige Informationen des Wagens, sie dient auch in vielfältigen Datenbanken als Zugriffsschlüssel auf dort gespeicherte Informationen die mit dem Wagen in Zusammenhang stehen. Bestandteile der Wagennummer zeigt Bild 6.8.

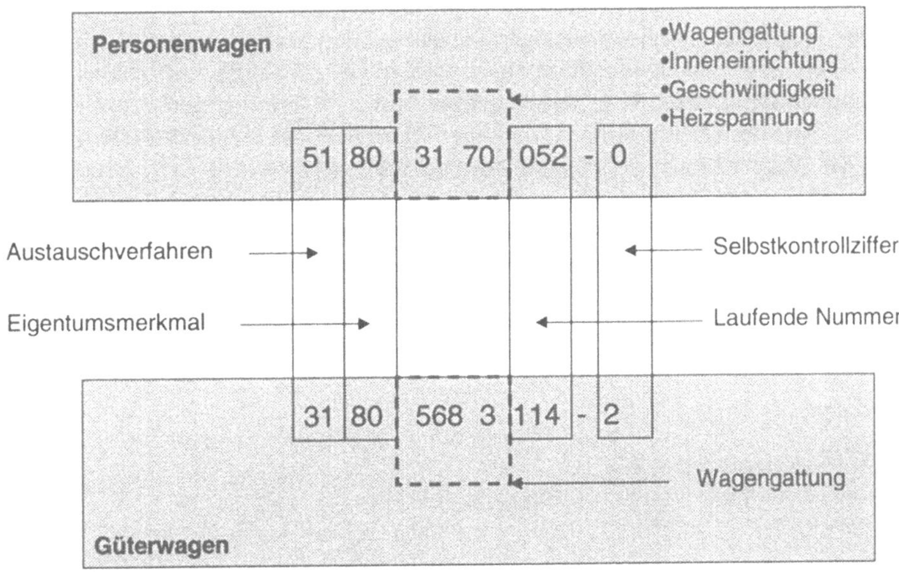

Bild 6.8: Bestandteile der Wagennummer

Die Bestandteile der Wagenummer enthalten somit wesentliche Informationen auch für die Wagennutzung. Das **Austauschverfahren** gibt Auskunft darüber, ob der betreffende Wagen im internationalen Verkehr oder nur im Binnenverkehr eingesetzt werden darf. Wenn der Einsatz des Wagens im internationalen Verkehr zulässig ist, wird angegeben, welche Vertragsgrundlage für den Wagenaustausch gilt. Das dafür wesentlichste Vertragswerk im Güterverkehr ist das Übereinkommen über die gegenseitige Nutzung von Güterwagen im internationalen Verkehr **RIV** (Regolamento Internazionale Veicoli). Darüber hinaus sind in gemeinschaftlich betriebene Wagenparks eingestellte Wagen über das Merkmal Austauschverfahren erkennbar. Die Europäische Güterwagengemeinschaft **EUROP** ist dafür ein Beispiel. Das Ziel dieser Parks ist die wirtschaftlichere, gemeinsame Nutzung der eingestellten Wagen durch die Mitgliedsunternehmen. Weitere durch das Merkmal Austauschverfahren ausgedrückte Wageneigenschaften können sein

- Bahneigener Güterwagen
- Privatgüterwagen
- Vermieteter und als Privatgüterwagen eingestellter Wagen
- Bindung des Wagens an eine bestimmte Spurweite oder
- Eignung des Wagens für unterschiedliche Spurweiten.

Über das **Eigentumsmerkmal** sind die Wagen den in der UIC organisierten Bahnen eindeutig zuordenbar. Darüber hinaus sind Mietgüterwagen, Privatgüterwagen und Wagen für bahninterne Zwecke (z. B. Bahndienstwagen) durch entsprechende Nummernkombinationen identifizierbar. Auch die **Wagengattung** ist in verschlüsselter Form Bestandteil der Wagennummer. Daraus sind die wichtigsten Wageneigenschaften ableitbar. Die **laufende Nummer** wird innerhalb jeder Wagengattung fortlaufend gebildet und ist die individuelle Kennung des jeweiligen Wagens. Dieser individuelle Bestandteil der Wagenkennzeichnung ist Voraussetzung für die Funktion der Wagennummer als eindeutiger Schlüssel. Dadurch kann sichergestellt werden, dass jeder Wagen über eine idividuelle Nummer verfügt. Die durch einen Bindestrich von der übrigen Nummer abgegrenzte **Selbstkontrollziffer** beinhaltet keine wagenbezogenen Informationen. Sie dient der Überprüfung der logischen Richtigkeit der Wagennummer. Die große Bedeutung der Wagennummer als Identifikator und Schlüssel in I- und K-Systemen hat zur Folge, dass Ablese- oder Eingabefehler eine Kette von Konsequenzen nach sich ziehen. Durch die Berechnungsvorschrift für Selbstkontrollziffern kann bei jedem Erfassungsvorgang automatisch die innere Logik der Wagennummer überprüft werden und somit bei eventuellen Fehlern frühzeitig eine Fehlermeldung erfolgen. Die Berechnungsvorschrift für die Selbstkontrollziffer der Wagennummer **21 80 245 7 951** enthält die nachfolgende Tabelle 6.6:

Wagennummer	2	1	8	0	2	4	5	7	9	5	1
Faktor für Multiplikation	2	1	2	1	2	1	2	1	2	1	2
Produkt	4	1	16	0	4	4	10	7	18	5	2
Quersumme	4+	1+	1+6+	0+	4+	4+	1+0+	7+	1+8+	5+	2=
Ergänzung der Quersumme (44) zum vollen "Zehner" : 50-44=6											
Es ergibt sich die gesuchte Selbstkontrollziffer 6.											

Tabelle 6.6: Beispiel für die Berechnung der Selbstkontrollziffer

Die wesentlichen Wagendaten sind nicht vollständig am Äußeren des Wagens erkennbar. Die ausschließliche Verwendung der Wagennummer im operativen Eisenbahnbetrieb wäre ebenfalls unpraktikabel. Deshalb beinhalten die Wagenanschriften auch eine **buchstabenmäßige Kennzeichnung.** Damit werden die Angaben der Wagennummer durch definierte Buchstabenkombinationen in anderer Form dargestellt und im Falle der Wagengattung teilweise ergänzt. Die Wagenanschriften für den Wagen mit der Wagennummer **21 80 245 7 951 – 6** lauten z. B.

21 RIV

80 DB

245 7 951 – 6

Hbbillns

Es handelt sich dabei um einen gedeckten Güterwagen der Sonderbauart, mit Schiebe- und Trennwänden. Durch die Verschiebbarkeit der Seitenwände ist eine einfache Beladung möglich. Die verriegelbaren Trennwände bieten Schutz gegen Längsverschub. Die Wagengattung wird dabei durch Gattungszeichen (Großbuchstaben) sowie Kenn- oder Nebenzeichen (Kleinbuchstaben) dargestellt. Die Gattungszeichen symbolisieren die Hauptwagengattungen. Die Nebenzeichen geben detailliert Auskunft über die konkrete bauliche Gestaltung bzw. Ausstattung des Güterwagens innerhalb der jeweiligen Hauptwagengattung. Während die Gattungszeichen immer die gleiche Bedeutung haben, sind die Nebenzeichen innerhalb der Wagengattungen teilweise mit unterschiedlichen Bedeutungen belegt (z. B. Nebenzeichen l bei Gattung S „ohne Rungen" und bei Gattung T „mit Schwerkraftentladung...hochliegend"). Zudem kommen Nebenzeichen einzeln und als Paar vor. Die Doppelverwendung deutet dabei meist auf eine Verstärkung der durch das einelne Nebenzeichen ausgedrückten Eigenschaft oder deren Negation. Die meisten Nebenzeichen sind international einheitlich. Es gibt aber auch Kennbuchstaben mit ausschließlich nationaler Bedeutung.

Einheitliche Anschriften und Zeichen sind als zusätzliche Möglichkeit der Wagenkennzeichnung notwendig, weil im operativen Eisenbahnbetrieb selbst nummern- und buchstabenmäßige Kennzeichnungen nicht ausreichen. Durch einheitlich festgelegte ergänzende Kennzeichnungen werden sowohl den Mitarbeitern der Eisenbahnunternehmen wie auch den Transportkunden wesentliche Zusatzinformationen geliefert. Mit Hilfe von Schriftzeichen, Ziffern und Symbolen werden z. B.

- Einsatzkriterien,
- Hinweise zur Behandlung im Rangierbetrieb,
- wichtige Abmessungen sowie
- Angaben für die Beladung und Ladungssicherung

als Wagenanschriften am Wagen angebracht.

Beispiele für Anschriften und Zeichen enthält Tabelle 6.7.

Anschriften und Zeichen	Bedeutung
UIC St	Von der UIC standardisierter Wagen
R 40 m	Halbmesser des kleinsten befahrbaren Bogens bei Drehgestellwagen
13 900 kg	Eigenmasse

Tabelle 6.7: Beispiele für Anschriften und Zeichen

6.3.3 Wagengattungen

Viele Merkmale der Wagengattungen sind wichtige Auswahlkriterien für Güterwagen. Die meisten Anbieter von Güterverkehrsleistungen sowie Wagenvermieter stellen deshalb ihren Kunden Informationen über die von ihnen angebotenen Fahrzeuge in unterschiedlichster Form zur Verfügung. Die DB AG hat so z. B. kürzlich eine aktuelle Informationsschrift über Güterwagen für ihre Kunden herausgegeben[14]. Andere Bahnen wie z. B. die Schweizer Bundesbahnen[15] sowie diverse Wagenvermieter stellen Wagendaten und Abbildungen via Internet zur Verfügung. Neben Abbildungen stehen somit viele wichtige Abmessungen und andere Kenngrößen permanent zur Verfügung. Hier wurde deshalb auf die Wiedergabe dieser Details verzichtet. Die Ausführungen bleiben hier bewusst auf wesentliche Unterscheidungsmerkmale begrenzt.

---

[14] Die Güterwagen der Bahn. DB Cargo AG, 2000

[15] http://www.sbb.ch

Die **offenen Güterwagen der Regelbauart** (Gattung E) gehören zu den Urformen der Güterwagen. Sie haben einen offenen, kastenförmigen Laderaum und werden heute mit stählernen Seiten- und Stirnwänden ausgestattet.

Es gibt zweiachsige Wagen (z. B. Gattung Es) und Drehgestellwagen (z. B. Gattung Eaos). Die zweiachsige Wagen haben Holzfußböden, auf jeder Seite eine doppelflügelige Tür sowie nach außen klappbare Stirnwände, so dass die Wagen durch Kippen über die Stirnseite entladen werden können. Da die Stirnwände ausgehoben werden können, ist auch die Be- und Entladung von der Stirnseite aus möglich (z. B. über eine Kopframpe). Meist erfolgt jedoch die Be- und Entladung offener Wagen von oben oder durch die Seitentüren.

Neben der höheren Tragfähigkeit und dem größeren Ladevolumen weisen die Drehgestellwagen einige konstruktive Unterschiede gegenüber den zweiachsigen Wagen auf. Sie haben einen durchgehenden Obergurt und feste Stirnwände. Auf jeder Seite sind zwei doppelflügelige Türen eingebaut. Der Fußboden kann aus Holz oder Stahl sein.

Diese Hauptwagengattung wird vorrangig für den Transport nässeunempfindlicher Massengüter in loser Schüttung (Kohle, Briketts, Schrott, Erze, Baustoffe) aber auch stückiger Güter (Fässer, Ballen, Collis, Rundholz oder Stabeisen) eingesetzt. Nässeempfindliche Güter können durch das Anbringen von Wagendecken geschützt werden. Zu diesem Zweck sind an den Wagen außen Ringe für die Befestigung angebracht.

Zu den **offenen Güterwagen der Sonderbauart** (Gattung F) gehören

- die offenen Schüttgutwagen mit dosierbarer Schwerkraftentladung (z.B. Fcs- und Fac(n)s),
- die Schüttgutkippwagen (z. B. Fans) und
- die offenen Drehgestell-Schüttgutwagen mit schlagartiger Schwerkraftentladung (z. B. Falns).

Alle diese Güterwagen sind so konzipiert, dass die Beladung ausschließlich von oben erfolgt, während zur Entladung spezielle Entladeklappen geöffnet werden. Für die Wagenentladung selbst ist somit keine zusätzliche Umschlagtechnik erforderlich. Diese Wagen sind vor allem für nässeunempfindliches Schüttgut mit hohem spezifischem Gewicht geeignet, d. h. für Baustoffe (Kies, Sand, Splitt, Schotter), Kohle und Erz.

Die **offenen Schüttgutwagen mit dosierbarer Schwerkraftentladung** verfügen über einen Laderaum in Form mehrerer nebeneinanderstehender Trichter. Bei der Entladung wird die Schwerkraft des Ladegutes ausgenutzt. Die Auslauföffnungen können schrittweise und getrennt nach Seiten geöffnet werden. Dadurch ist die restlose Entladung der Wagen nach der einen oder der anderen Seite möglich. Der Gutstrom ist dabei regelbar.

Bei den **Schüttgutkippwagen** ist der stählerne Wagenkasten als seitenkippbare Mulde mit Seitenklappen ausgeführt. Mit Hilfe pneumatisch angetriebener Kippzylinder kann die Mulde auf die gewünschte Seite gekippt werden. Die notwendige Luft für die Kippzylinder wird über die an jedem Wagen vorhandene Hauptluftbehälterleitung (HBL) bereitgestellt. Eine Bedieneinrichtung ermöglicht die Steuerung des Kippvorganges von der jeweils der Kipprichtung gegenüberliegenden Seite. Im Gegensatz zu den Selbstentladewagen ist die Entladung gut regelbar.

Durch die Teilung der Seitenklappen der Kippmulde ist die untere Klappe während des Kippvorganges als Verlängerungsrutsche nutzbar und leitet so das Ladegut aus dem näheren Gleisbereich. Diese Wagengattung kommt bevorzugt für den Transport von Bauschutt und Baustoffen zum Einsatz.

Die **offenen Drehgestell-Schüttgutwagen mit schlagartiger Schwerkraftentladung** haben einen sattelförmigen Boden sowie an jeder der Längsseiten zwei Entladeklappen. Im Gegensatz zu den offenen Schüttgutwagen mit dosierbarer Schwerkraftentladung ist der Entladevorgang bei diesen Wagen nicht regelbar. Außerdem müssen zur vollständigen Entladung alle vier Klappen geöffnet werden. Es gibt Wagen dieser Bauart mit vier unterschiedlichen Klappenverschlusssystemen. Die Systeme unterscheiden sich durch die Art der Kraftübertragung bei der Klappenöffnung. Die Kraftübertragung erfolgt

* mechanisch,
* pneumatisch,
* hydraulisch oder
* magnethydraulisch.

Bei mechanischen Systemen werden die Klappen manuell von der Wagenbühne oder mit einem langstieligen Vierkantschlüssel vom Bunkersteg aus geöffnet. In einem Arbeitsgang lassen sich zwei paarweise gegenüberliegende Klappen öffnen. Nach der Entleerung müssen die Klappen wiederum manuell einzeln geschlossen werden.

Bei pneumatischen Systemen genügt die Betätigung eines Bedienungshebels an der Seitenwand um alle vier Klappen gleichzeitig zu öffnen bzw. nach der Entleerung zu schließen. Die erforderliche Druckluft für die Bedienung kann von stationären Anlagen oder von der Lok erzeugt werden..

Bei hydraulischen Systemen lassen sich alle vier Klappen gleichzeitig durch das Betätigen eines Steuerventils öffnen bzw. schließen. Das Steuerventil ist von der Wagenbühne oder vom Bunkersteg aus mit einem speziellen langstieligen Vierkantschlüssel bedienbar.

Der magnethydraulische Klappenverschluss gestattet eine kontinuierliche, vollautomatische Entladung ohne manuelle Bedienhandlungen am Wagen. Dazu sind entsprechend ausgerüstete Anlagen erforderlich, die über ortsfeste Magneten ein kontaktloses Ansteuern während der Vorbeifahrt zulassen. Wahlweise ist auch eine manuelle Betätigung wie beim hydraulischen und pneumatischen Klappenverschluss möglich. Als Alternative zur Magnetsteuerung wird an der Funknahsteuerung gearbeitet. Dadurch kann der Aufwand für ortsfeste Steuereinrichtungen an den Entladestellen gesenkt werden.

Offene Drehgestell-Schüttgutwagen mit schlagartiger Schwerkraftentladung sind besonders geeignet für die Beförderung großer Mengen nässeunempfindlicher Schüttgüter. Sie werden in geschlossenen Zügen und festen Verkehrsverbindungen eingesetzt. An die Be- und Entladung dieser Wagen müssen einige Anforderungen gestellt werden. Die Beladung soll gleichmäßig in Längs- und Querrichtung erfolgen und die Wagen weder aufliegend noch schlagend oder stoßend beanspruchen. Für die Entladung kommen nur Entladestellen in Betracht, die ein ungehindertes Abfließen des Ladegutes zulassen und bei denen die räumlichen Verhältnisse das Öffnen der Klappen nicht behindern. Typische Entladestellen sind Tiefbunker.

Die **gedeckten Güterwagen der Regelbauart** (Gattung G) gehören ebenfalls zu den klassischen Güterwagen. Sie bestehen aus einem Wagenkasten mit Tonnendach, Holzfußboden sowie Seitenwänden mit Lade- und Lüftungsklappen. Breite Schiebetüren in den Seitenwänden ermöglichen die Be- und Entladung mit Gabelstaplern. Für die Ladungssicherung sind Befestigungsringe im Innern der Wagen nutzbar. Das Haupteinsatzgebiet dieser Wagen ist der Transport witterungsempfindlicher stückiger Güter. Die Wagen sind nicht nur für den Transport von Industriewaren, sondern auch für Obst und Gemüse geeignet. Es können Güter in vielfältigster Form ,z. B. in Säcken, Kisten, Kartons, Gefäßen aller Art, verladen werden. Heute wird sehr häufig palettiertes Gut versendet.

Bei der Be- und Entladung gedeckter Güterwagen der Regelbauart ist die eine mittige Tür an den Seitenwänden nicht immer vorteilhaft. Die **gedeckten Güterwagen der Sonderbauart** (Gattung H) gleichen diesen Nachteil durch verschiebbare Seitenwände aus. Eine Person ist in der Lage, die Schiebewände zu bewegen. Die großräumigen Wagen in Ganzmetallbauweise lassen sich in geöffnetem Zustand von beiden Seiten mit Gabelstaplern be- und entladen. Der Zugang zur gesamten Ladefläche ist somit von einer Rampe aber auch von ebener Erde aus möglich. Zur schonenden Beförderung hochempfindlicher Güter verfügt ein Teil dieser Wagen über spezielle Transportschutzeinrichtungen. Es handelt sich dabei um verriegelbare Trennwände, mit deren Hilfe der Wagenraum in einzelne Kammern unterteilt werden kann. Die verriegelbaren Trennwände lassen sich in Lochleisten im Fußboden und am Obergurt des Wagens einrasten. Sie bilden Ladekojen, in die Güter voneinander getrennt sowie gegen Verrutschen geschützt eingeladen werden können. Für EUR- und Industriepaletten gibt es auf die spezifischen Wagenbauarten zugeschnittene Staupläne.

Ein großer Teil der Nahrungsgüter ist temperaturempfindlich und leichtverderblich. Je nach Gutart und Umgebungsbedingungen ist es deshalb beim Transport zur Vermeidung von Warenverlusten notwendig, das Gut

- bei gleichmäßiger Temperatur zu halten (Isotherm),
- zu kühlen,
- zu gefrieren oder
- durch Heizen vor zu niedrigen Temperaturen zu schützen (z. B. zur Vermeidung von Frostschäden).

Zur Erfüllung dieser Anforderungen stehen spezielle **Wagen mit Temperaturbeeinflussung** (Gattung I) zur Verfügung. Es werden unterschieden:

- Maschinenkühlwagen (2- und 4-achsig),
- Kühlwagen (meist 4-achsig) und
- Isothermwagen ohne eigene Kühlvorrichtung, bei denen isolierende Wände die Laderaumtemperatur annähernd konstant halten (meist 2-achsig, z. B. Bananenwagen)

Darüber hinaus können Kühlwechselbehälter eingesetzt werden.

Für Transporte innerhalb Europas, in den Nahen Osten, die GUS-Staaten und den Transit durch die GUS-Staaten bietet vor allem Intercontainer – Interfrigo (ICF) s. c. als paneuropäischer Netzwerk-Operator Leistungen rund um den Transport unter geregelter Temperatur an. Neben Beratungsleistungen (z. B. zum Einsatz von Kältemitteln, zur Ladungssicherung, zu Beförderungswegen) wird die komplette Organisation und Durchführung von Transporten angeboten.

Die **Flachwagen der Regelbauart mit 2 Radsätzen** (Gattung K) haben Stirn- und Seitenborde. Einige Wagen sind zusätzlich mit Seiten- bzw. Stirnbordrungen ausgerüstet. Die Borde können umlegt werden. Im umgelegten Zustand sind die Borde überfahrbar, so dass die Wagen zur Be- und Entladung über Kopf- oder Seitenrampen befahren werden können. Bei allen K-Wagen sind an den Innenflächen der Borde Binderinge und an den Außenseiten Bindeösen angebracht. Die Binderinge dienen zum Sichern des Ladegutes, die Bindeösen zum Befestigen von Wagendecken.

Die Wagen ohne Rungen sind für die Beförderung solcher Güter vorgesehen, die zwar eine große Masse bzw. große Abmessungen haben, aber nur niedrige Borde benötigen. In Betracht kommen dafür Schüttgüter, z. B. Baustoffe und Schutt, aber auch Stückgüter wie z. B. Eisen- und Stahlerzeugnisse, Natursteine, Maschinen und Anlagen sowie Fahrzeuge. Dagegen werden für den Transport großvolumiger Güter und Langgüter wie z. B. Hölzer, Rohre und Stahlkonstruktionen Wagen mit Rungen eingesetzt. Bei einem Teil der Wagen (Gattung Kips) wurden die Seitenbord-Endklappen entfernt. Diese Wagen dienen in erster Linie als Schutzwagen beim Transport überlanger Ladungen.

Flachwagen mit unabhängigen Radsätzen der Sonderbauart werden zur Gattung L zusammengefasst. Wichtige Vertreter dieser Wagengattung sind die Autotransportwagen. Es handelt sich dabei um Doppelstockwagen für den Transport von Kraftfahrzeugen. Die obere Ladebühne kann waagerecht (Normalstellung) auf die untere Ladebühne aufgesetzt oder in oberer Lage arretiert werden. Zur Be- bzw. Entladung ist die obere Ladebühne wahlweise in Richtung einer der beiden Stirnseiten schräg anstellbar. Die Bedienung der oberen Ladebühne ist von Flur mit Hilfe von Seilwinden möglich. Die dazu notwendige Mechanik befindet sich ebenso wie die Arretierung in den Tragsäulen. Die Stirnborde beider Ladebühnen sind in umgeklapptem Zustand als Überfahrklappen nutzbar. Dadurch können Kraftfahrzeuge zur Be- und Entladung mit Hilfe der umgelegten Stirnborde Rampen wie auch die Kuppelstellen zwischen den Güterwagen überfahren. Weitere wichtige Vertreter der Gattung L sind die Tragwagen für Großcontainer und Wechselbehälter. Wagen für diese Einsatzfälle gibt es in zweiachsiger und vierachsiger Bauart. Nur die zweiachsigen Wagen gehören zu Gattung L.

Gemischte Offen-Flachwagen der Regelbauart (Gattung O) mit umklappbaren Borden und Rungen sind z. Z. nicht im Bestand von DB Cargo.

Die **Drehgestell-Flachwagen mit unabhängigen Radsätzen der Sonderbauart** (Gattung R) zeichnen sich durch hohe Tragfähigkeiten und Ladelängen bis 20,70 m aus. Außerdem stehen diese Wagen in verschiedenen Ausstattungen zur Verfügung. Es gibt Wagen mit und ohne

- Seiten- und Stirnborden,
- Seiten- und Stirnrungen,
- klappbare Ladeschwellen sowie
- Planen-(Schnell-)Verdeck.

Für die Beförderung von schweren und langen Erzeugnissen sind diese Wagen besonders geeignet. Sie kommen deshalb vor allem in der Eisen- und Stahlindustrie für den Transport von Halbzeugen und Fertigerzeugnissen zum Einsatz. Aber auch für die Beförderung von Holz, Fahrzeugen, Baustoffen und Fertigbauteilen werden diese Wagen genutzt.

Im Gegensatz zu allen anderen Wagen dieser Gattung verfügen die Rils-Wagen über einen Nässeschutz in Form eines Planen-(Schnell-)Verdecks. Das Verdeck ist einfach handhabbar, leichtgängig und verfügt über eine Zentralverriegelung. Dadurch reicht eine Person für das Öffnen bzw. Schließen des Verdecks aus. Etwa 2/3 der Ladefläche lassen sich durch das Öffnen des Verdecks freilegen.

Zu den **Drehgestell-Flachwagen der Sonderbauart** (Gattung S) gehören Fahrzeuge für den Transport von Gutarten mit folgenden Eigenschaften:

* außergewöhnlich schwere stückige Güter mit vergleichsweise kleiner Aufstandsfläche,
* nässeempfindliche Coils oder
* Langgut wie Rohre und Stammholz sowie Schnittholz.

Für den Transport schwerer stückiger Einzelgüter stehen sechsachsige Wagen zur Verfügung, die mit unterschiedlichen Ausrüstungen ausgestattet sein können. Die Wagen verfügen z. B. über Rungen, Seiten- und Stirnborden sowie klappbaren Ladeschwellen. Für den Transport nässeunempfindlicher schwerer Coils gibt es Wagen mit festeingebauten Lademulden.

Zur Beförderung nässeempfindlicher Coils sind speziell ausgestattete Wagen nutzbar. Diese Wagen haben zwei Drehgestelle, Lademulden, Teleskophauben und teilweise besondere Sicherungseinrichtungen zum Schutz ungebündelter Schmalbandcoils gegen Kippen. Die Lademulden sind im Untergestell fest eingebaut. Durch die Teleskophauben ist das Gut beim Transport gegen Feuchtigkeit geschützt. Zum Be- und Entladen können die stählernen Hauben ineinandergeschoben werden. Dann sind je nach Wagentyp 40 % bzw. zwei Drittel des Wagens freigelegt und die Kranbe- bzw. -entladung ist problemlos möglich.

Neben den Teleskophaubenwagen können auch Drehgestell-Flachwagen mit Planenverdeck eingesetzt werden. Diese Wagen der Gattung Sahimms 901 verfügen über 7 Lademulden und ein Planenverdeck. Das Verdeck kann soweit zurückgeschoben werden, dass ca. 2/3 der Ladelänge frei zugänglich sind.

Die Drehgestell-Flachwagen für den Langgut- und Schnittholztransport haben an den Längsseiten jeweils 8 besonders breite und stabile Rungen. Jedes Rungenpaar ist mit einer Niederbindeeinrichtung für die Ladungssicherung ausgerüstet. Die Niederbindeeinrichtung ist so konstruiert, dass Ladungen auch niedergebunden werden können, die nur halbe Rungenhöhe erreichen. Zudem ist die Bedienung durch eine Person möglich. Die Wagen dürfen nur mit eingehängten und gespannten Spanngurten befördert werden. Zur einfachen Ablage und Wiederaufnahme des Ladegutes befinden sich zwischen den gegenüberliegenden Rungen und im Abstand von 1 m von den Stirnseiten des Wagens hölzerne Ladeschwellen. Damit langes Ladegut nicht durchhängt, sind zusätzlich niedrigere Hilfsladeschwellen eingebaut. Bedingt durch die Ladeschwellen ist ein Befahren des Wagenbodens z. B. mit Flurförderzeugen nicht möglich.

Als **Fahrzeuge für den KLV** werden verschiedene Bauarten von Flachwagen genutzt. Für den Transport von Großcontainern und Wechselbehältern werden **Tragwagen** eingesetzt. Das Spektrum reicht von zweiachsigen Wagen bis zu dreiteiligen Gelenktragwagen mit 8 Achsen[16]. Diese Wagen können auch mit Energieversorgung für Kühlcontainer und –wechselbehälter ausgestattet sein. Am häufigsten eingesetzt werden

- zweiachsige Tragwagen (Lgs 580),
- vierachsige Tragwagen (z. B. Sgns 691) sowie
- sechsachsige Gelenkwagen (z. B. Sggmrs 714/715).

Die Tragwagen für den Containertransport sind mit klappbaren und festen Aufsetzzapfen ausgerüstet. Im Hinblick auf die Ausstattung der Wagen unterscheiden die Festlegungen des UIC zwischen Einzelverkehren und Blockzügen[17]. Für Einzelverkehre sind Tragwagen mit Stoßdämpfung vorgeschrieben, weil die Beanspruchungsgrenze für Container beim Auflaufstoß nicht überschritten werden darf. Bei Blockzügen geht man davon aus, dass solche Belastungen nicht auftreten, Stoßdämpfung ist dort nicht vorgeschrieben. Neuere Fahrzeuge verfügen meist über entsprechende Stoßdämpfung.

Im Huckepackverkehr sind zwei **Verladekonzepte** zu unterscheiden. Bei horizontaler Verladung fahren Straßenfahrzeuge in Gleisrichtung über eine der Stirnseiten auf die bereitgestellten Güterwagen auf. Dazu sind entsprechende Rampen notwendig. Kranbare Einheiten (Sattelauflieger, Wechselbrücken) können mit Hilfe von Krananlagen horizontal verladen werden. Zur Einhaltung des Lademaßes sind beim Transport von Sattelaufliegern und ganzen Lastzügen geeignete Güterwagen mit ausreichend niedriger Ladefläche erforderlich. Für die „Rollende Landstraße" werden deshalb **Niederflurwagen** mit extrem kleinen Rädern eingesetzt. Um trotz der kleineren Raddurchmesser die auftretenden Kräfte beherrschen zu können, ist eine entsprechend größere Anzahl Radsätze erforderlich. Bedingt durch die Niederflurbauweise befinden sich auch die Zug- und Stoßeinrichtungen entsprechend tiefer. Dies ist insofern notwendig, weil die gekuppelten Wagen durchgehend überfahrbar sein müssen. Um die Passfähigkeit zur normalen Höhe sicherzustellen, mussten früher besondere Schutzwagen mit unterschiedlich hoch angeordneten Zug- und Stoßeinrichtungen an beiden Enden an die entsprechende Einheit angekuppelt werden. Heute gibt es Wagen, bei denen nach der Beladung bzw. vor der Entladung Kopfstücke mit Zug- und Stoßeinrichtungen in der üblichen Höhe an- bzw. weggeschwenkt werden können.

Eine andere Lösung mit der Bezeichnung „Modalohr"[18] hat der französische Hersteller Lohr Industries[19] entwickelt. Bei diesem Konzept kommt ein **spezieller Niederflurwagen** zum Einsatz, der die Be- und Entladung ohne Umschlaganlagen oder Rampen gestattet. Die Spezialwagen bestehen aus einem gekröpften Rahmen, der von zwei Drehgestellen getragen wird. Im gekröpften Bereich des Rahmens befindet sich eine brückenartige Konstruktion, die nicht nur die Straßenfahrzeuge während des Schienentransportes aufnimmt, sondern für die Be-

---

[16] vergl. Datenblatt der DWA Deutsche Waggonbau AG

[17] vergl. Rossberg, R.: Deutsche Eisenbahnfahrzeuge 1838 bis heute. – Düsseldorf: VDI-Verl. 1988 S.

[18] vergl. http://www.modalohr.com

[19] vergl. http://www.lohr.fr

bzw. Entladung ausgeschwenkt und abgesenkt werden kann. Die ausgeschwenkte Brücke ist dann befahrbar. Nach dem Ladevorgang kann die Brücke auch mit dem Straßenfahrzeug wieder eingeschwenkt werden. Der Vorteil von Modalohr ist nicht nur die Möglichkeit zur horizontalen Verladung im straßenebenen Gleis sondern auch die sehr niedrige Konstruktion. Dadurch ist dieser Niederflurwagen für alle in Europa gängigen LKW geeignet, wogegen andere Niederflurwagen meist nur für die Verladung von Straßenfahrzeugen bis 3,80 m Höhe zugelassen sind.

Für die klassische Horizontalverladung von Sattelaufliegern kommen sogenannte **Taschenwagen** zum Einsatz. Bei diesen Wagen ist die Ladefläche zwischen den Drehgestellen abgesenkt. In diese Tasche kommen die Achsen der Sattelauflieger. Dadurch kann auf Niederflurwagen verzichtet werden.

Zu den **Wagen mit öffnungsfähigem Dach** (Gattung T) gehören

- Wagen mit Schiebedach und Schiebewänden,
- Drehgestellschwenkwagen
- Drehgestellrolldachwagen und
- gedeckte Schüttgutwagen mit dosierbarer Schwerkraftentladung.

Wagen mit Schiebedach und Schiebewänden sind häufig großvolumige Fahrzeuge. Auch Kombinationen von Schiebedach- und Schiebewandwagen sind üblich. Das Schiebedach kann bei einem Teil dieser Wagen mit einem Handrad an der Stirnwand des Wagens geöffnet und geschlossen werden. Bei anderen Wagen befindet sich die Betätigungsvorrichtung für das Schiebedach auf dem Dachfirst. Der Vorteil dieser Wagen besteht in der guten Zugänglichkeit der Ladefläche. Die Be- und Entladung kann von der Seite und von oben erfolgen. Sie sind meist an spezielle Transportaufgaben angepasst. So wurden z. B. Wagen mit Seitenplanen entwickelt, die einen besonders rationellen Umschlags gestatten. Die Seitenplanen lassen sich auf der gesamten Fahrzeuglänge durch Hochraffen schnell und einfach öffnen. Spezielle Dicht- und Spannvorrichtungen gewährleisten trotzdem den geforderten Witterungsschutz. Hierbei handelt es sich zum Großteil um Privatwagen spezialisierter Unternehmen, die u. a. auf den Transport von Autoteilen in speziellen Ladegestellen zugeschnitten sind. Generell eigen sich Wagen mit Schiebedach und Schiebewänden für den Transport nässeempfindlicher, stückiger Güter. Dazu zählen z. B. auch Bleche, Papierrollen und -ballen, Holzplatten und Zellulose.

Drehgestell-Schwenkwagen und Drehgestell-Rolldachwagen weisen eine höhere Tragfähigkeit auf und sind deshalb für besonders schwere Güter vorgesehen. Die Wagen verfügen über voll öffnungsfähige Dächer und Seitenwandtüren. Die Dachöffnung kann per Handrad oder mit Hilfe von Elektromotoren erfolgen. Die Ausladung der geöffneten stählernen Schwenkdächer ist so groß, dass die zulässige Wagenbegrenzung überschritten wird. Aus diesem Grund dürfen solche Wagen nur im Gleisanschlussverkehr oder mit Ausnahmegenehmigung eingesetzt werden.

Bei Drehgestell-Rolldachwagen besteht dieses Problem nicht, da beim Öffnen das Kunststoffdach jalousieartig zusammengerollt wird. Diese Wagen sind auch für nässeempfindliches Schüttgut einsetzbar.

Gedeckte Schüttgutwagen mit dosierbarer Schwerkraftentladung besitzen eine gleisseitige, dosierbare Entladeeinrichtung. Der bei den meisten Wagen vorhandene Innenanstrich hat vielfältige Funktionen, die für die Nutzung der Wagen wesentlich sein können. Der Anstrich

- schützt das Ladegut vor Verunreinigungen,
- erhöht die Eignung für den Transport von Lebensmitteln,
- verbessert der Rutschfähigkeit bei schwerfließenden Gütern und
- dient zusätzlich dem Korrosionsschutz.

Die Wagen eignen sich besonders zum Transport von witterungsempfindlichen Schüttgütern. Neben gedeckten Schüttgutwagen für die gleisseitige Entladung gibt es auch Wagen, die für die gleismittige Entladung vorgesehen sind. Die Entladeeinrichtung gestattet die dosierbare oder die schlagartige Schwerkraftentladung. Im letzteren Falle zählen die betreffenden Wagen teilweise bereits zur Gattung U.

Zu den **Sonderwagen** der Gattung U gehören u. a. die Behälterwagen mit Druckluftentladung (Ucs-Wagen). Mit Hilfe der Druckluft ist eine schnelle staubfreie Entleerung über Rohrleitungen in Silos möglich. Dabei können auch größere Entfernungen und Höhenunterschiede überwunden werden. Die Druckluft wird jedoch nicht am Fahrzeug erzeugt, sondern muss an der Ladestelle zur Verfügung stehen. Auch deshalb sind diese Wagen meist beheimatet und nur in festen Verkehrsverbindungen eingesetzt. Dieser Wagentyp ist speziell für den Transport staubförmiger und feinkörniger Güter konzipiert. Dazu gehören

- Baustoffe (wie Zement, Kalksteinmehl, Quarzsand),
- Chemikalien (Soda und Aluminiumoxid) aber auch
- Lebensmittel (wie z. B. Zucker, Mehl, Grieß und Salz).

Zur Gattung U gehören auch **Spezialwagen für Großraum- und Schwerlasttransporte**. Diese Wagen sind auf sehr spezielle Einsatzfälle zugeschnitten. So stehen für Schwerlasttransporte bei DB Cargo Tiefladewagen zur Verfügung, die 2 bis 32 Radsätze und bis zu 454 Tonnen Tragfähigkeit haben. Einige Wagen dieser Gattung verfügen über Sondereinrichtungen, z. B. eine sogenannte Tiefbettbrücke, die mit der Ladung auf Straßenschwerlastfahrzeuge umgesetzt werden kann (z. B. Uaais 823). Andere Wagen ohne Sondereinrichtungen sind an den Transport von Schienenfahrzeugen diverser Spurweiten angepasst (z. B. Uaais 754). Neben der ausreichenden Tragfähigkeit ist hierfür eine tiefergelegte Ladefläche erforderlich.

Die Spezialwagen für Großraum- und Schwerlasttransporte machen gemessen an der Anzahl anderer Wagengattungen nur einen geringen Anteil am Gesamtwagenbestand aus. DB Cargo verfügt z. Z. über eine Flotte von 160 solcher Wagen[20]. Bedingt durch die Anpassung an spezielle Einsatzzwecke sind Wagen dieser Bauarten kostenintensiver und unterliegen nicht einer so hohen Nachfrage. Trotzdem ist der Transport außergewöhnlicher Sendungen ein beachtenswertes Geschäftsfeld. Dies gilt vor allem auch, weil für Transporte dieser Art nicht nur spezielle Technik sondern auch entsprechendes Know How für die Organisation und Durchführung benötigt werden.

Für den Transport flüssiger und gasförmiger Ladegüter gibt es spezielle Behälterwagen, die als

---

[20] Die Güterwagen der Bahn. DB Cargo AG, 2000 S. 100

Kesselwagen (Gattung Z) bezeichnet werden. Es handelt sich dabei um Fahrzeuge, bei denen ein oder mehrere Metallbehälter fest mit dem Fahrgestell verbunden sind.

Die meisten in Kesselwagen transportierten Güter weisen sehr individuelle Eigenschaften auf, die zu einer hohen Spezialisierung innerhalb der Wagengattung geführt haben. Hauptgutarten sind Mineralöl, Chemische Produkte und technische Gase. Viele dieser Stoffe gelten als gefährlicher Güter und erfordern entsprechende Schutzmaßnahmen. Die Kessel müssen den jeweiligen Guteigenschaften Rechnung tragen und sind deshalb so gebaut, dass sie z. B.

- hohen Drücken standhalten,
- Innenbeschichtungen zum Schutz vor aggressiven Flüssigkeiten aufweisen,
- heizbar sind oder
- sichere Armaturen für die Be- und Entladung sowie die Füllstandskontrolle haben.

Folgende Kesselwagentypen werden unterschieden (Tabelle 6.8):

Kesselwagengattung	Art der Ladegüter	Beispiele
Mineralölkesselwagen	wassergefährdende + brennbare Stoffe	• Rohöl, • Vergaserkraftstoff, • Dieselkraftstoff, • leichtes Heizöl, • schweres Heizöl„ • Öle + Fette, • Teer + Bitumen, • Lösemittel
Chemiekesselwagen	ätzende Stoffe	• Säuren + Laugen.
	entzündbare oder selbst- entzündliche Stoffe	• Schwefel, • Phosphor, • Alkyle
	oxidierende Stoffe	• Wasserstoffperoxid
	giftige Stoffe	
	radioaktive Stoffe	
Druckgaskesselwagen	verflüssigte Gase	• Propan, • Propylen, • Butan, • Butylen, • Butadien, • Ammoniak, • Chlor
	unter Druck gelöst. Gase	• Ammoniak
	tiefkalt verflüssigte Gase	• Edelgase, • Kohlensäure, • Wasserstoff • Sauerstoff, • Äthan, • Methan

Tabelle 6.8: Kesselwagentypen

Bedingt durch die starke Spezialisierung und die hohen Anforderungen an Reinigung, Unterhaltung und Einsatz werden Kesselwagen fast ausschließlich von privaten Vermietgesellschaften angeboten. Anbieter sind u. a. die in Tabelle 6. 9 aufgeführten Unternehmen.

Unternehmen	Internet
KVG Kesselwagenvermietgesellschaft mbH	http://www.kvg-kesselwagen.de
Wascosa AG	http://www.wascosa.ch
Deutsche Transfesa GmbH	http://www.transfesa.com
ERMEWA GmbH Transportmittelvermietung	http://www.ermewa.de
VTG Lehnkering AG	http://www.lehnkering.de
BTT	http://www.bahn.de/cargo/f-cargo.htm

Tabelle 6. 9: Ausgewählte Anbieter von Kesselwagen

Das Angebot entwickelt sich auch hier in Richtung kompletter Leistungspakete. Das Angebotsspektrum umfasst:

- Wagengestellung,
- Wagenvermietung,
- Transport einschließlich Wagengestellung und Reinigung sowie
- Betrieb von Umschlaganlagen und Tanklagern.

Kernfragen beim Einsatz von Kesselwagen sind

- die Wahl des geeigneten Wagentyps,
- die Einhaltung der Anforderungen an den Gefahrguttransport und
- die richtige verkehrsdienstliche Behandlung (Tarife, Fahrpläne, Frachtbriefe, Bezettelung).

6.3.4 Technische Vorgaben für Güterwagen

Für alle Güterwagen, die im internationalen Verkehr (RIV) eingesetzt werden sollen, wurden von der UIC technische Vorgaben in Form der UIC-Vorschriften erarbeitet. Es handelt sich dabei um technische Standards, auf die sich die UIC-Bahnen verständigt haben. Der Sinn dieser Regelungen liegt nicht nur darin, in der Technik übliche Standardisierungen für eine rationelle Fertigung und Instandhaltung zu erreichen. Ein weiterer wichtiger Gesichtspunkt ist die Verständigung auf Vereinheitlichungen, um den Transportkunden Leistungen hoher Qualität anbieten zu können. Dazu gehört im Hinblick auf die geforderte Interoperabilität international einsetzbare Fahrzeugtechnik, die wesentliche Kundenbedürfnisse erfüllt. Auf die wesentlichsten Gesichtspunkte soll hier eingegangen werden.

Im Hinblick auf die Betriebssicherheit sind die **Bremseigenschaften der Güterwagen** von herausragender Bedeutung. Die Bremsverhältnisse sind vor allem von der gefahrenen Geschwindigkeit[21] und von der zu bremsenden Masse bestimmt. Weitere wichtige Einflussgrößen sind die Bremsbauart und technische Details der Bremsen (z. B. Bremsbeläge).

Die UIC[22] unterscheidet folgende Betriebsarten (Tabelle 6. 10):

Merkmale	Betriebsart		
	S-Betrieb	SS-Betrieb	SS-/S-Betrieb
Maximalgeschwindigkeit	100 km/h	120 km/h (ggf. darüber)	100 oder 120 km/h in Abhängigkeit von der Achslast
Typische Bremsbauart	(Einfach-) Klotzbremse	(Gußeisendoppel-) Klotz- oder Scheibenbremse (ab 18 t Achslast Scheibenbremse zwingend)	(Gußeisendoppel-) Klotz- oder Scheibenbremse
Lasterfassung	Umschaltventil	2 proportionale Wiegeventile	1 proportionales Wiegeventil
Steuerventile	zweistufiges Relaisventil	ohne Relaisventil	Ohne Relaisventil

Tabelle 6. 10: Betriebsarten

Der klassische S-Betrieb ist durch eine Steuerventileinheit mit zweistufiger Leer-Beladen-Umschaltung gekennzeichnet. Die Bremswirkung kann hier nur durch wenige Schaltstellungen an die teilweise gravierenden beladungsabhängigen Unterschiede der Achslasten angepasst werden. Zudem ist die Umschaltung noch nicht bei allen für diese Betriebsart ausgerüsteten Wagen automatisch möglich und muss somit manuell erfolgen. Bei SS-Betrieb sind nicht nur höhere Geschwindigkeiten zulässig, auch die Steuerung des Bremssystems erfolgt automatisch lastabhängig. Bei neueren Wagen für den schnelleren Transport größerer Massen werden zunehmend Scheiben- bzw. Trommelbremsen eingebaut. Diese Bremsbauarten setzen höhere Bremsenergien als die klassischen Klotzbremsen um. Bei langen und schweren Zügen ist nicht nur eine hohe Bremswirkung erforderlich, sondern auch eine gezielte Anpassung der Bremskraft der einzelnen Wagen innerhalb des Zugverbandes während des Bremsvorganges. Mit der sogenannten ECP-Bremse kann dieser Effekt erzielt werden. Grundlage dafür ist ein Datenbus (Funk oder Kabel). Die Datenübertragung über den Datenbus ermöglicht Steuerung, Überwa-

---

[21] Vergl. UIC-Kodex 432 VE Güterwagen – Fahrgeschwindigkeiten – Einzuhaltende technische Bedingungen. Ausgabe: 2000-02

[22] UIC-Vorschriften, Blatt 543

chung und automatischen Test der Bremse.

Der Gütertransport erfolgt noch immer überwiegend mit Hilfe von nichtangetriebenen Eisenbahnfahrzeugen. Diese Fahrzeuge werden zu großen Einheiten gekuppelt und im Rahmen von Zügen bzw. Rangiereinheiten bewegt. Die technische Voraussetzung dafür sind geeignete **Zug- und Stoßeinrichtungen**[23] an den Schienenfahrzeugen. Die Frage des effektiven Kuppelns und Lösens stellt somit ein Fundamentalproblem des Bahnbetriebs dar. Dies gilt insbesondere, weil die Kupplung nicht nur sicher funktionieren muss, sondern außerdem möglichst kostengünstig und einfach bedienbar sein soll. Die Erfüllung der genannten Anforderungen ist nicht trivial, da beim Kuppeln von Eisenbahnfahrzeugen eine Reihe von Anforderungen zu erfüllen sind. Dazu gehören die sichere Übertragung der Zug- und Stoßkräfte im Bahnbetrieb sowie die Verbindung von Versorgungsleitungen (Elektroleitung, Hauptluftleitung und ggf. Hauptluftbehälterleitung). Unterschiedliche Anforderungen im Hinblick auf die Kraftübertragung bestehen bei Zugfahrten und beim Rangierbetrieb. Insbesondere beim Ablaufbetrieb müssen hohe Druckkräfte aufgenommen werden, um Schäden an den Fahrzeugen und Gütern zu vermeiden. Die Erfüllung der komplexen Anforderungen erfolgt durch Zug- und Stoßeinrichtungen unterschiedlicher Bauarten. In weiten Teilen Europas ist seit mehr als hundert Jahren die Schraubenkupplung in Verbindung mit Seitenpuffern im Einsatz. Die Schraubenkupplung nimmt die Zugkräfte auf, während die Puffer die Druckkräfte kompensieren. Der vergleichsweise einfachen Konstruktion steht ein hoher manueller Bedienungsaufwand zum Kuppeln und Schlauchen (verbinden von Hauptluftleitung und Elektroleitung) gegenüber. Zudem muss zum Kuppeln unter den Puffern hindurch in den Raum zwischen den Fahrzeugen getreten werden. Dieser als Berner Raum bezeichnete Bereich muss von konstruktiven Teilen und Ladungsteilen freigehalten werden. Das Betreten des Berner Raumes ist umständlich und nicht ungefährlich. Deshalb gab es schon früh Bemühungen zur Entwicklung anderer technischer Lösungen. Bei den meisten außereuropäischen Bahnen sind seit langem automatische Kupplungen im Einsatz. Bei diesen Kupplungen ist zwar die Verbindung der Versorgungsleitungen noch immer manuell durchzuführen. Aber trotzdem ermöglichen diese Kupplungen einen rationelleren und weniger gefährlichen Betrieb. Automatische Kupplungen, die Zug- und Druckkräfte aufnehmen sowie die automatische Verbindung der Versorgungsleitungen übernehmen, sind bei geschlossenen Zugverbänden im Personenverkehr seit längerem in Form der Scharfenberg-Kupplung gebräuchlich. Auch die ICE verfügen mit der automatischen Zug-Druck-Kupplung (ZD-AK) über eine moderne Kupplung, die alle geforderten Funktionen in sich vereint. Im Güterverkehr sind härtere Anforderungen zu erfüllen, aber auch dafür wurden geeignete Kupplungen entwickelt. Die AK69 der UIC und das System INTERMAT der OSShD sind technisch geeignet. Sie hätten aber eine Totalumrüstung des gesamten europäischen Fahrzeugparkes erfordert, da sie zwar untereinander aber nicht mit der Schraubenkupplung kombinierbar waren. Eine Einführung dieser Kupplung kam aus verschiedensten Gründen nicht zustande. Die DB AG hat mit der automatischen Zugkupplung eine moderne Kupplung entwickelt, die auch mit der Schraubenkupplung kombiniert werden kann. Diese Kupplung wird schrittweise eingeführt. Die Zulassungsbedingungen enthält UIC-Merkblatt 522-2. Eine Übersicht über verbreitete Zug- und Stoßeinrichtungen enthält Tabelle 6.11.

---

23 Wagner, M. / Fasking, H.: Mittelpufferkupplungen und neue Stoßeinrichtungen bei der DB AG. In: Eisenbahn Ingenieur Kalender 1997. – Hamburg: Tetzlaff-Verl. 1997 S. 209-240

Bauarten	Schrauben-Kupplung	Janney-Kupplung	Willison- Kupplung		
			SA3	AK69 / INTERMAT	Z-AK
Übertragung von Zugkräften	Kupplung	Kupplung	Kupplung	Kupplung	Kupplung
Übertragung von Druck-kräften	Puffer	Kupplung	Kupplung	Kupplung	Puffer
Kupplung	beweglich / halbstarr		beweglich / halbstarr	starr	starr
Bedienung der Kupp-lung	manuell	automatisch	automatisch	automatisch	automa-tisch
Verbindung von Haupt-luftleitung, Elektrik	manuell getrennt von Kupp-lung	manuell ge-trennt von Kupplung	manuell ge-trennt von Kupplung	automatisch über Kupp-lung	automa-tisch über Kupplung
Anwendung	Europa	Nordamerika, Japan, China, Indien, Australien	GUS, Baltikum, Iran	Einzelanwen-dungen in Europa	DB AG

Tabelle 6.11: Übersicht der wichtigsten Zug- und Stoßeinrichtungen

Puffergruppen[24] für Güterwagenpuffer mit 105 mm Hub nach UIC:

Klasse	A	B	C
Mindestarbeitsaufnahme in kJ	30	50	70

Tabelle 6.12: Puffergruppen für Güterwagenpuffer

6.3.5 Rationalisierungsmöglichkeiten

Zur Verbesserung der Wettbewerbsfähigkeit des Bahntransports können auch Rationalisie-rungsmaßnahmen im Bereich des Baus, der Unterhaltung und des Einsatzes der Schienenfahr-zeuge beigetragen. Mögliche Ansätze dazu sind:

• Technische Verbesserungen an den Fahrzeugen,
• Innovative Produktionsverfahren im Güterverkehr und
• Wettbewerbsorientierte Konzepte der Fahrzeugbereitstellung und –unterhaltung.

---

24 Friedrichs, H.: Zug- und Stoßeinrichtungen der Regelbauart. Eisenbahn Ingenieur Kalender 1994. –
Hamburg: Tetzlaff-Verl. 1997 S. 229-244

Alle genannten Ansätze sind nicht allein auf die Fahrzeugtechnik bezogen. Immer sind auch Beziehungen zur Infrastruktur, der Ablauforganisation und wirtschaftlichen Randbedingungen zu beachten.

Technische Verbesserungen an den Fahrzeugen werden seit Bestehen der Eisenbahn permanent durchgeführt. Trotzdem könnte bei oberflächlichem Vergleich zwischen Straßen- und Schienenfahrzeugen die Antwort lauten: Schienenfahrzeuge sind zu schwer, zu teuer, zu wenig an die Bedürfnisse der Nutzer angepasst und zu aufwändig in der Unterhaltung.

Aus technischer Sicht ist das Anforderungsprofil an Schienenfahrzeuge jedoch mit Straßenfahrzeugen nicht vergleichbar. Kernprobleme im Hinblick auf Güterwagen sind die physikalischen Belastungen beim Rangierstoß und im Zugverband. Zudem befindet sich beim Straßentransport die Ladung in den meisten Fällen auf dem Zugfahrzeug. Im Gegensatz zum Eisenbahnverkehr werden weit weniger Anhänger eingesetzt.

Dadurch ist eine ohnehin vorhandene Energiequelle (Motor, Lichtmaschine) verfügbar. Die Anbindung „ladungsbezogener Technik" in Form von Steuerungs- und Überwachungstechnik sowie von Ladehilfen ist so erheblich leichter möglich. Zudem hat das Fahrpersonal die Ladung ständig in der Nähe. Trotzdem gibt es erhebliche Potentiale zur Verbesserung der Güterwagen und deren Einsatzes. Es werden dabei folgende Lösungsansätze verfolgt:

- Selbsttätig signalgesteuerte Triebfahrzeuge (SST),
- Fahrzeuge des selbstorganisierenden Güterverkehrs (SOG),
- Selbstständig fahrende Transporteinheiten (STE) und
- Innovative Güterwagen (IGW).

Insbesondere beim letztgenannten Ansatz wurden Möglichkeiten untersucht, um mit Hilfe technischer Verbesserung am Güterwagen neue Produktionskonzepte im Güterverkehr zu ermöglichen, während bei den übrigen Ansätzen der Schwerpunkt mehr auf den Produktionsverfahren selbst liegt.

Die Entwicklung **innovativer Güterwagen** ist aus verschiedensten Gründen wünschenswert. Dazu zählen:

- die bessere Anpassung an den Bedarf der Transportkunden,
- der wirtschaftlichere, einfachere und trotzdem sicherere Einsatz im Betrieb sowie
- die kostengünstige Unterhaltung.

Um der Erfüllung dieser komplexen Anforderungen näher zu kommen, wurde bei der DB AG das Projekt **Innovativer Güterwagen (IGW)** durchgeführt. Gegenstände des Projektes waren

- die Entwicklung technischer Systeme (z. B. Sensoren, elektronische Baugruppen),
- die Erprobung und Weiterentwicklung moderner Informations- und Kommunikationssysteme,
- der Untersuchung geeigneter Organisationsprinzipien (z. B. veränderte Organisationsstrukturen und Arbeitsinhalte) sowie
- die Überprüfung der wirtschaftlichen Machbarkeit.

Dabei wurden folgende Ziele verfolgt:

Innovation	Ziel
Automatische Zugkupplung (Z-AK mit ESL-Modul)	Automatisierung des Kuppelns und Integration von Versorgungs- und Datenleitungen in die Kupplung
Zugbus (Kopplung über ESL-Modul)	Ermöglichen eines Zugbusses für die Datenübertragung zusätzlich zur mechanischen Verbindung sowie zur Verbindung der Brems- und Versorgungsleitungen
Innovativer Puffer (Stoßeinrichtung hoher Leistung)	Begrenzung der Ladungsbeanspruchung auf $1 - 1{,}5$ g
Innovative Bremse (EBAS)	Schaffung von Voraussetzungen für die automatisierte Güterbahn (weitere Voraussetzung: Zugbus)
Fahrwerkskomponenten	Anpassung der Konstruktion an sich ändernde Produktionsformen (Untergestell aus einheitlichen Modulen)
Geräuscharme, oberbauschonende Laufwerke	Minderung von Schallemissionen und von Belastungen des Oberbaus
Legende:	
EBAS	= elektronisches Brems-/Ansteuer- und Auswertungssystem
ESL	= Elektronische Steuerleitung
Z-AK	= Automatische Zugkupplung

Tabelle 6.13: Ziele im Rahmen des Projektes Innovativer Güterwagen (IGW)[25]

In welcher Form Intelligenz in die Güterwagen kommen soll und wie sie nutzbar sein soll, zeigt Bild 6.9:

---

25 Dorn, C.: Innovative Güterwagen – Entwicklungsstand und Perspektiven. In: Der Eisenbahningenieur. - Frankfurt 48 (1997) 8 . - S. 7 - 13

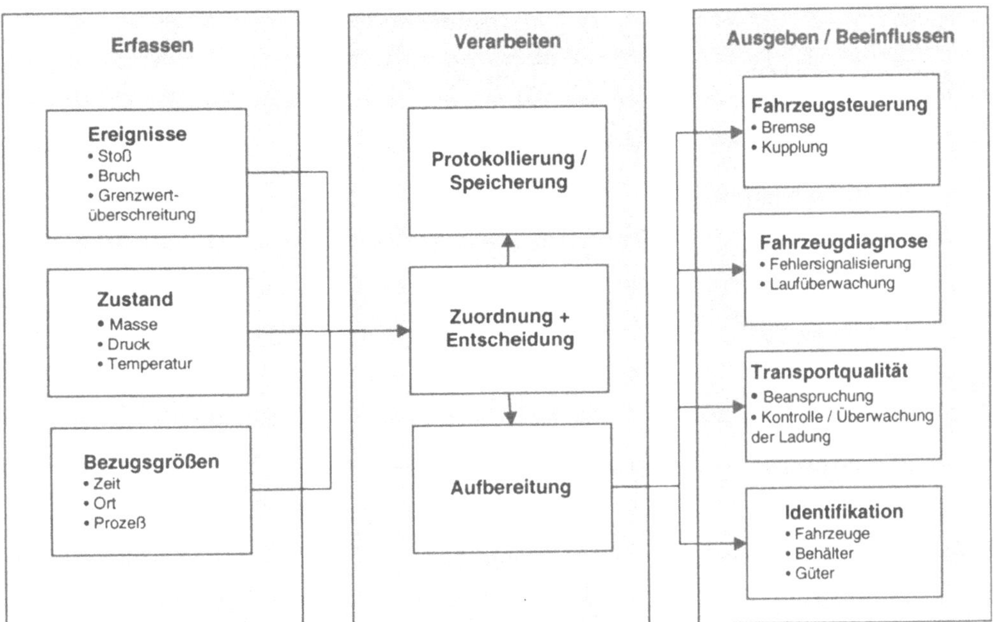

Bild 6.9: Funktionalität intelligenter Güterwagen[26]

Im Rahmen des Projektes und in seinem Umfeld wurden eine Reihe Lösungsansätze entwikkelt. Alle gefundenen Lösungen müssen nicht zwangsläufig gleichzeitig in allen Güterwagen
Anwendung finden. Einzelne Komponenten wie z. B. die Identifikation und die Überwachung
von Zustandsgrößen werden bereits eingesetzt.

Dies erscheint auch sinnvoll, zumal neben der Entwicklung neuer Güterwagenbauarten der
bestehende Wagenpark modernisiert und wirtschaftlich unterhalten werden muss.

---

[26] auf der Grundlage von Grolms, R. ; Jung, M.: Der Intelligente Güterwagen – Komponenten für eine
Realisierung. In: Transport- und Umschlagtechnik. –Darmstadt: Folge 54 (1994) S.27-31

Fachgebiet	Ansatzpunkte	Lösungsansätze / Lösungsbeispiele
Betrieb	Kupplung	Z-AK
	Bremsung / Bremsprobe	EBAS
	Identifikation	ATIS
	Überwachung	Zugschluss über EBAS
	Datenleitung im Zugverband	ESL
Instandhaltung	Fahrzeugdaten	Laufzeitprotokoll („Fahrtenschreiber")
	Überwachung von Komponenten	Laufwerkskontrolle
Ladung	Identifikation	ATIS
	Sendungsverfolgung	Ortung / zentrale Systeme
	Überwachung von Zustandsgrößen	Sensoren für • Temperatur, • Öffnung von Verschlüssen und • Stoß WEB-Cam für Sendungsüberwachung

Tabelle 6.14: Lösungsansätze und Lösungsbeispiele des Projektes Innovativer Güterwagen

Ein **Innovatives Produktionsverfahren im Güterverkehr** ist der Einsatz **selbsttätiger, signalgesteuerter Triebfahrzeuge (SST)**. Bei diesem Verfahren kommen unbesetzte Triebfahrzeuge zum Einsatz. Dadurch kann der Aufwand für die Betriebsdurchführung gesenkt werden. Die Steuerung erfolgt bei diesem Konzept von einer Betriebszentrale aus über Signalanlagen. Der vorhandene Güterwagenpark kann unverändert eingesetzt werden. Die technische Machbarkeit des Funkfahrbetriebes wurde zunächst auf der Strecke Aachen West – Aachen Hauptbahnhof in der Zeit vom September 1994 bis zum April 1996 nachgewiesen. Anschließend folgte die kommerzielle Nutzung für Transporte der Volkswagen AG zwischen Braunschweig und Salzgitter. Neben den technischen Voraussetzungen sind jedoch auch die rechtlichen Fragen im Zusammenhang mit dem fahrerlosen Betrieb zu klären[27].

Der **selbstorganisierende Güterverkehrs (SOG)** basiert auf Fahrzeugen, die nicht nur ihre Route selbst berechnen können, sondern auch untereinander und mit den Infrastrukturelementen kommunizieren. Voraussetzungen dafür sind entsprechend intelligente Fahrzeuge

---

[27] Molle, P.: Deutsche Bahn's Tests on the SST – a Driverless Goods Train Controlled by Signals. In: Railway Technical Revue (1998) 1 S. 12-16

und Infrastrukturen. Auch hierbei wird letztendlich der fahrerlose Betrieb angestrebt. Bei diesem dann reinen Automatikbetrieb ist ein eigenes Streckennetz bzw. ein abgeschlossener Netzbereich notwendig, in dem auf stationäre Signal- und Sicherungstechnik weitgehend verzichtet werden kann. Die dort verbleibende Infrastruktur kann dann allerdings auch sehr effektiv genutzt werden. Auch bei diesem Konzept liegt das Problem weniger in der technischen Machbarkeit. Die in Europa verbreitete Mischnutzung des Streckennetzes zwischen Güter- und Personenverkehr sowie den Mischverkehren zwischen Fahrzeugen mit und ohne Intelligenz erscheinen hier als größere Hindernisse. Bei dem in Entwicklung befindlichen European Railway Transport Management System (ERTMS) und den im Umfeld angesiedelten Forschungsprojekten werden in Stufen moderne Signal- und Sicherungssysteme entwickelt, die schrittweise funkbasierten Betrieb zulassen werden. Auf dieser Basis werden dann sicher Formen des SOG umsetzbar sein[28].

Selbstständig fahrende Transporteinheiten (STE) wurden in Form der CargoSprinter entwickelt und in der Praxis getestet. Diese nach dem Modulzugsystem (vergl. Abschnitt 8) arbeitende Technik konnte sich bisher noch nicht durchsetzen.

Wettbewerbsorientierte Konzepte der Fahrzeugbereitstellung und –unterhaltung zeichnen sich bereits in vielen Bereichen ab. Dazu gehören:

- die Entwicklung der Fahrzeughersteller zu Systemanbietern,
- eine zunehmende Entwicklung und Etablierung von Lokpools,
- die Verbreitung der Wagenvermietgesellschaften und
- der Auf- und Ausbau von Angeboten im Bereich der Wartung- und Instandhaltungsdienstleistung.

Auf die zunehmende Bedeutung von **Lokpools und Wagenvermietgesellschaften** wurde bereits eingegangen. Deshalb sollen an dieser Stelle nur die übrigen Gesichtspunkte betrachtet werden.

Die **Schienenfahrzeugindustrie** bestand ursprünglich aus einer Vielzahl spezialisierter nationaler Unternehmen. Globalisierung und Liberalisierung der Verkehrsmärkte in Verbindung mit der allgegenwärtigen Finanzknappheit bei der Mehrzahl der Bahnen haben zu einer stetigen Verschärfung des Wettbewerbs geführt. Trotz erheblichem Modernisierungs- und Rationalisierungsbedarf bei den Bahnen hat die Bahnindustrie Schwierigkeiten ihre Kapazitäten auszulasten[29]. Hinzu kommen gänzlich veränderte Anforderungen. Während in der Vergangenheit Schienenfahrzeuge gekauft wurden, erwarten die Bahnunternehmen heute komplexe Problemlösungen. Das bedeutet, dass komplette Bahnsysteme aus einer Hand, einschließlich der dazugehörigen Finanzierungskonzepte, eingekauft werden. Angesichts dieser gänzlich veränderten Bedingungen hat in den letzten Jahren eine starke Konzentration auf der Anbieterseite

---

[28] vergl. dazu Arms, J.-C.: Dezentrale Intelligenz für Leit- und Sicherungstechnik – Voraussetzung für funkbasierte Betriebskonzepte. In: Der Eisenbahningenieur48(1997) 6 S. 12-16

Alms, J.: Leit- und Sicherungstechnik für Nebenbahnen. In: Der Eisenbahningenieur48(1997) 6 S. 17-19

[29] Rossberg, R. R.: Bahnwelt zählt nur noch bis drei. In: VDI-Nachrichten vom 11.8.2000 Nr. 32 S.5

stattgefunden. Zur Zeit existieren drei weltweit agierende Systemhäuser:

- der kanadische Bombardier-Konzern,
- Alstom S. A. Paris und
- Siemens- Verkehrstechnik.

Die Liberalisierung sowie die vielfach damit verbundene Privatisierung im Eisenbahnwesen haben auch im Hinblick auf die Fahrzeuge selbst zu erheblichen Veränderungen im Verhältnis zwischen der Bahnindustrie und den Bahnen geführt. Die Bahnen fordern von den Fahrzeugherstellern nicht nur moderne, leistungsfähige und zuverlässige Schienenfahrzeuge. In immer stärkerem Maße treten Fragen der Wirtschaftlichkeit und der Serviceleistungen in den Vordergrund. Die Wirtschaftlichkeit wird dabei auf die vorgesehene Produktlebenszeit bezogen (Life-Cycle-Costs). Die Anschaffungskosten sind dabei nicht das alleinige Kriterium. Insbesondere hinsichtlich der Betriebskosten einschließlich der Aufwendungen für Wartung und Instandhaltung werden an die Hersteller hohe Anforderungen gestellt. Dabei geht es um Garantien hinsichtlich der Zuverlässigkeit und Verfügbarkeit der Fahrzeuge bzw. ihrer Bestandteile.

Während in der Vergangenheit zumindest die großen Bahnen in beträchtlichem Umfang Kapazitäten für **Wartung und Instandhaltung** vorgehalten haben, werden die entsprechenden Leistungen heute in stärkerem Maße bei externen Anbietern eingekauft. Trotzdem können neu auf den Markt drängende EVU noch nicht auf ein ausreichend dichtes und leistungsfähiges Netz an unabhängigen Servicestellen für Wartung- und Instandhaltung zurückgreifen. Aus diesem Grund bauen zunehmend private Anbieter eigene Kapazitäten auf[30]. Daneben bieten regionale Bahnen und selbstverständlich die Schienenfahrzeughersteller entsprechende Leistungen in unterschiedlichem Maße an[31].

Parallel dazu versuchen die Bahnen durch geeignete technische Maßnahmen an den Fahrzeugen, Herstellergarantien und Serviceleistungen ihren Fahrzeugpark an die veränderten Marktanforderungen anpassen.

Eine wichtige Rolle spielt dabei die **Forschung und Entwicklung sowie Prüfanlagen**. So verfügt z. B. die DB AG im Rahmen ihres Forschungs- und Technologie-Zentrums (FTZ) über folgende **Prüfanlagen**[32] (Tabelle 6.15):

---

[30] vergl. z. B. http//www.windhoff.de

[31] vergl. z. B. Branchenhandbuch Bahntechnik NRW. Ausgabe 1998

[32] Heinrich, Jürgen: Räder auf der Riesenrolle. In: DB mobil, (2000)5 S. 12-14

Ort	Prüfeinrichtungen für ...
Kirchmöser	• Werkstoffprüfung und –optimierung
Minden	• Festigkeit • Bremsen • Zug- und Stoßeinrichtungen • Kupplungen • Federsysteme
München	• Stromabnehmer • Rollprüfstand für Geschwindigkeiten von bis zu 500 km/h
Dessau	• Fahrmotoren • Elektroprüffeld

Tabelle 6.15: Prüfeinrichtungen im Forschungs- und Technologie-Zentrum (FTZ) der DB AG

Auch die Industrie hat eigene Einrichtungen. Dazu zählt u. a. das Prüfcenter in Wegberg-Wildenrath[33]. Dort können Fahrzeuge hinsichtlich Zuverlässigkeit und Leistungsfähigkeit getestet werden. Auch die Überprüfung der Übereinstimmung von Prototypen bzw. Baumustern mit den Serienfahrzeugen ist möglich. Dazu steht z. B. eine Bahnstromversorgungsanlage zur Verfügung an der die Stromversorgung aller international üblichen Bahnstromsysteme getestet werden kann. Die beträchtlichen Aufwendungen für derartige Anlagen sind nur bei entsprechender Auslastung zu rechtfertigen. Deshalb gibt es weltweit nur wenige vergleichbare Prüfeinrichtungen dieser Art eines davon befindet sich z. B. in Velim unweit von Prag[34].

Die stärkere Anpassung der Schienenfahrzeuge an die Bedürfnisse der Transportkunden und der EVU entbindet nicht von grundsätzlichen Anforderungen an die Sicherheit der Fahrzeuge. Jedes Fahrzeug muss den vom Gesetzgeber gemachten Vorgaben genügen, die sich am Stand der Technik orientieren. Dies gilt insbesondere unter dem Gesichtspunkt, dass zunehmend Fahrzeuge von kleineren EVU zum Einsatz kommen. Diese Unternehmen verfügen in der Regel nicht über ähnlich große Ressourcen und Erfahrungen bei Betrieb und Unterhaltung von Schienenfahrzeugen, wie die ehemaligen Staatsbahnen. Bereits bei der Zulassung sind eine Reihe Randbedingen zu beachten[35].

Wartung- und Instandhaltung selbst unterliegen derzeit einem gravierenden Wandel. In der Vergangenheit wurden Schienenfahrzeuge in regelmäßigen Abständen untersucht und bei der Untersuchung festgestellte Mängel beseitigt. Die unterschiedlichen Belastungen denen jedes Fahrzeug in der Zwischenzeit ausgesetzt war, blieben dabei unberücksichtigt. Folglich kamen

---

[33] Prüfcenter Wegberg-Wildenrath – Schienengebundene Verkehrssysteme umfassend prüfen. Firmenschrift der Siemens AG, 2000

[34] Railway Research Institute Prague and its test track at velim. The Czech Railways, Railway Research Institute

[35] vergl. Kühlwetter, H.-J.: Die „Zulassung" von Eisenbahnfahrzeugen im deutschen und internationalen Eisenbahnrecht. In: Sonderdruck aus Eisenbahn-Revue International der Ausgaben 6/2000, 8-9/2000 und 10/2000.

Fahrzeuge, die sehr starken Anforderungen genügen mussten zu spät zur Untersuchung und andere unnötigerweise, da sie nur in geringem Maße genutzt wurden. Als grundlegende Methoden der Instandhaltung entwickelten sich vorbeugende und korrigierende Instandhaltung. Korrigierende Instandhaltung kommt bei plötzlichem Ausfall zur Anwendung. Dabei wird ein aufgetretener Fehler behoben. Diese Methode ist nicht wünschenswert, jedoch auch nicht vollständig vermeidbar. Bei der vorbeugenden Instandhaltung wird versucht durch Wartung, Inspektion und planmäßige Instandsetzung Störungen zu vermeiden. Störungen oder gar Ausfälle im Betrieb wirken sich besonders negativ aus. Um jedoch die vorbeugende Instandhaltung wirtschaftlich gestalten zu können, kommen immer ausgefeiltere Diagnoseverfahren zum Einsatz. Wesentliche Bestandteile dieser Systeme sind technische Verfahren zur Prüfung der Fahrzeuge und ihrer Komponenten[36] sowie DV-Systeme, die Merkmale des Fahrzeugeinsatzes nachhalten. Aufbauend auf einer zunehmend fundierteren Datenbasis wird versucht, optimale Instandhaltungszeitpunkte durch mathematische Beschreibungen des Ausfallverhaltens zu ermitteln. Das Ziel besteht in einer weitgehenden Vermeidung korrektiver Instandhaltungsmaßnahmen sowie einer wirtschaftlichen und passgenau auf den Bedarf zugeschnittenen präventiven Instandhaltung[37]. Zu den neue Verfahren für die Instandhaltung zählt z. B. das laufleistungs- und lastabhängige Revisionssystem für Güterwagen (LARSYG)[38].

---

[36] vergl. z. B. Dannehl, A. : zerstörungsfreie Prüfung im Eisenbahnwesen. In. Der Eisenbahningenieur52(2001) 2 S. 75

[37] vergl. Kriegel, T. / Trebst, W.: Präventive und korrektive Instandhaltung. In: Der Eisenbahningenieur50(1999) 10 S. 30-34

[38] Abraham, Wolfgang: LARSYG - Ein laufleistungs- und lastabhängiges Revisionssystem für Güterwagen. ZEV+DET Glasers Annalen 115 (1991) 3, S. 64-70

7 Aufbauorganisation

7.1 Übersicht

Die Erfüllung der Aufgaben jedes Unternehmens erfordert einen geeigneten organisatorischen Rahmen. Dabei handelt es sich je nach Unternehmensgröße und Aufgabenspektrum um mehr oder weniger komplexe Organisationseinheiten. Insbesondere bei solchen komplexen Organisationen, wie sie bei Eisenbahnen nicht selten sind, wird das Verständnis durch die in der betriebswirtschaftlichen Organisationslehre übliche Trennung in Aufbau- und Ablauforganisation erheblich erleichtert. Die **Aufbauorganisation** beschreibt die Organisationsstrukturen, wo sich die für die Aufgabenerfüllung notwendigen Abläufe vollziehen. Die Organisationsstrukturen entstehen durch die zweckdienliche Verknüpfung funktionsfähiger organisatorischer Grundelemente. Zwischen den Grundelementen in Form von Stellen, Instanzen oder Abteilungen besteht ein System von Beziehungen. Diese Beziehungen sind Ausdruck von Weisungsbefugnissen und Kommunikationswegen. Eine einheitliche Aufbauorganisation der mit der Durchführung des Schienengüterverkehrs befassten Unternehmen gibt es nicht. Bedingt durch die Komplexität der zu organisierenden Prozesse, die Vielzahl der Prozessbeteiligten und die notwendige Arbeitsteilung ist dies auch kaum vorstellbar. Weitere Gründe dafür sind u. a.

- die unterschiedlichen Größen der Unternehmen und deren Tätigkeitsbereiche,
- die Verschiedenheit der Aufgabenfelder und
- die gewählte Rechtsform.

Die Betriebswirtschaftslehre kennt eine Vielzahl Organisationsprinzipien bei der Gestaltung der Aufbauorganisation, die in Praxis je nach Bedarf auch in mehr oder weniger modifizierter Form vorkommen. Beispiele dafür sind Linien-, Stablinien-, Sparten- und Matrixorganisation[1].

Nachfolgend soll deshalb beispielhaft auf einige wichtige Marktteilnehmer und ihre Organisationsstrukturen eingegangen werden. Zu den Marktteilnehmern zählen vor allem

- die Staatsbahnen bzw. deren Nachfolgeunternehmen,
- kleinere private EVU,
- die EIU,
- Wagenvermietgesellschaften,
- Lokpools und
- Dienstleistungsunternehmen vor allem in den Bereichen Fahrzeugtechnik, Informations- und Kommunikationstechnik.

---

[1] vergl. dazu z. B. Wöhe, Günter: Einführung in die Allgemeine Betriebswirtschaftslehre, Verlag Franz Vahlen München, 17. Auflage 1990 S. 181-194

7.2 Staatsbahnen bzw. deren Nachfolgeunternehmen

Die klassischen Eisenbahnunternehmen vereinigten meist alle für die Durchführung des Schienenverkehrs erforderlichen Fachdienste in einem Unternehmen. In der „Hochzeit" der Staatsbahnen kamen dazu noch Organisationseinheiten, die Aufgaben weit ab vom eigentlichen Kerngeschäft wahrgenommen haben (z. B. Sozialeinrichtungen und Wohnungsbau für Eisenbahner). Die Unternehmen zählten meist zu den größten ihres Landes und wiesen dementsprechend spezifische Organisationsstrukturen auf. Heute sind vor allem folgende Organisationsformen anzutreffen:

- Zentralgeleitete Eisenbahnunternehmen mit Behördencharakter,
- weitgehend an privatrechtliche Strukturen orientierte zentralgeleitete Eisenbahnunternehmen oder
- eigenständige, privatrechtliche EVU und EIU.

Die französische Staatsbahn ist noch ein Beispiel eines **zentralgeleiteten Eisenbahnunternehmens**.

Ein Beispiel für ein **privatrechtlich organisiertes zentralgeleitetes Eisenbahnunternehmen** ist die DB AG. Im Rahmen der Bahnreform wurde über mehrere Stufen eine Holding aufgebaut, die sich noch zu 100 % im Eigentum des Bundes befindet. Unter dem Dach der Holding ist die DB Cargo AG neben der DB Netz AG u. a. eines der Konzernunternehmen, die aus der Deutschen Reichsbahn und der Deutschen Bundesbahn hervorgegangen sind. Die DB Cargo AG hat sich eine Spartenorganisation gegeben (Bild 7.1):

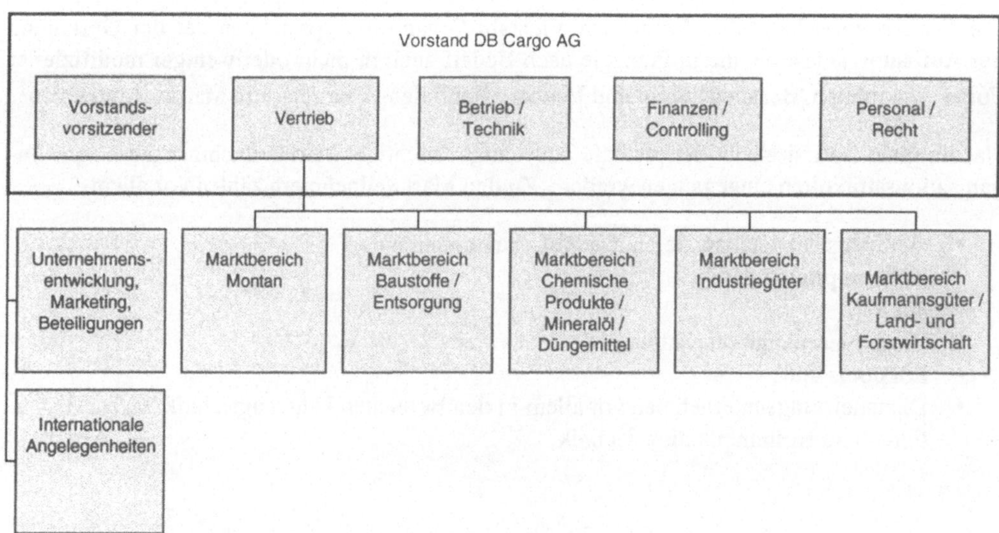

Bild 7.1 : Organigramm der DB Cargo AG 1999 (Quelle: DB Cargo Report) [2]

---

[2] DB Cargo Report. DB Cargo AG Mai 1999

Mit dieser Aufbauorganisation soll die Ausrichtung auf Kundenanforderungen unterstützt werden. Die auf Marktbereiche zugeschnittene Organisation soll das Angebot individueller, kunden- und branchenorientierter Transport- bzw. Logistikleistungen verdeutlichen.

Die **verkehrliche** Sicht auf die **Aufbauorganisation** entspricht weitgehend der Wahrnehmung durch die Verkehrskunden. Aus Kundensicht ist vor allem der Zugang zum Schienennetz von Interesse. Dafür gibt es bei DB Cargo zur Zeit etwa 6000 Stellen, bei denen Wagenladungen im Versand und Empfang behandelt werden. Ein großer Teil dieser Stellen sind jedoch verkehrsdienstlich unbesetzt. Alle Zugangsstellen sind einem verkehrlichen Mittelpunkt, d. h. einem Knotenpunktbahnhof, zugeordnet. Innerhalb dieser verkehrlichen Konzentrationsbereiche werden begrifflich als Cargo-Außenstellen verkehrliche Konzentrationspunkte und Nebenstellen unterschieden. **Verkehrliche Konzentrationspunkte** übernehmen in Zusammenarbeit mit dem DB Cargo KundenServiceZentrum (KSZ) in Duisburg Güterverkehrsarbeiten. Bei den **Nebenstellen** handelt es sich um besetzte oder unbesetzte Stellen, die fachlich an eine Güterabfertigung angeschlossen sind und von denen Güterverkehrsaufgaben auf eine Güterabfertigung übertragen wurden. Die großen Güterabfertigungen wurden bereits mit der Gründung der Bahn AG zu „Niederlassungen Ladungsverkehr" (NL) zusammengefasst. Nicht besetzte Wagenladungsbahnhöfe gelten als Nebenstellen, besetzte Wagenladungsbahnhöfe sind DB Cargo-Bahnhöfe bzw. Außenstellen.

Das bereits erwähnte **KundenServiceZentrum** nahm 1996 den Betrieb auf. Im Januar 1999 zählte das KSZ bereits über 6000 Kunden. Mit dieser zentralen Anlaufstelle für die Güterverkehrskunden wird inzwischen das gesamte Bundesgebiet abgedeckt. DB Cargo bietet damit eine ganzjährig rund um die Uhr verfügbare Serviceeinrichtung an. Wesentliche Aufgabe dieser Einrichtung ist neben der jederzeitigen Erreichbarkeit das zentrale Auftragsmanagement. Dem Kunden sollen von einer kompetenten Stelle schnell präzise Auskünfte über den Stand der Auftragserledigung, beginnend mit der Anfrage bis zur kompletten Auftragserledigung, erteilt werden. Kurze Entscheidungswege, klare Verantwortlichkeiten und schlanke Abläufe sollen eine optimierte Kommunikation mit dem Kunden ermöglichen.[3] Kunden-Service-Zentren gibt es auch bei anderen Bahnen z. B. bei Rail Cargo Austria[4] und SBB Cargo[5].

In der betrieblichen Sicht auf die Aufbauorganisation spiegelt sich das Knotenpunktsystem wieder. Die **Satelliten** (Nebenstellen) sind als kleinere Stellen jeweils einem **Knotenpunkt** zugeordnet. Um jeden Knotenpunkt ergibt sich somit ein **Knotenpunktbereich.** Jeder Knotenpunktbereich ist seinerseits wiederum einem bestimmten Rangierbahnhof zugeordnet. Die zu jedem Rangierbahnhof gehörenden Knotenpunktbereiche bilde mit diesem einen **Rangierbahnhofsbereich.**

In Großbritannien ist die Aufteilung des ehemaligen Staatsunternehmens British Rail in **eigen-**

---

[3] Die neue Servicefunktion im KundenServiceZentrum: Zentrale Auftragsbearbeitung. DB Cargo AG Februar 1999

[4] http://www.railcargo.at

[5] http://www.sbbcargo.ch

ständige, privatrechtliche EVU und EIU am weitesten fortgeschritten. Neben dem Netzunternehmen Railtrack gibt es eine Vielzahl im Personenverkehr tätiger EVU. Im Güterverkehr agieren vor allem English, Welsh and Scottish Railways Ltd. (EWS) und Freightliner Ltd. als EVU.

7.3 Aufbauorganisation eines EVU

Grundstrukturen größerer Bahnen sind vielfach auch Vorbild für kleinere EVU und EIU. Hier sollen weniger die unternehmensrechtlich bedingten Strukturen betrachtet werden als vielmehr die aus den fachlichen Erfordernissen des Bahnbetriebs resultierenden Aspekte. Die Aufbauorganisation regional operierender EVU, die überwiegend den komplexen Bahnbetrieb im Knoten organisieren, erscheinen daher als geeignetes Beispiel, das nachfolgend vertieft werden soll (Bild 7.2).

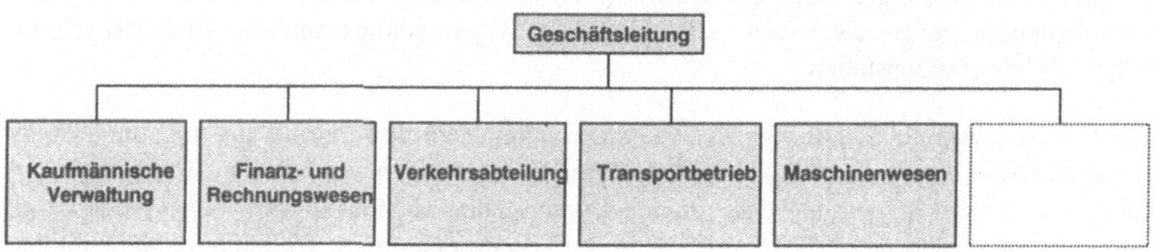

Bild 7.2: Organisationsstruktur eines EVU (Beispiel)

Kleine EVU übernehmen die Aufbauorganisation meist nur in abgerüsteter, auf die jeweilige Unternehmensgröße und das Aufgabenspektrum zugeschnittene Form. Der Grund dafür liegt nicht nur in der Unternehmensgröße, sondern vielfach auch in einer starken Konzentration auf Kernkompetenzen. So werden Leistungen des Baus und der Instandhaltung von Bahnanlagen, Fahrzeugen sowie Signal- und Sicherungsanlagen einschließlich der Informations- und Kommunikationssysteme oft als Fremdleistungen eingekauft. Die dafür zuständigen Bereiche Maschinenwesen und Baubetrieb sollen hier nicht weiter betrachtet werden. Eigenes Personal übernimmt auf diesen Gebieten häufig nur Aufgaben der Planung, Organisation und Kontrolle entsprechend umfangreicher Leistungen sowie kleinere Wartungs- und Instandhaltungsaufgaben. Teilweise werden auch spezielle Leistungen für Dritte erbracht. Das Aufgabenfeld der Kaufmännischen Verwaltung sowie des Finanz- und Rechnungswesens unterscheidet sich nicht wesentlich von dem anderer Unternehmen.

Häufig sind sie entweder nur für kleinere Wartungs- und Instandhaltungsaufgaben zuständig oder sie dienen der Planung und Koordination von Aufgaben, die durch spezialisierte Fremdbetriebe erbracht werden. Kernbereiche jedes EVU sind trotz teilweise etwas abweichender Bezeichnung die Verkehrsabteilung und der Transportbetrieb.

Die **Transportbetriebe** haben häufig eine an das folgende Beispiel angenäherte Aufbauorganisation:

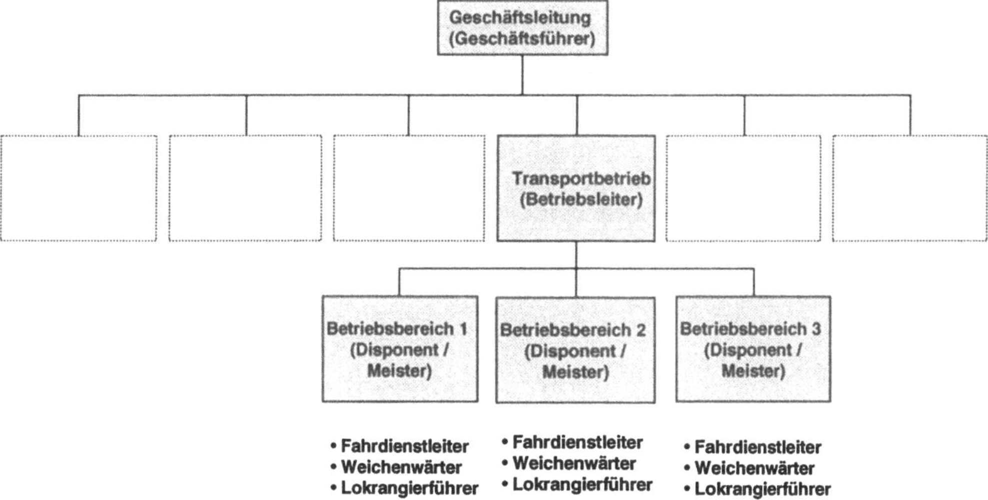

Bild 7.3: Transportbetrieb im EVU (Beispiel)

Dabei werden eine Reihe der für den Eisenbahnbetrieb typischer Funktionen bzw. handelnden Personen sichtbar.

Personen	Aufgaben
Unternehmer	• Trägt unternehmerisches Risiko • Kann juristische Person sein
Geschäftsführer	• Kann vom Unternehmer eingesetzt werden • Vertritt Interessen des Unternehmers
Betriebsleiter	• Ist verantwortlich für Sicherheit und Wirtschaftlichkeit der Betriebsführung
Disponent	• Verantwortlich für Steuerung und Überwachung der operativen Betriebsdurchführung (Disposition) • Häufig Schichtleiter / Meister
Lokrangierführer	• Durchführung der operativen Betriebsaufgaben im Gleis
Stellwerkspersonal	• Sicherstellung der operativen Betriebsaufgaben im Gleis

Tabelle 7.1: Zuordnung der Personen zu deren Aufgaben

Unternehmer und Geschäftsführer spielen die gleiche Rolle wie in anderen Unternehmen auch. Sie wurden hier aus Gründen der Vollständigkeit und vor allem zur Abgrenzung ihres Aufgabenfeldes gegenüber dem **Eisenbahnbetriebsleiter** genannt. Letzterer verdient besondere Beachtung. Er wird vom Unternehmer bestellt und handelt in dessen Auftrag. Seine Aufgabe besteht in der Organisation eines sicheren und wirtschaftlichen Eisenbahnbetriebs. Dazu gehört auch die Vermeidung von Gefährdungen bis hin zum Unfallmanagement. Sowohl Eisenbahninfrastrukturunternehmen wie auch Eisenbahnverkehrsunternehmen sind verpflichtet vor der Betriebsaufnahme einen oder mehrere Eisenbahnbetriebsleiter zu berufen. Nur wenn die Unternehmen weder öffentlichen Verkehr betreiben noch Eisenbahninfrastruktur benutzen oder betreiben, die dem öffentlichen Verkehr dient, kann darauf verzichtet werden. Der Eisenbahnbetriebsleiter muss seine fachliche Kompetenz in der Regel im Rahmen einer Prüfung nachweisen und die sonstigen Voraussetzungen für die Leitung des Bahnbetriebes erfüllen. Die Inhalte der aus einem mündlichen und einem schriftlichen Teil bestehenden Prüfung wurden verbindlich geregelt und umfassen die Bereiche:

- Technik der Betriebsanlagen und Fahrzeuge,
- Bahnbetrieb,
- Recht und
- Betriebswirtschaft[6].

Die rechtliche Stellung des Eisenbahnbetriebsleiters ist sehr komplex[7]. Dies leitet sich vor allem aus seiner weitreichenden Verantwortlichkeit ab.

Für die Steuerung und Überwachung der operativen Betriebsdurchführung (Disposition) ist der **Disponent** zuständig. Sein Aufgabenfeld ist vergleichbar mit der Disposition in den Betriebsleitstellen des Netzes, bezieht sich aber überwiegend auf Bahnhofsbereiche und kleinere nicht-bundeseigene Netzabschnitte. Entscheidender Unterschied zwischen der Disposition im Netz und im Knoten ist die Bindung an Planungsunterlagen. Im Netz verkehrt kein Zug ohne Plan, selbst wenn es ein Sonderfahrplan ist. Demnach ist die Aufgabe der Disposition im Netz die Sicherstellung des planmäßigen Betriebes und die angemessene Reaktion auf Abweichungen und Störungen mit dem Ziel zum planmäßigen Betrieb zurückzukehren. Im Knoten kann dagegen der Anteil operativer Rangierbewegungen gegenüber planmäßigen Rangier- und Zugfahrten sehr hoch sein. Das Aufgabenspektrum des Disponenten wird hier oft mit dem Begriff

---

[6] vergl. Verordnung über die Eisenbahnbetriebsleiter für Eisenbahnen vom 7. Juli 2000 veröffentlicht im Bundesgesetzblatt Jahrgang 2000 Teil I Nr. 32

[7] Kühlwetter, H.-J.: Der Eisenbahnbetriebsleiter.

Teil 1: Historie, Bestellung, Prüfung und Stellung im Unternehmen. In: Eisenbahningenieur - Frankfurt 50 (1999) 10 . - S. 51 – 60

Teil 2: Der Begriff Leiten, Rücknahme, Widerruf und Ruhen der Betriebsleiterbefähigung, Haftung, Strafrecht – Ordnungswidrigkeit. In: Eisenbahningenieur - Frankfurt 50 (1999) 11 . - S. 75 – 86

Teil 3: Unfallmanagement, LfB, Blick in die Zukunft. In: Eisenbahningenieur - Frankfurt 50 (1999) 12 . - S. 60 – 66

„Leitstelle" umschrieben. Gemeint ist damit meist sowohl das Aufgabenspektrum des Disponenten wie auch sein konkreter Arbeitsplatz. Die häufig solchen Leitstellen zugeordneten Aufgaben zeigt Bild 7.4.

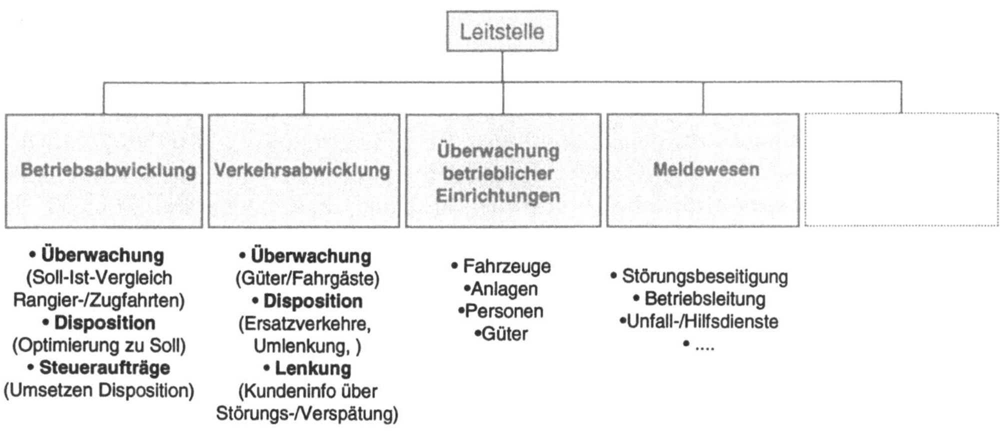

Bild 7.4: Aufgaben von Leitstellen regionaler Bahnen

Leitstellen sind quasi die Schaltzentralen des Eisenbahnbetriebes der regionalen Bahnen. Hier laufen die aus den Bestellungen der Transportkunden resultierenden Anforderungen zusammen und werden in betriebliche Handlungen umgesetzt, die zu deren Erfüllung erforderlich sind. Wegen der engen Zusammenarbeit mit den Beschäftigten des operativen Betriebsdienstes sitzen meist neben den Disponenten auch Fahrdienstleiter bzw. Stellwerker in den Leitstellen. Die Aufgabenbereiche sind jedoch in der Regel strikt getrennt. Der Disponent erteilt Arbeitsaufträge. Die konkrete betriebliche Umsetzung liegt in den Händen des Stellwerkspersonals und der Lokrangierführer. Die Aufgabe des **Stellwerkspersonals** besteht in der Sicherstellung der operativen Betriebsaufgaben im Gleis. Dabei macht das Einstellen und Sichern von Fahrwegen und Fahrstraßen den wesentlichsten Arbeitsanteil aus. Die direkte Durchführung der operativen Betriebsaufgaben im Gleis, d. h. vor allem der Rangierprozesse, ist Aufgabe des **Lokrangierführers**. Die klassische Aufgabenteilung beim Rangieren reduziert sich dabei immer mehr auf Teams, bestehend aus Disponent, Stellwerkspersonal und Lokrangierführer. Die Einführung der Funkfernsteuerung und des Rangierfunks haben die weitgehende Konzentration der operativen Arbeiten im Gleis auf den Lokrangierführer ermöglicht. Zudem haben diese Betriebseisenbahner neben ihrer hohen Verantwortung für die sichere und wirtschaftliche Betriebsdurchführung häufig direkten Kontakt zu Mitarbeitern der verladenden Wirtschaft. Sie können somit häufig unmittelbar beim Kunden Anregungen aufnehmen und Probleme erkennen.

8 Ablauforganisation

8.1 Grundlagen

Aus der Sicht externer Kunden bieten Eisenbahnunternehmen Dienstleistungen an. Um diese Dienstleistungen erbringen zu können, sind neben der Vorhaltung von Infrastruktur, Betriebsmitteln, Personal und eine entsprechende Organisation erforderlich. Den Bezugsrahmen bildet hier die bei der Systembetrachtung vorgestellte Gliederung in Kernprozesse. Während die Aufbauorganisation den strukturellen Rahmen der Organisation bildet, beschreibt die Ablauforganisation, welche Arbeitsprozesse innerhalb der geschaffenen Strukturen von wem, wann, wo und wie durchgeführt werden sollen. Strukturen und Abläufe stehen in enger Wechselwirkung. Die getrennte Betrachtung ist lediglich aus Verständnisgründen gebräuchlich.

Ähnlich wie bei Industrieunternehmen spezifische interne Organisationsabläufe für die Abarbeitung konkreter Kundenaufträge bestehen, gibt es entsprechende Abläufe bei den Eisenbahnen. Dazu gehören alle kommerziellen Tätigkeiten, beginnend mit der Marktforschung

über die Akquisition, die Bearbeitung von Kundenaufträgen bis zur Abrechnung. Die hier unter dem Begriff **Auftragsmanagement** zusammengefassten Kernprozesse wurden in der Vergangenheit als verkehrliche Abläufe bezeichnet, das entsprechende Aufgabenfeld als Verkehrsdienst. Heute stehen für Verkehrsdienst eher die Begriffe „Vertrieb" und „Kundendienst". Andere Bahnen verwenden analoge oder auch andere entsprechend werbewirksamere Bezeichnungen. Die Wahl neuer Bezeichnungen ist nicht nur eine Äußerlichkeit. Der zunehmende Wettbewerb erfordert die Marktorientierung der Bahnen und hat insbesondere bei allen Abläufen, die direkt den Kunden betreffen zu gravierenden Veränderungen geführt. Die Kunden können nicht mehr wie zu Zeiten eines Quasimonopols der Eisenbahn „abgefertigt" werden. Auf den heute existierenden Käufermärkten müssen Aufträge unter Wettbewerbsbedingungen akquiriert und bedarfsgerecht erbracht werden. Hinzu kommen die neuen Möglichkeiten, die sich aus der Nutzung der modernen Informations- und Kommunikationstechnik ergeben. Die teilweise gänzlich veränderten Abläufe haben selbstverständlich ebenfalls zu drastischen Veränderungen der Aufbauorganisation geführt.

Die Leistungserbringung war und ist eine gemeinschaftliche Aufgabe vieler Beteiligter. Der Begriff **Produktionsprozessmanagement** soll diese begriffliche Klammer bilden. An dieser Stelle liegt der Schwerpunkt auf den Abläufen, die aus Kundensicht die Funktionsweise der Bahn verdeutlichen sowie deren Grenzen und Möglichkeiten besonders deutlich prägen. Ausgewählten Aspekten des Betriebsmanagements wird deshalb bewusst mehr Raum eingeräumt als Fragen des Bahnbaus, der Fahrzeugtechnik und der Signal- und Sicherungstechnik sowie der Wartung und Instandhaltung. Alle Teilbereiche sind selbstverständlich in vielfältiger Wiese miteinander verzahnt und voneinander abhängig. Dabei sollte immer berücksichtigt werden, dass ohne diese Voraussetzungen kein Bahnbetrieb möglich ist. Die getrennte Betrachtung ist lediglich zur besseren Übersichtlichkeit der Organisation sowie zur Erhöhung der Transparenz bei der Zuordnung von Aufgaben und Verantwortlichkeiten zweckmäßig.

Das **Betriebsmanagement** umfasst alle Managementaufgaben die zur Durchführung der Produktionsprozesse erforderlich sind. Im Mittelpunkt steht die Organisation, Durchführung und

Überwachung von Fahrzeugbewegungen. Die entsprechenden Abläufe wurden in der Vergangenheit als Betriebsdienst bezeichnet. „Unter Betriebsdienst sind alle Maßnahmen und Tätigkeiten zu verstehen, die das Bewegen von Fahrzeugen zum Zwecke der Bildung, Beförderung und Auflösung der Züge, die Durchführung der Kleinwagenfahrten und die Bedienung der Zusatzanlagen betreffen." [1] Heute sind bei der DB AG und den meisten anderen Bahnen Bezeichnungen wie z. B. „Produktion" üblich.

Der Bezug auf die alte Begriffswelt erscheint an dieser Stelle lediglich aus Gründen der besseren Verständlichkeit vorteilhaft, da die neuen Begrifflichkeiten teilweise in anderen Zusammenhängen enger gefasst werden bzw. in streng wissenschaftlichem Sinne missverständlich sind (z. B. „Produktion von Dienstleistungen").

Obwohl die eigentliche Wertschöpfung nur beim Bewegen beladener Fahrzeuge stattfindet, müssen im Rahmen des Betriebsmanagements eine Reihe unerlässlicher Hilfsprozesse durchgeführt bzw. in Anspruch genommen werden. Zu jeder Fahrzeugbewegung werden Triebfahrzeuge, Wagen und entsprechende Infrastruktur, einschließlich der zu ihrer Bedienung erforderlichen Personale, benötigt. All diese müssen nicht nur vorgehalten sondern auch zum Bedarfszeitpunkt am Bedarfsort verfügbar sein. Die damit im Zusammenhang stehenden Managementaufgaben übernehmen Wagen-, Traktions- und Trassenmanagement. Hier werden ausschließlich die entsprechenden Abläufe betrachtet. Die Zuordnung der Aufgaben zu bestimmten Strukturen ist in der Praxis unterschiedlich. Deutlich wird diese Tatsache beim Vergleich zwischen Regionalbahnen und den großen ehemaligen Staatsbahnen.

- In den nächsten Abschnitten wird näher auf die Ablauforganisation eingegangen. Vorher soll jedoch noch ein wesentlicher Gesichtspunkt angesprochen werden, der in allen Bereichen seit einigen Jahren in immer stärkerem Maße Einfluss gewinnt: der Einsatz von Informations- und Kommunikationstechnologien. Die Bahnen unterliegen hierbei objektiven Rahmenbedingungen, denen sich nicht entziehen können (Bild 8.1).

---

[1] Deutsche Reichsbahn: Fahrdienstvorschriften (FV) – DV 408, gültig ab 15. Juni 1970, S. 13

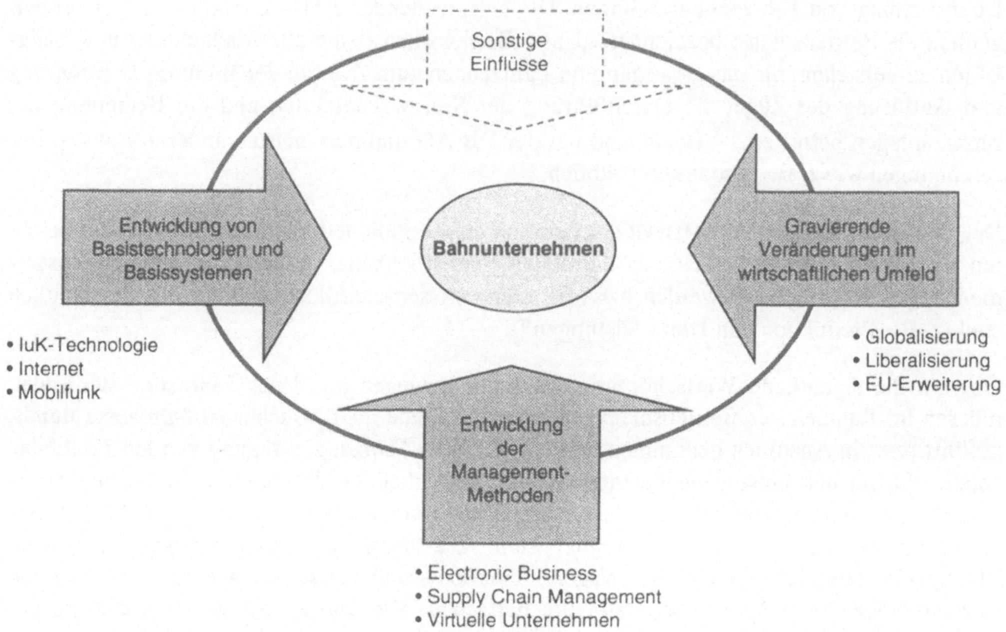

Bild 8.1   Umfeld für die Entwicklung und Einführung von IuK-Systemen bei Bahnunternehmen

Hinzu kommen von Fall zu Fall weitere Einflussgrößen wie z. B. politische Entscheidungen.

Mit der Verfügbarkeit neuer **Basistechnologien und –systeme** eröffnen sich für die Bahnen einerseits Chancen den gewachsenen Anforderungen besser entsprechen zu können, andererseits erwachsen daraus neue Kundenbedürfnisse. Letzterer Gesichtspunkt wird am Beispiel der Sendungsverfolgung deutlich. Wenn die verladende Wirtschaft von einem Speditionsunternehmen diesen Service angeboten bekommt und darauf ihre logistischen Abläufe abstimmt, ist es für die Bahnen kaum möglich nicht gleichzuziehen. Neue Basissysteme stehen z. B. für nahezu alle Stufen der Datenverarbeitung zur Verfügung (Bild 8.2).

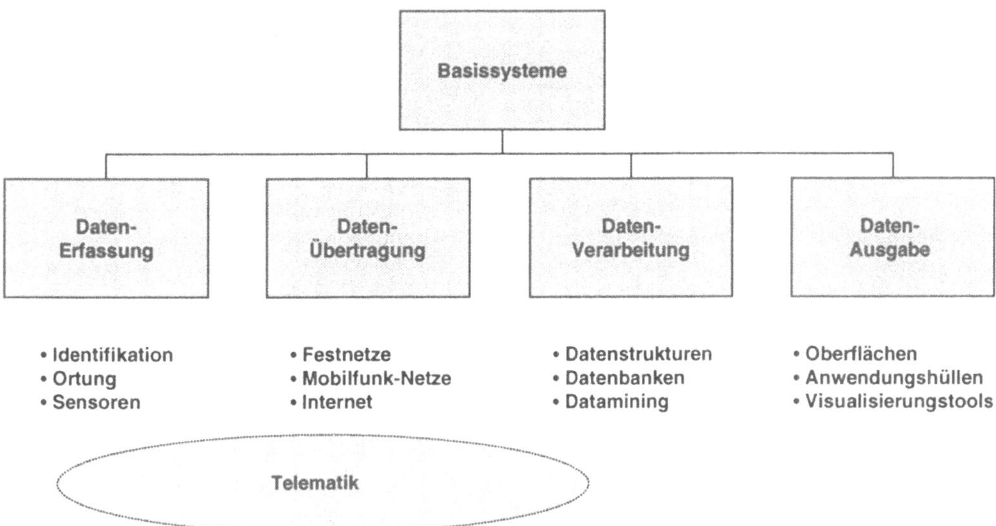

Bild 8.2 Basissysteme für die Entwicklung und Einführung von DV-Systemen bei Bahnunternehmen

Während in den neunziger Jahren für immer mehr Teilbereiche des Eisenbahnwesens Einzellösungen geschaffen wurden, wird derzeit vor allem die unternehmensinterne Vernetzung sowie der Informationsverbund mit Kunden und Partnerunternehmen vorangetrieben. Die Ziele des Einsatzes solcher Systeme sind:

- die Steigerung der technischen und wirtschaftlichen Leistungsfähigkeit,
- die Erhöhung von Flexibilität und Qualität des Bahnverkehrs und
- die Verbessung des Images der Bahn.

Insgesamt ist die Vielfalt der eingesetzten Informations- und Kommunikationssysteme (IuK-Systeme) schwer überschaubar. Eine zweckmäßige Gliederung bzw. Abgrenzung erscheint daher notwendig.

Als mögliche Gliederungsprinzipien werden verwendet:

- horizontale,
- vertikale oder
- prozessbezogene Gliederung.

Bei horizontaler Betrachtung werden die IuK-Systeme unter Nutzung von verschiedenen Schichtenmodellen betrachtet. Im einfachsten Fall erfolgt eine Unterteilung in die wesentlichsten Systemkomponenten (Bild 8.3).

Beispiele

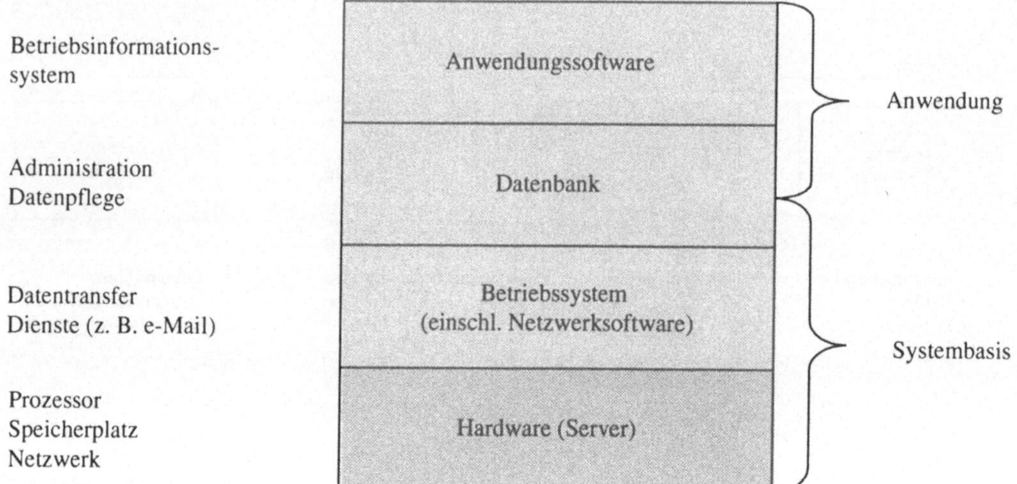

Bild 8.3   Vereinfachtes Schichtenmodell

Insbesondere im Netzwerkbereich wird auch häufig auf das OSI-Referenz-Modell zurückgegriffen. Den „eisenbahnspezifischen Teil" der Lösung bildet in jedem Fall die Anwen-
dungssoftware. Sie enthält die Algorithmen zur Problemlösung. Alle anderen Komponenten
sind zwar für die Funktionsfähigkeit des jeweiligen Gesamtsystems unerlässlich, sie können
aber zunehmend als Standardprodukte am Markt eingekauft werden. Bei der Anwendersoftware steht dagegen nur selten ein Produkt „von der Stange" zur Verfügung. Im günstigsten Fall
können bewährte Lösungen von anderen Bahnen übernommen und mit mehr oder weniger
großen Anpassungen eingesetzt werden. In der jüngsten Vergangenheit wurden jedoch von den
Bahnen nicht selten eigene Entwicklungen mit unterschiedlichsten Partnern vorangetrieben.

Bei der vertikalen Gliederung liegt das Augenmerk vor allem auf der Abgrenzung zwischen
den durch das IuK-System zu unterstützenden Prozessen. Dabei kann ist die Abgrenzung nach
„Fachdiensten" oder spezifischen Prozesse innerhalb eines Fachgebietes denkbar. In der Praxis
werden häufig beide Vorgehensweisen kombiniert, um schrittweise die gewünschte Transparenz zu erreichen.

Bild 8.4 zeigt am Beispiel eines Eisenbahnverkehrsunternehmens mögliche Einsatzbereiche
von Informationssystemen. Auf einzelne Systeme wird nachfolgend näher eingegangen. Die
Kommunikationstechnik wird dabei von vielen modernen Informationssystemen genutzt. Insbesondere bei der Überwachung von Betriebsabläufen und bei der Auftragsabarbeitung wird
darauf umfassend Bezug genommen.

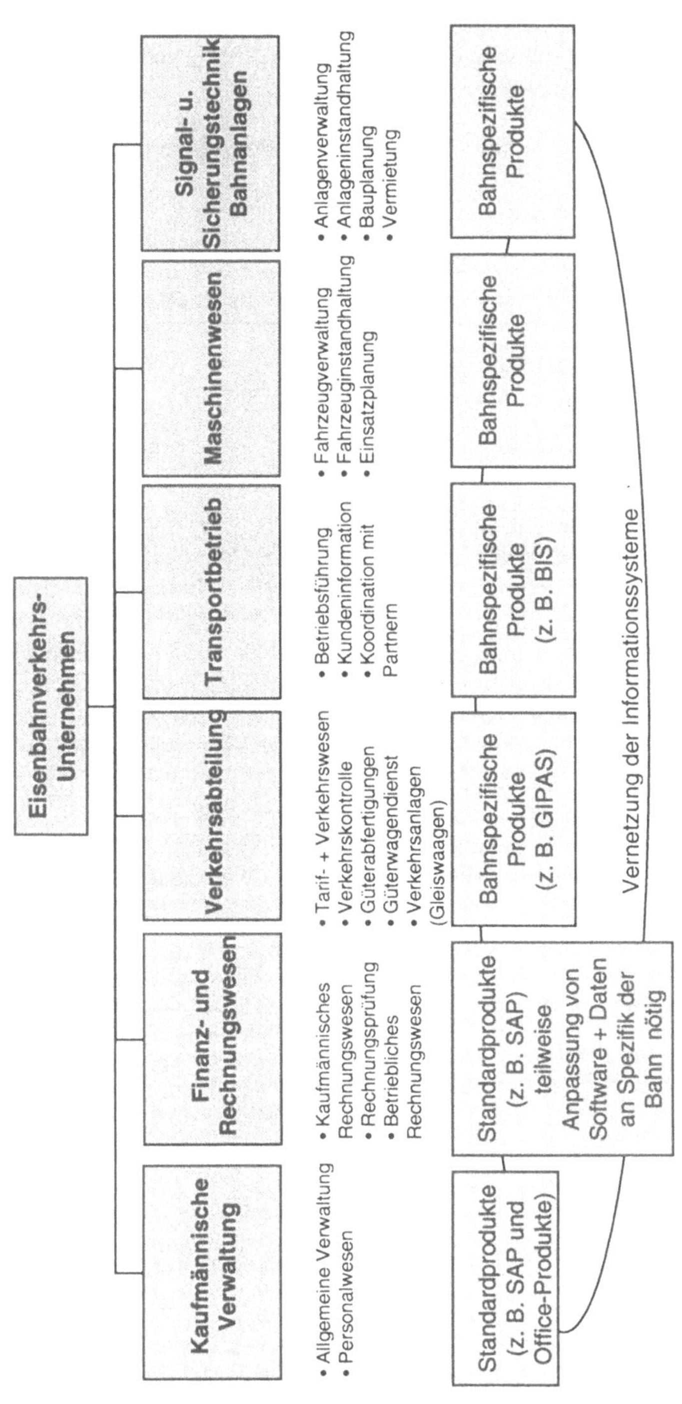

Bild 8.4: Mögliche Einsatzfelder von IuK-Systemen in Eisenbahnverkehrsunternehmen

Bei der Vielfalt der inzwischen im Einsatz befindlichen Systeme fällt die sachgerechte Einordnung hinsichtlich der zu erfüllenden Anforderungen nicht immer leicht. Zu den wichtigsten **Unterscheidungs- bzw. Beurteilungskriterien** zählen:

- Einsatzzweck (Prozess-Steuerung, Ressourcenverwaltung, Leistungserfassung und -abrechnung, Service...),
- Einsatzbereich (lokal, regional, global),
- Zugriffsrechte (personenbezogen, unternehmensintern, Partnerunternehmen, Kunden, Allgemeinheit),
- Sicherheitsrelevanz (Steuerung, Überwachung, Auswertung, Abrechnung, ... von Prozessabläufen),
- Zugriffszeiten (festgelegte Nutzungszeiten, 24 Stunden...),
- Reaktionszeiten (real-time, ...) und
- Ausfallkonsequenzen.

Diese Beurteilungskriterien haben nicht nur Bedeutung bei Entwicklung, Test und Einführung von IuK-Systemen. Da Informationsdienstleistung auch für die Bahnen zum Leistungsangebot gehört, stellt sich beispielsweise die Frage, ob und in welchem Maße Kunden bzw. Partnerunternehmen der Zugriff auf Systeme der jeweiligen Bahn gestattet werden kann. Dass Systeme, die zur Steuerung von Prozessabläufen genutzt werden, vielfach sicherheitsrelevant sind und deshalb ein Zugriff Dritter kaum in Betracht kommt, versteht sich von selbst. Das heißt jedoch nicht, dass aus diesen Systemen bestimmte Daten wie z. B. Wagenstandorte (und damit der Stand der Auftragserledigung) den Kunden nicht geliefert werden könnten. In anderen Fällen stellt der Zugang von Kunden oder Partnern zu bahneigenen Systemen einen Vorteil für alle Beteiligten dar. Die elektronische Übertragung von Wagendaten stellt so einen Fall dar. Meist werden Systeme, die ohnehin auf die Zusammenarbeit mit Kunden bzw. Partnern ausgelegt (kundenorientierte Systeme) sind, mit entsprechenden Funktionalitäten ausgestattet. Dagegen liefern prozessorientierte Systeme in der Regel ausgewählte Daten über definierte Schnittstellen bzw. empfangen sie auf diesem Wege (Bild 8.5).

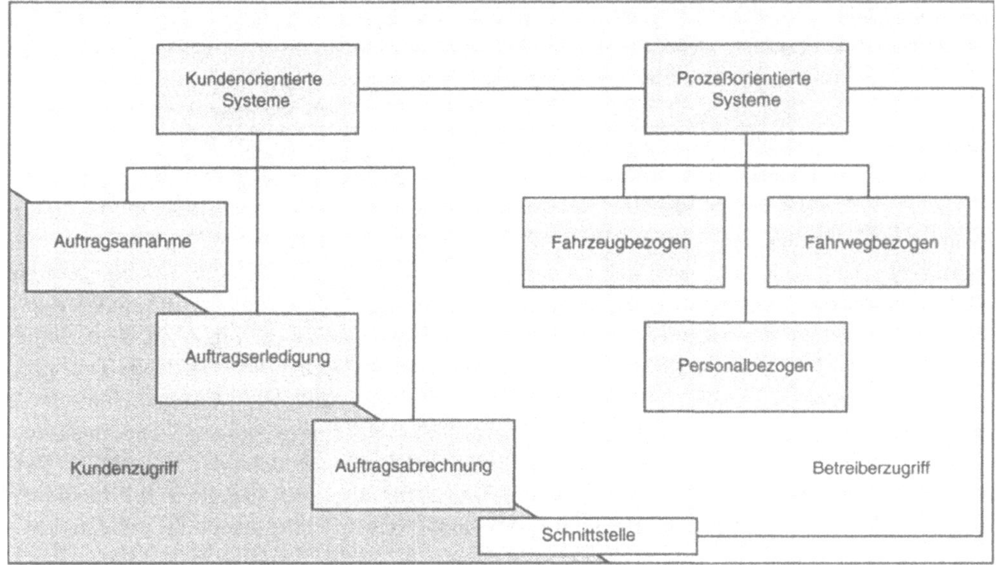

Bild 8.5: Zugriff auf verschiedene Kategorien von IuK-Systemen

Bei allen Wertschöpfungsprozessen ist die Kenntnis des Prozessfortschritts von größtem Interesse. Die Prozessverantwortlichen benötigen vor allem für die operative Prozessdurchführung präzise Informationen. Bei der Bahn hängt davon insbesondere die sichere Durchführung des Betriebs aber auch die Steuerung und Überwachung der Fahrzeugumläufe ab. Die Überwachung von Fahrzeugbewegungen dient somit zusätzlich der Auskunftsfähigkeit gegenüber den Kunden. Die Kunden müssen vor allem dann den Stand der Auftragserfüllung kennen, wenn Folgeprozesse zu organisieren sind. Die rechtzeitige Meldung etwaiger Abweichungen von vereinbarten Qualitätsparametern (z. B. das Eintreten von Verspätungen) ermöglicht Maßnahmen zur Schadensbegrenzung.

Im Schienengüterverkehr erfolgt die Wertschöpfung durch die Ortsveränderung von Gütern. Die Feststellung aktueller Prozesszustände wird hier dadurch erschwert, dass die Prozesse in weiträumigen Verkehrsnetzen ablaufen und die Leistungen mit Hilfe beweglicher Objekte (Fahrzeuge) erbracht werden. In der Vergangenheit war der aktuelle Standort eines einzelnen Wagens nur zu dem Zeitpunkt und an dem Ort nummerngenau bekannt, zu dem der betreffende Wagen vom örtlichen Wagendienst erfasst wurde. Auch der Aufenthaltsort von Zügen musste mühsam durch die Betriebseisenbahner erfasst, gemeldet und registriert werden. Seit einigen Jahren betreiben viele Bahnen Systeme zur durchgehenden Überwachung der Zug-, Triebfahrzeug- und Wagenumläufe sowie zur Sendungsverfolgung. Grundlage dieser Systeme sind Verfahren und Techniken der **Objektverfolgung**[2]. Darunter sind Systeme zu verstehen, die aktuelle Raum-, Zeit- und Zustandskoordinaten von beweglichen Objekten bedarfsgerecht zur Verfügung stellen. Die Objektverfolgung ist eine generelle Voraussetzung für die Steue-

---

[2] vergl. Berndt, T.: Objektverfolgung im Güterverkehr der Bahnen. - In: Eisenbahntechnische Rundschau. - Darmstadt 48 (1999) 6. S. 372 - 377

rung logistischer Prozesse. In vielen Industrieunternehmen basiert die Produktionssteuerung auf der Kenntnis räumlicher und anderer Zustandsinformationen von spezifischen Objekten (z. B. Teile und Baugruppen in der mechanischen Fertigung). Typische Ausprägungen davon sind Produktions-Prozess-Steuerungen (PPS). Organisation und technische Umsetzung der Objektverfolgung liegen in diesen Fällen im Entscheidungsbereich des betreffenden Unternehmens. Die wachsende internationale Arbeitsteilung zwingt zur Objektverfolgung über die Grenzen von Unternehmen, Staaten und Kontinenten hinaus. Heute steht das unternehmens-übergreifende Management ganzer Wertschöpfungsketten zur Diskussion (Supply Chain Management). Das bedeutet, dass nicht nur die industrielle Produktion, sondern die gesamte Wertschöpfungskette gesteuert werden muss. Im Rahmen der Beschaffung, der Produktion und der Distribution sind immer wieder logistische Dienstleistungen zu erbringen, an die nicht nur hohe Qualitätsanforderungen bezogen auf den jeweiligen physischen Prozess (z. B. Transport, Umschlag, Lagerung) gestellt werden, sondern die auch im Rahmen der Managementkonzepte integrierbar sind. Voraussetzung dazu ist die Bereitstellung der notwendigen Steuerungsinformationen. Es handelt sich dabei vor allem um Informationen, aus denen der aktuelle Prozessstatus abgeleitet werden kann. Bezogen auf die Bahnen bedeutet dies vor allem, Informationen über den Stand der Transportdurchführung (Prozessfortschritt) und eventuell Zustandsdaten des Gutes den Kunden für den Aufbau und die Steuerung solcher Supply-Chain-Management-Systeme bereitzustellen. Gleichzeitig werden solche Informationen für die unternehmensinterne Steuerung der Prozessabläufe benötigt.

Logistische Dienstleister, die solche Anforderungen nicht erfüllen, werden langfristig im Wettbewerb unterliegen. Der Bahntransport steht dabei im Wettbewerb mit den anderen Verkehrsträgern. Aus Kundensicht ist deshalb neben dem bedarfsgerechten Transport eine effiziente Informationslogistik ein wesentliches Auswahlkriterium. Die Verfolgung unterschiedlicher Objekte von der einzelnen Ladung bis zum fahrenden Zug spielt dabei eine zentrale Rolle. Im Bahntransport sind als Objekte unterscheidbar:

- Züge,
- Rangierabteilungen,
- Lokomotiven,
- Wagen,
- Sendungen und
- Ladungen.

Die Objektverfolgung ist grundsätzlich im Interesse aller Prozessbeteiligten. Selbstverständlich sind die Interessen im Detail nicht deckungsgleich. Dies äußert sich in einem differenzierten, vom Aufgabenfeld geprägten Informationsbedarf der Prozessbeteiligten. Beispiele für sehr unterschiedliche Informationsbedarfe sind in Bild 8.6 dargestellt.

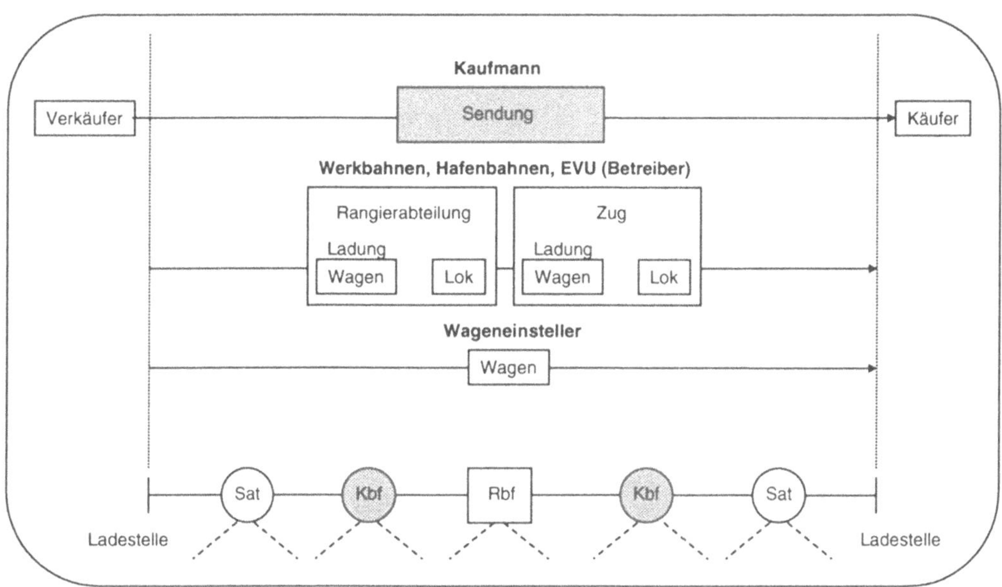

Bild 8.6: Beispiele für Informationsbedarfe im Zusammenhang mit der Objektverfolgung in Bahnsystemen

Informationsbedarf bezüglich Standort und Status der jeweiligen Objekte kann vorliegen bei

- Bahnunternehmen mit Verantwortung für die Betriebsdurchführung (Regional- und Fernbahnen),
- Kunden der Bahn (Versendern und Empfängern von Sendungen),
- Geschäftspartnern der Bahn (Wageneinstellern, Spediteuren, Verladegesellschaften)
- Dienstleistern zur Sicherstellung der Betriebsdurchführung (Anbieter von Trassen, Fahrzeugvermieter, Instandhaltungsunternehmen, Fahrzeughersteller) und
- dem operativ Transportdurchführenden selbst.

Jeder Interessent hat individuelle Anforderungen. Der Informationsbedarf differiert vor allem hinsichtlich Genauigkeit, Zuverlässigkeit, Häufigkeit des Bedarfs aber auch bzgl. des Inhaltes. Weitere wichtige Unterschiede ergeben sich zusätzlich aus Sicherheitsrelevanz, Verantwortlichkeit für die operative Betriebsführung und die daraus resultierende Zugänglichkeit der entsprechenden Daten für Dritte.

Für die **Betriebsführung** benötigen die Bahnunternehmen präzise Informationen über die aktuelle Betriebssituation. Die EVU sind verantwortlich für den Zugbetrieb auf der freien Strecke. Die Kenntnis darüber, auf welchem Streckenabschnitt sich welche Züge befinden, ist dafür eine Grundvoraussetzung. Die Betriebsführung in den verschiedenen Knoten des Eisenbahnnetzes basiert auf Informationen über Wagenstandorte und Rangierprozesse. Bestimmend für den konkreten Informationsbedarf sind die in der jeweiligen Betriebssituation erforderlichen Entscheidungsgrundlagen für die Erreichung der vorgegebenen Ziele (vergl. dazu auch Abschnitt 2.7).

Die **Kunden** messen die Bahn mit den gleichen Maßstäben wie die anderen Verkehrsträger. Ihr Ziel besteht darin eine verkehrsträgerübergreifende Verfolgung der interessierenden Objekte zu realisieren. Der konkrete Informationsbedarf ist jedoch kundenspezifisch z. B. hinsichtlich der Art der Objekte, der Häufigkeit der Informationsbereitstellung, der Genauigkeit der Standortinformationen und der Möglichkeit eigene Informationen einzubeziehen.

Für die **Wageneinsteller** ist die optimale Ausnutzung ihres Wagenpark ein entscheidender Parameter der Wirtschaftlichkeit ihrer Kernprozesse. Um den Wageneinsatz entsprechend organisieren zu können, sind Standort- und Zustandsinformationen erforderlich. Die Zustandsinformationen beziehen sich vorrangig auf technische Zustände und Wagenumläufe.

Viele Bahnen erbringen nicht mehr alle Leistungsanteile selbst. Ausgewählte Leistungen werden zugekauft. Die Arbeitsteilung setzt jedoch einen entsprechenden Informationsaustausch mit den **Dienstleistern** voraus. Jeder Dienstleister hat auf seine Primärleistungen zugeschnittene Informationsbedürfnisse. Diese Informationsbedürfnisse reichen von Standortinformationen bis zu Informationen über den technischen Zustand.

Auch die mit der **operativen Transportdurchführung** beschäftigten Eisenbahner (z. B. Lokführer) benötigen spezifische Prozessinformationen. Solche Informationen dienen u. a. als

- Orientierungshilfen,
- Unterstützung in außergewöhnlichen Situationen oder
- auch der Organisation von Folgeaufgaben.

Die Beurteilung der **Möglichkeiten zur Objektverfolgung** fußt wie bei allen technischen Systemen auf dem Verhältnis zwischen Anforderungen der Nutzer und der technischen Gegebenheiten zu deren Erfüllung.

Bei den Bahnen sind derzeit folgende technische Verfahren für die Objektverfolgung nutzbar:

- klassische Formen auf der Basis lokaler, individueller Datenhaltung,
- Datenbankbasierte zentrale Systeme,
- automatisierte Objekt- bzw. Fahrzeugidentifikation (Afi),
- Ortung und
- Mischformen.

Als noch keine geeignete Informations- und Kommunikationstechnik zur Verfügung stand, konnten nur Aufschreibungen oder Darstellungen in entsprechenden Plänen für die Betriebsführung genutzt werden. Voraussetzung dafür waren aufwändige, lokale Datenerfassungen in Form von manuellen Aufschreibungen (**lokale, individuelle Datenhaltung**). Neben dem erheblichen Aufwand waren vor allem die mangelhafte Übersichtlichkeit und Aktualität hinderlich.

Mit der Verfügbarkeit von **Datenbanken** konnte zunächst die Menge der erforderlichen Informationen dahingehend begrenzt werden, dass ausschließlich variable Daten permanent erfasst werden mussten. Die Stammdaten konnten nun über entsprechende Schlüssel mit den zugehörigen Informationsobjekten verknüpft werden. Insgesamt waren damit Verarbeitung, benutzerfreundliche Auswertung bzw. Aufbereitung und Ausgabe der Daten möglich. So sind

z. B. seit Jahren betriebliche Informationssysteme für Werksbahnen (vergl. dazu Örtliche Systeme unter 8.7) im Einsatz, die vordergründig der Optimierung der Betriebsabläufe dienen.

Mit Hilfe dieser datenbankbasierten Systeme können die Ladestellen bei wirtschaftlichem Einsatz der Ressourcen (besonders Personal- und Rangierlokeinsatz) bedarfsgerecht bedient werden. Voraussetzung dafür ist die Kenntnis der aktuellen Wagenstandorte. Das Grundprinzip der Objektverfolgung bei den bisher bekannten Systemen dieser Art besteht in der „Arbeit nach Auftrag". Jede Wagenbewegung wird als Rangierauftrag durch den Disponenten an den jeweiligen Lokrangierführer gegeben. Der Disponent sieht als Bildschirmanzeige die aktuellen Standorte der Wagen und die Rangieraufträge in verschiedenen Bearbeitungszuständen. Ist der Auftrag erledigt, wird der Rangierauftrag beendet und der Wagenstandort in der Datenbank aktualisiert. Korrekturen und Löschungen von Rangieraufträgen sind ebenso möglich. Während einer Rangierfahrt ist der detaillierte Aufenthaltsort von Wagen nicht genau bekannt. Wie genau der konkrete Fahrweg nachgehalten wird, ergibt sich aus der Komplexität des Gleisnetzes und der Gliederung der Rangieraufträge. Eventuell auftretende Fehler können an definierten Punkten erkannt und korrigiert werden. Diese Punkte sind vor allem die Ladestellen und Übergabepunkte zur Fernbahn, wo aus betrieblichen Gründen ohnehin am Wagen gearbeitet wird.

Dieses Verfahren basiert auf der Abbildung der Ablauforganisation in entsprechenden Datenbanken. Die Rangierlokführer erfüllen Rangieraufträge und melden sich nach Auftragserledigung zurück. Keine Wagenbewegung darf ohne Auftrag erfolgen. Auftragsinhalt, Auftragserfüllung, eventuelle Abweichungen vom ursprünglichen Auftrag und andere für die Betriebsführung wichtige Daten werden in der Datenbank nachgehalten. Die Systeme der meisten Werksbahnen in der deutschen Montan- und Automobilindustrie nutzen diese Verfahrensweise. Voraussetzung für die Funktionsfähigkeit der reinen Datenbankbasierten Systeme ist die strikte Einhaltung des genannten Grundprinzips „Arbeit nach Auftrag" und die disziplinierte Eingabe durch die Disponenten.

Problematisch blieb dabei zunächst noch immer die Datenerfassung. Deshalb wurden frühzeitig Versuche durchgeführt Datenbankanwendungen mit automatisierten Erfassungssystemen zu koppeln. Es entstanden andere Systeme, basisierend auf den Grundprinzipien

- Zählung,
- Identifikation oder
- Ortung.

Allein konnten sich diese Prinzipien meist nicht für Anwendungen zur Betriebsführung durchsetzen. Inzwischen gibt es jedoch erfolgversprechende Systeme, die insbesondere Ortung und Datenbankanwendung kombinieren.

So wurden in der Vergangenheit **Zählverfahren** getestet. Die Dortmunder Eisenbahn GmbH nutzte z. B. bis 1995 ein Verfahren, bei dem die Wagen an definierten Punkten elektronisch gezählt wurden. Durch Übertragung der Zählergebnisse an einen PC ließ sich feststellen, wie viele Wagen in bestimmte Gleisbereiche ein- bzw. ausgefahren waren. Bei festen Pendelzügen war so auch der Aufenthaltsbereich eines bestimmten Wagens bestimmbar. Die Unzulänglichkeiten dieses Systems liegen auf der Hand. Wagen außerhalb fester Wagengruppen bleiben nicht individuell identifizierbar.

Identifikationsverfahren erfassen festgelegte Identifikationsmerkmale von Wagen an definierten Messpunkten. Je dichter das Netz der Messpunkte ist, um so genauer kann der Wagenlauf erfasst werden. Dem Vorteil der automatischen Erfassung steht der Nachteil der erforderlichen Messpunktdichte entgegen. Bleiben nur wenige Wagen unerkannt, muss das System manuell korrigiert werden oder es fehlen Informationen. Eine praktisch nutzbare Form der Identifikation ist der Einsatz von Informationsträgern (z.B. HF-Transponder). Dieses Verfahren bringt nur dann optimale Ergebnisse, wenn alle zu bewegenden Wagen im Bereich der Betriebsführung entsprechend ausgestattet sind. Anderenfalls bleibt die Objektverfolgung ausschließlich auf Wagen mit Informationsträgern beschränkt. Letzteres ist für die operative Betriebsführung wenig hilfreich, für die Verfolgung ausgewählter Wagen bzw. Ladungen dagegen sehr zweckmäßig. Wenn z. B. die Laufleistung eines bewirtschafteten Wagenparks automatisch ermittelt werden soll, reicht die Ausstattung der eigenen Wagen aus.

Mit der Nutzbarkeit des GPS (Global Positioning System) für zivile Zwecke erhielt die **Ortung** wesentliche Impulse. Zu lösende Probleme sind hierbei vor allem die Stromversorgung für den Sender, die erforderliche Genauigkeit und die umfassende Ausrüstung des Wagenparks mit Sendern. Hierbei sind zwei prinzipielle Anforderungsprofile zu unterscheiden:

- Die Objektverfolgung zum Zwecke der Überwachung (Diebstahlschutz, Transport außergewöhnlicher Sendungen, u.ä.) und
- zur Betriebsführung im Netz oder im Knoten.

Die Überwachung rechtfertigt die Ausstattung der betreffenden Wagen mit autonomer Stromversorgung und Sendern. Die gegenwärtig garantiert erreichbare Ortungsgenauigkeit ist in der Regel ausreichend. Entsprechende Systeme sind bereits im Einsatz[3].

Für die Betriebsführung sind diese Verfahren erst dann voll nutzbar, wenn alle Fahrzeuge im Arbeitsbereich technisch entsprechend ausgerüstet sind und die Ortungsgenauigkeit so hoch ist, dass die Wagenreihung innerhalb eines Gleises und in benachbarten Gleisen zweifelsfrei ermittelt werden kann. Erste Schritte in diese Richtung werden bereits mit der Ausstattung der Rangierlokomotiven gegangen. Entsprechende Systeme sind inzwischen auf dem Markt[4]. Die Standortbestimmung von Triebfahrzeugen im Streckennetz ist Bestandteil des europäischen Förderprogramms MAGNET A/B[5]. Insgesamt sind mehrere Anwendungsfelder zu unterscheiden, die teilweise sehr unterschiedliche **Anforderungen** an die Objektverfolgungssysteme stellen (Bild 8.7).

---

[3] ATIS-MT - System zur Ortung und Überwachung von Schienenfahrzeugen. Firmenschrift der Krupp Timtec Telematik GmbH 1997

[4] z. B. ALOIS (Allgemeines Lokortungs- und –informationssystem), vergl. dazu http.//www.tiefenbach.de

[5] Satellitengestützte Zugortung. In: ETR. - Darmstadt: 46(1997)11 S. 757

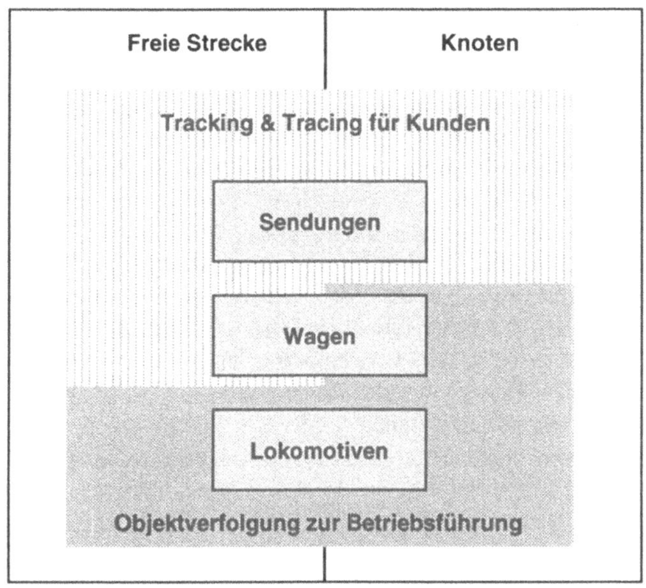

Bild 8.7: Anwendungsbereiche der Objektverfolgung im Schienengüterverkehr

Die Nutzung von Objektverfolgungssystemen erfolgt primär zum Zwecke der Betriebsführung oder im Interesse des Kunden. Die Nutzung von Objektverfolgungssystemen für **Sendungen** ist im Straßengüterverkehr verbreitet. Mit dem als Tracking & Tracing bezeichneten Verfahren besteht die Möglichkeit den Güterfluss entlang der kompletten Wertschöpfungskette zu überwachen und zu steuern. Damit sind die Maßstäbe für den Schienengüterverkehr gesetzt. Das betrifft nicht nur das Angebot solcher Dienstleistungen sondern auch deren Preise[6]. Im Schienengüterverkehr gestaltet sich die Umsetzung solcher Dienste schwieriger, da Güterwagen im allgemeinen über keine Stromversorgung verfügen und nicht besetzt sind. Trotzdem gibt es inzwischen praktische Anwendungsfälle insbesondere für Container. Anwendungsfelder sind besonders überwachungsbedürftige Güter (z. B. diebstahlgefährdete oder gefährliche Güter).

Auch **Güterwagen** werden bereits mit Hilfe von Objektverfolgungssystemen überwacht. So sind derzeit bereits 5000 Wagen der Autotransport Logistik GmbH (ATG) mit GPS ausgestattet. Auch DB Cargo will zwischen 2001 und 2003 über 13.000 Güterwagen mit entsprechenden Systemen ausrüsten[7]. Während die Sendungsverfolgung nicht unmittelbar mit der Betriebsführung zusammenhängt, kann dies bei der Verfolgung des Wagenlaufes anders sein. Hier muss zwischen der freien Strecke und dem Knoten unterschieden werden. Wagen und Sendungen im Netz werden überwiegend im Kundeninteresse verfolgt. Die Betriebsführung nimmt dort Bezug auf Züge. Folglich genügt die Feststellung des Wagenstandortes mit einer wesentlich geringeren Genauigkeit als im Knoten. Die Verfolgung des Wagenlaufes im Knoten

---

[6] Wenn Sie für wenig Geld Sendungen verfolgen. In: KEP-Spezial (2000)2 S. 28

[7] 13. 000 Wagen werden mit GPS ausgerüstet. In: EI 52(2001)2 S. 84-85

liegt dagegen überwiegend im Interesse des betriebsführenden Unternehmens. Da hier die Wagen meist nicht im Zugverband bewegt werden, ist der einzelne Güterwagen Gegenstand der Betriebsführung und muss entsprechend verfolgt werden. Wagenstandorte müssen hier gleisgenau und mit exakter Reihung im Gleis feststellbar sein. Über den Wagen ergibt sich der Zusammenhang zur Ladung. Aus diesem Grund sind Wagenstandorte für den Kunden ggf. ebenfalls interessant. Moderne Betriebsinformationssysteme stellen dem Kunden deshalb auch ausgewählte Daten zur Verfügung. Die Verfolgung von **Lokomotiven** ist nur für die Betriebsführung von Interesse. Dabei müssen jedoch ebenfalls mehrere Fälle unterschieden werden. Die Feststellung von aktuellen Lokomotivstandorten zum Zwecke der direkten Zuglaufsteuerung wird im Rahmen von Betriebsleitsystemen angestrebt. Sie stellt höchste Anforderungen an Zuverlässigkeit und Sicherheit aller mitwirkenden Systeme. In letzter Konsequenz ermöglichen solche Anwendungen den Funkfahrbetrieb. Die Realisierbarkeit wurde bereits im Zusammenhang mit der Entwicklung des ERTMS nachgewiesen. Darüber hinaus interessieren die Standorte von Lokomotiven auf der freien Strecke auch dann, wenn eine direkte Beeinflussung des Betriebsablaufes durch Zugriff auf Fahrwegelemente weder möglich noch gewollt ist. Ein solcher Fall liegt z. B. bei Regionalbahnen vor, die bei der Auftragserfüllung eine Trasse im Streckennetz eines fremden EIU befahren, aber mit Hilfe eines Betriebsinformationssystems disponiert werden. Die durchgehende Disposition auch außerhalb des Bereiches der eigenen Betriebsführung gestattet geschlossene Planungs-, Überwachungs- und Abrechnungszyklen. Einen praktischen Anwendungsfall dafür gibt es bereits[8]. Wie im Knoten, d. h. im Bereich der eigenen Betriebsführung, kann dann ausgehend von aktuellen und hinreichend genauen Standortmeldungen der Einsatz der Lokomotiven optimal disponiert werden.

Die **technischen Möglichkeiten der Objektverfolgung** sind mit Ausnahme der klassischen Formen den Telematiksystemen[9] zuzuordnen. Alle Telematiksysteme lassen sich grob in Infrastruktur, Dienste und Anwendungen gliedern. Dem Nutzer steht es zum Teil offen, ob er Infrastruktur, Dienste und/oder Anwendungen des gewählten Telematiksystems selbst aufbaut bzw. erbringt oder auf Angebote von Dienstleistern zurückgreift. Die Gliederung der Telematiksysteme und (willkürlich angenommene) Beispiele des möglichen Kundenbedarfs zeigt Bild 8.8.

---

[8] Baranek, M. / Nitka, W.: Von der Werkbahn zum potentiellen Partner der DB Cargo. In: EI 51(2000) 2 S. 37-39

[9] im Sinne von Lublow, Rüdiger / van Bonn, Bernhard: Telematikanwendungen im Sammelgutumschlag. In: Internationales Verkehrswesen - Hamburg: 49(1997)7-8 S. 371 - 375

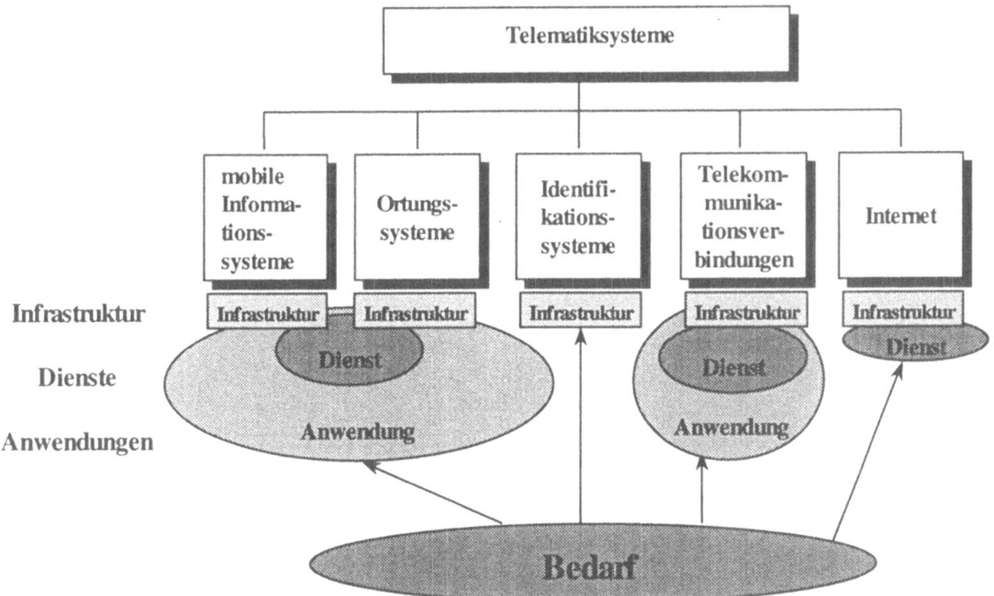

Bild 8.8: Beispiele für die Nutzung von Telematiksystemen

Tabelle 8.1 verdeutlicht ausgewählte Merkmale der wichtigsten Verfahren zur Objektverfolgung bei den Bahnen.

Aus Nutzersicht sind folgende **Ziele der Objektverfolgung** zu unterscheiden:

- operative Steuerung von Betriebsabläufen,
- Kundeninformation oder
- Mischformen beider Zwecke.

Auf Möglichkeiten der praktischen Umsetzung dieser Ziele wird im Abschnitt 8.7 eingegangen.

Die Verbreitung technischer Verfahren zur Objektverfolgung im Eisenbahnwesen ist wesentlich davon abhängig, in welchem Maße durch deren Einführung nachweisbare Nutzeffekte eintreten. Dabei bestehen nicht nur Unterschiede zwischen den konkreten Einsatzfeldern sondern auch dahingehend, bei welchem der Prozessbeteiligten der Nutzen eintritt.

Zum Beispiel lassen sich beim Einsatz der Objektverfolgung zur Unterstützung der Betriebsführung im Eisenbahnknoten nicht nur qualitative Verbesserungen erzielen. Viele Verbesserungen bei der Betriebsführung (betrieblicher Nutzen) führen zur nachdrücklich geforderten Erhöhung der Wirtschaftlichkeit (wirtschaftlich darstellbarer Nutzen). Beispiele dafür enthält Bild 8.9.

Merkmale	Zentrale Datenbanksystemen	AFI-Systeme	Satellitengestützte Ortungssysteme
neue oder zusätzliche Infrastruktur zum Betrieb	Datenerfassungs- und Datenausgabegeräte	Ballisen oder Loops am Gleis	Nein (nur Ausrüstung am Objekt)
sofort für jeden Anwender autark nutzbar	Nein	Nein	Ja
projektorientierte, sequentielle Einführung möglich	Nein	Nein	Ja
sämtliche Funktionen in geschlossenen und offenen Verkehrssystemen durchgängig integrierbar	Spezielle Anwendungen für freie Strecke und Knoten	vorzugsweise freie Strecke	Ja
ständiger und sofortiger Kontakt zu Fahrzeugen möglich	Nein	Nein	Ja
intelligente direkte Selbstmeldung möglich	Nein	Nur bei Vorbeifahrt an stationären Einrichtungen	Ja
bidirektionale Übertragung von Datenblöcke	Nein	Nur bei Vorbeifahrt an stationären Einrichtungen	Ja, nahezu beliebig große Blöcke
dezentrale Datenhaltung an Fahrzeugen	Nein	Ja	Ja
gleichzeitiger Zugriff auch unterschiedlicher Anwender auf Fahrzeugdaten	Ja (Datenbank)	Ja, über Datenbanken	Ja
Übertragbarkeit auf andere Verkehrsträger	Nur bei geschlossenen Systemen	Bedingt	Ja

Tabelle 8.1: Ausgewählte Merkmale von Verfahren zur Objektverfolgung bei den Bahnen.

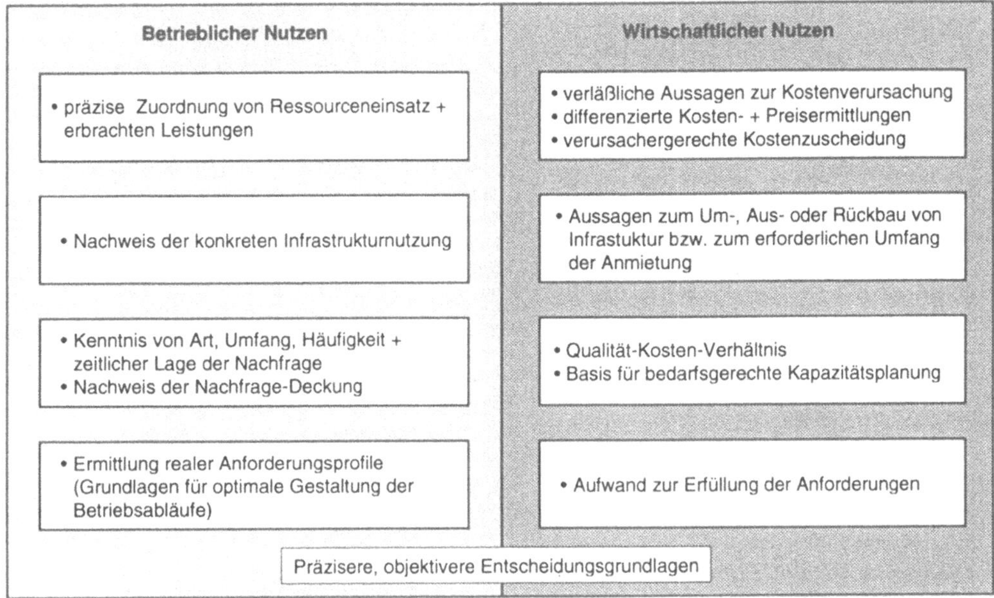

Bild 8.9: Nutzen der Objektverfolgung bei der Betriebsführung im Eisenbahnknoten

8.2 Auftragsmanagement

8.2.1 Übersicht

Die Erbringung von Güterverkehrsleistungen lässt sich grob in die Phasen

- Vorbereitung,
- Durchführung und
- Abrechnung

gliedern. Bezogen auf die Kernprozesse im Schienengüterverkehr gehört ein wesentlicher Teil der Vorbereitung und Abrechnung zum Aufgabenfeld des Auftragsmanagements, während die eigentliche Leistungserbringung überwiegend Aufgabe des Produktionsprozessmanagements ist. Das Auftragsmanagements hat hier vor allem überwachende Funktion. Damit ergeben sich für das Auftragsmanagement vor allem die Aufgabenfelder:

- Leistungsplanung,
- Leistungsüberwachung und
- Leistungsabrechnung.

Bild 8.10 zeigt die Stellung des Auftragsmanagements in Beziehung zu den übrigen Kernprozessen.

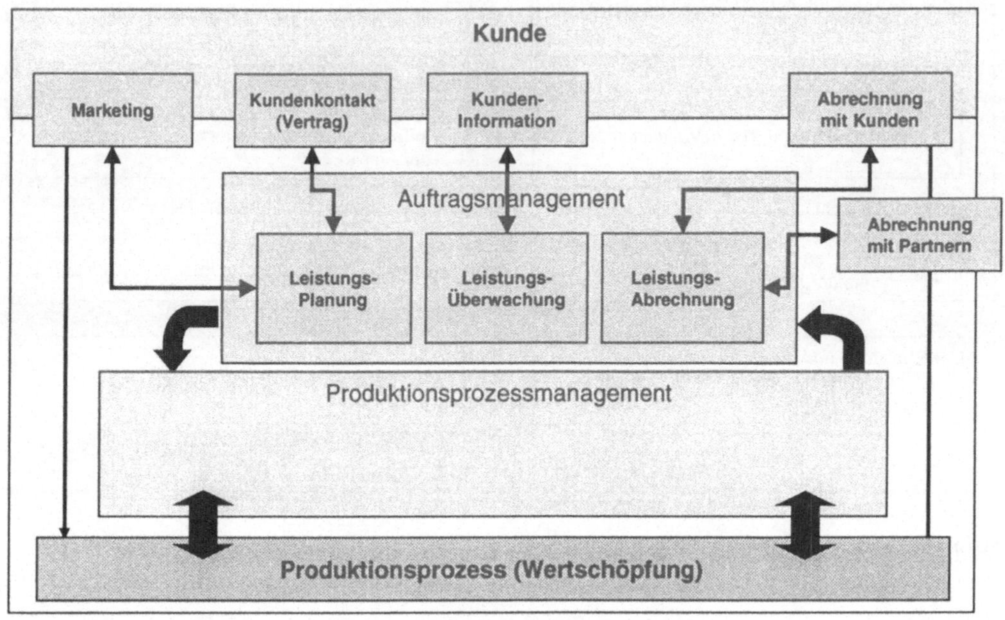

Bild 8.10 : Auftragsmanagement als Kernprozess im Schienengüterverkehr

Gegenstand der gesamten Tätigkeit ist der Kundenauftrag. In allen Phasen stellt das Auftragsmanagement ein Bindeglied zwischen dem Kunden und dem Produktionsprozessmanagement dar. Der Handlungsrahmen bei der Bearbeitung von Kundenaufträgen wird gebildet durch

- Rechtliche Rahmenbedingungen,
- technische Möglichkeiten des Betriebs und
- verfügbare Kapazitäten.

Die **rechtlichen Rahmenbedingungen** haben sich in der letzten Zeit stark verändert. Neben Ähnlichkeiten zu anderen Dienstleistungen wies der Eisenbahngüterverkehr eine Reihe Besonderheiten auf, die u. a. aus der Tarifbindung resultierten. Die Folge war ein spezifisches System rechtlicher Regularien. Diese Situation ist mit der Liberalisierung immer mehr in Veränderung begriffen. Dies äußert sich in der stärkeren Annäherung an das allgemeine Handelsrecht. So werden z. B. die Vertragsbeziehungen zwischen den Bahnen und zwischen Bahnen und Transportkunden in Deutschland weitgehend als Verträge auf der Grundlage von HGB bzw. BGB abgewickelt. Auch die notwendige Ausgestaltung entsprechend der spezifischen Bedingungen im Eisenbahnwesen ist fortgeschritten. So gibt es ähnlich den Allgemeinen Geschäftsbedingungen in anderen Bereichen für die deutschen Bahnen nun Allgemeine Leistungsbedingungen (ALB). Diese ersetzen die Regelungen nach der Eisenbahnverkehrsordnung (EVO). Grundlage dafür bildete das am 1. Juli 1998 in Kraft getretene Transportrechts-reformgesetz (TRG). DB Cargo hat die ALB vom 01. Juli 1998 inzwischen aktualisiert (Stand: 01.07.2000).

In Hinblick auf die Akquisition von Kundenaufträgen besteht das Bestreben möglichst bedarfsgerechte Angebote zu entwickeln. Auf der anderen Seite muss die angebotene Leistung auch wirtschaftlich zu erbringen sein. Bei der Angebotserstellung muss deshalb auf die **technischen Möglichkeiten des Betriebs** Rücksicht genommen werden. Bei Leistungsangeboten, die auf Standardleistungen basieren, ist dies unproblematisch. Die Entwicklung kundenspezifischer Leistungsangebote kann jedoch erheblich diffizilere Fragen aufwerfen, die häufig nur in Zusammenarbeit mit den Prozessbeteiligten verlässlich zu klären sind. Besonders deutlich wird dieser Sachverhalt am Beispiel außergewöhnlichen Sendungen. Der Transport einer Sendung mit erheblicher Lademaßüberschreitung kann unter Umständen mit dem System Bahn technisch unmöglich bzw. wirtschaftlich nicht vertretbar sein.

Eine weitere wesentliche Randbedingung stellen die **verfügbaren Kapazitäten** dar. In den wirtschaftlichen Ballungszentren treten gelegentlich bei hoher Konjunktur Engpässe hinsichtlich der verfügbaren Trassen aber auch bei bestimmten Wagengattungen auf. Die inzwischen nutzbaren Informationssysteme liefern hier wichtige Informationen über die jeweilige Situation. Aufgabe des Auftragsmanagements bleibt es, bei Kapazitätsengpässen sachgerechte Entscheidungen dahingehend zu treffen, wie die verfügbaren Kapazitäten am zweckmäßigsten zur Bedarfdeckung genutzt werden sollen.

8.2.2 Leistungsplanung

Die **Leistungsplanung** beginnt mit der **Vorbereitung der Leistungserbringung** d. h. vor konkreten Vertragsabschlüssen. Angesichts des immer härteren Wettbewerbs im Transportmarkt stehen die Bahnen hier vor einer enormen Herausforderung. In den Zeiten der regulierten Transportmärkte hatte die Akquisition für die Bahnen bei weitem nicht diese existentielle Bedeutung wie heute. Deshalb wurden und werden bei vielen Bahnen intensive Anstrengungen im gesamten Marketingbereich unternommen. Von Seiten der Bahnen bedeutet dies u. a. im Rahmen von **Anpreisungen** vorhandene und potentielle Kunden über das Leistungsangebot zu informieren. Anpreisungen sind nicht an eine bestimmte Form gebunden und rechtlich unverbindlich. Dabei sind die verschiedensten Informationskanäle nutzbar. Beispiele sind Informationsbroschüren, Kundenzeitschriften und Internetpräsentationen.

Die erste Aktivität der Transportkunden ist die **Anfrage**. Anfragen sind ebenfalls nicht formgebunden. Der Kunde bindet sich damit auch noch nicht rechtlich. Im Rahmen der Anfrage bittet der Kunde um nähere Informationen zum Leistungsangebot. Ansprechpartner bei den Bahnen sind dafür die Beschäftigten der örtlichen Verkehrsstellen, spezielle Kundenberater und Mitarbeiter der Kunden-Service-Zentren. Dabei sind zwei prinzipielle Fälle zu unterscheiden. Im einfachsten Fall kann der Kundenbedarf mit vorhandenen Leistungsangeboten abgedeckt werden. Dann sollte der Kunde ausreichend über diese Leistungen informiert werden und bei Interesse sollte er ein entsprechendes Angebot erhalten. Zunehmend gehen die Kundenbedürfnisse über die durch Standardleistungen der Bahnen abgedeckten reinen Transportleistungen hinaus. In diesem Fall müssen spezifische Dienstleistungen entwickelt werden. Dies ist vorrangig Aufgabe der Kundenberater und der Mitarbeiter von Kunden-Service-Zentren. Im Rahmen des Projektes „Aufbau Kunden-Service-Zentrum / Betrieb / Informations-Zentrum Cargo / Qualitätsmanagement" hat DB Cargo ein DV-Anwendungsmodell konzipiert und weitgehend umgesetzt, das beginnend mit der Entwicklung von Dienstleistungen bis hin zur Abrechnung alle wesentlichen Prozesse abdeckt. Nachfolgend sollen die wichtigsten Abläufe auf der Grundlage von[10][11] dargestellt werden.

Das **Entwickeln neuer Dienstleistungen** umfasst intern eine Reihe Aktivitäten. Die Dienstleistungsplanung beginnt mit der Dokumentation der neu entwickelten Dienstleistung. Dabei geht es nicht nur um die technologische Beschreibung sondern auch um Preis- und Leistungskomponenten sowie um Marktpotentiale. Die Summe der Leistungsbeschreibungen bildet das Dienstleistungsangebot, welches laufend gepflegt, analysiert und fortgeschrieben wird. Neben der Kenntnis der eigenen Leistungspotentiale sind vor allem für die Preisbildung Markt- und Wettbewerberdaten erforderlich.

Erhält der Kunde ein **Angebot,** so ist dieses für die Bahn als Anbieter verbindlich. Gegenstand von Angeboten sind vor allem die angebotenen Leistungen und die Konditionen für die Leistungserbringung. Nimmt der Kunde das Angebot an, kommt das Vertragsverhältnis zustande. Anstelle der im Handel üblichen Bestellung wird zwischen dem Anbieter der Schienengüterverkehrsleistung und dem Transportkunden ein Vertrag abgeschlossen. Bei den Bahnen sind Vertragsverhältnisse üblich, die aus Leistungsverträgen und Einzelverträgen bestehen. **Leistungsverträge** bilden den vereinbarten Rahmen für die Einzelverträge. Sie haben vor allem Transportgüter, Transportmengen, benötigte Wagentypen und Relationen für einen definierten Zeitraum zum Gegenstand. Leistungsverträge haben meist eine Laufzeit von 12 Monaten. Da im Schienengüterverkehr kaum noch einmalige Verkehre von Einzelwagen eines Versenders üblich sind, erscheint diese Vorgehensweise für die Beteiligten zweckmäßig. Die Versender können über die Leistungsverträge die benötigten Leistungen vertraglich binden und individuelle Konditionen aushandeln. Für die Bahnen wiederum wird die Leistungserbringung planbarer. Je stärker sich der Kunde festlegt um so höher ist die Planungssicherheit der Bahn und um so günstigere Konditionen können geboten werden.

Der Ersatz der EVO durch diese dem allgemeinen Handelsrecht angepasste Verfahrensweise schafft nicht nur für das Vertragsverhältnis Transportkunde – Bahn zeitgemäßere Rechtsverhältnisse. Auch für die Zusammenarbeit zwischen den Bahnen sind damit Voraussetzungen gegeben, die eine größere Angleichung an den Straßengüterverkehr ermöglichen. So kann der Spediteur auf der Schiene wirksam werden, der sich Bahnleistungen einkauft. Die Abwicklung von Kaufverträgen bei den Bahnen nähert sich damit weitgehend den Abläufen in anderen Wirtschaftsbereichen an (Bild 8.11).

---

[10] Dyllik, K.-P.: DB Cargo durch PU (LPU) auf dem Weg von der Abfertigung zum Kundenservice: Dadurch marktfähiger und produktiver. In: Deine Bahn - ?: (1997)4 S. 209-212

[11] DB Cargo KundenServiceZentrum. Firmenschrift der DB Cargo, 2000

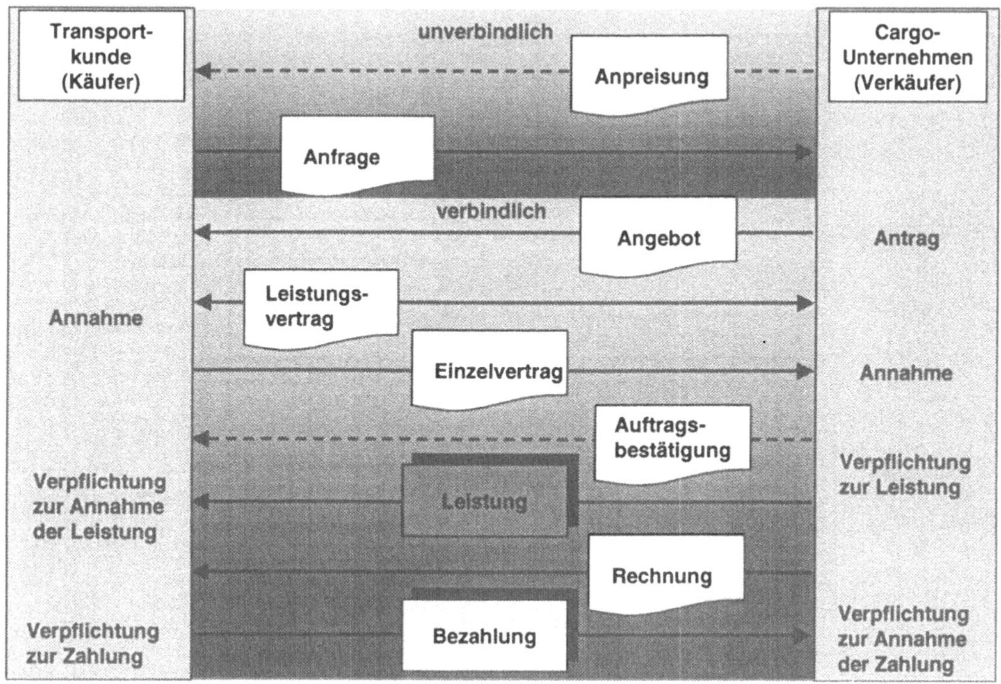

Bild 8.11: Abläufe bei der Abwicklung von Kaufverträgen

Einzelverträge werden überwiegend in Form von Frachtverträgen abgeschlossen. Sie stellen die konkrete wagenbezogene Umsetzung der Leistungsverträge dar. Bei der Anbindung des Kunden an ein KSZ haben die Aufträge den Charakter eines Einzelvertrages. Der Vertrag kommt zustande, sofern der Auftragnehmer, d. h. die Bahn vertreten durch das KSZ, nicht in der vereinbarten Frist widerspricht.

Die zentrale Auftragsbearbeitung des DB Cargo KSZ geht von der im folgenden Bild 8.12 dargestellten Regelablauf aus.

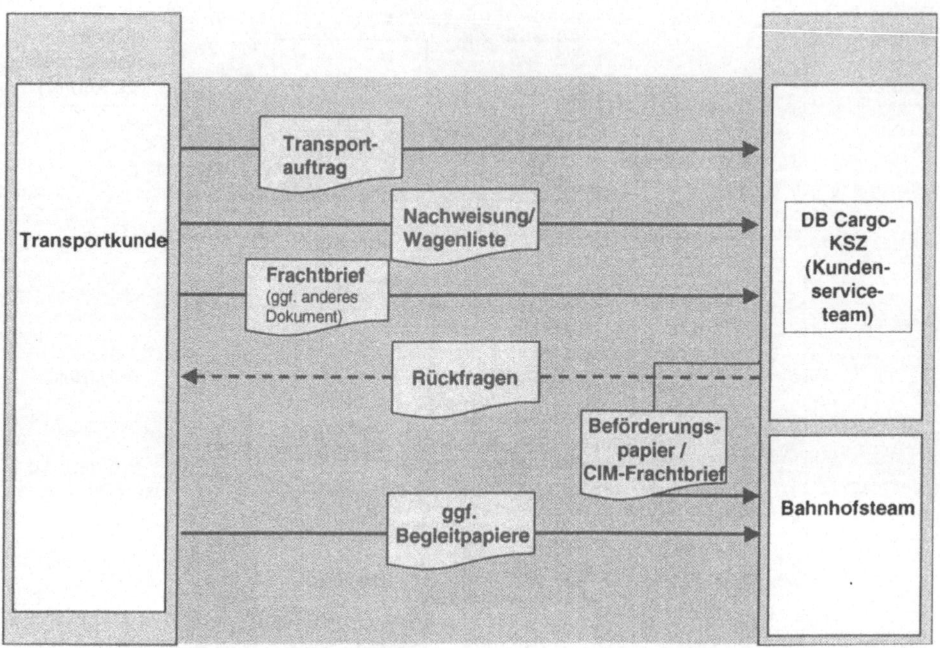

Bild 8. 12: Regelablauf der zentralen Auftragsabwicklung im DB Cargo KSZ

8.2.3 Leistungsüberwachung

Bei der Leistungsüberwachung sind zwei wesentliche Gesichtspunkte zu unterscheiden: die
Kenntnis der aktuellen Situation in der Produktion und die Informationsfähigkeit gegenüber
den Kunden.

Zunächst ist für die Bearbeitung neuer Aufträge die **Kenntnis der aktuellen Situation in der
Produktion** eine wesentliche Voraussetzung. Dies gilt vor allem im Hinblick auf Einflüsse, die
den Betriebsablauf beeinträchtigen wie z. B. Baumaßnahmen, Kapazitätsengpässe u. ä. Dazu
kommen Erkenntnisse über die Einhaltung vorgegebener Qualitätsparameter wie z. B. Pünktlichkeit oder die Vermeidung von Transportschäden.

Ein weiterer Aspekt ist die **Informationsfähigkeit gegenüber den Kunden**. Es gehört heute
weitgehend zum Standardangebot von Logistikdienstleistern über nicht immer vermeidbare
Abweichungen vom vereinbarten Leistungsumfang den Kunden rechtzeitig zu informieren.
Dies betrifft in erster Linie Verspätungen. Bei rechtzeitiger Information kann der Kunden
häufig Vorkehrungen treffen und eventuelle Nachteile minimieren.

Weiterhin erwarten viele Kunden, dass ihnen Zugriff auf ausgewählte Prozessdaten gewährt
wird.

8.2.4 Leistungsabrechnung

Interne Abrechnungen bei den Bahnen sind notwendig

*   innerhalb der jeweiligen Bahnunternehmen,

- zwischen am Transport beteiligten Bahnunternehmen (ggf. international) und
- mit sonstigen Dienstleistern (z. B. Energieversorger, Wagenvermieter).

Wie bei anderen Unternehmen auch erfolgt **innerhalb der Bahnunternehmen** die Erfassung und Abrechnung von Leistungen als Bestandteil der betrieblichen Rechnungsführung. Die dazu erforderlichen Abläufe und genutzten technischen Systeme entsprechen der Größe und Komplexität der jeweiligen Bahnen. Dabei zeichnet sich mehr und mehr das Bestreben ab, aus anderen Wirtschaftsbereichen bewährte Verfahrensweisen zu übernehmen bzw. anzupassen. Aus Kundensicht sind diese internen Abläufe kaum von Interesse und sollen deshalb an dieser Stelle nicht vertieft werden. Lediglich einige Gesichtspunkte der Leistungserfassung erscheinen beachtenswert. Während in anderen Wirtschaftsbereichen, z. B. in der mechanischen Fertigung, die Kosten teilweise sehr detailliert ermittelt und den entsprechenden Kostenträgern und Kostenstellen zugerechnet werden können, bereitet dies bei Bahnleistungen größere Schwierigkeiten. Die Schwierigkeiten liegen nicht nur darin begründet, dass die Produktionsanlagen sich über große Territorien erstrecken und somit die Erfassung formal technisch aufwändiger ist. Wünschenswert wäre die exakte Ermittlung der Kosten für jede Wagenbewegung einschließlich dazu erforderlicher Zusatzleistungen. Insbesondere beim Sammeln und Verteilen hängt jedoch der Aufwand von einer Vielzahl Faktoren ab, die sehr unterschiedlich wirken und nicht ohne weiteres erfassbar sind. Die Bedienung einer Ladestelle kann z. B. schon deshalb erheblich höheren Rangieraufwand verursachen, weil die zu benutzenden Gleisanlagen stark belegt sind. Zu beachten ist vor allem der Aufwand für die Erfassung der notwendigen Basisdaten im Verhältnis zu den daraus erzielbaren Nutzeffekten. Anhand der Begleitpapiere ist schon seit langem der Wagenlauf prinzipiell nachvollziehbar. Nur sind z. B. die konkrete Infrastrukturnutzung und der exakte Rangieraufwand nicht so einfach feststellbar. Erst die in jüngster Zeit nutzbaren Möglichkeiten der Objektverfolgung liefern hier bessere Voraussetzungen. Die möglichst exakte Zuscheidung der Kosten zu einzelnen Leistungen bzw. Teilleistungen ist nicht nur für retrospektive Betrachtungen von Interesse. Für die Preisbildung aber auch für strategische Entscheidungen über die Beibehaltung oder Erweiterung von Leistungsangeboten sind solche Informationen unerlässlich. Ein Beispiel dafür ist die derzeit bei DB Cargo diskutierte „Strategie des Marktorientierten Angebots" (MORA C)[12]. Eine Kernaussage darin ist die Höhe des Ertrages im Einzelwagenverkehr mit Groß- und Einzelkunden sowie die daraus resultierende stärkere Konzentration auf Großkunden.

Bei der **Leistungsverrechnung der Bahnen untereinander** ist zwischen **UIC-Bahnen** und anderen Bahnen zu unterscheiden. Die ehemaligen europäischen Staatsbahnen sind fast alle seit langer Zeit im Internationalen Eisenbahnverband (UIC) organisiert und erkennen die dort vereinbarten Regelungen an. Das heißt, für grenzüberschreitende Verkehre gelten die entsprechenden UIC-Kodizes[13]. Dabei waren bedingt durch die Liberalisierung und fortschreitende Nutzung der IuK-Techniken in der letzten Zeit Aktualisierungen erforderlich.

---

[12] vergl. Rossberg, R. R. Hartmut Mehdorn plant in langen Zügen. In: VDI-Nachrichten vom 29.12.00, (2000)52 S. 20

[13] z. B. UIC-Kodex 304 V - Abrechnungsvorschriften für den internationalen Güter- und Expressgutverkehr. 2. Ausgabe: Februar 2000 und UIC-Kodex 305 V - Abrechnungsvorschriften für den informatisierten, internationalen Güter- und Expressgutverkehr. 1. Ausgabe: 1994-01, Neuauflage: 1997-01

Neu ist in diesem Zusammenhang auch die Abrechnung mit **regionalen Bahnen**. Die regionalen Bahnen (NE-Bahnen) sind meist nicht im UIC organisiert. In der Vergangenheit wurden zwar auch schon durchgehende Frachten für Wechselverkehre zwischen NE- und bundeseigenen Bahnen bei den Versendern erhoben, jedoch erfolgte die interne Verrechnung nach speziellen Frachtzuscheidungsverfahren. Diese Verfahren waren über Jahre gewachsen, recht komplex, nicht mehr zeitgemäß und deshalb immer wieder Gegenstand der Kritik. Sie sind nun nicht mehr in Kraft. Heute verkaufen sich die Bahnen gegenseitig ihre Leistungen und stellen sich diese in Rechnung. Dadurch ist es möglich Teilleistungen einzukaufen, gegebenenfalls mit eigenen Leistungen zu kombinieren und dem Kunden neue marktgerechte Komplexleistungen anzubieten. Das Verhältnis zwischen UIC-Bahnen und anderen Bahnen entspricht damit weitgehend Vertragsverhältnissen, wie sie in anderen Bereichen der Wirtschaft und mit sonstigen Dienstleistern üblich sind.

Die **Abrechnung** zwischen den Bahnen und ihren Kunden sind in der letzten Zeit erheblich vereinfacht und automatisiert worden. Barzahlung ist die Ausnahme. Verfahren zur zentralen Frachtbe- und –abrechnung gehörten zu den ersten Abläufen, die mit Hilfe der elektronischen Datenverarbeitung unterstützt wurden. DB Cargo arbeitet heute überwiegend mit dem Frachtausgleichsverfahren (Tabelle 8.2). Die Abrechnung erfolgt über sogenannte ZFL-Rechnungen. Diese Rechnungen werden maschinell erstellt.

Verfahren	Erläuterung
Frachtausgleichsverfahren der Deutschen Verkehrsbank	bequemste und rationellste Zahlungsart
bar und mit kartengarantierten Schecks (eurocheques)	bei Auflieferung bzw. vor Ablieferung der Sendung
mit nichtkartengarantierten Schecks	bei Auflieferung bzw. vor Ablieferung der Sendung (nur nach besonderer Vereinbarung)
Überweisung (Zielzahlung)	gemäß besonderer Vereinbarung

Tabelle 8.2: Zahlungsverfahren

Zahlungsgegenstände können

- Frachten,
- Nebenentgelte,
- Gebühren und
- sonstige Kosten

sein. Frachten sind Entgelte für erbrachte Transportleistungen. Nebenentgelte werden für Leistungen erhoben, die neben der eigentlichen Transportleistung erbracht wurden. Dazu zählen z. B. Verwiegung, Lagerung und Umschlagsleistungen. Gebühren können im Zusammenhang mit Amtshandlungen von Behörden entstehen (z. B. Zoll).

Grundlage für die Frachtberechnung bilden von den Bahnen festgelegte Verfahren zur **Preisermittlung**. Mit der Liberalisierung des Eisenbahnwesens ist bei vielen Bahnen neben der

Beförderungspflicht im Güterverkehr auch die Tarifpflicht aufgehoben worden. In Deutschland ist dies seit Inkrafttreten des Eisenbahn-Neuordnungsgesetzes der Fall. Alle deutschen Eisenbahnen können ihre Preise seitdem ohne staatlichen Genehmigungsvorbehalt festlegen. Damit ist eine wichtige Voraussetzung für den Wettbewerb zwischen den Bahnen und auch zwischen den Verkehrsträgern gegeben. Bei DB Cargo erfolgt die Preisermittlung auf der Grundlage der „Preise und Konditionen für den Wagenladungsverkehr (PKL) mit Allgemeiner Preisliste". Diese Regelungen werden ergänzt durch die „Allgemeine Preisliste (APL)" und „Branchen-Preislisten (BPL)". Für Sendungen mit beladenen oder leeren Großcontainern, Wechselbehältern und Sattelanhängern gilt eine gesonderte Preisliste. Der Geltungsbereich erstreckt sich auf Transporte zwischen allen im Bahnhofsverzeichnis genannten Güterverkehrsstellen.. Die Preislisten nehmen Bezug auf Entfernungen gemäß Entferungswerk der DB Cargo, das „Güterverzeichnis" (NHM-Verzeichnis) und die Algemeinen Leistungsbedingungen (ALB). Die genannten Unterlagen stellen einen Bezugsrahmen dar. Es steht den Bahnen frei mit ihren Kunden abweichenden Vereinbarungen zu treffen. Bei entsprechend hohen Aufkommen oder langer Vertragsbindung werden z. B. durchaus Rabatte gewährt.

Ausnahmen treten bei internationalen Transporten und Privatgüterwagen auf. Für Sendungen im grenzüberschreitenden Verkehr gelten gemäß § 5 CIM die Listen A und B sowie die „Ergänzenden Tarifbestimmungen im Güterverkehr mit ausländischen Bahnen (Tfv 105)". Die „Bestimmungen für Privatgüterwagen" gelten zusätzlich, wenn private Güterwagen zum Einsatz kommen.

8.3 Betriebliche Abläufe (Betriebsmanagement)

8.3.1 Übersicht

Wesentlichster Bestandteil im Aufgabenfeld des **Betriebsmanagements** ist die **Betriebsführung**, d. h. die Organisation, Durchführung und Überwachung von Fahrzeugbewegungen. Im Güterverkehr besteht dabei das Ziel vorrangig darin, unter Nutzung von Betriebsmitteln und Arbeitsleistungen eine sichere, wirtschaftliche und am Kundenbedarf ausgerichtete Ortsveränderung durchzuführen. Der Aspekt der **Sicherheit** spielt im Eisenbahnwesen eine herausragende Rolle. Im § 4 (1) des AEG wird deshalb explizit gefordert: „Die Eisenbahnen sind verpflichtet, ihren Betrieb sicher zu führen und die Eisenbahninfrastruktur, Fahrzeuge und Zubehör sicher zu bauen und in betriebssicherem Zustand zu halten."

Die **Wirtschaftlichkeit** des Eisenbahnbetriebs ist ein weiterer wichtiger Gesichtspunkt, der insbesondere für private Unternehmen existentiellen Charakter hat, aber nicht zu Lasten der Sicherheit gehen darf. Die Rationalisierungsmaßnahmen der letzten Jahre haben gezeigt, welche enormen Anstrengungen die Bahnen zur Erreichung der Wettbewerbsfähigkeit bereits unternommen haben. Fortschreitende Modernisierung und Automatisierung, massive Einführung von IuK-Techniken und leider auch massiver Personalabbau sind dafür Merkmale. Trotzdem sind noch nicht überall die vorhandenen Potentiale ausgeschöpft.

Die Ausrichtung auf den **Kundenbedarf** ist bei den Bahnen zwar unterschiedlich weit entwikkelt, aber in ihrer Tendenz unverkennbar. So sind z. B. viele Regionalbahnen, insbesondere die Werkbahnen, durch den engen Kontakt zu ihren Kunden detailliert über deren Bedürfnisse informiert. Durch die intensive Zusammenarbeit entstehen häufig sehr individuelle Lösungen bis hin zur Integration in industrielle Produktionsprozesse wie z. B. in der Montan-, Chemie- und Automobilindustrie. Wesentliche Voraussetzung für die Entwicklung marktgerechter Lösungen ist jedoch neben einer zweckmäßigen Organisation und Durchführung der physischen Prozesse die Erreichung wirtschaftlicher Ergebnisse für alle Beteiligten.

Wesentliche Voraussetzung dafür ist die Transparenz entstehender Kosten und deren Deckung durch angemessene Erlöse.

Mit Blick auf die bereits skizzierten grundlegenden Produktionsprozesse sind zwei prinzipielle Betriebssituationen zu unterscheiden. Einerseits die **Zugfahrten** auf der freien Strecke und auf der anderen Seite der **Rangierbetrieb** in Bahnhöfen. Die differenzierte Betrachtung ist aus mehreren Gründen von fundamentaler Bedeutung. Sie ist u. a. begründet durch Unterschiede hinsichtlich:

- der Verantwortlichkeiten für die Betriebsführung,
- der geltenden Rahmenbedingungen,
- der angewandten Technologien, einschließlich der dazu erforderlichen technischen
  Voraussetzungen,
- der zulässigen Höchstgeschwindigkeiten und
- der Rationalisierungsmöglichkeiten.

Die **Verantwortung für die Betriebsführung** liegt für **Zugfahrten** weitgehend bei den Eisenbahninfrastrukturunternehmen. Diese haben gemäß § 2 (3) AEG nicht nur die Schienenwege zu bauen und zu unterhalten sondern auch Betriebsleit- und Sicherungssysteme zu führen. Die Eisenbahnverkehrsunternehmen müssen die Zugförderung sicherstellen und können unter Nutzung bestellter Trassen Zugfahrten durchführen. Sie sind dabei aber an die Rahmenbedingungen gebunden, die unter Einbeziehung der Betriebsleit- und Sicherungssysteme vorgegeben werden. Für den **Rangierbetrieb** gilt dies nicht in dieser Form. Die Eisenbahnverkehrsunternehmen führen die Rangierarbeiten vollständig in eigener Verantwortung durch. Bei den NE-Bahnen gibt es dafür als juristisch verantwortliche Person den Eisenbahnbetriebsleiter. Die Nutzung bestimmter Bahnanlagen für den Zugverkehr und den Rangierdienst ist nicht ausgeschlossen. Dies betrifft z. B.

- Zugfahrten auf Bahnhofsgleisen auf denen auch (zu anderen Zeiten) rangiert wird,
- Rangierarbeiten unter zeitweiliger Nutzung des Streckengleises und
- Fahrten auf Streckengleisen zu Bauzwecken.

Für alle diese Fälle gibt es spezifische, eindeutige Regelungen[14].

8.3.2 Betriebliche Abläufe auf der freien Strecke

Die angewandten **Technologien des Zugbetriebes** basieren auf dem Grundprinzip der Einhaltung des Raumabstandes. Bedingt durch die langen Bremswege, die bei Zügen auftreten, ist ein Fahren auf Sicht, wie im Straßenverkehr, aus Sicherheitsgründen nicht zulässig. Im klassi-

---

[14] Vergl. hierzu DS 408.01-09 Züge fahren und Rangieren – Fahrdienstvorschriften (FV) - .

schen Eisenbahnbetrieb bilden stationäre Signalanlagen sogenannte Blockabschnitte, in die jeweils nur ein Zug eingelassen wird. Damit werden signaltechnisch Kollisionen durch Gegenfahrten und Auffahren verhindert. Über zusätzliche Sicherungseinrichtungen am Gleis und an den Triebfahrzeugen wird die Einhaltung signalisierter Zugfolgeregelung meist auch dann erzwungen, wenn der Triebfahrzeugführer nicht oder nicht rechtzeitig reagiert. Während in der Vergangenheit nicht nur in den Bahnhofsbereichen die Bedienung der Weichen und Signalanlagen von Stellwerken aus erfolgte, sondern auch die Blocksignale von Blockwärtern bedient werden mussten, hat die DB AG in den letzen Jahren systematisch elektronische Stellwerke (ESTW)[15] eingeführt. Die elektronischen Stellwerke erlauben die Bedienung der Weichen sowie der Signal- und Sicherungsanlagen für ganze Streckenabschnitte von wenigen zentralen Bedienplätzen aus. Inzwischen wird an der Umsetzung des Betriebszentralenkonzeptes gearbeitet. Ziel dieses Konzeptes ist die Aufteilung des Streckennetzes in Netzbereiche. In den Netzbereichen übernimmt eine zentrale Betriebsstelle (Betriebszentrale) die Zuglenkung[16]. Die dort tätigen Zuglenker haben neben Systemen zur Disposition und Überwachung des Zugbetriebes auch direkten Zugriff auf die Fahrwegsteuerung. Die Steuerung und Überwachung örtlicher Fahrzeugbewegungen neben den Zugfahrten gehören nicht zum Aufgabenbereich der Zuglenker. Für deren Durchführung in Form von Rangierfahrten und Übergabefahrten zu solchen örtlichen Bedienbezirken, die benachbarten Betriebszentralen zugeordnet sind, bleiben örtlich zuständige Fahrdienstleiter verantwortlich.

Die Länge der Blockabschnitte ergibt sich aus den maximal zulässigen Zuglängen und Bremswegen. Das bedeutet jedoch, dass immer dann eine unnötige Einschränkung der Streckenkapazität eintritt, wenn Züge fahren, die diese Höchstgrenzen nicht erreichen. Aus diesem Grund wird seit einigen Jahren im europäischen Maßstab im Rahmen des Projektes ERTMS (Europan Railway Transport Management System) an technischen Lösungen gearbeitet. Das Teilprojekt ETCS (Europan Train Control System) soll schrittweise eine Sicherung des Raumabstandes ohne feste Blockabstände ermöglichen[17]. Angestrebt wird der funkbasierte Fahrbetrieb im Level 3 des ERTMS-Projektes, welches seinerseits ein Teilprojekt von ETCS ist[18]. Eine Übersicht der im Rahmen von ERTMS geplanten und teilweise bereits abgeschlossenen Projekte der UIC zeigt Bild 8.13.

---

[15] Frank, W.: Die Zukunft elektronischer Stellwerke. In: ETR 40(1991) 9 S.575-584

[16] Pomp, R. / Zabelt, H.-J.: Wegbereiter des Betriebszentralenkonzeptes der DB AG: Die Pilotanlage Magdeburg. In: Deine Bahn (1999) 1 S. 40-44.

[17] Kollmannsberger, Florian/Ptok, Frank Bernhard/ Wojanowski, Erich: ERTMS - Europan Railway Transport Management System. In: ETR. - : 45(1996)3 S.121-125

[18] Ptok, B. / Nitschke, E. : ERTMS Einführung moderner Betriebsleit und Steuertechnik bei der DB AG. In: Der Eisenbahningenier - Frankfurt 48 (1997) 10 . - S. 31 – 39

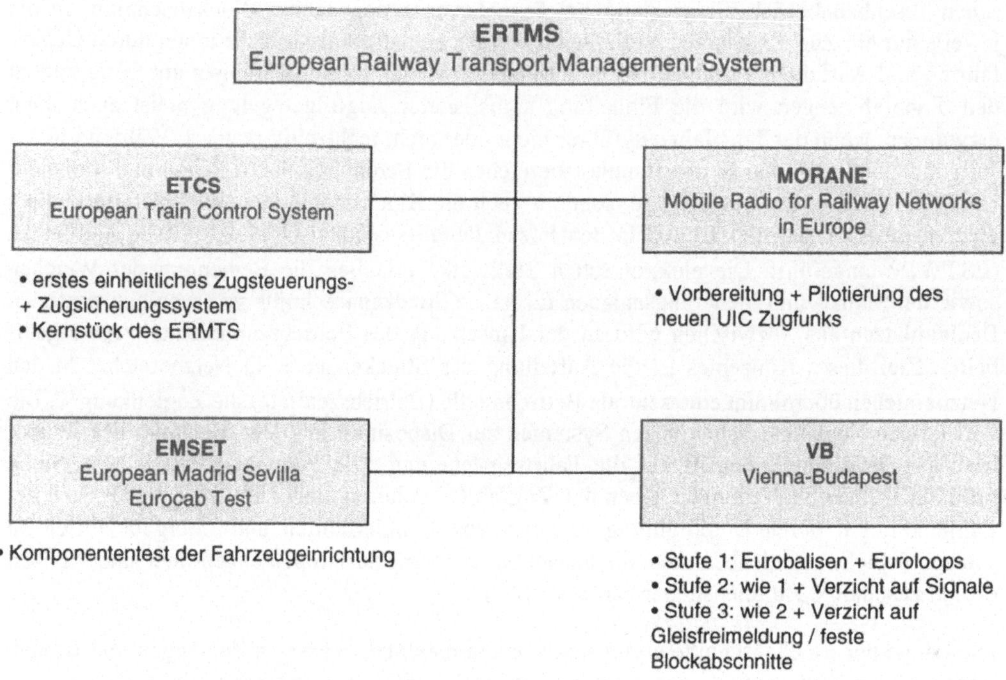

Bild 8.13: Projekte der UIC

Mit der Einführung dieser Technologie könnten u. a. die bestehenden Strecken besser ausgelastet werden. Außerdem entfielen am Gleis weitgehend stationäre Signalanlagen. Auf die Betriebsführung auf der freien Strecke soll jedoch an dieser Stelle nicht näher eingegangen werden. Zu diesem umfangreichen und komplexen Sachgebiet sei auf die Literatur[19] verwiesen.

8.3.3 Betriebliche Abläufe in Eisenbahnknoten

Für die Durchführung des Bahnbetriebs sind neben der freien Strecke Knoten im Bahnnetz notwendig. Die Knoten haben entsprechend ihrer Funktionen unterschiedliche Aufgaben (Bild 8.14).

---

[19] Pachl, J.: Systemtechnik des Schienenverkehrs. – Stuttgart; Leipzig: B. G. Teubner Verl. 1999 ISBN 3-519-06383-2

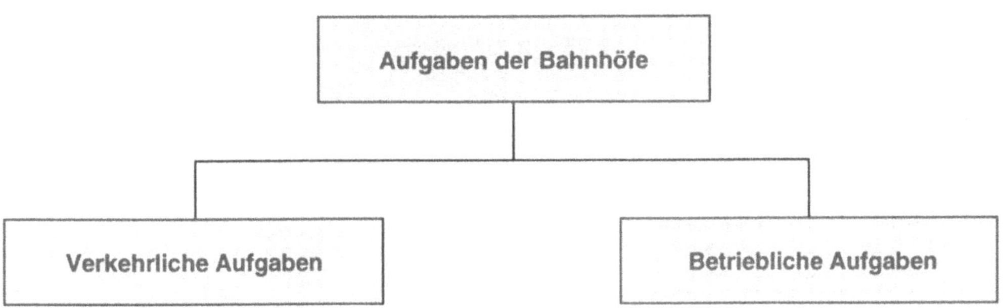

* Information von Kunden

* Annahme und Auslieferung von Sendungen

* Angebot von Dienstleistungen

* Sammeln und Verteilen von Wagen

* Bilden und Auflösen von Zügen

* Beginnen und Enden von Zügen

* Bespannen von Zügen

* Ändern der Reihenfolge von Zügen

Bild 8.14: Aufgaben der Bahnhöfe

Die **verkehrlichen Aufgaben** sind im Zeitalter von elektronischer Datenverarbeitung und Telekommunikation nicht mehr in so starkem Maße an Örtlichkeiten gebunden. Kundeninformationen werden über alle nutzbaren Medien transportiert. Angefangen mit Kundenzeitschriften bis hin zum elektronischen Datenaustausch gibt es in der Praxis viele Formen. Der direkte Kundenkontakt erfolgt heute überwiegend über Kundenberater, die die Kunden aufsuchen. Darüber hinaus sind die Mitarbeiter des Betriebsdienstes angehalten, betriebsbedingte Kundenkontakte (z. B. Wagenzustellung und Wagenabholung in Gleisanschlüssen) zu nutzen und zu pflegen. Zentrale Kundenservicezentren (KSZ) ermöglichen es den Bahnen außerdem in wirtschaftlicher Weise Ansprechpartner für die Kunden zu sein. Die Zentralisierung ist die Voraussetzung dafür, Personal des Verkehrsdienstes aus der Fläche zurückzuziehen und über die KSZ für die Kunden trotzdem täglich zu jeder Zeit ansprechbar zu sein. Die Annahme und Auslieferung von Sendungen übernehmen überwiegend Mitarbeiter des Betriebsdienstes. Die damit verbundenen kommerziellen Prozesse laufen meist schriftlich oder auf elektronischem Wege ab. Ergänzende Dienstleistungen wie z. B. Verpackung, Ladungssicherung, Verwiegung und administrative Aufgaben werden nur noch dort angeboten wo eine entsprechende Nachfrage besteht. Beispiele dafür sind Satelliten mit Gleisanschlüssen zu wichtigen Transportkunden bis hin zur Betriebsführung kompletter Anschlussbahnen im Kundenauftrag.

Die **betrieblichen Aufgaben** prägen in weit stärkerem Maße die Gestaltung der Bahnhöfe. Da es weder sinnvoll noch notwendig ist, jeden Bahnhof auf alle erdenklichen Aufgaben auszurichten, sind die Bahnhöfe entsprechend ihrer Zweckbestimmung ausgestattet. Entsprechend dem heute praktizierten Knotenpunktverfahren können im Güterverkehr folgende wesentlichen Bahnhofstypen unterschieden werden (Bild 8.15).

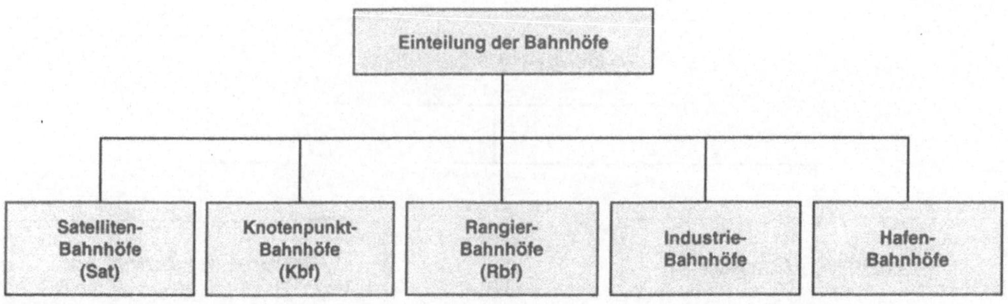

Bild 8.15: Einteilung der Bahnhöfe nach ihren betrieblichen Aufgaben

In Abhängigkeit vom Knotentyp unterscheiden sich auch die Ziele der Betriebsführung. Die nachfolgende Tabelle 8.3 enthält wesentliche Ziele der Betriebsführung in den einzelnen Knoten im Vergleich zur freien Strecke.

Betriebssituation	Primärziel der Betriebsführung
freie Strecke	Sicherung des Raumabstandes auch bei hoher Streckenauslastung mit unterschiedlichen Zuggattungen
Rangierbahnhöfe	Sichere und schnelle Fern-Fern-Umstellung von Zügen (Zugauflösung und -bildung)
Knotenpunktbahnhöfe	Sichere und schnelle Fern-Nah- und Nah-Fern-Umstellung von Zügen (Zugauflösung und -bildung)
Satellitenbahnhöfe	Effektives Sammeln und Verteilen von Wagen
Hafenbahnhöfe	anforderungsgerechte Ladestellenbedienung Sicherstellen von Abläufen im Hafen (Einhaltung vorgegebener Schiffsliegezeiten)
Industriebahnhöfe	anforderungsgerechte Ladestellenbedienung Sicherstellen industrieller Produktionsprozesse

Tabelle 8.3: Betriebssituationen und Primärziele der Betriebsführung

Zur optimalen Unterstützung dieser Primärziele sind die Bahnhöfe unterschiedlich gestaltet und automatisiert. Auf Rangier-, Knotenpunkt- und Satellitenbahnhöfe wurde bereits im Zusammenhang mit den Produktionsverfahren im Güterverkehr eingegangen.

Hafenbahnhöfe gibt es in See- und Binnenhäfen. Sie umfassen die für die Betriebsführung und den Güterumschlag erforderlichen Gleisanlagen. Hafenbahnen haben meist den Charakter von Anschlussbahnen. Insbesondere bei den Seehäfen spielen die Hinterlandverkehre im

Kombinierten Verkehr eine bedeutende Rolle, während die Rolle des Stückgutverkehrs an Bedeutung verliert. Aus betrieblicher Sicht stellen die immer kürzer bemessenen, weil sehr kostspieligen Schiffsliegezeiten eine große Herausforderung dar. Die zeitgerechte Bereitstellung und Abholung der Container bei zunehmend größeren Containerschiffen stellen hohe Anforderungen an den Umschlag und die Hinterlandverkehre. Hinzu kommen umfangreiche administrative Aufgaben im Überseeverkehr. All dies erfordert einen umfangreichen und präzisen Informationsaustausch zwischen allen Beteiligten. Dazu werden in den großen Seehäfen komplexe Informationssysteme genutzt, in die auch die Hafenbahnen einbezogen sind.

Die Binnenhäfen haben sich immer mehr vom reinen Umschlagsort zwischen dem Binnenschiff und anderen Verkehrsträgern zu Dienstleistungszentren gewandelt. Für den Bahnverkehr sind die Binnenhäfen damit nicht nur als Empfangs- und Versandknoten bedeutsam. Zunehmend steht die Frage, inwiefern es gelingt, unter Einbeziehung der Binnenhäfen neue verkehrsträgerübergreifende Dienstleistungen zu entwickeln und zu vermarkten. Die Binnenhäfen bieten zudem häufig Flächen für Gewerbeansiedlungen und tragen mit dem vielfältigen Verkehrsangebot zur Attraktivität des jeweiligen Wirtschaftsstandortes bei.

Industriebahnhöfe sind die Zentren unternehmenseigener Bahnanlagen. Größere Unternehmen verfügen teilweise über ansehnliche Bahnnetze mit mehreren Bahnhöfen. Die Betriebsführung liegt heute meist nicht in den Händen der Industrieunternehmen. Diese Aufgabe wurde überwiegend rechtlich eigenständigen Verkehrsunternehmen übertragen, die ihrerseits häufig aus Struktureinheiten des betreffenden Industrieunternehmens entstanden sind. Die Aufgaben dieser Industriebahnen sind oft noch sehr von den Produktionsprozessen der jeweiligen Industrie geprägt. Das Aufgabenspektrum umfasst deshalb überwiegend die Versorgung mit Rohstoffen, die Entsorgung, den Abtransport der Fertigprodukte und häufig auch Transporte innerhalb der Produktionsbereiche. Insbesondere bei letzteren liegen die Prioritäten erheblich anders als im regulären Bahnbetrieb. Wenn der Ausfall einer Produktionsanlage wegen Störung der Ver- bzw. Entsorgung um Größenordnungen mehr Kosten verursacht als der Betrieb der Bahn, dann ist die Auslastung der Bahn sekundär gegenüber dem Betrieb der Produktionsanlage. Darauf muss die Betriebsführung Rücksicht nehmen. In anderen Bereichen gelten dagegen oft ähnliche Anforderungen wie bei den meisten Anschlussbahnen, wo die optimale Erfüllung der Kundenanforderungen und Betriebskosten der Bahn in einer wirtschaftlich vertretbaren Relation stehen müssen.

Gegenstand der Betriebsführung auf der freien Strecke ist primär der Zug. Im Gegensatz dazu bezieht sich die Betriebsführung im Knoten überwiegend auf Wagenbewegungen. Weil derzeit noch keine nennenswerte Anzahl Güterwagen mit Eigenantrieb im Einsatz ist, müssen die Kräfte zur Bewegung von Wagen auf andere Weise aufgebracht werden. Dies erfolgt in der Regel durch geeignete Triebfahrzeuge. Insbesondere in Ladestellenbereichen können aber durchaus auch andere Techniken bzw. Verfahren zum Einsatz kommen. Dazu zählt die Rangiertechnik für besondere Anwendungsfälle (vergleiche Abschnitt 5.3.2). Neben der rein technischen Möglichkeit Wagenbewegungen durchführen zu können, ist ein organisatorischer Rahmen unumgänglich. Dies ergibt sich in erster Linie aus Sicherheitsgründen aber auch aus den Systemeigenschaften der Bahn. Als solcher organisatorischer Rahmen sind insbesondere die in den Fahrdienstvorschriften[20] zusammengefassten Regelungen und daraus resultierende

---

[20] Die Fahrdienstvorschrift ist im Regelwerk der DB AG als DS 408.01-09 Züge fahren und Rangieren eingeordnet. Die nachfolgenden Ausführungen nehmen darauf Bezug.

Festlegungen (z. B. örtliche Richtlinien) zu sehen. Gegenstände sind vor allem die im Zusammenhang mit der Durchführung von Zugfahrten sowie der vor- und nachgelagerten Prozesse im Knoten notwendigen Bewegungen von Fahrzeugen. Ausgehend von der vorgenommenen Abgrenzung wird hier auf die Zugfahrten selbst nicht näher eingegangen. Alle übrigen Fahrzeugbewegungen werden als **Rangieren** bezeichnet. Beim Rangieren kommen verschiedene **Rangierverfahren** zur Anwendung, die nach der Art der Rangierbewegungen unterschieden werden können. Im Einzelnen sind die im Bild 8.16 ersichtlichen **Rangierverfahren** zu unterscheiden:

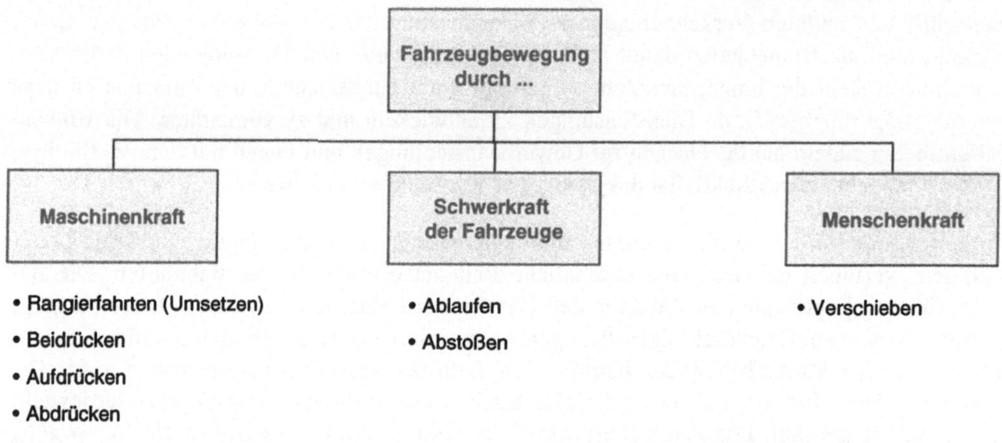

Bild 8.16: Rangierverfahren

Als **Rangierfahrten** gelten Bewegungen von

- einzeln arbeitenden Triebfahrzeugen oder
- Gruppen gekuppelter Fahrzeuge mit mindestens einem arbeitenden Triebfahrzeug.

Das Verfahren wird auch als **Umsetzen** bezeichnet und ist bei allen Wagengattungen anwendbar. Allerdings sind Aufwand und Zeitbedarf recht hoch, da alle Fahrzeuge untereinander gekuppelt werden müssen. Zudem sind teilweise komplexe Fahrbewegungen auszuführen. Die Spurbindung zwingt insbesondere beim Vorhandensein von Kopfgleisen dazu, die Stellung des Triebfahrzeugs innerhalb der Rangierabteilung zu beachten. Nur dann ist mit minimalem Aufwand die gewünschte Stellung der Wagen (d. h. im richtigen Gleis in der gewünschten Reihenfolge!) zu erreichen. Bild 8.17 zeigt, dass bei diesem Beispiel vier Einzelbewegungen für das Umsetzen der zwei Wagen erforderlich sind. Das Verfahren kommt vor allem zur Anwendung, wenn längere, komplexe Rangierwege zurückzulegen sind. Außerdem müssen generell Wagen umgesetzt werden, die mit empfindlichen Gütern beladen sind oder für die aus anderen Gründen Ablauf- bzw. Abstoßverbot besteht.

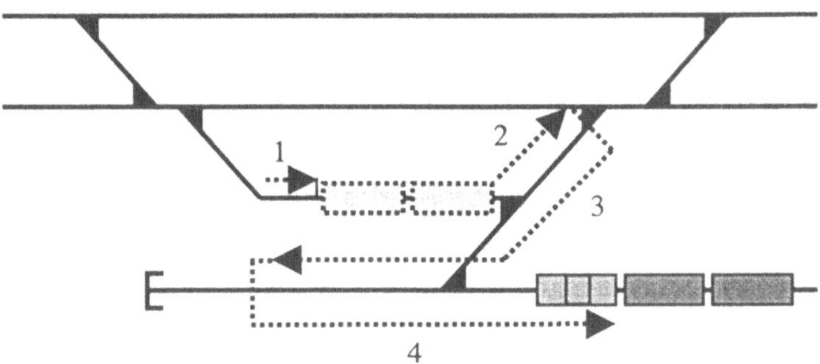

Bild 8.17: Beispiel für das Rangierverfahren Rangierfahrt bzw. Umsetzen

Das Rangierverfahren **Beidrücken** dient zum Bewegen getrennt stehender Fahrzeuge. Es kommt vor allem zur Anwendung, um ungekuppelt im Gleis stehende Wagen soweit aneinander zu schieben, dass sie gekuppelt werden können. Ein weiterer Zweck kann das „aufräumen" von Gleisen sein, um deren Aufnahmefähigkeit für weitere Wagen herzustellen. Diese Situationen entstehen oft bei der Zugbildung oder bei der Bildung von Rangierabteilungen. Die Wagenabstände betragen vor dem Beidrücken bis zu mehreren Metern. In Rangierbahnhöfen werden spezielle Förderanlagen (Beidrückeinrichtungen) für diese Aufgabe eingesetzt. Sonst erfolgt das Beidrücken meist mit Hilfe eines Triebfahrzeugs. Bild 8.18 verdeutlicht beispielhaft dieses Verfahren.

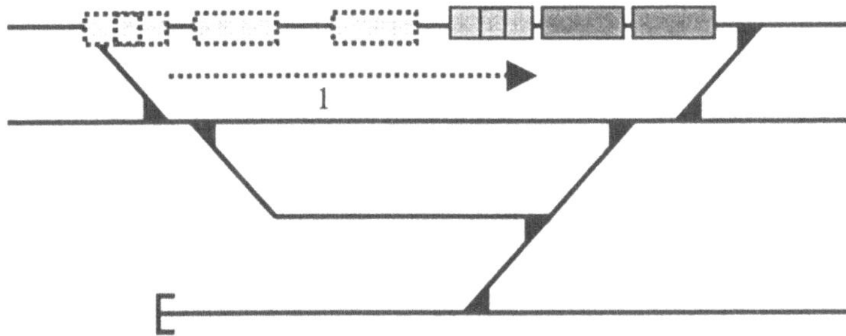

Bild 8.18: Beispiel für das Rangierverfahren Beidrücken

Trotz Beidrücken stehen noch nicht immer alle Wagen kuppelreif bzw. die Wagen lassen sich nicht entkuppeln. Oft fehlen nur wenige Zentimeter. Dann wird das Rangierverfahren **Aufdrücken** genutzt. Aufdrücken ist das geringfügige Bewegen von Fahrzeugen zum Kuppeln oder Entkuppeln mit Hilfe der Rangierlok.

Im Rahmen der gegenwärtig dominierenden Produktionsverfahren im Wagenladungsverkehr ist es immer wieder notwendig größere Wagengruppen zu sortieren . Dieser Bedarf besteht sowohl beim Sammeln und Verteilen wie auch beim Wagenübergang zwischen Zügen. In Rangierbahnhöfen kann es sich um mehrere Tausend Wagen pro Tag handeln, deren Übergang zwischen verschiedenen Zügen ermöglicht werden muss. Um diese Aufgabe effektiv erfüllen zu können, wurde das Rangierverfahren **Abdrücken / Ablaufen** entwickelt. Voraussetzung für die Anwendung des Verfahrens ist das Vorhandensein einer Ablaufanlage. Eine solche Anlage ist eine komplexe technische Einrichtung bestehend aus

- einem Ablaufberg,
- spezifischen Gleisanlagen und
- umfangreicher Automatisierungstechnik.

Gleisanlagen und Automatisierungstechnik wurden bereits im Zusammenhang mit der Beschreibung der Rangierbahnhöfe erläutert (vergl. Abschnitt 5).

Beim **Ablaufberg** handelt es sich um eine künstlich angelegte Erhebung im Gelände. Die Erhebung beginnt mit einer Gegensteigung, erreicht dann einen Gipfel um anschließend über mehrere Gefällestufen wieder an die Ebene anzuschließen. Während die Gegensteigung und die erste Gefällestufe (Ablauframpe bestehend aus Steilrampe und Zwischenrampe) noch deutlich ausgeprägt sind, sind in der darauffolgenden Weichenzone und der Richtungsgruppe die Höhenunterschiede bereits ausgeglichen bzw. deutlich geringer. Ablaufberge ermöglichen es, Wagengruppen mit Hilfe einer Rangierlokomotive in Richtung Berggipfel zu drücken. Der Gipfel wirkt dann als Brechpunkt. Nach dem Wechsel der Gefällerichtung können die Wagen bedingt durch ihre kinetische Energie ohne weitere Energiezuführung (z. B. durch Traktion) in Richtung Tal ablaufen. Voraussetzung ist das vorherige Entkuppeln der Wagen an den Trennstellen. Solche Trennstellen sind überall dort erforderlich, wo Wagen hintereinander stehen, die in unterschiedliche Richtungsgleise laufen sollen.

Das Rangierverfahren **Abdrücken** beinhaltet das Bewegen ablauffertig vorbereiteter Wagengruppen (d. h. mit vorbereiteten Trennstellen) bis zum Scheitelpunkt des Ablaufberges. Dazu ist Maschinenkraft erforderlich.

Die darauffolgende Bewegung der Wagen durch ihre eigene Schwerkraft heißt **Ablaufen**. Abdrücken und Ablaufen sind somit im Zusammenhang zu betrachten.

Der Anwendungsbereich beider Verfahren ist damit auf die Bahnhöfe begrenzt, die über Ablaufanlagen verfügen. Bei Rangierbahnhöfen ist dies immer der Fall ebenso bei den meisten Knotenpunktbahnhöfen. Der Aufwand für Planung, Bau, Betrieb und Unterhaltung solcher Anlagen ist erheblich. Der Trend geht deshalb seit Jahren dahin, den Betrieb so zu organisieren, dass Zugumstellungen auf immer weniger Rangierbahnhöfe konzentriert werden. Die wenigen verbleibenden Rangierbahnhöfe stellen hochautomatisierte Sortiermaschinen mit enormer Leistungsfähigkeit dar. Abdrücken und Ablaufen verdeutlichen die Bilder 8.19 bis 8.23.

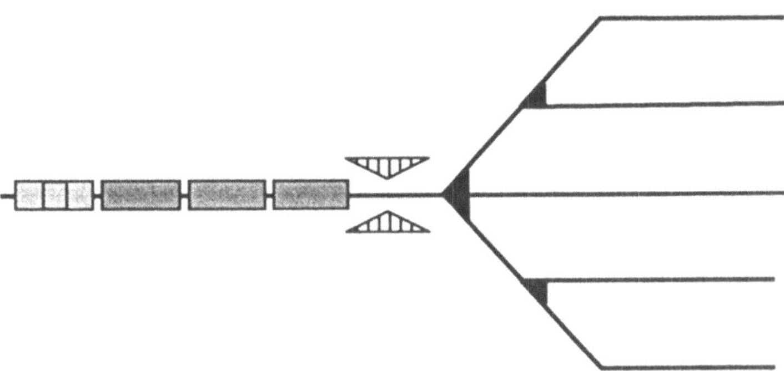

Bild 8.19: Abdrücklok im Zuführgleis

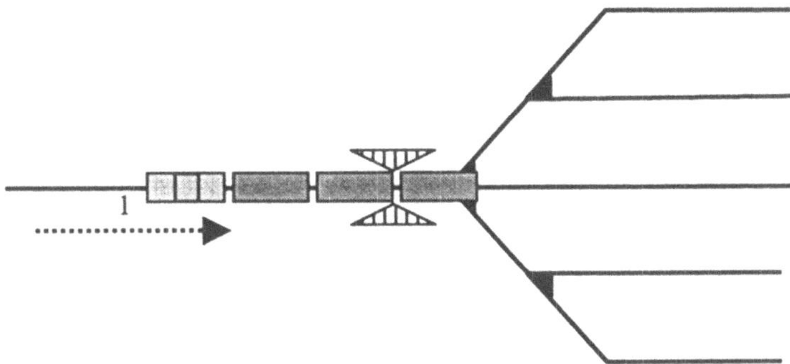

Bild 8.20: Abdrücken des ersten Wagens

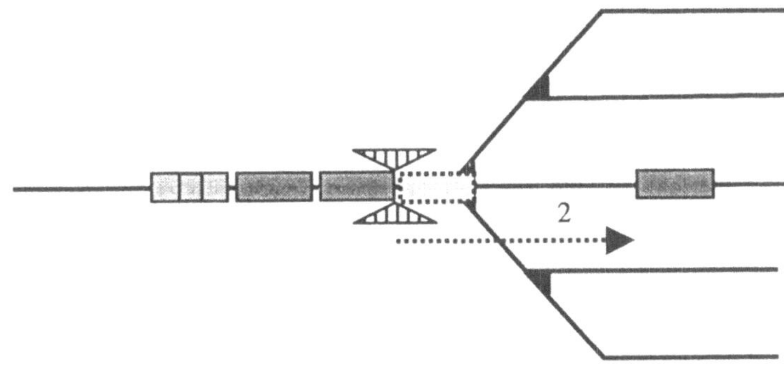

Bild 8.21: Ablauf des ersten Wagens

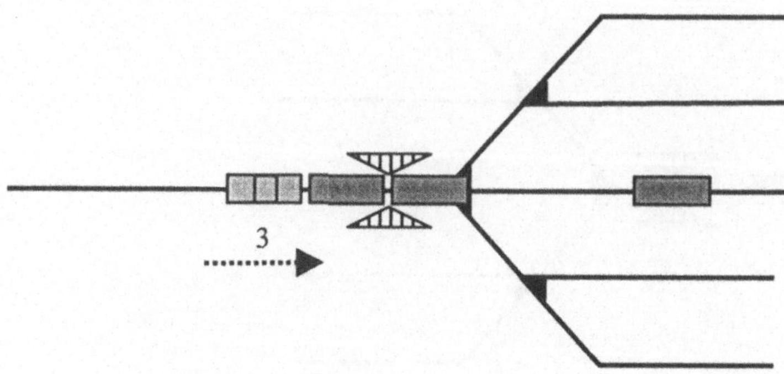

Bild 8.22: Abdrücken des zweiten Wagens

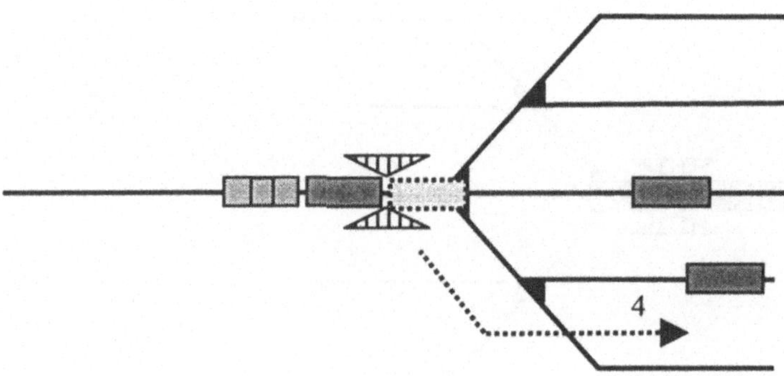

Bild 8.23: Ablauf des zweiten Wagens

Zu den höchsten Belastungen bei Transportprozessen überhaupt gehört der sogenannte Rangierstoß. Dieser kann auftreten, wenn beim Ablaufbetrieb ein bereits abgelaufener Wagen von einem nachfolgenden mit unzulässiger Geschwindigkeit angestoßen wird.

Probleme bereiten in dieser Hinsicht vor allem die noch immer stark differierenden Laufeigenschaften europäischer Güterwagen. Betrieblich werden deshalb Gutläufer und Schlechtläufer unterschieden. Gutläufer weisen überdurchschnittlich gute Laufeigenschaften auf und Schlechtläufer entsprechend schlechte. Die Laufeigenschaften ergeben sich nicht zwangsläufig aus der Wagengattung. Sie sind nur messbar. Dies wird bei modernen Ablaufanlagen auch getan. Die gewonnene Information dient zur Steuerung des Abdrückprozesses und zur Geschwindigkeitsbeeinflussung ablaufender Wagen. Über komplexe Bremssysteme wird der Wagenlauf so beeinflusst, dass Rangierstöße weitgehend vermieden werden. Bedingt durch die nicht immer gänzlich vermeidbaren mechanischen Belastungen beim Ablaufbetrieb und die bauliche Gestaltung des Ablaufberges selbst sind nicht alle Wagen für den Ablaufbetrieb zugelassen. Dafür kann es verkehrliche oder technische Gründe geben. Solche **verkehrlichen Gründe** ergeben sich aus der Ladung. Wagen mit besonders empfindlicher oder gefährlicher

Ladung dürfen nicht dem Risiko eventuell auftretender hoher mechanischer Belastungen ausgesetzt werden. Wagen mit solcher Ladung sind entsprechend bezettelt (vergl. Rangierfahrt weiter oben in diesem Abschnitt).

Formal **technische Gründe** für den Ausschluss von Wagen vom Ablaufbetrieb ergeben sich aus der Gestaltung von Ablaufberg und Wagen. Insbesondere lange Wagen in flacher Bauweise können die Bergkuppe nicht befahren. Es bestünde die Gefahr des „Aufsetzens". Bei allen Wagengattungen, die aus solchen konstruktiven Gründen generell nicht ablaufen dürfen, ist eine Wagenanschrift angebracht, aus der das Ablaufverbot ersichtlich ist.

Der hohe Zeitaufwand beim Umsetzen und die Begrenzung des Ablaufbetriebes auf entsprechende Anlagen, erfordern ein weiteres Rangierverfahren insbesondere für Sortierprozesse auf Satellitenbahnhöfen und in Ladestellenbereichen. Ein solches Verfahren ist das **Abstoßen**. Dabei wird wie folgt vorgegangen. Ein geschobener, nicht mit einer Rangierabteilung oder einem Triebfahrzeug gekuppelter Wagen wird zunächst in Richtung des vorgesehenen Laufzieles beschleunigt. Sobald der Wagen die entsprechende kinetische Energie erhalten hat, hält die Rangierabteilung oder das Triebfahrzeug an. Der abgestoßene Wagen läuft dann allein weiter. Das Verfahren ist auch auf Wagengruppen anwendbar. Die Kunst des Triebfahrzeugführers besteht darin, die richtige Beschleunigung zu wählen, damit der abgestoßene Wagen bzw. die Wagengruppe möglichst genau den vorgesehenen Standort erreicht. Die Bilder 8.24 bis 8.27 verdeutlichen das Verfahren am Beispiel.

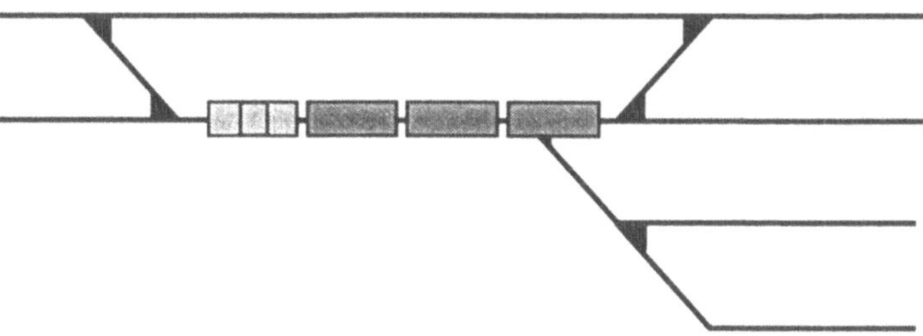

Bild 8.24: Abholen der Rangierabteilung aus dem Startgleis

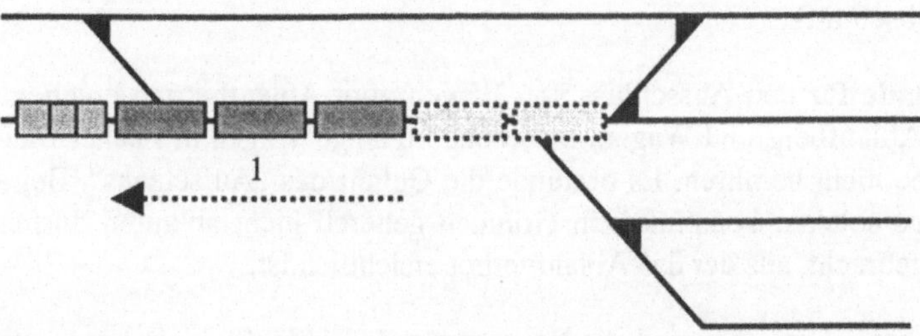

Bild 8.25: Abziehen der Rangierabteilung und Einstellen des Rangierweges

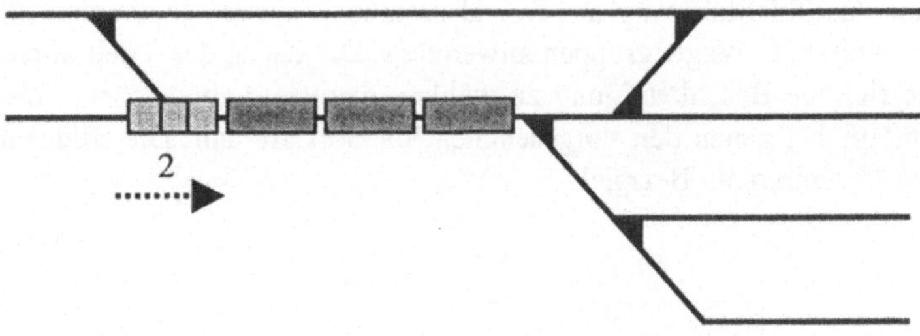

Bild 8.26: Beschleunigen der Rangierabteilung

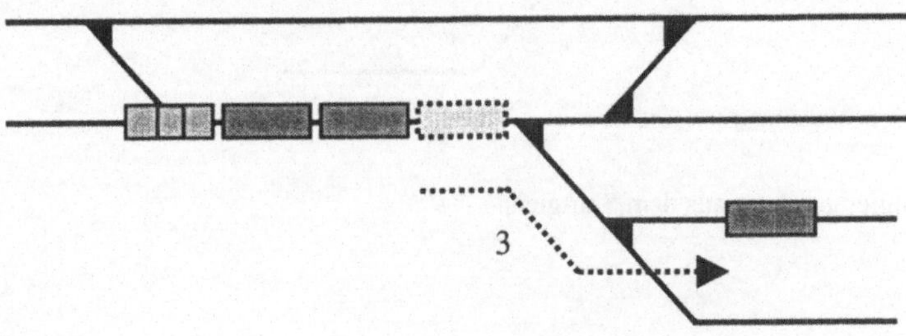

Bild 8.27: Bremsen der Rangierabteilung und Ablauf des ersten Wagens

Beim Rangierverfahren **Verschieben** werden Fahrzeuge durch Menschenkraft oder durch einen Fremdantrieb bewegt. Das heißt der Antrieb geht nicht von einem Triebfahrzeug oder einem Nebenfahrzeug aus. Der Anwendungsbereich des Verfahrens ist auf Ladestellenbereiche begrenzt, z B. beim Be- und Entladen.

Im Unterschied zur freien Strecke wird beim Rangierbetrieb auf Sicht gefahren. Die Fahrwege für Rangierfahrten sind im Gegensatz zu Zugfahrten meist nicht technisch gesichert. Dies lässt der Gesetzgeber zu, der im § 14 EBO lediglich für Zugfahrten die Signalabhängigkeit fordert. Unter dem Begriff der Signalabhängigkeit wird verstanden, dass Signale erst dann auf Fahrt stellbar sein dürfen, wenn alle Fahrwegelemente richtig eingestellt und gesichert sind. Die Sicherung darf nicht eher aufzuheben sein, bevor die Fahrwegelemente ohne Gefahr für den Zug umgestellt werden können.

Begrifflich wird deshalb auch zwischen Fahrstraßen und Fahrwegen unterschieden (Bild 8.28).

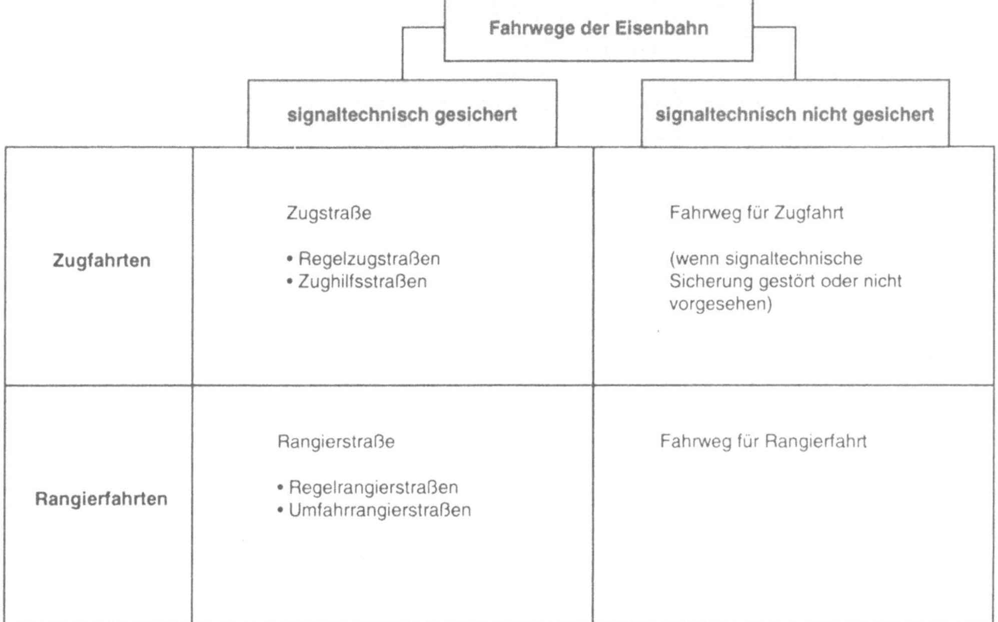

Bild 8.28: Fahrwege der Eisenbahn

Obwohl laut EBO nicht vorgeschrieben, ist es auf größeren Bahnhöfen durchaus zweckmäßig Rangierstraßen vorzusehen. Dies ist nicht nur eine Frage der Sicherheit, sondern bei oft wiederkehrenden Betriebssituationen auch praktikabel.

Die **zulässigen Höchstgeschwindigkeiten** unterscheiden sich zwischen Zugfahrbetrieb auf der freien Strecke und Rangierbetrieb erheblich. Auf der freien Strecke sind Zugfahrten mit über 100 km/h zulässig. Bei der DB AG fahren z. Z. die schnellsten Güterzüge mit 160 km/h[21].

Wie im Zugfahrbetrieb steht auch bei allen Rangierbewegungen die Sicherheit im Vordergrund. Sie sind so vorsichtig auszuführen, dass

• Personen nicht verletzt

---

[21] Parcel InterCity: zuverlässig und schnell. In: Cargo aktuell Nr. 3/ Juni 2000 S. 5

• Ladungen, Fahrzeuge und Anlagen keinen Schaden nehmen.

Bei einzelnen Rangierverfahren bewegen sich unbesetzte Fahrzeuge. Teilweise ist eine nachträgliche Beeinflussung der Geschwindigkeit schwierig bzw. nicht möglich. Die **zulässigen Geschwindigkeiten beim Rangieren** liegen deshalb deutlich unter denen des Zugverkehrs auf der freien Strecke. Die Höchstgeschwindigkeit beträgt in der Regel 25 km/h. Diese ohnehin schon niedrige zulässige Maximalgeschwindigkeit kann nicht immer gefahren werden, wenn aus verschiedensten Gründen angehalten werden muss. Solche Gründe können sein

• Halt gebietende Signale,
• abgestellte Fahrzeuge,
• Gefahrenstellen (welche lt. Bahnhofsbuch einen Halt erfordern),
• Stellen, an denen Wagen oder Triebfahrzeuge abgestellt werden sollen.

Als Konsequenz daraus ergibt sich, dass bei den meisten Rangierverfahren wesentlich niedrigere Geschwindigkeiten erreicht werden bzw. zulässig sind (5 km/h). Insgesamt sind in der möglichen Erhöhung der Geschwindigkeiten keine Einsparungspotentiale zu sehen. Einsparungspotentiale ergeben sich fast ausschließlich über eine Verbesserung der Ablauf– und Informationsorganisation.

8.4 Wagenmanagement

Während der Transportkunde vorrangig an der vertragsgemäßen Behandlung seiner Sendung, d. h. am Gut, interessiert ist, stellt der Güterwagen das primäre Bezugsobjekt für die Bahn dar. Der komplette Wagenlauf muss so organisiert werden, dass die Vertragserfüllung qualitätsgerecht und wirtschaftlich erfolgt. Voraussetzungen dafür sind auf die Ablauforganisation des Betriebs abgestimmte Arbeitsabläufe. Diese Abläufe basieren auf Behandlungsverfahren für Güterwagen, die in einer Reihe von Planungsunterlagen[22] ihren Niederschlag finden.

Die Abläufe im Rahmen der derzeitigen Produktionsverfahren sind sowohl hinsichtlich des physischen Wagenlaufes wie auch der Managementprozesse vergleichsweise komplex. Der **physische Wagenlauf** ist dadurch gekennzeichnet, dass

• während der Be- und Entladeprozesse die Wagen in der Regel nicht mit dem
  Triebfahrzeug gekuppelt bleiben,
• die benötigten Wagen meist nicht am Bedarfsort zur Verfügung stehen und deshalb
  zugeführt werden müssen sowie
• die Transporte (im Einzelwagenverkehr) meist nicht in durchgehenden Zügen befördert
  werden können.

---

[22] Vergl. DS 1753 Handbuch Güterwageneinsatz Ausgabe: 1999-05

Jeder Teilprozess erfordert eine entsprechende Planung und ist durch die Produktion auf der Grundlage entsprechender Aufträge durchzuführen. Wesentliche Teilprozesse des physischen Wagenlaufes (Bild 8.29) sind:

- Zuführung,
- Beladung,
- Transportdurchführung und
- Entladung.

In der Praxis kommen weitere Fälle im Ladestellenbereich vor. Dazu gehört der Idealfall der Wiederbeladung. Leider ist es nur in seltenen Fällen möglich geschlossene Transportketten aufzubauen, bei denen ein entladener Wagen an der Entladestelle sofort wieder beladen werden kann. Weiterhin kommen Teilbe- und Teilentladung vor. In diesen Fällen muss der betreffende Wagen zur Be- bzw. Entladung nacheinander an mehrere Ladestellen gebracht werden, da die Wagenladung aus mehreren Teilladungen besteht. Diese Verfahrensweise ist sehr aufwändig aber ebenfalls nicht die Regel.

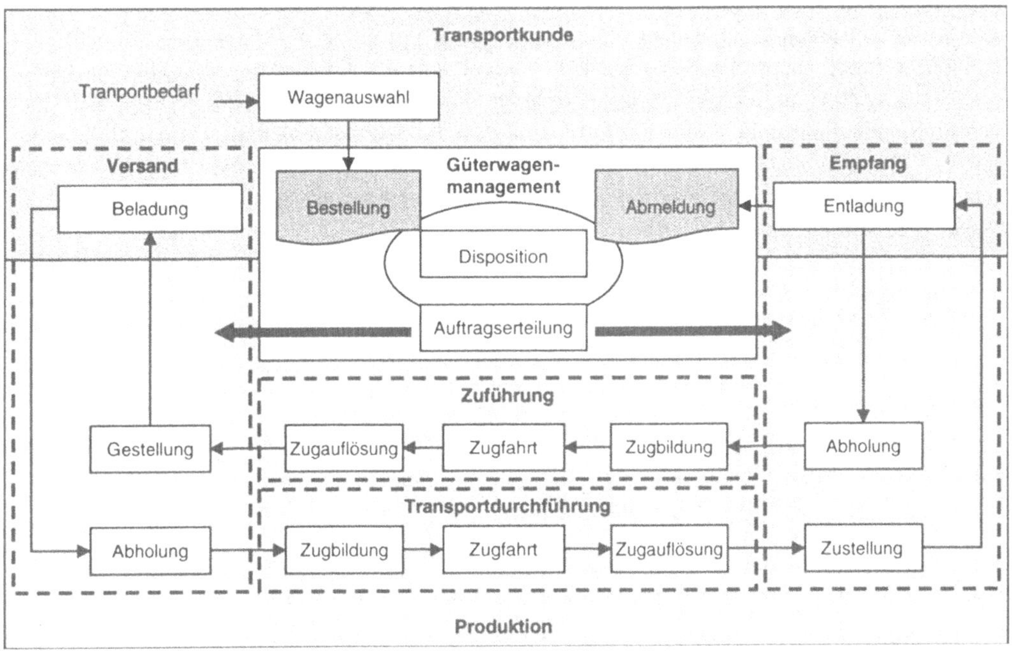

Bild 8.29: Teilprozesse des physischen Wagenlaufes

Jede Beförderung von Gütern erfordert Laderaum. Dieser wird, unabhängig davon mit welchem Transportmittel die Beförderung erfolgt, vom Frachtführer gestellt. Abweichungen von diesem Grundsatz können vereinbart werden. Frachtführer und Versender vereinbaren auch, wann, wo und welches Beförderungsmittel bereitzustellen ist. Wurde darüber und über die sonstigen Vertragsbedingungen Einigung erzielt, wird der Frachtvertrag abgeschlossen. Frachtbrief- und Gutübergabe sind dazu noch nicht erforderlich. Entsprechend diesem im HGB niedergelegten Grundgedanken sind sowohl die Stellung des Beförderungsmittels wie auch dessen Beladung Gegenstand des Frachtvertrages. In der Praxis des Schienengütertransports ist diese formale Vorgehensweise selten. Die Bestellung und Gestellung von Laderaum ist meist den Handlungen vorgelagert, die das Zustandekommen des Frachtvertrages zur Folge haben.

Obwohl es keinen speziell bezeichneten Vertrag gibt, kommt bei der Laderaumgestellung ein Vertragsverhältnis zustande. Dieses Verhältnis wird begründet durch die Bestellung des Transportkunden und die Zusage bzw. Gestellung des Güterwagens durch das EVU. **Leistungsstörungen** im Zusammenhang mit der Wagengestellung können auf der Grundlage des Handelsrechts geregelt werden. Solche Störungen können durch den Transportkunden oder das EVU verursacht werden. Bestellt ein Kunde einen Wagen und nutzt ihn trotz vereinbarungsgemäßer Gestellung nicht, so wird er den Aufwand tragen müssen. Werden bestellte Wagen durch das EVU zu spät oder gar nicht gestellt oder die Wagen entsprechen nicht der bestellten Gattung, so ist das EVU haftbar. Früher in der EVO enthaltene Haftungsbegrenzungen für die Bahnen sind durch das Transportrechtsreformgesetz gegenstandlos geworden.

Der physische Wagenlauf wird durch die **Bestellungen** der Transportkunden angestoßen. Damit erhält das Güterwagenmanagement die Information, Wagen einer vorgegebenen Gattung und Anzahl an einer Ladestelle termingerecht bereitzustellen. Selbstverständlich erfordern sowohl die entsprechenden Managementprozesse aber vor allem die Wagenbewegungen zum Bedarfsort einen entsprechenden zeitlichen Vorlauf. Für die Abgabe von Bestellungen gelten deshalb entsprechende organisatorische Festlegungen. Die benötigten Güterwagen befinden sich nicht unbedingt in der Nähe der Orte, an denen sie gebraucht werden. Da der Kundenbedarf an Güterwagen aber möglichst abgedeckt werden soll, muss festgestellt werden, wo sich geeignete Wagen befinden. Aus der Menge in Betracht kommender Wagen müssen solche ausgewählt werden, die

- der Bestellung entsprechen,
- dem Kundenauftrag aus unternehmensstrategischer Sicht zugeordnet werden sollen und
- mit minimalem Aufwand zugeführt werden können.

Die Wagenbestellungen können sich auf ganz bestimmte Bauarten beziehen. Meist werden jedoch nur Wagen einer Gattung bestellt, so dass innerhalb der entsprechenden Gattung mehrere Bauarten der **Bestellung entsprechen** können.

Bei Hochbedarf tritt gelegentlich Wagenmangel auf. Dann kann es zu Konfliktsituationen zwischen den Bestellungen mehrerer Kunden kommen. In diesen Fällen wird natürlich versucht die gewünschten Wagen zu beschaffen (z. B. von benachbarten Bahnen). Wenn dies nicht gelingt, ist im **Interesse des Unternehmens** zu entscheiden, welcher Kunde welche Wagen erhält. Dabei spielen viele Kriterien eine Rolle.

Da Güterwagen zu den wichtigsten und kapitalintensiven Betriebsmitteln der Bahn gehören, unterliegen sie einer intensiven Bewirtschaftung. Das Ziel dieser Bewirtschaftung ist die optimale Ausnutzung dieser Ressourcen durch minimale Wagenumlaufzeiten mit möglichst hohem Lastfahrtanteil. Dies bedeutet auch, dass versucht wird, mit möglichst wenigen Wagen die Transportbedürfnisse abzudecken und die Wagenumläufe so wirtschaftlich wie möglich zu gestalten. Dabei werden solche komplexen Zuordnungskriterien berücksichtigt wie z. B. auch der **minimale betriebliche Aufwand** für die Wagenzuführung bis in den Bereich der Ladestelle. Die Bahnen nutzen deshalb für das **Leerwagenmanagement** seit langem leistungsfähige Informationssysteme. Bei DB Cargo heißt das entsprechende DV-System Rechnergesteuerte Leerwagenverteilung LWV[23]. Über dieses System werden u. a. die aktuellen Aufenthaltsorte für den gesamten Bestand an Leerwagen nachgehalten. Dadurch ist es möglich einer Wagenbestellung konkrete Wagen zuzuordnen. Darüber hinaus lassen sich die Wagenumläufe speichern. Diese Informationen sind für viele Prozesse sehr wertvoll. Neben der Transparenz der aktuellen Situation hinsichtlich des Bestandes und des Bedarfes an Güterwagen liefern solche Systeme die Voraussetzung für ein Wagenmanagement unter Berücksichtigung der in der Praxis auftretenden vielfältigen und komplexen Randbedingungen. Dazu zählen Merkmale von Bedarf und Bestand, die eine bessere Einschätzung der aktuellen und zu erwartenden Wagenverfügbarkeit zulassen. Es werden nicht nur Informationen über Wagen benötigt, die bereits verfügbar sind. Entscheidend für qualifizierte Wagendispositionen sind auch Angaben darüber, wann Wagen wieder zur Verfügung stehen werden, die zum Betrachtungszeitpunkt

* noch im Einsatz,
* schadhaft,
* vermietet,
* im Ausland oder
* bereits disponiert sind.

Neben diesen Kenngrößen des Angebots sind die Nachfrage in Form vorliegender Bestellungen sowie die Wagenbindung durch Überschreitung der Ladefristen wesentliche Einflussgrößen. Es lassen sich auch bereits abgelaufene Prozesse auswerten. Dies gilt z. B. für die Leistungserfassung, die konkreten Ermittlung der Nutzung bestimmter Wagengattungen u. Ä.

Wenn die bestellte Wagengattung nicht verfügbar ist, wird der Kunde informiert. Es kann dann ggf. eine Ersatzgattung gestellt werden. Dieser Fall tritt gelegentlich bei Hochbedarf an Spezialwagen ein, die in stark konjunkturabhängigen Transportrelationen eingesetzt sind (z. B. für Coiltransporte in der Stahlindustrie). In der Regel können die bestellten Wagen jedoch gestellt werden. In diesen Fällen erhält der Kunde als Bestätigung seiner Bestellung eine **Zusage**. Laufen im Rahmen der Zuführung die bestellten Wagen auf den Gestellungsort zu, so wird der Kunde durch eine **Ankündigung** über den Zeitpunkt der Wagengestellung an der Ladestelle informiert. Zusätzlich haben die Kunden bei DB Cargo die Möglichkeit sich aus dem Frachtinformationssystem eine **Vormeldung** generieren zu lassen. Die Vormeldung liefert ausgewählte Wagendaten der zulaufenden Wagen in maschinenlesbarer Form vor deren Eintreffen. Der Kunde oder die bedienende Regionalbahn kann dadurch im Vorfeld Dispositionen treffen. Selbstverständlich erhält der Kunde nur Zugriff auf Daten solcher Wagen, die für ihn bestimmt sind. Diese Möglichkeit besteht in analoger Weise im Empfang und ist dort im Hinblick auf zulaufende Sendungen noch bedeutsamer.

Mit der Sicherstellung der Zuführung sind wichtige Voraussetzungen für den **Versandprozess** (Bild 8.30) gegeben.

---

23 Waldinger, P. / Sieg, H.-C.: Rechnergesteuerte Leerwagenverteilung LWV. In: Die Bundesbahn. (1991) 4 S. 389 - 431.

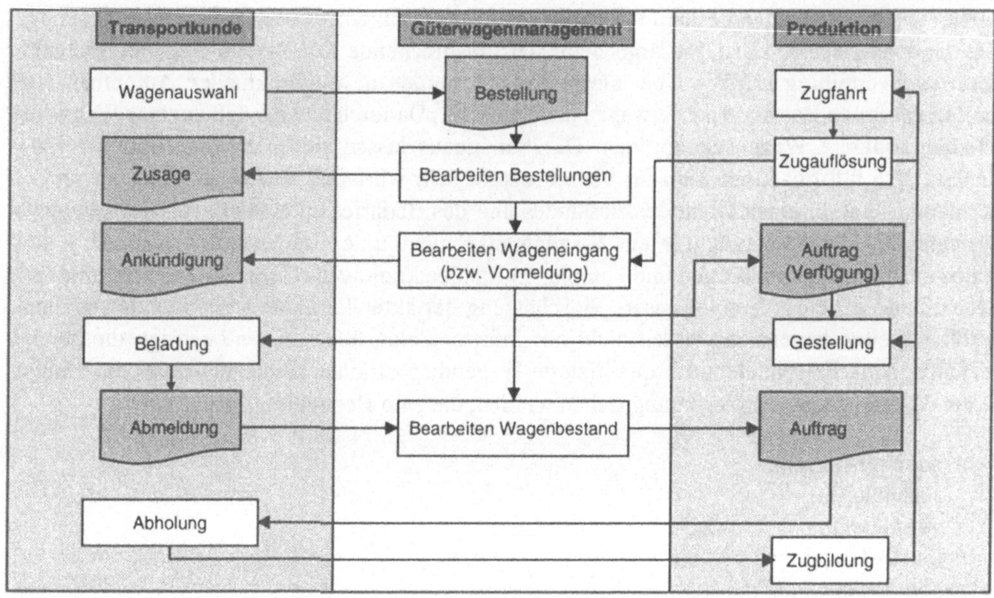

Bild 8.30: Arbeitsabläufe beim Versandprozess

Der betriebliche Vorgang der Zuführung zur Ladestelle (Gestellung) kann planmäßig oder bedarfsabhängig erfolgen. Welche Vorgehensweise zu bevorzugen ist, hängt vom Wagenaufkommen und der Betriebsführung im Knoten ab. Planmäßige Zuführungen erfolgen auf der Grundlage von Bedienungsplänen und sind organisatorisch einfach handhabbar. Bei weitgehend kontinuierlichem Wagenaufkommen ist diese Form vorteilhaft. In den Bedienungsplänen ist für jeden Eingangszug festgelegt, wann im Rahmen von Bedienungsfahrten die mitgeführten Güterwagen an den verschiedenen Wagenverwendungsstellen bereitgestellt werden.

Bedarfsabhängige Zuführungen sind bei stark schwankendem Wagenaufkommen wirtschaftlicher, erfordern aber eine entsprechende Disposition. Typisch für diese Organisationsform sind Ladestellen in Anschlussbahnen großer Industrieunternehmen, die nicht nur häufig durch produktionsbedingte Bedarfsschwankungen gekennzeichnet sind, sondern auch über geeignete Transportleitstellen mit Betriebsinformationssystemen verfügen.

Nach der Wagenbeladung melden die Verlader die Wagen beim zuständigen Mitarbeiter der Bahn ab (**Abmeldung**). Danach wird der Wagen von der Ladestelle abgeholt und der weiteren betrieblichen Behandlung im nächstgelegenen Bahnhof zugeführt.

Die Zeitpunkte von Wagengestellung und Abmeldung sind wichtig für die Wagenbewirtschaftung. Hält sich der Verlader nicht an die vereinbarten Ladefristen, so trägt er für die von ihm verursachte Wagenbindung die Kosten in Form festgelegter **Standgelder**[24]. Ladefri-

---

[24] Preise und Konditionen für den Wagenladungsverkehr (PKL) mit Allgemeiner Preisliste. DB Cargo AG, Stand: 01.07.1998

sten werden als Aushang „Hinweis für unsere Kunden im Güterverkehr" von DB Cargo veröffentlicht. Das Ziel dieser Verfahrensweise ist es, durch finanzielle Anreize möglichst kurze Wagenumlaufzeiten zu erreichen. Das teure Betriebsmittel Wagen soll nicht als rollendes Lager genutzt werden, sondern für die Bahnunternehmen als Transportmittel dienen. Nur die Lastfahrt trägt zur Erwirtschaftung entsprechender Deckungsbeiträge bei. Die Standgeldsätze von DB Cargo lagen 1998 bei einfachen Wagengattungen zwischen 30 und 90 DM/Tag. Für Tiefladewagen mit mehr als 10 Achsen waren dagegen Standgeldsätze von bis zu 795 DM/Tag vorgesehen. Anfang 2001 wurden die Standgeldregelungen durch DB Cargo aktualisiert. Seitdem gilt für alle Kunden ein einheitliches Standgeld[25].

Die Arbeit mit Standgeldern ist nicht unproblematisch. Für den Kunden erfordert die Einhaltung von **Ladefristen** eine entsprechende Organisation der Beladung. Die Stellzeiten können nicht immer mit dem Arbeitszeitregime der Verlader in Übereinstimmung gebracht werden. Angesichts der bestehenden Wettbewerbsbedingungen sind Sanktionen gegenüber den Kunden nicht einfach durchzusetzen, obwohl auch die Anbieter im Straßengüterverkehr mit vergleichbaren Regelungen arbeiten. Aus Kundensicht werden die Leistungsangebote der Dienstleister in der Regel ganzheitlich bewertet, so dass ein einfacher Vergleich der Konditionen bei der Teilleistung Transportmittelgestellung nicht ausreicht.

Weiterhin sind Berechnungsverfahren für Standgelder in der Vergangenheit über viele Jahre gewachsen. Insbesondere bei der Wagennutzung durch NE-Bahnen erfolgt die Zuführung teilweise über Gleisbereiche, die zur öffentlichen Bahn und z. T. zur nichtöffentlichen Anschlussbahn gehören. Für beide Bereich galten unterschiedliche Regelungen. Zusätzlich wurden für Zustellungen an Wochenenden und Feiertagen Sonderregelungen getroffen. Da außerdem für die einzelnen Wagengattungen unterschiedliche Fristen galten, entstanden nicht nur recht komplexe Berechnungsverfahren sondern entstand auch ein hoher Datenerfassungsaufwand. Teilweise könnten die Daten der für die Berechnung relevanten Zeitpunkte heute über betriebliche Informationssysteme erfasst werden.

Aus verkehrlicher Sicht ist nach der Beladung die **Annahme** der Wagenladung von entscheidender Bedeutung. Dabei wird überprüft, ob der Wagen und die Ladung den Vorgaben entsprechend für den Transport vorbereitet wurde. Die Vorgaben beziehen sich nicht nur auf die Einhaltung technischer Parameter sondern betreffen auch kommerzielle und rechtliche Belange. Heute wird diese Aufgabe überwiegend von Betriebseisenbahnern (bei DB Cargo durch Rangierbegleiter) wahrgenommen. Wesentliche Aufgaben bei der Annahme von Ladungsfrachten können sein:

- die Überprüfung von Wagenanschriften und Bezettelung,
- die Kontrolle von Ladung und Ladungssicherung,
- die Übernahme und Prüfung der Begleitpapiere,
- die Erbringung zusätzlicher Dienstleistungen sowie
- die Übernahme besondere Behandlungen (z. B. Zollbehandlung).

---

[25] Neuregelung bei Standgeld: „Die Verfügbarkeit von Güterwagen aktiv gestalten". In: Cargo aktuell Nr. 1/ Februar 2001 S. 14 - 15

Die **Bezettelung** dient der Kennzeichnung leerer und beladener Güterwagen. Sie liefert allen am Transport Beteiligten wichtige Informationen zur Beförderung und Behandlung des Wagens bzw. der Ladung. Bezettelungen werden unmittelbar vor der Abholung durch die Bahnen oder den Versender an beiden Längsseiten der Wagen vorgenommen. Lediglich Gefahrzettel müssen bereits vor Beginn der Beladung angebracht werden. Die Wagen verfügen zu diesem Zweck meist über entsprechende Vorrichtungen (Zettelhalter). Es werden unterschieden

- Hauptzettel,
- Nebenzettel,
- Gefahrzettel und
- Deckzettel.

Hauptzettel sind Bestandteil jeder Wagenbezettelung. Sie enthalten die wichtigsten Angaben zum Wagen:

- Versandbahnhof,
- Versanddatum,
- Absender,
- Empfänger,
- Empfangsbahnhof,
- Bezeichnung des Gutes,
- Leitungscode,
- Beförderungsart (Frachtgut, Eilgut, KLV oder ICG),
- Eigenmasse, Masse der Ladung, Gesamtmasse
- u. a.

Bei Wagen mit Ladungen im Richtpunktverfahren ist der Richtpunktcode anzugeben, bei Wagen, die nach Beförderungsplan befördert werden, statt dessen die Nummer des Beförderungsplanes.

Nebenzettel werden zusätzlich zum Hauptzettel angebracht, wenn auf Besonderheiten der Ladung oder der Behandlung des Wagens hingewiesen werden soll. Besonderheiten sind z. B. Wagen mit leicht zerbrechlichem Gut, mit Zollgut oder Wagen, die verwogen werden sollen. Die Bezettelung erfolgt auf der Grundlage der Bestimmungen der Transportrichtlinien.

Gefahrzettel sind zusätzlich zu anderen Bezettelungen anzubringen, wenn gefährliche Güter befördert werden, für die dies nach den Bestimmungen der Anlage zur GGVE/des RID vorgeschrieben ist. In den meisten Fällen ist der Absender für das Anbringen der Gefahrzettel verantwortlich. Die Gefahrzettel weisen auf besondere, vom Gut ausgehende Gefahren hin. Die Bedeutung der auf den Gefahrzetteln dargestellten Symbole sollte daher allen Mitarbeitern, die mit dem Wagen in Berührung kommen, bekannt sein.

Deckzettel sind dann erforderlich, wenn ungültige Angaben des Hauptzettels verdeckt werden müssen. Dies kann z. B. eintreten, wenn auf Teilstrecken Änderungen des Beförderungsablaufes notwendig sind. Sobald der Grund für das Anbringen des Deckzettels nicht mehr besteht, ist der Zettel wieder zu entfernen.

An Wagentüren dürfen **Hinweiszettel** angebracht werden. Sie verweisen z. B. darauf, dass die Türen aus Gründen der Lüftung nicht geschlossen werden sollen („Türen nicht schließen") oder eine Tür nicht geöffnet werden soll („Hier nicht öffnen").

Die erste Aufgabe bei der Übernahme eines Wagens besteht zunächst in der Überprüfung der Angaben im Frachtbrief auf ihre Übereinstimmung mit den Wagenanschriften. Fehlerhafte oder fehlende Angaben sind zu korrigieren bzw. zu ergänzen. Zu den wichtigsten zu prüfenden Angaben gehören vor allem Wagengattung und Wagennummer. Insbesondere die Richtigkeit der Wagennummer ist bedeutsam, da die Wagennummer zur zweifelsfreien Identifikation des Wagens in allen DV-Systemen genutzt wird.

Für Wagen, die über Strecken mit Einschränkungen bei der Achslast oder der Meterlast befördert werden sollen, ist die Angabe des Eigengewichts bzw. der Länge über Puffer (LüP) im Frachtbrief erforderlich. Diese Angaben sind notwendig, damit während der Beförderung die Einhaltung der Einschränkungen überprüft werden kann.

Ladung und Ladungssicherung werden vor allem unter technischen Gesichtpunkten geprüft. Zu den Grundforderungen der Beladung gehören

* die Einhaltung der Lademaße und der Grenzmaße der Fahrzeuge (z. B. Achslast, Meterlast),
* die gleichmäßige Lastverteilung,
* die Beachtung der Ladekennzeichnungen und
* die Einhaltung vorgeschriebener Schutzmaßnahmen (Schutzwagen bei überragender Ladung in Längsrichtung, Verstärkung von Wagenböden zur Lastverteilung u. Ä.).

Unzureichend gesicherte Ladung kann zur Gefährdung von Personen sowie zu Schäden am Wagen und den Bahnanlagen führen. Solche Gefährdungspotentiale müssen soweit wie möglich vermieden werden. Zudem können erst während der Beförderung erkannte Fehler bei der Ladungssicherung zu Verzögerungen im Transportablauf führen, da solche Mängel dann umgehend beseitigt werden müssen. Bei der Vielzahl möglicher Gutarten und einsetzbarer Wagengattungen ist die sachgemäße Ladungssicherung nicht immer einfach. Einerseits muss die Sicherung den Belastungen im Bahnbetrieb standhalten, andererseits soll sich der Aufwand für das Anbringen und Lösen der Sicherungen in Grenzen halten. Die Bahnen bieten deshalb den Verladern Unterstützung an. Diese Unterstützung reicht von der Bereitstellung entsprechender Unterlagen in Form von Verladeempfehlungen für bestimmte Gutarten und Fahrzeuge bis zur Beratung. DB Cargo hat z. B. einen Verladeberatungsdienst eingerichtet, der kostenlos in Anspruch genommen werden kann.

Besondere Regelungen gelten für außergewöhnliche Sendungen und Wagen, die eine besondere Behandlung (z. B. Zollbehandlung) erfahren.

Zunehmend bieten die Bahnen ergänzende **Dienstleistungen** rund um den Versand. Dazu zählen Leistungen wie z. B. die Verwiegung, die Verpackung, die Erstellung der Frachtbriefe und Begleitpapiere aber auch Informationsdienstleistungen.

Eine klassische Dienstleistung ist die **Verwiegung.** Es sind sind private und bahnamtliche Verwiegung zu unterscheiden. Die private Verwiegung dient kommerziellen Zwecken. Damit soll die Lieferung vereinbarter Mengen geprüft werden. Die bahnamtliche Verwiegung dient der Einhaltung vorgegebener Lastgrenzen und der Verhinderung von Frachthinterziehungen. Die dafür eingesetzten Waagen unterliegen strengen Auflagen bezüglich der Messgenauigkeit, die durch regelmäßige amtliche Prüfung nachgewiesen werden muss. Eine bahnamtliche Verwiegung kann auch auf Privatwaagen erfolgen, wenn die Waage den Anforderungen entspricht und mit der Bahn entsprechende Vereinbarungen bestehen.

Das Angebot an **Informationsdienstleistungen** hat sich mit den technischen Möglichkeiten auf diesem Gebiet entwickelt. Das Spektrum reicht von der Information des Empfängers über den erfolgten Versand bis zur permanenten Überwachung des Wagenlaufes. Dabei treten zunehmend Dienstleister in Erscheinung, die nicht aus dem klassischen Bahnbetrieb kommen und auch ausschließlich Informationsdienstleistungen erbringen. Beispiele dafür sind die Standortbestimmung verbunden mit der elektronischen Überwachung bestimmter Parameter der Ladung, des Wagens bzw. des Containers und die Bereitstellung dieser Informationen beim Auftraggeber. Die Standortbestimmung erfolgt in diesem Fällen unabhängig vom Bahnbetrieb.

Während die Wagenbewegungen in den Ladestellenbereichen als Rangierfahrten durchgeführt werden, legen die Wagen ihren Weg durch das Netz in Güterzügen zurück. Bezugsbasis für die **Transportdurchführung** ist daher aus verkehrlicher Sicht der in Güterzügen beförderte Güterwagen. Für Güterzüge werden von der Bildung über die Beförderung und die Unterwegsbehandlung bis hin zur Zugauflösung vom Betrieb Planungsunterlagen benötigt. Eine wesentliche Planungsunterlage ist der **Güterzugfahrplan.** Er enthält die zeitliche Lage jedes Güterzuges. Verkehrlich werden Frachtgutwagenladungen und Eilwagen unterschieden. Als Eilwagen werden bei DB Cargo alle Wagen mit eilbedürftigen Gütern behandelt. Somit besteht ein Unterschied zur früher üblichen Beförderungsart „Eilgut".

Zur Erbringung der unterschiedlichen Produkte im Schienengüterverkehr wird auf festgelegte Zuggattungen zurückgegriffen. Die einzelnen Zuggattungen sind nicht nur auf unterschiedliche Produktgruppen zugeschnitten, sie weisen auch qualitative Unterschiede auf (z. B. bzgl. Geschwindigkeit oder garantierter Beförderungszeiten). Die sich daraus ergebenden Prioritäten der einzelnen Zuggattungen haben Einfluss auf die Fahrplankonstruktion und die Behandlung der Züge im Rahmen der Betriebsführung. Damit können folglich verschieden hohe Qualitätsanforderungen abgebildet werden.

Die nachfolgenden Tabellen enthalten ausgewählte Zuggattungen für Cargo- (Tabellen 8.4 und 8.5) und den Kombiverkehr (Tabelle 8.6)[26]. Die Zuggattungen werden tragen neben Ihren Bezeichnungen und Abkürzungen für die bahninterne Verwendung Zuggattungshaupt- und – unternummern. Aus der zweistelligen Hauptnummer ist neben der Zuggattung selbst deren Zuordnung zu Personen-, Güter- oder anderen Verkehren ableitbar. Durch ein Komma von der Hauptnummer getrennt drückt die Zuggattungsunternummer beförderungsdienstliche Merkmale aus (z. B. Vollzug, Leerzug).

---

[26] DS 407.9001 Verzeichnis der Zuggattungen – Zuggattungshaupt- und –unternummern. Ausgabe: 1998-05

Abkürzung	Bezeichnung	Einsatzbereich
TE	TransEurop-Zug: Qualitätszüge außerhalb von EUC-Relationen	internationaler Verkehr
EUC	EuropUnitGargo: Qualitätszüge im internationalen Verkehr als Träger von EUC-Relationen	internationaler Verkehr
TC	TransCargo-Zug: Fernzüge im internationalen Verkehr, außer TE und EUC	internationaler Verkehr
TKCL	(Trans-)Komplett-Cargo-Logistikzug: Geschlossene Züge für Logistik- Transporte einschl. Leerzüge in Pendelverkehren	internationaler Verkehr
TGC	Gruppen-Cargo-Zug: Geschlossene Züge, die mit mehreren Wagengruppen mit Unterwegsbehandlung (Wagenaustausch) verkehren	internationaler Verkehr
TCL	(Trans-)Cargo-Leerwagen-Zug: Züge für die Beförderung leerer Cargo- Wagen, (außer bestimmten Pendelläufen und Leerwagen aus Militärzügen)	internationaler Verkehr
ICG	InterCargo-Zug: Züge zwischen den Wirtschaftszentren mit garantierten Beförderungszeiten sowie Ergänzungsverbindungen (InterCargo-Garantie)	nationalen Verkehr
ICL	InterCargo-Logistik-Zug: Logistikzüge außerhalb von InterKombi-, ICG-, KC- und GC-Relationen	nationalen Verkehr
KCL	Geschlossene Züge für Logistik: Transporte einschl. Leerzüge in Pendelverkehren	nationalen Verkehr
GC	Gruppen-Cargo-Zug: Geschlossene Züge, die mit mehreren Wagengruppen mit Unterwegsbehandlung (Wagenaustausch) verkehren	nationalen Verkehr
CL	Cargo-Leerwagen-Zug: Züge für die Beförderung leerer Cargo- Wagen, (außer bestimmten Pendelläufen und Leerwagen aus Militärzügen)	nationalen Verkehr

Tabelle 8.4: Züge für Cargoverkehre im Fernverkehr

Abkürzung	Bezeichnung	Einsatzbereich
IRC	InterRegioCargo- Zug: Züge des Grundangebots in den Relationen Rbf - Rbf, Kbf - Rbf und Rbf - Kbf zwischen fremden Rangierbahnhofsbereichen	Nahbereich
RC/ TRC	RegionalCargo Zug: Züge des Grundangebotes Kbf - Rbf und Rbf - Kbf des eigenen Rangierbahnhofsbereiches Kbf - Kbf innerhalb einer Niederlassung	Nahbereich
CB	Bedienungsfahrt im Cargo-Verkehr	Nahbereich (innerhalb eines Knotenpunktbereiches)
CS	Bedienungsfahrt	Nahbereich (zwischen Kbf und Satelliten mit Rangiermitteln)
ÜRC	Überregionaler Cargo-Zug: Züge des Grundangebotes	Nahbereich (Kbf - Kbf zwischen mehreren NL)

Tabelle 8.5: Züge für Cargoverkehre im Nahverkehr

Abkürzung	Bezeichnung	Einsatzbereich
TEC	TransEuroCombi - Züge für den Euro-Kombi-Verkehr (Trans Europ Combines)	internationaler Verkehr
LTEC	TransEuroKombi - Zug mit Höchstgeschwindigkeit < 100 km/h Züge des EuroKombi-Verkehrs	internationaler Verkehr
ExC	Züge bis 200 km/h für die Beförderung von Expressgut und hochwertigen Sendungen (Betriebliche Durchführung als Reisezug)	nationaler Verkehr
IKE	InterKombiExpress Direktzüge des InterKombi-Verkehrs zwischen den Ubf (auch mit Unterwegsbehandlung)	nationaler Verkehr
IK	InterKombi-Zug - Züge des Drehscheibensystems für den InterKombi-Verkehr	nationaler Verkehr
IKL	InterKombi - Logistikzug - Logistikzüge für den InterKombi-Verkehr (Autologistik u. a.)	nationaler Verkehr
RIK	Regional-InterKombi-Zug - Züge für die Beförderung von Inter-Kombi-Sendungen außerhalb des Drehscheibensystems (z. B. Ringzüge und Gleisanschlußverfahren)	nationaler Verkehr

Tabelle 8.6: Züge für Kombiverkehre

Der Weg vom Versandort zum Empfangsort kann nicht immer nur unter Nutzung eines durchgehenden Zuges zurückgelegt werden. Deshalb sind vielfach an Knotenpunkt- bzw. Rangierbahnhöfen Wagenübergänge zwischen Zügen notwendig. Zudem gibt es häufig mehrere theoretisch mögliche Wege. Aus Gründen der Netzauslastung und der Organisation der Wagenübergänge zwischen den Zügen, kann der Weg der Güterwagen nicht der freien Auswahl überlassen bleiben. Die Güterwagen werden über einen ganz bestimmten vorgegebenen Weg befördert. Dieser Weg heißt Leitungsweg. Die Eisenbahninfrastrukturunternehmen haben Grundnetze für die Beförderung von Frachtgutwagenladungen festgelegt. Auf der Grundlage der Grundnetze werden für wichtige Netzknoten (z. B. Rangierbahnhöfe, Grenzübergangspunkte) Wegkarten mit bildlicher Darstellung der Leitungswege entwickelt.

Die vollständige Angabe des Leitungsweges am Güterwagen in allen erforderlichen Papieren und in den DV-Systemen (z. B. im Frachtinformationssystems - FIS) wäre sehr unhandlich. Deshalb wird ein Verschlüsselungssystem verwendet, nach dem für jeden Bestimmungsbahnhof jeweils nur eine **Richtzahl** festgelegt ist. Das „Verzeichnis der Bestimmungsstellen für Güterwagen" enthält alle diese Richtzahlen.

Durch dieses **Richtpunktverfahren** kann der Wagenübergang sinnvoll organisiert werden. Dabei ist es bedeutungslos, aus welcher Richtung der Wagen auf den Knoten zugelaufen ist.

Das Verfahren kommt bei der Beförderung von Frachtgutwagenladungen, Eilwagenladungen und Leerwagen innerhalb der Bundesrepublik Deutschland zur Anwendung. Es gilt sowohl im Binnenverkehr der DB Cargo, im Wechsel- und Durchgangsverkehr mit den NE-Bahnen wie auch im Verkehr von und nach dem Ausland sowie im Transitverkehr. Vom Richtpunktverfahren ausgenommen sind:

- Ganzzüge, Großgüterwagenzüge (Gdg, Gag),
- Leerwagenzüge,
- außergewöhnliche Sendungen (Wagen mit Lademaßüberschreitung oder Schwerwagen),
- Schnellgüterzüge „Rollende Landstraße" des Kombinierten Ladungsverkehrs (KLV),
- Sonderplanwagen.

Die Transportdurchführung auf der freien Strecken ist weitgehend eine betriebliche Aufgabe. Aus verkehrlicher Sicht ist dabei vor allem die Überwachung des Bearbeitungsstandes von Bedeutung. Diese Überwachung dient der Auskunftsfähigkeit gegenüber den Kunden aber auch der bahninternen Steuerung des Wagenumlaufes. Zu diesen Zwecken wurden Ladungsverfolgung und –überwachung sowie betriebliche Vormeldung und Wagendisposition in den letzten Jahren immer mehr verbessert. Eine entscheidende Rolle spielt in diesem Zusammenhang die Entwicklung der Informations- und Kommunikationssysteme. In der Vergangenheit war der aktuelle Standort eines einzelnen Wagens nummerngenau nur zu dem Zeitpunkt und an dem Ort bekannt, zu dem der betreffende Wagen vom örtlichen Wagendienst erfasst wurde. Seit einigen Jahren wurden von vielen Bahnen Systeme zur durchgehenden Überwachung der Wagenumläufe aufgebaut. Grundlage dieser **Systeme ist die Objektverfolgung** (vergl. Abschnitt 8.7).

Auch beim **Empfang von Wagenladungen** sind physische und informationelle Prozesse eng gekoppelt (Bild 8.31).

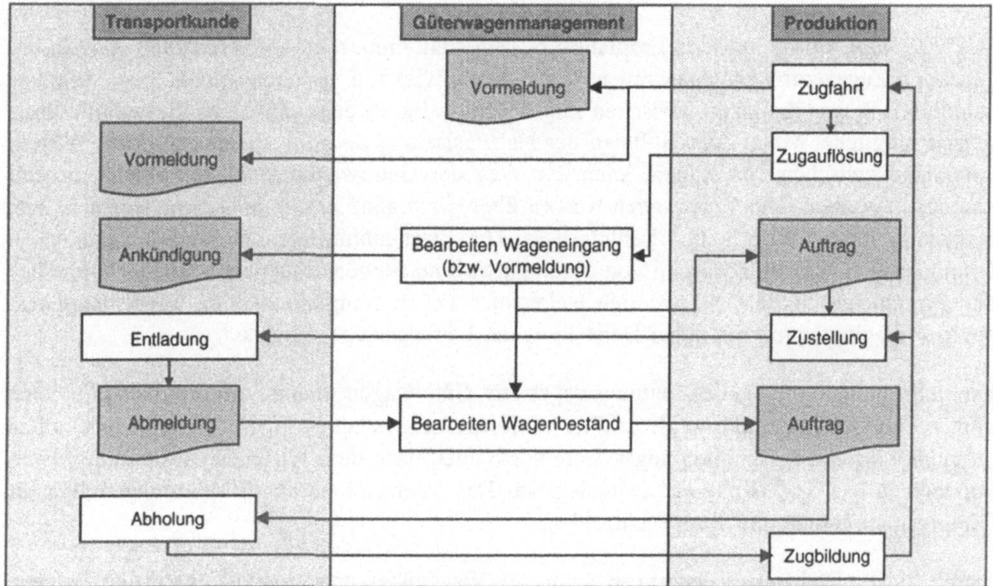

Bild 8.31: Arbeitsabläufe beim Empfangsprozess

Bei DB Cargo liefert das Frachtinformationssystem eine **Vormeldung.** Dadurch kann im Empfangsknoten bereits vor dem Eintreffen der Wagen deren Zustellung disponiert werden. Wie bereits erwähnt, kann auch der Transportkunde Zugriff auf Daten für ihn bestimmter Wagen erhalten. Liegt der Zeitpunkt der Zustellung fest, wird der Kunde informiert, damit er Vorkehrungen für die Entladung treffen kann (**Ankündigung**). Nach erfolgter Entladung meldet der Kunde die betreffenden Wagen ab (**Abmeldung**). Daraus ergeben sich für die Leerwagendisposition wesentliche Informationen. Das System kann leer gewordene Wagen wieder in die Disposition einbeziehen. Im Ergebnis dessen wird festgelegt, wohin die jeweiligen Wagen gebracht werden (**Verfügung**). Im günstigsten Fall liegen bereits eine neue Bestellungen vor. Dann werden die Wagen zu den Bedarfsorten gefahren. Liegen noch keine Bestellungen vor, gibt es auch die Möglichkeit Wagen dort zu sammeln, wo mit Hilfe der Statistik ein Bedarf berechnet wurde.

8.5 Traktionsmanagement

Eine wesentliche Voraussetzung für die Durchführung von Transportprozessen zur Umsetzung der Kundenanforderungen ist die Verfügbarkeit von Traktionsleistungen. Der Bereich Traktion hat sicherzustellen, dass auf Basis der Kundenaufträge ermittelte Fahrpläne bzw. Rangierbedarfe durch Traktionsleistungen abgedeckt werden können. Traktionsleistungen sind Zugförderleistungen oder Rangierleistungen. Der Bereich Traktion stellt somit Triebfahrzeuge mit angemessenem Leistungsspektrum und Triebfahrzeugpersonal für die Durchführung der vorgesehenen Fahrzeugbewegungen zur Verfügung. Voraussetzung dafür sind entsprechende Triebfahrzeuge, die zum Bedarfszeitpunkt einsatzfähig sind, sowie geeignetes Personal. Die Leistungsangebote sind an die unterschiedlichen Anforderungsprofile anzupassen. In Folge dessen hat sich inzwischen ein entsprechendes Angebotsspektrum entwickelt.

Die **Anforderungsprofile** lassen sich zunächst nach den wichtigsten betrieblichen Einsatzfeldern in Strecken- und Rangierdienst unterteilen. Innerhalb dieser Kategorien sind weitere Differenzierungen erforderlich. Bei der Auswahl von Triebfahrzeugen für den **Rangierdienst** wird ein Optimum zwischen ausreichender Leistungsfähigkeit und hoher Wirtschaftlichkeit angestrebt.

Im **Streckendienst** spielen erforderliche Zugkraft, Geschwindigkeit und technische Ausrüstung der Lokomotive eine Rolle.

Neben Lokomotiven wird in beiden Einsatzfeldern auch geeignetes **Personal** benötigt. Hier zeigt sich wiederum ein wesentlicher Unterschied zum Straßengüterverkehr. Mindestvoraussetzung für das Führen von Kraftfahrzeugen im Straßengüterverkehr ist der Besitz eines gültigen Führerscheins. Triebfahrzeugführer müssen dagegen nicht nur über die entsprechende Qualifikation für die Bedienung des Fahrzeuges und die Fahrt auf Bahnstrecken verfügen, sondern auch die Streckenkenntnis für die jeweils zu befahrende Strecke nachweisen. Auch Triebfahrzeugführer im Rangierdienst müssen nicht nur die erforderliche Qualifikation haben, sondern auch die örtlichen Verhältnisse kennen. Dadurch wird ein weiterer Beitrag zu möglichst hoher Sicherheit im Schienenverkehr geleistet. Allerdings bedeuten höhere Anforderungen an die Qualifikation des Personals auch höhere Kosten.

Als Folge der Liberalisierung haben sich mehrere unterschiedliche Bedarfssituationen entwikkelt:

* die Bereitstellung von Traktionsleistungen innerhalb eines EVU,
* der Verkauf von Leistungen im Bereich Traktion an ein fremdes EVU oder
* die Inanspruchnahme von Diensten eines Lokpools.

Die Klassische Erbringung von **Traktionsleistungen innerhalb eines EVU** soll den prinzipiellen Ablauf im Zusammenwirken mit den übrigen Managementprozessen verdeutlichen (Bild
8.32).

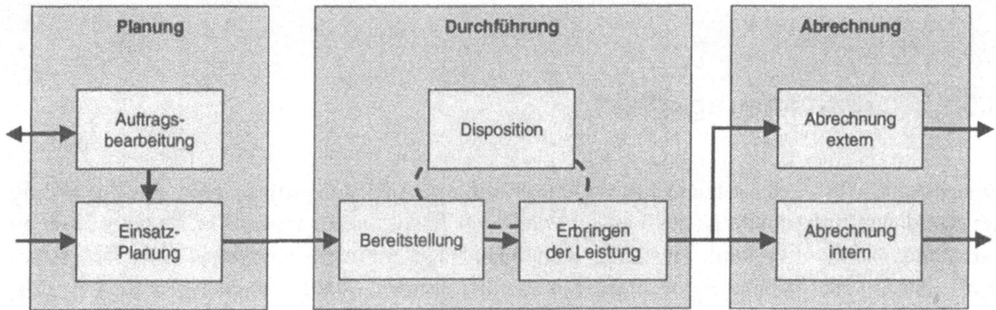

Bild 8.32: Vereinfachter Arbeitsablauf im Bereich Traktion

Die im Bereich Traktion vorgehaltenen Ressourcen verursachen erhebliche Kosten. Darüber
hinaus lassen die gegenwärtigen Produktionsverfahren einen rein operativen Betrieb, zumindest im Streckendienst, nicht zu. Folglich geht dem eigentlichen Prozess der Leistungserbringung meist ein komplexer **Planungsprozess** voraus, der in engem Zusammenhang mit der
Infrastrukturplanung steht.

Weder Personal noch Triebfahrzeuge sind uneingeschränkt verfügbar. Während die Triebfahrzeuge gewartet und instandgehalten werden müssen, werden an das Personal hohe Anforderungen hinsichtlich Tauglichkeit, Qualifikation und Strecken- bzw. Ortskunde gestellt. Zudem
muss der Personaleinsatz den Arbeitszeitregelungen Rechnung tragen. Traktionsleistungen
sind wie alle anderen Leistungsanteile im Schienengüterverkehr möglichst wirtschaftlich zu
erbringen. Das erfordert eine optimale Planung insbesondere hinsichtlich des Einsatzes von
Triebfahrzeugführern und Triebfahrzeugen. Bevor die eigentliche Einsatzplanung erfolgen
kann, muss also im Rahmen der **Auftragsbearbeitung** festgestellt werden, ob die Traktionsleistung in der gewünschten Weise angeboten werden kann und zu welchem Preis. Ähnlich wie
bei der Angebotserstellung in anderen Bereichen des Wirtschaftslebens reagiert der Anbieter
von Traktionsleistungen auf die Anfragen interner oder externer Nachfrager mit einem zeitlich
befristeten Angebot. Erst die verbindliche Bestellung bildet die Grundlage für die Einsatzplanung. Gleichzeitig liefern die Bestellungen Basisdaten im Sinne von Sollwerten für Abrechnung. Weiterhin müssen die von den Kunden beauftragten Traktionsleistungen in planbare
Leistungseinheiten zerlegt werden. Bezogen auf die Fahrzeuge heißen die Leistungseinheiten

Leistungsblöcke. Beim Personal spricht man von Tätigkeitsblöcken. Diese Trennung ist erforderlich, weil die Einsatzpläne für Triebfahrzeuge (z. B. Fahrzeugumläufe) und Triebfahrzeugführer (z. B. Schicht- und Dienstpläne) meist nicht identisch sein können, aber aufeinander und mit den Planungen der Infrastrukturbetreiber abgestimmt sein müssen.

Die konkreten Planungen unterscheiden sich naturgemäß zwischen Strecken- und Rangierdienst. Im **Streckendienst** sind teilweise Fahrten über große Entfernungen durchzuführen. Für die Triebfahrzeuge müssen deshalb Umläufe geplant werden, die ein Minimum an „unbezahlten" Leistungsanteilen enthalten sowie die erforderliche Wartung und Instandhaltung gestatten. Es wird versucht Leerfahrten zwischen Einsatzorten und unproduktive Standzeiten zu vermeiden. Der Einsatz der Triebfahrzeugführer erfordert ebenfalls einen hohen Planungsaufwand. Dabei geht es nicht nur um den effizienten Personaleinsatz. So sind zwar einerseits die bestellten Leistungen möglichst wirtschaftlich zu erbringen aber andererseits gelten eine Reihe Randbedingungen. Dazu zählen Arbeitszeitregelungen und die simple Tatsache, dass der Triebfahrzeugführer in festgelegten Zeiträumen an seinen Heimatort zurückgelangen muss. Den vereinfachten Planungsablauf verdeutlicht Bild 8.33.

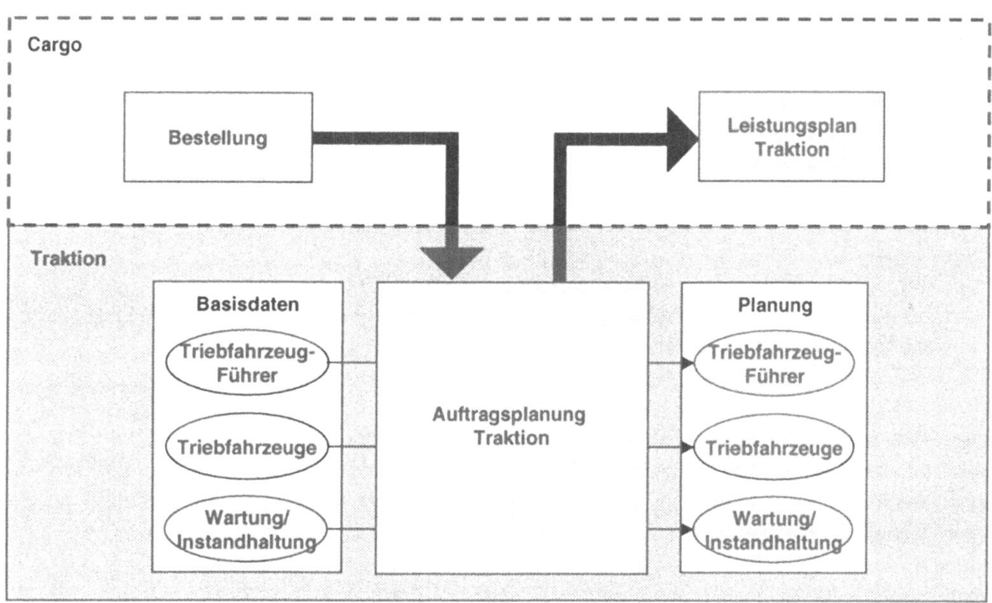

Bild 8.33: Vereinfachter Planungsablauf im Bereich Traktion

Der Planungsaufwand ist erheblich und in unterschiedlichen Planungszeiträumen durchzuführen. Unterschiedliche Planungszeiträume ergeben sich aus der Art der zu planenden Leistungen. Es werden unterschieden[27]:

- Regelleistungen
- Einzelleistungen und

---

[27] Schmidt, F. / Will, A.: DV-gestütztes Planungssystem in der Traktion. In: ETR 45(1997) 7/8 S. 455-460

• dispositive Leistungen.

Regelleistungen sind an festgelegten Verkehrstagen regelmäßig zu erbringende Leistungen.
Abweichungen sind im voraus bekannt und können entsprechend eingeplant werden (z. B.
Feiertagsregelungen). **Einzelleistungen** sind Sonderzüge oder sonstige Traktionsleistungen,
die nicht an festen Verkehrstagen bzw. nicht über einen längeren Zeitraum zu erbringen sind.
Sonderzüge können als Bedarfszüge oder als Züge auf besondere Anordnung gefahren werden.
Bei Bedarfszügen existiert bereits ein Fahrplan. Die vorgesehene Fahrplantrasse wird jedoch
nur genutzt, wenn Bedarf besteht. Für Sonderzüge, die auf besondere Anordnung verkehren,
wird ein gesonderter Fahrplan erarbeitet. **Dispositive Leistungen** sind kurzfristig (am aktuellen Kalendertag) zu erbringen. Der zeitliche Vorlauf der Planung ist bei Regelleistungen am
größten und liegt dort in der Größenordnung von Monaten. Der Planungsvorlauf verkürzt sich
bei dispositiven Leistungen auf wenige Stunden am Tag der Leistungserbringung. Das bedeutet auch, dass im Extremfall bestimme Leistungsanforderungen nicht abdeckbar sind.

Die **Leistungserbringung** beginnt mit der termingerechten **Bereitstellung** eines einsatz-
bereiten Triebfahrzeuges mit Triebfahrzeugführer am vorgesehenen Einsatzort. Auf der
Grundlage der Fahrplanunterlagen und der Planungsunterlagen des Bereichs Traktion werden
dann die vom Kunden beauftragten **Transportleistungen erbracht**. Bei einer derart komplexen Planung mit entsprechendem zeitlichen Vorlauf, der Notwendigkeit des reibungslosen
Zusammenwirkens vieler Prozessbeteiligter und vielfältigen nichtvorhersehbaren Einflüssen
auf das operative Betriebsgeschehen sind Abweichungen von den Planungsunterlagen nicht
immer vermeidbar. Im Rahmen der **Disposition** müssen in diesen Fällen kurzfristige Lösungen
gefunden werden. In Zusammenarbeit mit den Betriebsleitungen der Netzbetreiber gilt es z. B.

• auf verspätungsbedingte Umlaufprobleme zu reagieren,
• bei Ausfällen von Triebfahrzeugen oder Triebfahrzeugführern für Ersatz zu sorgen oder
• die Behebung technischer Störungen zu organisieren.

Die erbrachten Leistungen sind zu erfassen und gegenüber den unternehmensinternen und
unternehmensexternen Auftraggebern abzurechnen. Im Zusammenhang mit der **Abrechnung**
ist auch die interne Auswertung der Leistungserbringung zu sehen. Ein Beispiel dafür ist die
Verspätungsauswertung.

Bereits dieser kurze Abriss der wichtigsten Arbeitsabläufe verdeutlicht die Komplexität des
Traktionsmanagements. Dabei wurden einige wichtige Problemkreise wie z. B. der Abgleich
mit benachbarten Managementprozessen noch nicht genannt.

Schwierigkeit und Bedeutung des Traktionsmanagements haben bei vielen Bahnen zur Entwicklung von DV-unterstützten Planungssystemen geführt. Bei der DB AG heißt dieses System Traktions-Informations-System (TIS)[28].

Die hier dargestellten Abläufe bezogen sich auf den Streckendienst. Im **Rangierdienst** sind die
durchzuführenden Arbeiten nur bedingt planbar. Insbesondere bei Einsatzfällen die nur eine

---

[28] Windau, M.: TIS: System Traktions-Informations-System. In: Deine Bahn (1998)9 S. 554-557

operative Zuordnung der Kapazitäten zu den konkreten Rangieraufgaben zulassen (Dispatching, vergl. Abschnitt 5), werden die Traktionsleistungen zwar für größere Zeiträume als Bedarf geplant, aber der operative Einsatz erfolgt im Rahmen von Betriebsinformationssystemen.

Der **Verkauf von Leistungen des Bereichs Traktion an ein fremdes EVU** ist durch die Liberalisierung Realität geworden. Dafür gibt es vielfältige Ursachen. So verfügten anfangs nur die ehemaligen Staatsbahnen über geeignete Streckenlokomotiven. Jedes andere EVU musste also neben den erforderlichen Trassen auch Triebfahrzeuge beschaffen. Die Vorhaltung eigener Triebfahrzeuge ist wirtschaftlich nicht immer sinnvoll. Zudem stellt die Forderung nach qualifizierten Triebfahrzeugführern mit Streckenkenntnis eine weitere Hürde dar. Insbesondere für Verkehre, die nicht regelmäßig stattfinden, wie z. B. Überführungsfahrten zur Instandhaltung von Fahrzeugen kann deshalb der Kauf von Traktionsleistungen eine sinnvolle Alternative sein. Bereits in der Vergangenheit haben sich EVU gegenseitig bei Engpässen unterstützt.

Eine andere Alternative stellen **Lokpools** dar. Unter einem Lokpool wird ein Dienstleistungsunternehmen verstanden. Das Kerngeschäft eines solchen Unternehmens ist die bedarfsgerechte Erbringung von Leistungen im Zusammenhang mit der Traktion. Der Betreiber eines Lokpools erbringt meist selbst keine Verkehrsleistungen. Typisch ist eher die Vorhaltung von Lokomotiven. Einige Anbieter ergänzen ihr Angebot mit weiteren Leistungen. Ein Lokpool ist somit nicht zwangsläufig als EVU aktiv.

Das Leistungsangebot von Lokpools kann in der Bereitstellung von

* bedarfsgerechten Triebfahrzeugen
* Serviceleistungen rund um das Triebfahrzeug und
* qualifiziertem Personal

bestehen.

Als **Serviceleistungen** kommen die Organisation bzw. Durchführung

* von Instandhaltungsleistungen (Wartung, Inspektion und Instandsetzung),
* des Notfallmanagements sowie
* der Freihauslieferung von Lokomotiven

in Betracht.

Wie die Wertschöpfungskette von Lokpools aussehen kann, zeigt Bild 8.34. Selbstverständlich nutzt nicht jeder Anbieter alle Optionen. Inzwischen sind Lokpools mit unterschiedlicher Angebotspalette am Markt.

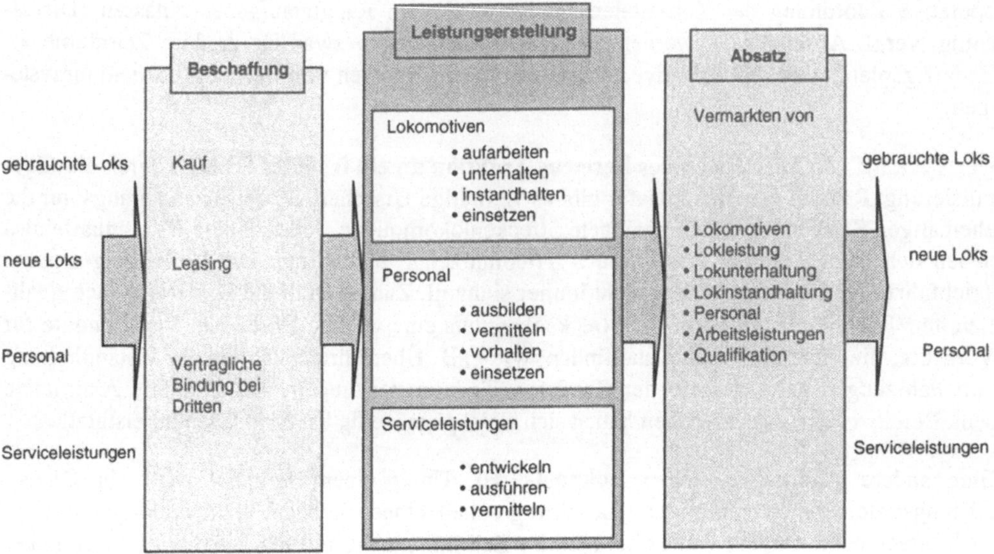

Bild 8.34: Beispiel für die Wertschöpfungskette eines Lokpools[29]

Lokpools decken unabhängig von ihrer Rechtsform und ihren konkreten Unternehmenszielen selbst meist nur bestimmte Bereiche der Angebotspalette wirtschaftlich ab. Die **Zusammenarbeit mit Partnern** ist daher geboten (Bild 8.35).

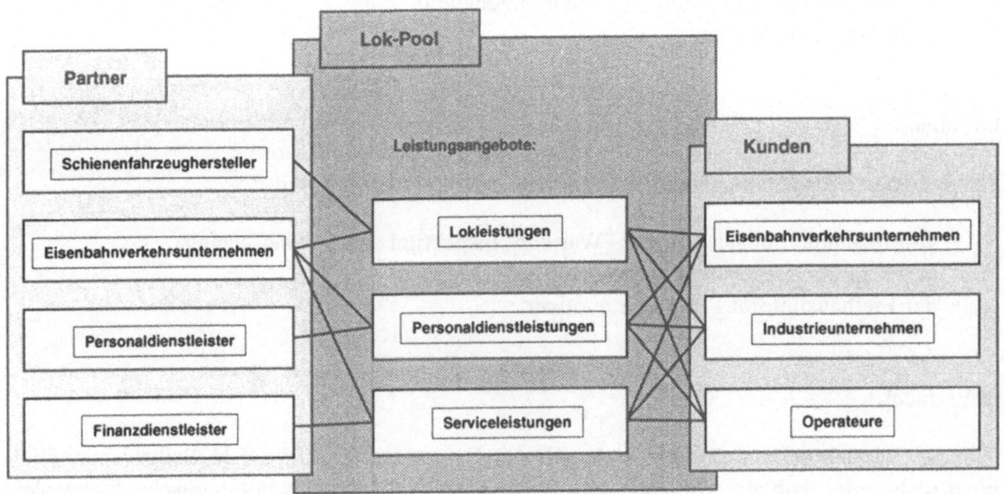

Bild 8.35: Mögliche Partner von Lokpools[30]

---

[29] aus Albrecht, E. / Berndt, T.: Neue Dienstleister im Eisenbahnmarkt – Lokpools. In: Internationales Verkehrswesen. – Hamburg: 51 (2000) 9 S. 373-375

Als mögliche Partner kommen in Betracht:

* Hersteller,
* EVU,
* Personaldienstleister und
* Finanzdienstleister.

Hersteller spielen nicht nur als Lieferanten der Triebfahrzeuge eine Rolle. Insbesondere im Bereich Instandhaltung bietet sich die Zusammenarbeit mit der Schienenfahrzeugindustrie an. Bei der Beschaffung neuer Lokomotiven ist ohnehin vielfach die garantierte Verfügbarkeit der Fahrzeuge ein wesentlicher Vertragsbestandteil. Im Störfall ist es deshalb vorteilhaft, direkt mit dem Lieferer zusammenzuarbeiten. Inzwischen haben auch die Hersteller neben dem Verkaufsgeschäft Lokpools aufgebaut (z. B. Siemens Krauss-Maffei Lokomotiven GmbH[31]). Aus Kundensicht verspricht jedoch auch die zeitweilige Bereitstellung von Lokleistungen durch neutrale Unternehmen Vorteile. Hersteller stehen immer im Verdacht, ihre vorhandenen Fahrzeuge auslasten zu wollen. Herstellerneutrale Pools können dagegen durchaus Fahrzeuge unterschiedlicher Hersteller im Bestand haben bzw. beschaffen.

Für die **Zusammenarbeit mit anderen EVU** eröffnen sich in unterschiedlichen Bereichen Perspektiven. Als Beispiele kommen in Betracht:

* Instandhaltungsleistungen,
* Schulungsleistungen,
* die Überführung von Fahrzeugen oder
* die zeitweilige Abstellung von Fahrzeugen auf Gleisanlagen des EVU.

Auch für **Personaldienstleister** (z. B. in Form von Zeitarbeitsfirmen) bieten sich neue Geschäftsfelder in der Zusammenarbeit mit Lokpools. Als mögliche Einsatzbereiche für zeitweilig einsetzbares Fremdpersonal sind denkbar:

* Rangierdienst,
* Instandhaltung und
* Service (z. B. Be- und Entladung).

Sehr qualifikationsintensive Aufgabenfelder sind nur mit entsprechendem Vorlauf mit Fremdpersonal zu besetzen. So ist z. B. der Einsatz von Triebfahrzeugführern für den Streckendienst vorstellbar. Wesentliche Voraussetzungen sind jedoch ausreichende Auslastungsaussichten, da die Anforderungen an die Qualifikation sehr hoch sind. Zudem muss

---

[30] aus Albrecht, E. / Berndt, T.: Neue Dienstleister im Eisenbahnmarkt – Lokpools. In: Internationales Verkehrswesen. – Hamburg: 51 (2000) 9 S. 373-375

[31] http://www.dispolok.com

meist mindestens die Streckenkenntnis für den konkreten Einsatzfall noch zusätzlich erworben werden.

Die Finanzierung von Lokpools stellt besonders hohe Anforderungen. Allein die Beschaffung von Lokomotiven ist sehr kapitalintensiv. Zudem sind Schienenfahrzeuge und Bahnanlagen recht langlebige Wirtschaftsgüter. **Finanzdienstleister** spielen somit im Zusammenhang mit dem Aufbau und Betrieb von Lokpools eine besondere Rolle. Für Lokpools sind Banken, Leasinggesellschaften, Versicherungen bzw. private Kapitalgeber unerlässliche Partner. Neben den Investitionen ist die Ermittlung und Absicherung des Restwertrisikos ein wesentlicher Gesichtspunkt. Auch für die Absicherung

- der laufende Kosten (z. B. Instandhaltung) sowie
- von Auslastungs- und
- Haftungsrisiken

sind Finanzierungskonzepte und Kapitalgeber gefragt.

Aber auch die **ehemaligen Staatsbahnen** könnten Partner und gleichzeitig Kunden von Lokpools werden. Denkbar ist eine Zusammenarbeit in unterschiedlichen Bereichen. Die DB AG verfügt z. B. fast als einziges EVU über mehrere Werke zur Instandhaltung von E-Lokomotiven. Mit der Öffnung dieser wichtigen Infrastruktur könnten Überführungsfahrten zu den Herstellern über größere Entfernungen und die damit verbundenen hohen Kosten vermieden werden. Ein allgemein zugängliches Netz aus Instandhaltungsbetrieben und die Einbindung der Hersteller wäre ein Beitrag zur Verbesserung der Wettbewerbssituation zwischen Straße und Schiene. Natürlich würden davon nicht nur Lokpools sondern auch direkte Wettbewerber profitieren. Sollte DB Cargo jedoch vornehmlich auf die lukrativen Fernverkehre setzen, werden regionale Dienstleister als Partner für die Bedienung der Fläche benötigt.

Selbstverständlich können auch ehemalige Staatsbahnen Lokpools betreiben bzw. Partner oder Kunde derselben sein. Das Schienenfahrzeugzentrum Stendal der DB Regio AG vermietet bereits Lokomotiven der Baureihe 201[32]. Anfang 2001 gaben die Österreichischen Bundesbahnen und die Deutsche Bahn AG die Gründung des gemeinsamen Lokpools EuroTraktion bekannt. In diesem Pool sollen zukünftig 1500 Hochleistungsloks eingestellt werden[33].

Die ersten Lokpoools entstanden in Deutschland vor allem deshalb, weil nach Öffnung der Schieneninfrastruktur nur die Nachfolger der ehemaligen Staatsbahnen über ausreichend Triebfahrzeuge für den Rangier- und Streckendienst verfügten. Den Wettbewerbern dieser Bahnen mangelte es vor allem an Streckenlokomotiven. Diese EVU, die entweder aus NE-Bahnen hervorgegangen sind oder inzwischen neu gegründet wurden, konnten deshalb zunächst nicht in Wettbewerb treten. Während Rangierlokomotiven zumindest bei den vormaligen NE-Bahnen vorhanden waren und Güterwagen über Wagenvermietgesellschaften beschafft werden konnten, stellte der Mangel an Streckenloks ein Haupthindernis für netzübergreifende Angebote dar. Dieser Mangel führte zu einer entsprechenden Nachfrage am Markt,

---

[32] vergl. Beyer, B. / Richter, K.-A.: Pool-Loks. In: Bahn-Jahrbuch 2001 S.46-47

[33] N. N.: Gründung eines neuen Lokomotivpools. In: Internationales Verkehrswesen. 53(2001)3 S. 70

aus der sich die Existenzberechtigung von Lokpools ableitete. Neben dem Bedarf neu in das Streckengeschäft einsteigender EVU ergeben sich Potentiale für Lokpools beim Ausgleich von Nachfrageschwankungen. Die EVU als potentielle Kunden von Lokpools verfügen teilweise über eigene Loks. Somit können sie auf dem Markt nicht nur als Kunden sondern als Partner und Wettbewerber von Lokpools auftreten (Bild 8.36).

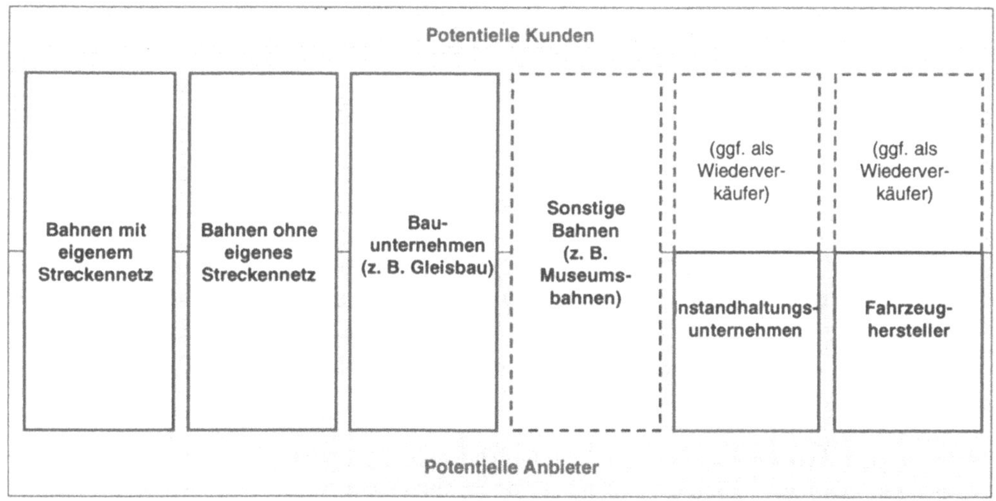

Bild 8.36: Potentielle Anbieter und Kunden von Lokleistungen aus der Sicht eines Lokpools 34

Als Hauptkunden von Lokpools treten derzeit vor allem in Erscheinung:

* Bahnen mit eigenem Streckennetz und
* Bahnen ohne eigenes Streckennetz.

Als erste bekannte Beispiele für **Bahnen mit eigenem Streckennetz**, die nun auch auf DB-Gleisen aktiv sind, gelten die EVU der BASF AG[35] und der Häfen und Güterverkehr Köln (HGK)[36].

Eine besonders interessante Entwicklung zeichnet sich bei den Anbietern logistischer Dienstleistungen ab, die über **keine eigenen Streckennetze** verfügen. So treten z. B. Akteure des Kombinierten Verkehrs als potentielle Kunden von Lokpools in Erscheinung. Zum Beispiel

---

[34] aus Albrecht, E. / Berndt, T.: Neue Dienstleister im Eisenbahnmarkt – Lokpools. In: Internationales Verkehrswesen. – Hamburg: 51 (2000) 9 S. 373 - 375

[35] BASF/ADtranz: Neue Loks für den Güterverkehr. In: Der Eisenbahningenieur 50(1999)12 S. 89

[36] Müller, C.: Amerikaner für die Kölner. In: DVZ vom 18.11.99, 53(1999) 138 S. 6

hat die Kombiverkehr Deutsche Gesellschaft für kombinierten Güterverkehr mbH & Co KG seine Relationen auf ein Kernnetz reduziert und das Auslastungsrisiko für diese Relationen übernommen. Lediglich die Traktionsleistungen werden noch bei DB Cargo eingekauft. Zukünftig sollen auch Züge mit eigener Traktion gefahren werden[37]. Mit eigenen Loks und der Zulassung als EVU könnte dann die gesamte Transportkette aus einer Hand angeboten werden.

Intercontainer-Interfrigo (ICF) s. c. hat bereits im Jahr 2000 eine Lizenz als Eisenbahnverkehrsunternehmen beantragt. Ein wesentliches Ziel des bisherigen Operateurs ist es, durch direkten Einkauf von Trassen und Traktionsleistungen höhere Kostentransparenz zu erreichen[38].

Im Straßengüterverkehr haben die Spediteure bewiesen, dass sie unter Nutzung der günstigsten Transportmittel und –wege optimale Transportketten für ihre Kunden aufbauen können. Zwar lässt der liberalisierte Verkehrsmarkt inzwischen auch den Selbsteintritts im Eisenbahnbereich zu, doch wird davon durch die Spediteure noch kein reger Gebrauch gemacht. Zu den Pionieren auf diesem Gebiet zählt die Spedition Hoyer. Sie begann mit der Organisation des Brunsbüttel-Shuttle, der in sehr enger Zusammenarbeit mit der Rhein-Sieg-Eisenbahn GmbH (RSE) realisiert wurde. Inzwischen wurde ein gemeinsames Unternehmen mit dem Namen RSE Cargo GmbH gegründet[39].

Trotz mancher Unwägbarkeiten sind bereits Unternehmen aktiv, die den Charakter von Lokpools haben bzw. Leistungen anbieten, die zur möglichen Angebotspalette von Lokpools gehören. Die besten wirtschaftlichen, technischen und organisatorischen Voraussetzungen für die Gründung von Lokpools haben die Fahrzeughersteller. ADtranz und Siemens sind diesen Schritt bereits gegangen[40][41].

Aber auch herstellerunabhängige Lokpools sind bereits aktiv. Dazu zählen u. a.:

- Rent-Atraction Vertriebs AG (Zug, Schweiz)[42],
- GRS RailService Speyer[43] und
- LOKOOP AG[44].

---

[37] Künftig auch mit eigenen Loks? In: Der Eisenbahningenieur 52(2001)1 S. 74

[38] Intercontainer will Eisenbahn werden. In: Verkehrsrundschau (2000) 1 S. 9

[39] Schulte, D.: Spedition wird Eisenbahn? In: Gefahrgut (2000)Juli S.12-13

[40] vergl. z. B. Rossberg, Ralf Roman: Transport ´99: Mehr Konkurrenz auf Deutschlands Schienen – Charter-Loks bringen den Wettbewerb in Fahrt. In: VDI-Nachrichten (1999)26 S.19

[41] Erste E-Lok übernommen. In: Der Eisenbahningenieur 52(2000)5 S. 181

[42] Lok Pool: Neuer Vermieter in der Schweiz. In: Der Eisenbahningenieur 51(2000)1 S. 54

[43] Gerstner, Gerald: Gebraucht-Loks ziehen den Wettbewerb in den Markt. In: In: VDI-nachrichten (2000)4 S. 14

8.6 Infrastrukturmanagement

Die Eisenbahninfrastruktur weist mehrere Besonderheiten gegenüber anderen Infrastrukturen auf, die zu einem besonders wirtschaftlichen Umgang zwingen. Dazu gehören:

- Ausschließliche Nutzung durch professionelle Verkehrsunternehmen (kein Individualverkehr),
- Mischverkehre mit sehr unterschiedlichen Anforderungen (Geschwindigkeit, Masse...) und
- hohe Sicherheitsstandards.

Alle diese Besonderheiten gegenüber der Infrastruktur des Hauptwettbewerbers Straßengüterverkehr haben hohe Kosten zur Folge. Unabhängig von der Anlastung der Kosten ergibt sich damit die Notwendigkeit für ein möglichst effektives Management der Infrastruktur hinsichtlich Bau, Unterhaltung und Betrieb. Dabei sind die bereits im Abschnitt 5 erwähnten Unterschiede zwischen freier Strecke und Eisenbahnknoten zu beachten.

Die Verantwortlichkeiten für die Eisenbahninfrastruktur können sehr unterschiedlich geregelt sein (Tabelle 8.7).

Infrastrukturbereich	Bau und Unterhaltung	Betriebsführung
Freie Strecke	DB Netz (wenige NE-Bahnen)	DB Netz (wenige NE-Bahnen)
Rangierbahnhöfe	DB Netz	DB Netz
Knotenpunkt- und Satellitenbahnhöfe	DB Netz	DB Cargo (u. a.)
Bahnhöfe der NE-Bahnen	NE-Bahnen	NE-Bahnen

Tabelle 8.7: Verantwortlichkeiten für die Eisenbahninfrastruktur in Deutschland

Ebenfalls nicht berücksichtigt sind die Eigentumsverhältnisse. Die Verantwortlichkeit muss nicht beim Eigentümer der Infrastruktur liegen. Bei einigen NE-Bahnen sind die Eigentümer von Grund und Boden sowie der Infrastruktur nicht identisch. Zudem kann die Betriebsführung in den Händen Dritter liegen. Die vertragliche Basis für die Nutzung der Infrastruktur durch Dritte bilden bei der freien Strecke Fahrplantrassen (vergl. 5.2) während bei den Knoten im Bahnnetz (Bahnhöfe, Gleisanschlüsse) die Infrastruktur für bestimmte Zeiträume zur Verfügung gestellt wird. Eine gewisse Ausnahme bilden die Rangierbahnhöfe. Hier liegen alle Verantwortlichkeiten bei DB-Netz. Die Benutzung wird den EVU durch DB Netz in Rechnung

---

[44] Geschäftsbericht der Mittelthurgaubahn 1997

gestellt. Neben der Frage der Leistungsverrechnung zwischen EIU und EVU sind für das Infrastrukturmanagement folgende Fragen von besonderer Bedeutung:

- Preisbildung und Vergabe von Trassen bei konkurrierenden Anforderungen,
- die sichere Betriebsführung,
- der Umgang mit außergewöhnlichen Betriebssituationen und
- die angemessene Unterhaltung.

Die Problematik der **Preisbildung** beherrscht seit langem die Medien weit über die Fachpresse hinaus. Der Grund liegt in ihrem steuernden Einfluss auf den Wettbewerb unter dem Gesichtspunkt des Zuganges zum Streckennetz. Der Verband Deutscher Verkehrsunternehmer (VDV) kritisiert z. B. in seinem Jahresbericht 1999[45] besonders, dass

- im Vergleich zu anderen Verkehrsträgern nur bei der Bahn die Infrastruktur nicht Aufgabe der öffentlichen Hand ist,
- von allen EU-Ländern nur in Deutschland die vollen Kosten des Fahrweges über Trassenpreise gedeckt werden müssen und
- der Personenverkehr hinsichtlich Ausbau und Zugangsbedingungen bevorzugt wird.

Die besondere Brisanz dieser Thematik wird im Vergleich mit dem europäischen Ausland deutlich. Während die Trassenpreise für den Güterverkehr in Deutschland 1999 bis zu 10 DM pro Zugkilometer betrugen, lagen sie im Vergleichszeitraum bei allen anderen europäischen Bahnen deutlich niedriger, in den Beneluxstaaten sogar unter 1 DM. Zu beachten ist dabei, dass die Trassenpreissysteme der Länder, die eine Trennung von Betrieb und Infrastruktur umgesetzt haben, Unterschiede aufweisen. Gründe für die besonders interessierenden Preisunterschiede liegen nicht in gravierenden Kostenunterschieden sondern in unterschiedlichen politischen Vorgaben zur Finanzierung von Infrastruktur und Betrieb über die Trassenpreise[46]. Wichtig sind dabei neben Rabatten für Großkunden auch zeit- und streckenabhängige Preisdifferenzen. Anzustreben wäre neben einer Vereinheitlichung auf europäischer Ebene eine angemessene Belastung aller Verkehrsträger. Der wissenschaftliche Beirat beim Bundesminister für Verkehr, Bau und Wohnungswesen hat sich mit dieser komplexen Materie auseinander gesetzt und 10 Empfehlungen abgegeben[47].

Die Nutzung der Infrastruktur im Knoten unterliegt erheblich anderen Kriterien. Die durchgehenden Hauptgleise sind der freien Strecke zuzuordnen. In den übrigen Gleisbereichen sind die Nutzungsanforderungen sehr stark vom Knotentyp und den dort ablaufenden Prozessen abhängig. Eine grobe Unterscheidung ergibt sich über die Anteile der Rangierprozesse in Ladestellenbereichen und zur Zugbehandlung. Während die Zugbehandlung auf der Grundlage der

---

[45] Die Infrastruktur – Achillesferse der Eisenbahnen. In: VDV-Jahresbericht 1999 S. 70 - 71

[46] Marktstudie Schienengüterverkehr. Landesinitiative Bahntechnik NRW Dezember 1999 S. 29

[47] Aberle, G. u. a. : Faire Preise für die Infrastrukturbenutzung. Ansätze für ein alternatives Konzept zum Weißbuch der Europäischen Kommission. Gutachten vom August 1999. In: Internationales Verkehrswesen 51(1999) 10 S. 436 - 446

Trassenbestellungen eine gewisse Planungsbasis hat, sind die Rangierprozesse in Ladestellenbereichen teilweise sehr stark von Produktionsprozessen der Transportkunden abhängig. Folglich sind die **Managementprinzipien auf der freien Strecke** andere als in den Knoten mit hohem Anteil von Bedienungsprozessen. Auf der freien Strecke besteht die Hauptaufgabe der Betriebsführung darin, den planmäßigen Betrieb zu sichern und zu überwachen. Selbst beim Auftreten von außerplanmäßigen Ereignissen (z. B. Betriebsstörungen) oder Betriebseinschränkungen (z. B. durch Baumaßnahmen) ist das Ziel immer eine möglichst hohe Übereinstimmung zwischen Fahrplan und realem Betrieb zu erreichen. In der Vergangenheit gab es zu diesem Zweck bei den Bahnen eigene Organisationsstrukturen in Form von Dispatchersystemen (z. B. bei der Deutschen Reichsbahn). Aufbauend auf Meldungen des operativen Betriebsdienstes wurden manuell die gemeldeten Fahrzeiten der Züge in streckenbezogene Fahrplanunterlagen eingetragen und bei Abweichungen regelnd eingegriffen. Diese aufwändige Tätigkeit ist heute weitgehend automatisiert. Bei der DB AG und den meisten anderen europäischen Bahnen arbeiten die Disponenten (Zuglenker) inzwischen mit rechnerunterstützten Betriebsleitsystemen. Bekannt sind derartige Systeme u. a. aus Italien, Spanien, Portugal[48], Dänemark[49], Finnland[50], Österreich[51] und Ungarn[52]. Auch in diesem Bereich gibt es bedingt durch die unterschiedlichen Signal- und Sicherungssysteme kein europaweit einheitliches System. Es existiert eine intensive internationale Zusammenarbeit und ein Datenaustausch über definierte Schnittstellen. Das UIC-Projekt European Railway Transport Management System (ERTMS) soll folgende Verbesserungen für die Zukunft bringen[53]:

- Optimierte Leistungsfähigkeit und Sicherheit der Streckennetze,
- Kompatibilität mit bestehenden und geplanten Systemen,
- Interoperabilität,
- höhere Streckenkapazitäten und
- niedrigere Betriebs- und Unterhaltungskosten.

Bei der DB AG ist seit 1991 ein System zur Rechnerunterstützten Zugüberwachung (RZÜ) im Einsatz. Die organisatorische Umsetzung erfolgte über ein hierarchisches System, bestehend

---

[48] siehe z. B. Kant, M. / Mura, S.: Betriebsleittechnik für den modernen Bahnbetrieb. In: ETR 47(1998) 2-3 S. 105-112

[49] Falster, J. T. / Kallmerten, A.: Betriebsleittechnik bei den Dänischen Staatsbahnen. In: ETR 40 (1991) 1-2 S. 49-58

[50] Friedrich, C./ Nousiainen, H.: TAIKA-Betriebsleittechnik für die finnische Bahn AG. In: Signal + Draht 88(1996) 11 S. 27-29

[51] Müller, H.: Betriebsinformationssystem BIS bei den ÖBB. In: Signal + Draht 89(1997) 9 S. 38-41

[52] Hille, P.: Konzepte und Strategien für KOBS. In: Signal + Draht 89(1997)9 S. 18-22

[53] vergl. ERTMS - The track into the 21st century for rail traffic management. Information der UIC 2000

aus einer Netzleitzentrale sowie unterstellten regionalen Betriebszentralen und Betriebsleitungen[54].

Für die **Vergabe von Trassen bei konkurrierender Nachfrage** erscheinen die zeit- und streckenabhängige Preisdifferenzen als Steuerungsmechanismen durchaus sinnvoll. In diesem Zusammenhang wird ein entscheidender Unterschied zum Straßengüterverkehr deutlich. Während im Bahnbetrieb die Benutzung der freien Strecke immer auf einer vorausgegangenen Planung basiert und eventuelle Nutzungskonflikte bereits im Rahmen dieser Planung gelöst werden müssen, ist dies im Straßenverkehr nicht so. Dort erfolgt die Planung nur bezogen auf die eigenen Transporte des jeweiligen Unternehmens. Der Gesamtverkehr ist die Summe der Individualverkehre. Nutzungskonflikte in Form von Staus können nur durch Verkehrsbeeinflussung und Selbstorganisation vermieden bzw. gemindert werden. Im Bahnverkehr schließen die gegenwärtigen Sicherungssysteme und die Spurbindung eine Infrastrukturnutzung ohne vorherige Planung des Infrastrukturbetreibers aus.

Die Arbeitsabläufe beim **Trassenmanagement** beginnen mit der Erfassung der Bestellungen. Die Bestellungen der EVU müssen mit ausreichendem zeitlichen Vorlauf beim EIU vorliegen. Dabei wird unterschieden nach

- Regeltrassen,
- Sondertrassen,
- Kurzfristigen Bestellungen und
- Trassen für internationale Verkehre.

Je nach Trasse muss die Bestellung mehrere Monate (z. B. Regeltrassen bei DB Netz bis zum 30. September des Vorjahres[55]) oder mindestens Wochen vor der vorgesehenen Nutzung vorliegen. Sehr kurzfristige Bestellungen sind nur bei vorhandenen Kapazitätsreserven umsetzbar. Dieser Planungsvorlauf ist notwendig, schränkt aber die Flexibilität des Systems Bahn ein.

Die Bestellungen bilden neben den Daten der verfügbaren Infrastruktur wesentliche Ausgangsgrößen für die Fahrplankonstruktion. Sie enthalten u. a. Angaben zu

- Traktion (Traktionsart, Traktionsleistung, Zugbetreiber),
- Streckennutzung durch den gewünschten Zuglauf und
- zeitlichen Konditionen der Zugfahrt (z. B. Verkehrstage, Taktzeiten, feste Zeiten bzgl. Abfahrt oder Ankunft, Fahrzeiten).

Darüber hinaus gelten eine Reihe komplexer Randbedingungen. Dazu gehören z. B. Nutzungskonflikte zwischen:

- Bestellungen,

---

[54] Lehberger, K.-D.: Die Netzleitzentrale der DB AG. In: Eisenbahn-Ingenieur-Kalender, Tetzlaff-Verl. 1999 S. 421 - 430

[55] vergl. Produkte & Leistungen. DB Netz AG 1999

- Baubetriebsplanungen für Neu- und Ausbaumaßnahmen sowie
- Instandhaltungsplanungen.

Zwischen den Bestellungen können **Nutzungskonflikte** aus folgenden Gründen entstehen:

- Schwierigkeiten bei der wirtschaftlichen Umsetzung,
- Betriebliche Probleme bei der Verwirklichung von Kundenanforderungen oder
- Konkurrenzsituationen von gleichartigen Kundenanforderungen.

Schwierigkeiten bei der wirtschaftlichen Umsetzung können z. B. dann entstehen, wenn auf Nebenstrecken einzelne Zugverkehre in Zeiten planmäßiger Betriebsruhe stattfinden sollen. Hier muss ein Kompromiss gesucht werden zwischen der Erfüllung des Kundenwunsches und der Wirtschaftlichkeit des Bahnbetriebes. Weit häufiger sind **betriebliche Probleme** wie z. B. Behinderungen an Knoten, Kreuzungen, Abzweigstellen oder eingleisigen Strecken zu lösen. Hierbei werden heute überwiegend DV-Systeme genutzt. Insbesondere auf hochbelasteten Strecken sind **Konkurrenzsituationen von gleichartigen Kundenanforderungen** nicht immer durch formalisierte Verfahren (z. B. mathematische) oder Regelwerke lösbar. Unter Angabe von Lösungsmöglichkeiten muss dann mit dem Besteller nach Alternativen gesucht werden. Sind mehrere Besteller an bestimmten Trassen interessiert, besteht auch die Möglichkeit über den Preis auf die Vergabe Einfluss zu nehmen (Höchstpreisverfahren).

Über den Verkauf von Fahrplantrassen werden Deckungsbeiträge für die Vorhaltung der Infrastruktur erwirtschaftet. Deshalb müssen zur Erhaltung der Leistungsfähigkeit Anpassungen an die Nachfrage und Instandhaltungsmaßnahmen durchgeführt werden. Der laufende Betrieb soll dadurch so wenig wie möglich beeinträchtigt werden. Kompromisse zwischen Trassenplanung sowie **Planung des Baubetriebs und der Instandhaltung** sind daher meist schwierig.

Insgesamt ergibt sich ein vergleichsweise komplexer Ablauf. Eine vereinfachte Darstellung verdeutlicht den Ablauf am Beispiel der Regeltrassen bis zur Fahrplanbekanntgabe (Bild 8.37).

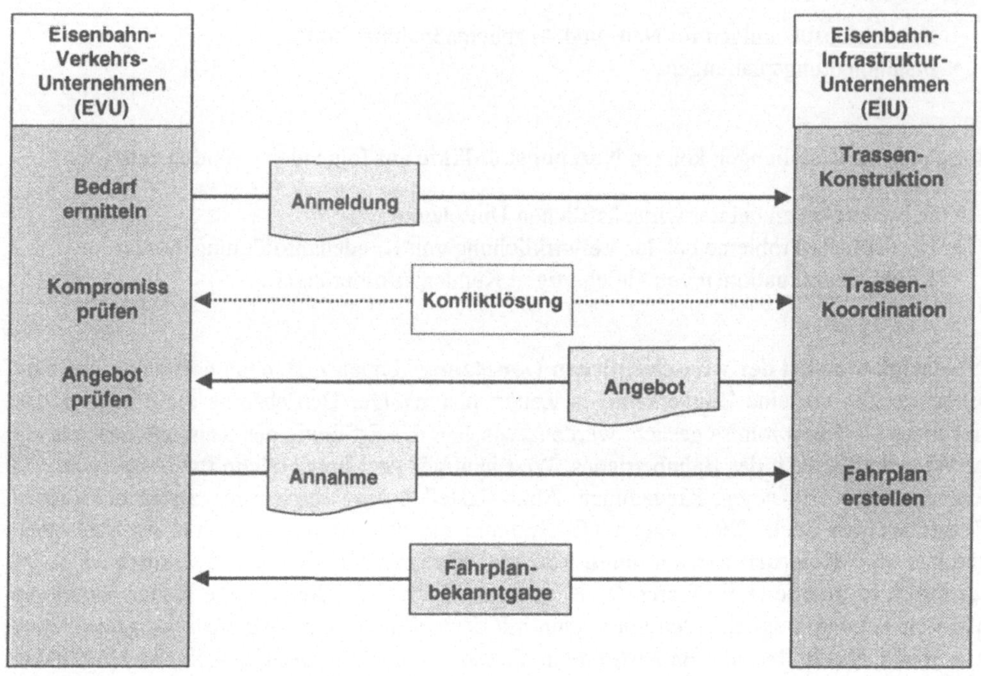

Bild 8.37: Abläufe beim Trassenmanagement bis zur Fahrplanbekanntgabe

Auf der Basis des Fahrplans findet die Betriebsdurchführung statt. Aufgabe des Infrastrukturunternehmens ist es dabei, den **sicheren und planmäßigen Betrieb** zu gewährleisten.
Zur Einhaltung der Planvorgaben gehört eine permanente Überwachung der aktuellen Betriebsabläufe und die Reaktion auf Soll-Ist-Abweichungen. Die Ursachen für Abweichungen
und deren Auswirkungen können sehr vielfältig sein. Angefangen von Verspätungen bis zu
Unfällen müssen in der Praxis vielfältige Probleme gelöst werden (siehe Tabelle 8.8).

Ereignis	Merkmale
Störung im operativen Bereich	Ereignisse, die sich auf die Abwicklung des Zug- und Rangierbetriebes auswirken können aber keine gefährlichen Ereignisse darstellen
Gefährliche Unregelmäßigkeit	Ereignis, das die Sicherheit des Bahnbetriebes so beeinträchtigt, dass es zu einem Bahnbetriebsunfall führen könnte
Bahnbetriebsunfall	Unfall, an dem mindestens ein bewegtes (auf Bahnübergängen auch ein haltendes) Eisenbahnfahrzeug beteiligt ist.
Katastrophe	Erhebliche Störung oder unmittelbare Gefährdung der öffentlichen Sicherheit und Ordnung (z. B. Unglücksfall, Naturereignis, Explosion)

Tabelle 8.8: Ereignisse, die den Eisenbahnbetrieb beeinträchtigen können

Bahnbetriebsunfälle und gefährliche Unregelmäßigkeiten werden auch als gefährliche Ereignisse bezeichnet.

Um den vom Gesetzgeber geforderten sicheren Eisenbahnbetrieb gewährleisten zu können (§ 2 (3) AEG), müssen umfangreiche Vorkehrungen getroffen werden. Diese Vorkehrungen beginnen bei der sachgerechten Planung der Infrastruktur und reichen bis zur Schadensbegrenzung bei Katastrophen. Bei der DB AG gibt es z. B. eine eigene Konzernrichtlinie zum Notfallmanagement[56]. Die Richtlinie regelt u. a. vorbereitende Maßnahmen, das Verhalten der Mitarbeiter, Unfallmeldewesen und Untersuchung.

Gänzlich andere Verhältnisse herrschen diesbezüglich in **Eisenbahnknoten** mit hohem Anteil an Rangierprozesse in Ladestellenbereichen. Die Verantwortung für die Betriebsführung liegt hier bei den Eisenbahnverkehrsunternehmen bzw. den nichtöffentlichen Bahnen. Basis für das Management der Betriebsabläufe bilden deshalb meist die in Bild 8.38 dargestellten Dispositionsprinzipien.

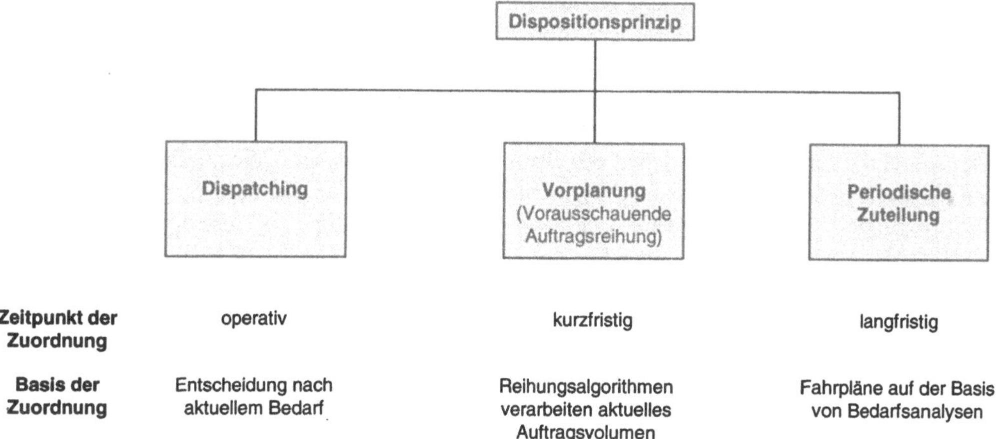

Bild 8.38: Dispositionsprinzipien

Welches dieser Prinzipien zur Anwendung kommt, hängt vom konkreten Verkehrsaufkommen, den Kundenbedürfnissen sowie von der Form und der Größe des Knotens ab. Das dominierende Dispositionsprinzip ist bestimmend für die Form der Betriebsführung. Es können folgende Formen[57] vorkommen:

- fahrplanmäßiger Betrieb
- pulsierender Betrieb,
- regelloser Betrieb und
- Mischformen.

---

[56] DS 423 Notfallmanagement Ausgabe: 1999-01

[57] vergl. Krampe, H.: Handbuch Anschlussbahnen. –Berlin: Transpress; 1979 S. 232 ff.

Die Aufstellung von Planungsunterlagen wird auch im Knoten angestrebt. Das entsprechende Dispositionsverfahren heißt **Vorplanung**. Wenn die durchzuführenden Verkehre durch hohe zeitliche und örtliche Regelmäßigkeit geprägt sind, können für einen definierten Planungszeitraum Planungsunterlagen erstellt werden, die einen **fahrplanmäßigen Betrieb** gestatten. Je länger die Nachfrage stabil und vorsehbar ist, um so einfacher gestalteten sich Planung und Durchführung des Betriebes. In Abhängigkeit von Größe und Art des Knotens können Fahrpläne bzw. Bedienungspläne erstellt werden. Aufbauend auf diesen Planungsunterlagen sind Personal-, Triebfahrzeug-, Wagen- und Infrastrukturbedarf ermittelbar und planbar. Gepaart mit einem hohen Aufkommen stellen solche Nachfragestrukturen den Idealfall dar. Leider sind derartig eisenbahnaffinen Anforderungen nicht die Regel. Um die Vorteile des planmäßigen Verkehrs trotzdem nutzen zu können, versucht man zumindest für kürzere Zeiträume (z. B. Wochen, Tage oder Schichten) Pläne aufzustellen. Z. B. in den Anschlussbahnen gibt es zu diesem Zweck meist eine sehr enge Zusammenarbeit zwischen Transportkunden und Bahnen. Beim Vorhandensein entsprechender Informationssysteme erfolgt ein intensiver Datenaustausch zwischen Systemen für die Produktionsplanung der Transportkunden (z. B. Produktions-Planungs-Systemen) und Betriebsinformationssystemen der Bahnen. Die Planungszeiträume sind dann meist kürzer. Wenn nicht mit langfristig gültigen Fahrplänen gearbeitet werden kann aber wenigstens für kurze Zeiträume entsprechende Planungen möglich sind, spricht man von **Vorplanung**. Bedingt durch die in vielen Bereichen anzutreffende Stochastik des Transportaufkommens ist die Arbeit mit Planungsunterlagen nicht mehr durchführbar. In diesen Fällen kann nur auf das **Dispatching** zurückgegriffen werden. Voraussetzung dafür ist eine entsprechende Transportleitstelle, in der die kurzfristig zu erledigenden Transportanforderungen der Kunden eingehen und operativ den verfügbaren Kapazitäten zugeordnet werden. Die Disponenten in derartigen Transportleitstellen erfüllen eine sehr anspruchsvolle Aufgabe. Die vorgehaltenen Kapazitäten müssen aus Wirtschaftlichkeitsgründen sehr knapp gehalten und optimal genutzt werden. Auf der anderen Seite steht die Forderung nach der möglichst qualitätsgerechten Erfüllung aller Kundenanforderungen. Daraus ergeben sich komplexe Optimierungsaufgaben. Bei der Beschreibung vom Rationalisierungsansätzen (Abschnitt 8.7) wird dieser Problemkreis aufgegriffen. In der Praxis treten meist nicht alle Transportanforderungen stochastisch auf und sind kurzfristig zu erledigen. Dagegen sind **Mischformen** zumindest bei größeren Anschlussbahnen häufiger. Neben Verkehrsanteilen, die fahrplanmäßig oder entsprechend dem aktuellen Bedarf abgewickelt werden können, sind in bestimmten Ladestellenbereichen auch ständig wiederkehrende Abläufe sicherzustellen. Obwohl diese Abläufe nicht genau zeitlich fixiert sind, lassen sie sich in wiederholender Folge abarbeiten. Typisch sind solche Verkehre im Zusammenhang mit der Ver- oder Entsorgung industrieller Produktionsprozesse. Ein Fahrplan oder ein konkreter Rangierarbeitsplan kann in diesen Fällen zwar nicht aufgestellt werden, aber sowohl die zeitliche Bindung wie auch der Kapazitätsbedarf lassen sich zumindest überschläglich abschätzen. Da diese Abläufe häufig gewissen Zyklen unterliegen, spricht man auch von **pulsierendem Betrieb**. In diesen Fällen werden Kapazitäten in Form von Triebfahrzeugen und Personalen (meist Lokrangierführer) zeitlich begrenzt den Aufgabenfeldern zugeordnet. Die Detailabläufe organisieren die eingesetzten Lokrangierführer vor Ort eigenständig.

8.7 Rationalisierungsmöglichkeiten im Eisenbahnbetrieb

Das System Bahn wurde von Beginn an ständig verbessert und vervollkommnet. Ein Ende dieser Entwicklung ist nicht abzusehen. Ansatzpunkte lassen sich in allen Ebenen finden. Grob zusammengefasst sind vor allem

- technische,
- organisatorische und
- kommerzielle Prozesse

Gegenstand der Rationalisierung. Häufig bestehen Zusammenhänge, die dazu führen, dass Verbesserungen in einem Bereich Möglichkeiten in anderen Bereichen eröffnen. Die größten Effekte sind dort zu erzielen, wo die Wertschöpfung durch eine optimale Organisation der Prozessketten nachhaltig verbessert werden kann. Vor einer näheren Betrachtung der einzelnen Prozesse erscheinen einige Ausführungen zum spezifischen Umfeld im Bahnbereich angebracht.

Die Erschließung von Rationalisierungsmöglichkeiten ist bei den Bahnen vor allem durch die Netzbindung und die Komplexität der Betriebsabläufe vielfach schwieriger als im Straßengüterverkehr. Es lassen sich mehrere Bereiche abgrenzen, die sich durch den **Wirkungsbereich möglicher Eingriffe** unterscheiden:

- netzweit,
- knotenbezogen,
- punktuell und
- ohne Auswirkung auf den Eisenbahnbetrieb.

Veränderungen mit netzweiten Auswirkungen sind nur mit besonderer Sensibilität umzusetzen. Die erzielbaren Effekte können zwar sehr hoch sein, jedoch wirken sich eventuelle Probleme auch entsprechend drastisch aus. Zum anderen erreichen erforderliche Investitionen bedingt durch die Netzgröße sehr schnell riesige Dimensionen.

Auf **einzelne** Knoten oder ausgewählte Strecken bzw. Streckenabschnitte bezogene **Veränderungen** sind unter diesem Gesichtspunkt wesentlich einfacher durchführbar. Jedoch ist auch hier sehr überlegt vorzugehen. So ist z. B. auf der freien Strecke immer Rücksicht darauf zu nehmen, dass alle betroffenen Züge diesen Streckenabschnitt problemlos passieren können. Z. B. hätte die Einführung des Funkfahrbetriebes bei gleichzeitigem Verzicht auf stationäre Sicherungstechnik nur dann Sinn, wenn die Triebfahrzeuge aller Züge die diesen Streckenabschnitt passieren, entsprechend ausgerüstet sind.

Am wenigsten Risiken sind mit punktuellen Veränderungen wie z. B. Veränderungen der Gleisanbindung von Ladestellen oder effektiveren Umschlageinrichtungen verbunden. Insbesondere im Servicebereich und bei der Behandlung der Transportgüter lassen sich eine Reihe Maßnahmen durchführen, die keinen Einfluss auf den Eisenbahnbetrieb haben aber dem rationellen Schienengüterverkehr förderlich sind. Ein Beispiel dafür ist die autonome Sendungsverfolgung durch Informationsdienstleister.

Bei der Rationalisierung im Eisenbahnwesen spielten in der Vergangenheit die NE-Bahnen immer eine Vorreiterrolle. Ein wesentlicher Grund dafür war die Möglichkeit in relativ autonomen und in vergleichsweise überschaubaren Gleisbereichen neue Techniken und Methoden erproben zu können. Hinzu kam der bei den privaten Unternehmen herrschende Zwang zur Wirtschaftlichkeit und die meist sehr flachen Leitungshierarchien. Beispiele dafür sind vor allem Rationalisierungsmaßnahmen im Zusammenhang mit Rangierprozessen sowie der Entwicklung kundenspezifischer Leistungen. So wurden Rangierkupplungen, Elektrische Ortsabhängig bedienbare Weichen (EOW) und Lokrangierführer zuerst von den NE-Bahnen eingesetzt.

Insbesondere durch die Nutzung der neuen Möglichkeiten der Informations- und Kommunikationstechnik sind in der letzten Zeit besonders umfangreiche Veränderungen in nahezu allen Bereichen des Eisenbahnwesens eingetreten. Das Spektrum reicht von der Infrastruktur über die Fahrzeuge bis hin zu Eisenbahnbetrieb und Administration. In den vorangegangenen Abschnitten wurden bereits Beispiele genannt. An dieser Stelle sollen deshalb weniger die technischen Aspekte im Vordergrund stehen.

Die **technische Entwicklung** im Eisenbahnwesen dokumentiert sich nicht nur in den Hochgeschwindigkeitsverkehren. Im Hinblick auf den Güterverkehr lassen sich folgende Schwerpunkte nennen:

* Verbesserung der Interoperabilität durch Abbau der technischen Hemmnisse,
* Stärkere Standardisierung der Technik und Vereinfachung deren Wartung und
    Instandhaltung (z. B: der Signal- und Sicherungstechnik),
* Umsetzung Transeuropäischer Netze in wirtschaftlich vertretbarem Maße,
* Entwicklung und Umsetzung innovativer Fahrzeugkonzepte,
* Schaffung weiterer Voraussetzungen zur Automatisierung der Umschlagprozesse,
* Verbesserung der Umweltverträglichkeit (z. B. hinsichtlich Energieverbrauch,
    Schallschutz),
* Erhöhung der Wirtschaftlichkeit durch Automatisierung.

Viele technische Verbesserungen entwickeln ihre volle Wirksamkeit erst in Verbindung mit **organisatorischen Anpassungen**.

Zielgerichteten Veränderungen bestehender Organisationsstrukturen (Aufbauorganisation) und Abläufe (Ablauforganisation) können sich beziehen auf

* die Eisenbahnunternehmen selbst,
* die Zusammenarbeit der Eisenbahnunternehmen untereinander,
* das Zusammenwirken mit Partnern und nicht zuletzt
* die Beziehungen zu den Kunden.

Die Bemühungen um optimale Strukturen und Abläufe sind nicht neu. Durch die Verfügbarkeit erheblich verbesserter technischer Hilfsmittel, insbesondere im Bereich der Information und Kommunikation sowie die Liberalisierung ergeben sich jedoch wesentlich günstigere Rahmenbedingungen.

Innerhalb der Eisenbahnunternehmen haben in den letzten Jahren gewaltige Umwälzungen stattgefunden. Die erheblichen Veränderungen der Rahmenbedingungen und ihre Auswirkungen auf die gesamte Organisation des Eisenbahnwesens wurden bereits angesprochen. An dieser Stelle soll lediglich der Aspekt der Informationsorganisation näher betrachtet werden. Die schiere Menge der in den letzten Jahren eingeführten Informationssysteme ist bereits ein beeindruckendes Indiz für die weit fortgeschrittene Umgestaltung der gesamten Organisation der Eisenbahnunternehmen. Ausgehend von der Erkenntnis, dass alle Teilbereiche des Eisenbahnwesens reibungslos zusammenarbeiten müssen, besteht die Notwendigkeit zum intensiven Informationsaustausch innerhalb jedes Eisenbahnunternehmens (vergl. Abschnitt 8.1). Die Eisenbahnunternehmen entwickelten daher umfangreiche interne Informations- und Kommunikationssysteme.

Da in den meisten Bereichen nicht auf Standardprodukte zurückgegriffen werden konnte, entstanden bei vielen Bahnen Eigenentwicklungen. Folglich treten überall dort, wo Daten mit Partnern außerhalb der Unternehmen ausgetauscht werden sollen oder müssen, Schnittstellenprobleme auf. Um die daraus resultierenden Schwierigkeiten zu begrenzen wurde bereits früh versucht, auf etablierte Standards Bezug zu nehmen bzw. über die Fachorganisationen Schnittstellen abzustimmen. Die dabei zu lösenden Probleme waren und sind sehr anspruchsvoll. Die Bahnen stehen dabei teilweise vor Herausforderungen, die in anderen Wirtschaftsbereichen nicht bzw. nicht in diesem Umfang bestehen. Dazu zählt z. B., dass

- bewegliche Objekte in Form von Schienenfahrzeugen Gegenstand der Kernprozesse sind,
- der Tätigkeitsbereich große räumliche Ausdehnung haben kann,
- die Zahl der bewegten Objekte, der Prozessbeteiligten und der Kunden sehr groß sein kann und
- Lösungen teilweise nur bei netzweiter Umsetzung den gewünschten Effekt bringen.

Am Beispiel der **Betriebsführung** zeigt sich dieser Wandel besonders deutlich. Während noch in den achtziger Jahren die Steuerung und Überwachung des Zugbetriebes sowie der Rangierarbeiten überwiegend mit einfachster Informations- bzw. Kommunikationstechnik durchgeführt werden mussten, sind heute hochkomplexe Systeme im Einsatz. Bei diesen Systemen lässt sich eine generelle Unterscheidung nach Betreibern und Funktionalitäten vornehmen:

- Betriebsleitsysteme (BLS) für die Steuerung und Überwachung des netzweiten Zugbetriebes durch EIU und
- Örtliche Systeme zur Steuerung und Überwachung des Wagenumlaufs innerhalb der Knoten in Form spezifischer Betriebsinformationssysteme (BIS) unter Verantwortung der EVU

Zwischen den Systemen beider Kategorien und einer Vielzahl benachbarter Informationssysteme bestehen

- intensiver Informationsaustausch, .
- wechselseitige Abhängigkeiten und
- naturgemäß erhebliche Unterschiede bzgl. zu erfüllenden Anforderungen.

Betriebsleitsysteme greifen direkt auf Fahrwegelemente sowie Signal- und Sicherungstechnik zu. Sie ermöglichen den weitgehend automatisierten Bahnbetrieb. Die präzise Verfolgung der

beweglichen Objekte im Netz ist in diesem Zusammenhang für Menschen und Güter sicherheitsrelevant. Die primär interessierenden Objekte sind alle fahrdienstlich für Zugfahrten in
Betracht kommenden Fahrzeuge. Daraus erwachsen höchste Anforderungen an Zuverlässigkeit, Genauigkeit und andere Parameter der entsprechenden Systeme.

Betriebsinformationssysteme unterstützen die Entscheidungsfindung bei der operativen Betriebsführung in den Knoten. Der direkte Zugriff auf Fahrwegelemente sowie Signal- und
Sicherungstechnik ist bei diesen Systemen in unterschiedlichem Maße ausgeprägt. Neben reinen Informationssystemen gibt es Systeme, die in mehr oder minder großem Maße auch in den
Betriebsablauf eingreifen können.

Die präzise Verfolgung der relevanten beweglichen Objekte bildet auch bei den Betriebsinformationssystemen die Basis für die Steuerung und Überwachung der Betriebsabläufe. Die primär interessierenden Objekte sind bei diesen Systemen einzelne Wagen, Lokomotiven, Rangiereinheiten und ggf. Nebenfahrzeuge. Bedingt durch den unterschiedlichen
Charakter der Netzknoten werden entsprechend spezifizierte **örtliche Systeme** für die Objektverfolgung eingesetzt. Örtlichen Systeme (ÖS)

 * sind Informationssysteme zur Sicherstellung der Betriebsführung,
 * dienen der Unterstützung des Eisenbahnbetriebs in räumlich begrenzten
     Wirkungsbereichen (meist Knoten oder kleine regionale Netze ohne Zugfahrbetrieb im
     fahrdienstlichen Sinne) und
 * sind Bestandteile eines komplexen durchgehenden Informationssystems im Bahnbetrieb.

Durch die Entwicklung entsprechend angepasster ÖS für die unterschiedlichen Anforderungen
der großen Rangierbahnhöfe und Knotenpunktbahnhöfe (öS Rbf bzw. öS Kbf) wurde bei der
DB bzw. der DB AG schrittweise ein durchgehender Informationsfluss möglich. Wesentliche
Anforderungen an die Informationssysteme der Bahn können jedoch nur erfüllt werden, wenn
durchgehende Informationsflüsse bedarfsgerecht und wirtschaftlich realisiert werden können.
Das heißt elektronischer Datenaustausch vom Versender über die beteiligten Bahnen bis zum
Empfänger. Für die Betriebsführung entstanden deshalb parallel zu den Systemen der DB bzw.
DB AG auch bei den Werks- und Hafen-Bahnen spezifische örtliche Systeme. Die verschie-
denen Systeme werden heute überwiegend mit ihren Projekt- bzw. Produktnamen bezeichnet.

Allein für die Betriebsführung ergibt sich daraus ein komplexes Zusammenwirken zentraler
Informationssysteme und lokaler, örtlicher Systeme. Zudem müssen vergleichbare Systeme
aller an der Leistungserbringung beteiligten Bahnen miteinender zusammenwirken. Das heißt,
sie müssen mindestens Informationen untereinander austauschen können. Eine vereinfachte
Darstellung dieser Zusammenhänge zeigt Bild 8.39.

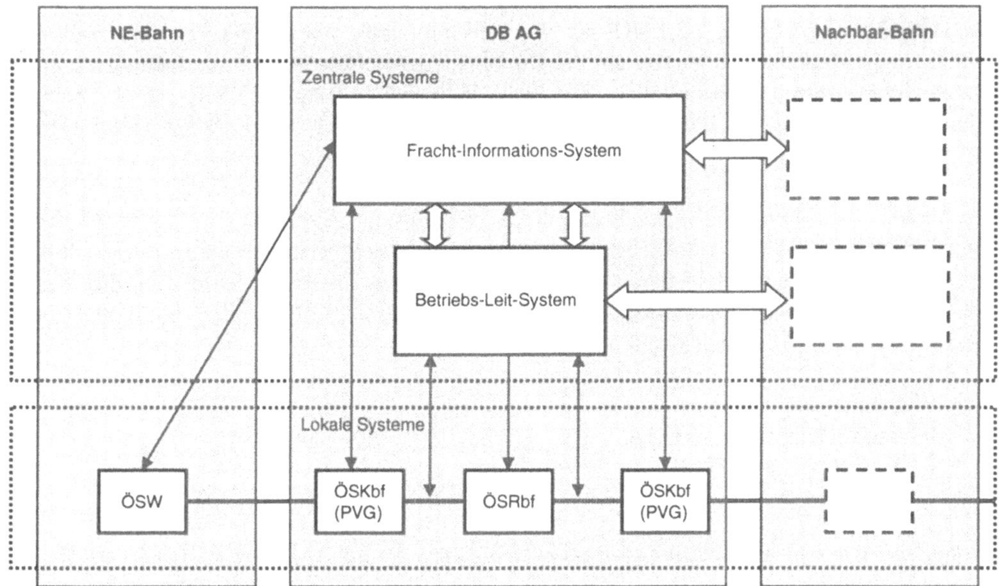

Bild 8.39: Zusammenwirken betrieblicher Informationssysteme (vereinfachte Darstellung)

Betriebliche Informationssystem für größere Werksbahnen (BIS) sind häufig für sehr komplexe Aufgabenfelder konzipiert. Neben der Zugbildung und Zugauflösung sind bedingt durch die enge Bindung an industrielle Produktionsprozesse teilweise sehr aufwändige Rangierarbeiten im Zusammenhang mit der Ladestellenbedienung erforderlich. Zudem ist häufig ein intensiver Datenaustausch mit den Transportkunden notwendig, um die meist sehr kurzfristigen Anforderungen abstimmen und durchführen zu können. Serviceaufgaben wie z. B. Verwiegung sowie Be- und Entladung erfordern zudem häufig Schnittstellen zu entsprechenden technischen Systemen. Aus diesen Gründen soll hier der Beschreibung derartiger Systeme breiterer Raum eingeräumt werden. Viele Merkmale finden sich in ähnlicher Form bei anderen örtlichen Systemen.

Sie sind charakterisiert durch ihre

- räumliche,
- zeitliche und
- fachliche Abgrenzung sowie
- durch ihre Rolle im Rahmen der Informationslogistik von Industrie- und Bahnunternehmen.

ÖS unterstützen die Arbeit des Betriebsführenden im Eisenbahnknoten. Ihre **räumliche Abgrenzung** ergibt sich deshalb aus dem Bereich der Betriebsführung. Sie sind räumlich auf das Gebiet begrenzt, das zum jeweiligen Eisenbahnknoten gehört und der Betriebsführung unterliegt. Bei Knoten an der Grenze mehrerer Bahnen sind besondere Formen der Zusammenarbeit möglich, bei denen ÖS von mehreren Partnern genutzt werden können. Über die Vergabe von Zugriffsrechten auf Datenbestände und Benutzerfunktionen lässt sich die Abgrenzung von Verantwortlichkeiten sichern.

Die **zeitliche Abgrenzung** leitet sich aus den Anforderungen ab, die bei der Betriebsführung gelten. Da die Betriebsabläufe rund um die Uhr ablaufen können, ist auch die Verfügbarkeit der ÖS 24 Stunden am Tag erforderlich. Zur Sicherstellung der Betriebsabläufe müssen mehrere Mitarbeiter unabhängig voneinander und daher möglicherweise gleichzeitig auf Datenbestände des Systems zugreifen.

Die Aufgabe des ÖS ist die Unterstützung der Betriebsführung. Damit ist eine eindeutige **fachliche Abgrenzung** gegeben. Die vorrangige Bedeutung für das Betriebsmanagement schließt nicht aus, dass auch andere Bereiche durch das Informationssystem unterstützt werden. In den Werksbahnen ist insbesondere das Auftragsmanagement sehr stark und direkt mit dem Betriebsmanagement verflochten. Die Belange von

- Wagenmanagement,
- Infrastrukturmanagement und
- Traktionsmanagement

werden meist nur in dem Maße berücksichtigt, wie sie für die operative Betriebsführung eine Rolle spielen. Die Datenbestände des ÖS stellen jedoch auch für diese und andere Bereiche eine wertvolle Grundlage dar. Die direkte Unterstützung der genannten Managementaufgaben wird meist durch spezifische Systeme realisiert.

Die **Rolle der ÖS in der Informationslogistik** ergibt sich aus ihrer Stellung zwischen Industrieunternehmen der verladenden Wirtschaft und anderen an der Erbringung logistischer Leistungen beteiligter Unternehmen. ÖS sind als lokale Informationssysteme der Eisenbahn oft direkte Bestandteile der Informationslogistik im jeweiligen Unternehmen, für das die betreffende Bahn tätig ist. Sie müssen also in das logistische Informationssystem des Industrieunternehmens integrierbar sein. Auf der anderen Seite muss die Zusammenarbeit mit den anderen Dienstleistern reibungslos funktionieren. Werden die Leistungen in Zusammenarbeit mit einer überregional tätigen Bahn erbracht, so ist das Zusammenwirken mit deren Systemen unerlässlich. In Deutschland ist dies in der Regel DB Cargo. Das bedeutet, dass mit deren Systemen zusammengearbeitet werden muss. Aus praktischen Gründen basiert die Zusammenarbeit meist auf dem Austausch abgestimmter Daten. Voraussetzung dafür wiederum sind definierte Schnittstellen und Datenstrukturen. Mit dem Einsatz örtlicher Systeme werden

- geschäftspolitische
- verfahrenstechnische und
- DV-technische

Ziele verfolgt.

Die **geschäftspolitischen Zielsetzungen** beim Einsatz von ÖS ergeben sich aus der rechtlichen Stellung des Eisenbahnunternehmens. Werksbahnen sind überwiegend

- Struktureinheiten der betreffenden Industrieunternehmen,
- Privatunternehmen im Eigentum von Industrieunternehmen oder
- unabhängige private Dienstleister.

Generell wird der Einsatz von ÖS mit der Erwartung verbunden, eine höhere Wirtschaftlichkeit des Eisenbahnbetriebes zu erreichen. Darüber hinaus muss den Zielsetzungen des Industrieunternehmens Rechnung getragen werden. Je nach rechtlicher Stellung des Eisenbahnunternehmens und konkreter Situation wird dies im Einzelfall unterschiedlichen Stellenwert haben. Ist eine Werksbahn Struktureinheit oder im mehrheitlichen Besitz des Unternehmens, für das sie überwiegend tätig ist, so sollte der Eigentümer z. B. größeres Interesse an der Sicherstellung seiner Produktionsprozesse als an Gewinnen aus dem Bahnbetrieb haben. Ohnehin besteht häufig eine sehr starke wirtschaftliche Abhängigkeit der Werksbahnen von den Unternehmen, für die sie tätig sind.

Verfahrenstechnische Ziele bestehen vor allem darin, die erforderlichen Funktionalitäten in einer solchen Form bereitzustellen, dass die wesentlichen Geschäftsprozesse optimal unterstützt werden. Dazu gehören alle Grundforderungen, die generell an Systeme im industriellen Umfeld zu stellen sind, wie z. B. Funktionssicherheit, Zuverlässigkeit, Ergonomie usw. Außerdem besteht eine wesentliche Aufgabe der ÖS darin den Datenaustausch mit logistischen Informationssysteme der beteiligten Unternehmen zu unterstützen. Örtliche Systeme sind konzeptionell keine isolierten Systeme sondern Bindeglieder zwischen Verkehrswirtschaftlichen Systemen bzw. Produktionsprozess-Steuerungs-Systemen der Industrieunternehmen und Informationssystemen der Logistikdienstleister. Es sind deshalb geeignete Kommunikationsbeziehungen zu allen beteiligten Partnern über definierte Schnittstellen zu realisieren.

Ein wesentliches **DV-technisches Ziel** bei der Einführung von ÖS ist eine gute Anpassung an bestehende DV-Landschaften. Es wird dabei ein optimales Zusammenwirken mit vorhandenen DV-Systemen im Eisenbahnunternehmen und bei den anderen an der logistischen Kette beteiligten Unternehmen angestrebt. Vorhandene Ressourcen sowie Know-how bei Betrieb und Wartung der Systeme sollten nach Möglichkeit ebenfalls genutzt werden. Bedingt durch die Vielfalt der Anforderungen an die einzelnen DV-Systeme in den Unternehmen wird dieser Anspruch nicht immer in idealer Weise zu erfüllen sein.

Der prinzipielle Aufbau örtlicher Systeme ist gekennzeichnet durch eine weitgehende Anpassung an die jeweiligen Gegebenheiten des Einsatzbereiches. Nicht alle möglichen Komponenten müssen immer enthalten sein. Bei der Betrachtung sind funktionale und informationstechnische Sichten zu unterscheiden. Bei funktionale Betrachtung erfolgt eine Unterscheidung möglicher Komponenten nach ihrer Funktion. Dagegen beinhaltet die informationstechnische Betrachtung eine Unterscheidung von Hard- und Softwarekomponenten

Die **funktionale Betrachtung** beginnt mit einer groben Gliederung in Komponenten (Bild 8.40) und lässt sich innerhalb dieser bis zu Detailbeschreibungen verfeinern.

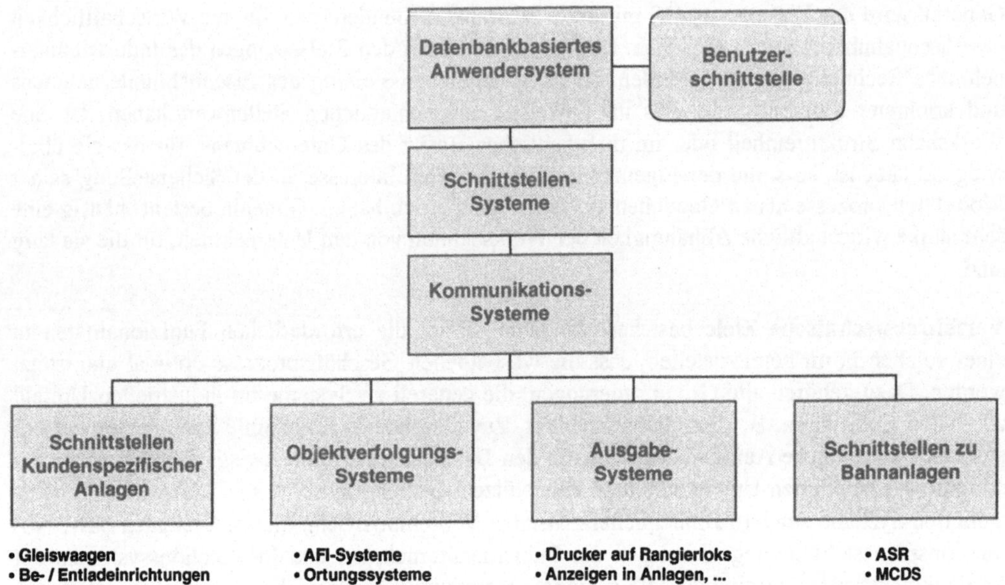

Bild 8.40: Mögliche Komponenten Örtlicher Systeme

In Tabelle 8.9 sind die Komponenten Örtlicher Systeme näher erläutert.

Komponente	Erläuterungen
Datenbankbasiertes Anwendersystem	Dient der Verwaltung und Aufbereitung anwendungsbezogener Daten und ist Kernstück jedes ÖS
Benutzerschnittstelle	Ergonomische Bildschirmoberfläche für die Bediener (Anfangs: Komandoorientiert - Heute: Grafische Benutzeroberflächen)
Schnittstellensysteme	Bestandteil der Systembasis zur Sicherstellung der Kommunikation mit externen Systemen
Kommunikationssysteme	Bestandteil der Systembasis zur Sicherstellung der Kommunikation mit externen Systemen z. B. Leitungs- oder funkbasierte Systeme zur Informationsübertragung zwischen ÖS und externen Systemen
Schnittstellen Kundenspezifischer Anlagen	Schnittstellen an externen Systemen zur Informationsübertragung zum ÖS. Werden teilweise von Anlagenherstellern bereitgestellt. Eigenentwicklungen stellen meist komplexe automatisierungstechnische Aufgaben dar.
Objektverfolgungssysteme	Technische Systeme zur Bestimmung aktueller Orts-, Zeit- und Zustandskoordinaten von für den Bahnbetrieb relevanten Objekten (u. a. Wagen, Loks, Ladungen) z. B. mit Hilfe von AFI- oder Ortungssystemen zur Verfolgung von Wagen, Loks der Sendungen
Ausgabesysteme	Technische Systeme zur Informationsausgabe außerhalb der Leitstelle z. B. • Drucker für Aufträge auf Loks • Anzeigen an Arbeitsplätzen
Schnittstellen zu Bahnanlagen	Schnittstellen an Steuerungen von Bahnanlagen zur Informationsübertragung zum ÖS z. B. • Ansteuerung von Weicheneinheiten (z. B. MCDS) • Schnittstelle von ASR
Legende:	
AFI	Automatische Fahrzeugidentifikation
ASR	Ablaufsteuerrechner
MCDS	mikroprozessorbedientes dezentrales Steuerungssystem

Tabelle 8.9: Erläuterung der Komponenten Örtlicher Systeme

Das Datenbankbasierte Anwendersystem enthält **Benutzerfunktionen**, die über eine graphische Benutzeroberfläche aufgerufen werden können. Die Benutzerfunktionen stellen über

Bildschirmdialoge die für die fachdienstliche Arbeit erforderlichen Funktionalitäten zur Verfügung. Sie sind überwiegend auf die für die Betriebsführung wichtigen Informationsobjekte zugeschnitten. Bild 8.41 zeigt typische Funktionen eines Betrieblichen Informationssystems für Werksbahnen (BIS).

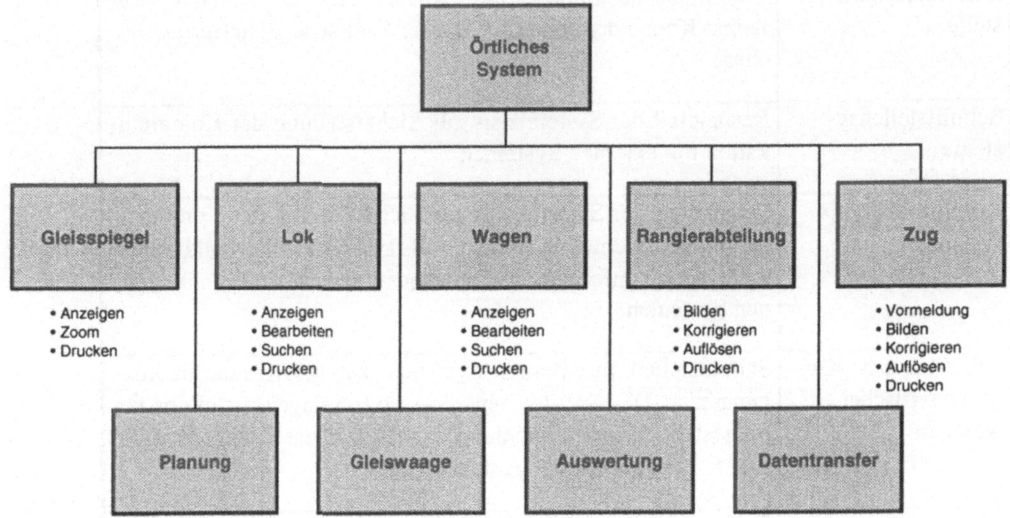

Bild 8.41: Funktionen eines Betrieblichen Informationssystems für Werksbahnen (BIS)

Die Informationsobjekte können dann über entsprechende Menüs genutzt bzw. verändert werden. Solche Funktionen sind z. B.

* Erfassen, Ändern, Ausgeben (Anzeigen, Drucken) und Löschen von Wagen- und Sendungsdaten,
* Zugauflösung und -bildung über Rangierlisten
* Auskünfte über Wagenstandorte, Gleisbelegungen, Wagenbestände nach Gattungen oder Gutarten,
* Auswertung von aktuellen oder länger zurückliegenden Betriebszuständen in der Werkseisenbahn zum Sichtbarmachen von Trends

Die vollständige Ausprägung der bereitzustellenden Funktionalitäten hängt vom konkreten Anwendungsfall ab.

Besonders wichtig ist die Möglichkeit der Gleisspiegelverwaltung. Darunter ist die möglichst zweckmäßige Abbildung des Gleisnetzes im DV-System und die aktuelle Zuordnung von Standort und Status der Wagen zu verstehen. Die Gleisspiegelverwaltung liefert die Grundlage für

* vorausschauendes Handeln,
* ständigen Überblick über die Betriebssituation und
* Auswertungen.

Deutlich werden diese Zusammenhänge vor allem im Hinblick auf die notwendige Disposition. So können

- Wagenbestands-,
- Auftrags- und
- Rangierdisposition

wesentlich durch die zielgerichtete Bereitstellung von Informationen unterstützt werden.

Von großer Bedeutung sind auch die vielfältigen Auswertungsmöglichkeiten. Mit ÖS können die erbrachten Transportleistungen transparent gemacht und einer fundierten Abrechnung zugeführt werden.

Bei **informationstechnischer Betrachtung** sind ÖS, wie andere komplexe Informations- und Kommunikationssysteme, in Anlehnung an das OSI-Modell (OSI-Modell = open-systems-interconnection-Modell der ISO) erklärbar. An dieser Stelle soll eine stark vereinfachte Unterscheidung in Systembasis und

Anwendungssystem genügen. Die **Systembasis** umfasst:

- Hardwarebasis (Rechnersystem einschließlich Netzwerk für die lokale Vernetzung)
- Systemsoftware (Betriebssystem, Datenbanksystem, Software zur Schnittstellenbedienung und Kommunikation)

Die Systembasis der ersten Systeme bestand aus Großrechnern (ÖSW Bochum[58], PRODIS E+H[59]). Die Konsequenz waren neben vergleichsweise hohen Kosten für Systembasis die eingeschränkte Übertragbarkeit auf Anwendungsfälle mit geringeren Anforderungen.

An eine moderne **Systembasis** für ein Örtliches Informations- und Dispositionssystem können folgende Anforderungen formuliert werden[60]:

- Minimierung der Abhängigkeiten von Hardware und Systemsoftware,
- leichte Portierbarkeit der Anwendung,
- Netzwerkfähigkeit,
- Skalierbarkeit entsprechend den Nutzerbedürfnissen,
- Wirtschaftlichkeit der Lösung auch für kleinere Werkseisenbahnen/Anschlussbahnen.

---

[58] Wagner, W. u. a.: Informationslogistik-Nutzung der Informationssysteme der Bahn für ein integriertes logistisches Gesamtkonzept der Krupp Stahl AG. In: Die Bundesbahn (1992)2 S. 222-224

[59] Mülleneisen, H.: Das Datenerfassungssystem PRODIS beim Gemeinschaftsbetrieb Eisenbahn und Häfen. In: ETR (1990)3 S. 129-132

[60] Berndt, T., Demian, B.: UNIX-basierte Informationslogistik für Anschluß- und Werkseisenbahnen. - In: Der Eisenbahningenieur. - Frankfurt 45 (1994) 1 . - S. 48 - 50

Lösungskonzepte nutzen heute überwiegend Client-Server-Konzepte auf UNIX-Basis wegen:

* der Tatsache, dass UNIX ein offenes System ist,
* der leichteren Portierbarkeit der Software,
* der Vernetzbarkeit untereinander und mit anderen Systemen,
* der Fähigkeit zum Multiusing und Multitasking,
* besseren Voraussetzungen zur Schaffung modularer, kostengünstiger Lösungen
  (schrittweise Einführung)
* einer skalierbaren Systembasis (Anpassung der Systembasis an die Nutzerbedürfnisse).

Die Bindung an Großrechner begrenzte den Nutzerkreis für ÖS auf Werkseisenbahnen, die eine solche Systembasis bereits benutzten bzw. über die finanziellen Mittel verfügten eine derartige Systembasis zu beschaffen. Heute dominieren Lösungen, die nicht an eine bestimmte Hardware und die dort verfügbare Systemsoftware gebunden sind.

Das **Anwendungssystem** besteht aus der bereits beschriebenen Anwendersoftware mit anwendungsspezifischen Funktionalitäten und der grafischen Benutzeroberfläche.

Örtliche Systeme für Werkseisenbahnen sind vor allem bei den Werkseisenbahnen der Automobilhersteller, großer Chemieunternehmen sowie in der Montanindustrie eingesetzt[61,62,63].

Örtliche Systeme der Hafenbahnen in Seehäfen sind Bestandteil der technisch und organisatorisch sehr komplexen Informationssysteme dieser Häfen. Sie sind nur ein Bestandteil unter vielen anderen. Ihre Integration erfolgte mit dem Ziel alle Informationsflüsse im Hafen zusammenzuführen und damit die Verknüpfung des Seeverkehrs mit den Hinterlandverkehren optimal gestalten zu können. Die Betriebsführung der Hafenbahnen ist vor allem darauf ausgerichtet, dass durch zeitgerechte Zuführung bzw. Abholung die vorgesehenen Liegezeiten der Schiffe eingehalten werden können. Sowohl die Hafenbahnen der großen deutschen Seehäfen (vergl. Tabelle 8.10) wie auch ausländischer Häfen verfügen über solche Systeme[64].

---

[61] CSC Ploenzke optimiert Bahndisposition bei BASF, VW und AUDI. Pressemitteilung der CSC Ploenzke AG. 4. September 2000

[62] vergl. http://www.railconsult.de

[63] vergl. http://www.hafas.de

[64] Vergl. z. B. Port Rotterdam unter http://www.port-rotterdam.nl

Anwender	Produkt	Hersteller / Betreiber
Hamburger Hafen	HABIS[65,66] (Hafenbahn-Betriebs- und Informationssystem) in DAKOSY	DAKOSY Datenkommunikationssystem GmbH
Bremische Seehäfen	WADIS[67,68] (Wagendispositions- und Informationssystem der Bremischen Seehäfen und der deutschen Bahn)	dbh Datenbank Bremische Häfen GmbH
Travemünde	KORDISS[69] (Software zur Kooperativen Disposition zur Stärkung des Schienenverkehrs)	Travemünder Datenverbund

Tabelle 8.10: Beispiele für Örtliche Systeme der Hafenbahnen

Die **Hafenbahnen in den Binnenhäfen** erfüllen vergleichbare Aufgaben wie die **Anschlussbahnen** großer Industrieunternehmen.

Diese sehr stark an die Bedürfnisse der jeweiligen Transportkunden angepassten Informationssysteme der Werks- und Hafenbahnen hatten auch eine Vorbildfunktion bei der Entwicklung und Einführung des PVG (Produktionsverfahren Güterverkehr) als Nachfolgesystems von FIV (vergl. Bild 8.42). Die netzweite Einführung des PVG war der letzte wichtige Schritt auf dem Weg zu durchgehenden netzübergreifenden Informationssystemen für die Betriebsführung der Eisenbahnen.

Die Basis dafür wurde im Rahmen des Projektes TS90 (Transport- und Steuersystem der 90er Jahre) geschaffen. Das Projekt beinhaltete die Konzeption und schrittweise Einführung von Informationssystemen, die wesentliche Teile des Betriebsprozessmanagements unterstützten. Kernstücke waren Fracht-, Fahrzeug- sowie Werkstatt- und wagentechnisches Informationssystem. Auch wenn die damals entstandenen Systeme inzwischen teilweise durch Folgesysteme ersetzt wurden, stellte TS90 eine wichtige Etappe auf dem Weg zur massiven Automatisierung informationeller Prozesse im Eisenbahnwesen dar. Bereits die Informationsbeziehungen der für die Betriebsführung besonders wichtigen Teile des Fracht- und des Fahrzeuginformationssystems verdeutlichen die Komplexität des Gesamtprojektes (Bild 8.42)

---

[65] http://www.dakosy.de

[66] Weltweite Datenkommunikation für die Verkehrswirtschaft. Firmenschrift der DAKOSY Datenkommunikationssystem GmbH, 1998

[67] http://www.dbh.de/wadis.htm

[68] WADIS – Das Wagendispositions- und Informationssystem der Bremischen Seehäfen und der deutschen Bahn. Firmenschrift der dbh Datenbank Bremische Häfen GmbH 1996 (?)

[69] http://www.tradav.de/kordiss/kordiss.html

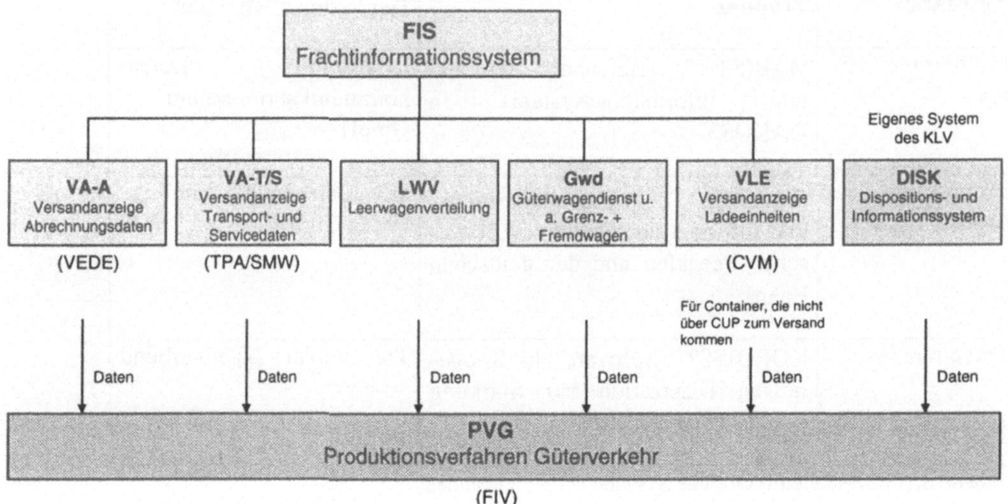

Bild 8.42: Datenaustausch zwischen FIS und FIV in TS90

Entsprechend dem damaligen Entwicklungsstand der IuK-Techniken wurden die zu TS90 gehörenden Anwendungen als **zentrale Systeme** entwickelt. Probleme bereitete die Datenerfassung bzw. der Zugriff zur Informationsabfrage. Da nicht auf jedem der Dienstposten ein Terminal aufgestellt werden konnte, hatten zunächst nur die wichtigsten Bahnhöfe (Rbf und größere Kbf) Zugang zu den zentralen Systemen. Folglich war z. B. eine durchgehende Verfolgung der Wagen noch nicht möglich, da nur an ausgewählten Bahnhöfe die realen Aufenthaltsorte erfasst und die entsprechenden Daten den Systemen zugeleitet werden konnten. Neben dem hohen Aufwand für die wiederholte Datenerfassung waren die Informationen über die Transportprozesse lückenhaft bzw. nicht immer aktuell. Auch die Transportkunden, insbesondere die Großkunden, hatten damals nur die Möglichkeit über Standleitungen oder gemietete Postleitungen elektronischen Datenaustausch mit den Bahnen und anderen Partnern durchzuführen. Die Weiterentwicklung der Systeme bei den Bahnen sowie die Fortschritte bei PC-, Netzwerk- und Kommunikationstechnologien gestatten heute eine nahezu lückenlose elektronische Steuerung und Überwachung der Fahrzeugbewegungen in Eisenbahnnetzen. Besondere Probleme bereiten dabei noch immer Wagenbewegungen in Knoten. Nicht jede Wagenbewegung ist planbar. Je nach Rangierverfahren bewegen sich die Wagen in der Rangierabteilung oder einzeln. Die Güterwagen sind nicht besetzt und verfügen meist nicht über eine eigene Stromversorgung. Auf der freien Strecke gestalten sich Steuerung und Überwachung in mancher Hinsicht einfacher. Die Betriebsleitsysteme nutzen Fahrpläne als Grundlage für die Steuerung des Betriebsablaufes. Die Bewegung von Fahrzeugen erfolgt fast ausschließliche als Zugverband. Mindestens ein Fahrzeug des Zugverbandes ist gegenwärtig mit einem Triebfahrzeugführer besetzt sowie mit einer Energieversorgung versehen.

Betriebsleit- und Betriebsinformationssysteme erfüllen zwar unterschiedliche Aufgaben, ergänzen sich aber weitgehend. Für den Informationsaustausch mit anderen Bahnen bzw. den Bahnkunden wurden definierte Schnittstellen geschaffen. Dem **Informationsaustausch mit Bahnkunden** diente bei der DB das System GATEWAY, welches schrittweise durch EDAK (Elektronischer Datenaustausch mit Kunden im Ladungsverkehr) ersetzt wurde. Die Weiterentwicklung und Integration der bahninternen Informationssysteme wurde bei der DB AG unter der Bezeichnung Cargo Projekt Unternehmensmodell (CPU) vorangetrieben. In diesem Projekt, das inzwischen in CXU umbenannt wurde, werden alle Systemen vom Auftragsmanagement bis zu den Komponenten des Betriebsprozessmanagements, einschließlich Schnittstellen, Archivierung usw. zusammengeführt.[70]

Selbstverständlich nutzen auch andere Bahnen ähnliche Systeme. Ein direkter Vergleich solcher Systeme ist wegen der komplexen Funktionalität und vielfältiger informationellen Verflechtungen schwer. Die nachfolgende Tabelle 8.11 zeigt deshalb eine Auswahl von Informationssystemen, die vorrangig Informationen zum Wagenlauf für die Transportkunden liefern. Da die Kenntnis des Wagenlaufes wesentliche Voraussetzung für die Betriebsführung ist, kann davon ausgegangen werden, dass alle diese Systeme primär der Betriebsführung der Bahnen dienen und zusätzlich Informationen für die Kunden liefern.

Anwender	Bezeichnung der Anwendung
Czech Railways	CEVIS (Central Car Information System of Czech Railways)[71]
DB Cargo AG	FIS in TS90 (FIS-Frachtinformationssystem) bzw. heute in CXU
NSB Goods	GTPS (Global Train Positioning System)[72]
Rail Cargo Austria	ARTIS (Austrian Rail Information System)[73]
SBB Cargo	CIS online (Cargo Informations System)[74]
• Union Pacific Railroads • Mexican National Railroads • Canadian National Railroads • Canadian Pacific Railroads	AEIS (Automatic Equipment Identification System)[75]

Tabelle 8.11: Beispiele für Fahrzeuginformationssyteme

---

[70] Florczyk, N.: Das Cargo Projekt Unternehmensmodel (CPU) – Softwareentwicklung für ein Großprojekt. In: Heinisch, R. U. a. (Hrsg.) Informationstechnologie bei den Bahnen. Edition ETR, 2000 S. 128-131

[71] http://www. cdrail.cz

[72] Braanen, J.: Mehr Transparenz für Frachtkunden. In: DVZ 53(1999) 145 S. 5 28

[73] Information über ARTIS. Firmenschrift der ÖBB 1995

[74] http://www. sbbcargo.ch

[75] Welty, G.: Semless Transportation: The vital role of information systems. In: Railway Age (1997) February, S. 48-49

Darüber hinaus bemühen sich weitere Bahnen um den Aufbau vergleichbarer Systeme bzw. verfügen bereits über solche[76]. Interessant sind auch bereits existierende Angebote für grenzüberschreitende Verkehre. So können die Wagenbewegungen im Frachtkorridor Belifret zwischen Belgien, Luxemburg, Frankreich, Italien und Spanien durch die Kunden aktuell per Internet verfolgt werden[77].

Für den **internationalen Informationsaustausch zwischen den Bahnen** existiert in Europa seit 1985 ein eigenes Fernmeldenetz (HERMES – Handling through European Rail Messages Electronic). Auf der Basis paketvermittelter Dienste wurden über dieses Netz erste Anwendungen im Güterverkehr genutzt. Inzwischen wurde das Netz ausgebaut. Projektgruppen der UIC haben für das nun HERMES PLUS genannte Netz eine Reihe Anwendungen entwickelt. Eine Übersicht der Anwendungen ist aus Bild 8.43 ersichtlich.

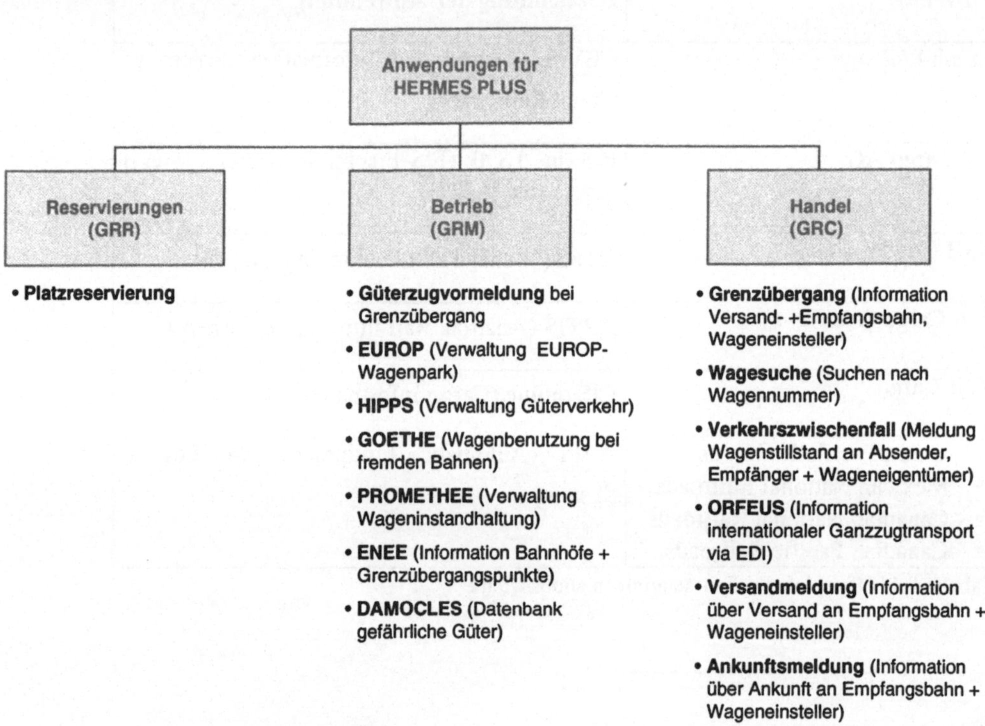

Bild 8.43: Anwendungen unter HERMES PLUS[78]

---

[76] Finnische Bahn spürt Belebung. In: DVZ 53(1999) 136 S. 5

[77] http://www. belifret.lu

[78] Auf der Grundlage von: Acacia, C. : HERMES PLUS - Das Informationsnetz der Zukunft. In: - rail international . (1996) 5 S. 22-24

<u>Legende:</u>

Abkürzung	Bedeutung
GRR	Groupé de Réalisation Réservation
GRM	Groupé de Réalisation Mouvement
GRC	Groupé de Réalisation Commercial
HIPPS	Hermes International Production Planning Control System
GOETHE	Groupement Organisé des Echanges des Travail des wagons par Hermes pour l´Europe
PROMETHEE	Periodical Recall Of Material Expected To Have Examinations and Exchange of Parts
ENEE	Enregistrement Normalisé des Etablissements Européens
DAMOCLES	Dangerous Merchandise Organisational RID Classification Exchange System
ORFEUS	Open Railway Freight EDI User System

Über diese Anwendungen hinaus gibt es weitere Projekte zur Erweiterung und Verbesserung des internationalen elektronischen Datenaustausches zwischen den Bahnen. Dazu zählt z. B. der Datenaustausch zwischen Betriebsleitsystemen[79]. Wesentliche Voraussetzung für eine Vielzahl solcher Anwendungen sind neben der entsprechenden Systembasis Normen für den automatisierten, elektronischen Datenaustausch zwischen Geschäftspartnern (**Electronic Data Interchange – EDI**). Dies gilt insbesondere, wenn Daten von unterschiedlichen Anwendungen genutzt werden sollen. Eine solche Standardisierung hat für viele Wirtschaftsbereiche Bedeutung. Für Logistik und Handel trifft dies besonders zu. Der Wirtschaftsausschuss der Vereinten Nationen für Europa hat deshalb schon vor Jahren eine diesbezügliche Normung eingeleitet, die sich auf

* die Daten,
* die Syntax sowie
* die Meldungen selbst

bezieht.

Deutlich wird dies am Beispiel des Frachtbriefes. Der elektronische Frachtbrief muss alle im internationalen Verkehr benötigten Daten enthalten. Die Daten müssen aber auch definierte Formatierungen und Strukturen aufweisen, damit sie automatisch weiterverarbeitet werden können. Zur Standardisierung der Daten wurden deshalb ein "Trade Data Element Directory" (TDED) entwickelt[80]. Die Meldungen selbst sind in Form von UNSM (United Nations Standard Messages) definiert. Die Regeln (Edifact rules), nach denen sich die Meldungen struktu-

---

[79] Kempfert, O.: Datenaustausch zur Durchführung des Eisenbahnbetriebs.In: Signal +Draht 90(1998)12 S. 6-7

[80] heute ISO 7372

rieren lassen, gelten weltweit. Auf ihrer Grundlage lassen sich branchenspezifische Strukturen (subsets) entwickeln. Durchgesetzt haben sich vor allem die Standards

- der Automobilindustrie, vorrangig für die Auftragsabwicklung (ODETTE - Organization for Data Exchange by Tele Transmission in Europe),
- des Handels zur Bestellabwicklung (SEDAS – Standardregelungen einheitlicher Datenaustauschsysteme) und
- für den Informationsaustausch in verschiedenen Branchen (EDIFACT Electronic Data Interchange for Administration, Commerce and Transport)[81].

Die Bedeutung solcher standardisierten Datenaustauschprotokolle ist deshalb so groß, weil

- sie die durchgehende Automatisierung der informationellen Prozesse ermöglichen,
- weitegehende Unabhängigkeit von der Hardware erreicht wird,
- die Konvertierung ein- und ausgehender Daten den Weiterbetrieb vorhandener Hard- und Software gestattet ohne den Anschluss an die Entwicklung zu verlieren,
- Nachrichten schnell und zuverlässig weitergeleitet werden können und
- der gleiche Nachrichtenaufbau bei allen Geschäftspartnern eine weltweite Verständlichkeit der übertragenen Informationen zulässt.

Ein weiterer Vorteile des EDI sind die Minimierung manueller Eingriffe, die damit verbundene Reduzierung des Erfassungsaufwandes und die einfachere Prüfbarkeit der Daten. Der firmenübergreifende elektronische Datenaustausch hat für die gesamt Logistikbranche besondere Bedeutung, da neben der physischen Warenbewegung, effiziente Informations- und Zahlungsflüsse heute als selbstverständliche Leistungsbestandteile begriffen werden. Im UIC-Kodex 912 V haben die Bahnen deshalb wesentliche eisenbahnspezifische Regelungen niedergelegt[82]. Die Bahnen bieten ihren Kunden zunehmend die Möglichkeit zum Datentransfer via EDI. Zum Beispiel kann bei SBB Cargo eine Reihe wesentlicher Geschäftsvorfälle auf elektronischem Wege abgewickelt werden. So löst der Beförderungsauftrag die Reservierung des entsprechenden Wagenraumes im vorgesehenen Zug für die jeweilige Sendung aus. Da alle relevanten Daten für den nationalen und internationalen Wagenladungsverkehr elektronisch zur Verfügung gestellt werden können, muss kein Frachtbrief mehr erstellt werden. Neben Korrekturen sind auch verschiedene Anfragen auf diesem Wege möglich. Auskünfte über

- geplante Transportwege,
- abgehende und ankommende Wagen und
- aktuelle Wagenstandorte

machen den Stand der Leistungserbringung für den Kunden transparent.

---

[81] heute ISO 9735

[82] UIC-Kodex 912 V Grundsätze für die Einheitsmeldungen für den Informationsaustausch auf internationaler Ebene. 2. Ausgabe: 01.07.94

Auch DB Cargo bietet ihren Kunden die Möglichkeit mittels EDI transportvorauseilende, transportbegleitende und abrechnungsrelevante Daten auszutauschen[83].

Neben der Vernetzung der Systeme für die Betriebsführung untereinander, spielt der **Informationsaustausch mit benachbarten Systemen** eine herausragende Rolle. Zu den benachbarten Systemen zählen Informationssysteme von

- anderen Bereiche des Bahnwesens innerhalb eines Bahnunternehmens,
- an der Leistungserstellung beteiligten Dienstleistern (Bahnunternehmen, Wagenvermieter usw.) und
- den Bahnkunden wie z. B. Verkehrswirtschaftliche Systeme und PPS.

Das Ziel besteht letztendlich darin, die Integration der Bahnleistungen in Wertschöpfungsketten zu ermöglichen. Die im Abschnitt 4.2 erwähnten Supply Chain Management Konzepte sind nur umsetzbar, wenn alle Teilleistungen so zu einer Gesamtleistung verknüpft werden, dass für den Kunden der Eindruck entsteht, es handle sich um eine homogene Leistung aus einer Hand. Die Umsetzung dessen ist nur bei reibungsloser Zusammenarbeit aller Beteiligten auf allen Ebenen möglich. Wesentliche Voraussetzungen sind optimal zusammenwirkende Informationssysteme, durchgängige Organisationsabläufe und totale Kundenorientierung. Aus Kundensicht sind die Leistungen individuell. Die beteiligten Dienstleister können den hohen Ansprüchen in der Regel nur dann genügen, wenn jeder Prozessbeteiligte jeweils den Leistungsanteil einbringt der zu seinen Kernkompetenzen gehört und den er somit in hervorragender Weise beherrscht. Die Bahnen versuchen seit langem eine möglichst gute Zusammenarbeit untereinander sowie mit Partnern und Kunden zu organisieren. Die ursprünglich sehr langen Entscheidungswege der großen Bahnen, traditionelles Wettbewerbsverhalten zwischen den Bahnen und der systemimmanent hohe Organisationsbedarf des Bahnbetriebs erschweren jedoch die Beteiligung an dynamischen Wertschöpfungsketten. Trotzdem bestehen solche Möglichkeiten, die auch zunehmend erkannt und genutzt werden. Eine besondere Bedeutung kommt hierbei einer sinnvollen Aufgabenteilung zwischen Regional- und Fernbahnen zu (vergl. Tabelle 2.2).

Das Aufgabenfeld der **Regionalbahnen** liegt im Schienengüternahverkehr (SGNV). Der SGNV ist Zubringerverkehr zum Fernverkehr sowie Verkehr innerhalb und zwischen benachbarten Bahnen. Von besonderer Bedeutung sind dabei

- Sammel- und Verteilverkehre,
- die Herstellung des Zugangs zum Fernnetz und
- die Funktion als direkte Kundenschnittstelle (Bild 8.44).

---

83 Elektronisches Transportmanagement via EDI/Internet. Firmenschrift der DB Cargo AG Februar 1999

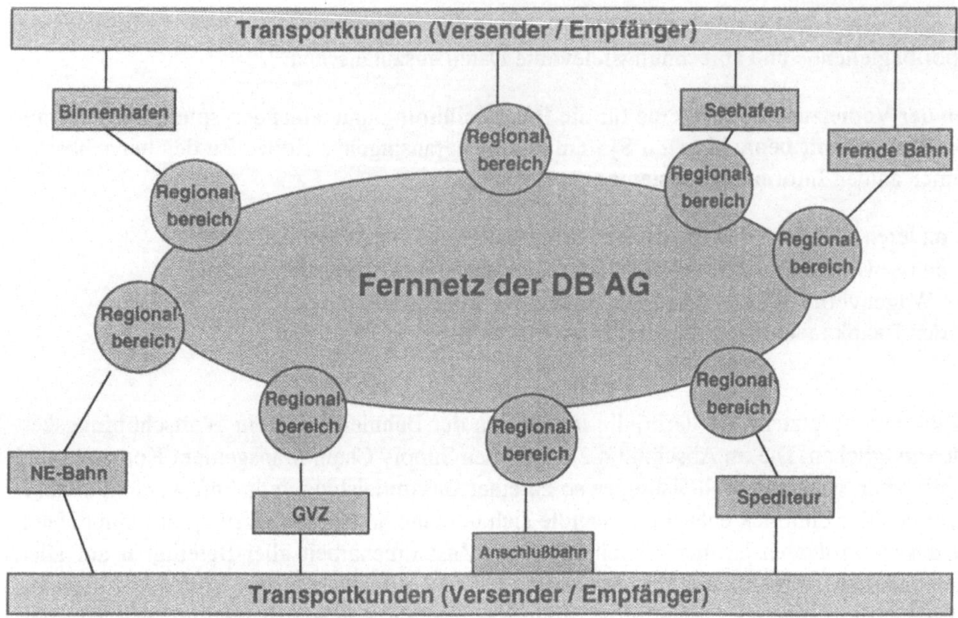

Bild 8.44: Anbindung des SGNV an das Fernnetz der DB AG

Bei vielen Bahnen erfolgte in den letzten Jahren eine Verlagerung der Verantwortung für alle Leistungen des SGNV in ein räumlich begrenztes Territorium. Für diese Entwicklung wurde der Begriff **Regionalisierung** geprägt. Die bewusste Verlagerung der Verantwortung in den Bereich der Leistungserstellung und damit möglichst nah zum Kunden führte zur Anpassung der Aufbau- und Ablauforganisation. Beispiele dafür sind die auf Branchen ausgerichteten Organisationen bei DB Cargo und Rail Cargo Austria sowie die damit verbundene stärkere Verlagerung von Verantwortlichkeiten vor Ort. Die Anpassung der Organisation ist ein wichtiger aber nicht der einzige Gesichtspunkt der Regionalisierung. Der eigentliche Grundgedanke der Regionalisierung besteht in der Schaffung eines für die Kunden attraktiven Leistungsangebotes in einem (räumlich und/oder funktional) begrenzten Zuständigkeitsbereich. Die wachsende Bedeutung der Regionalisierung des Schienengüternahverkehrs hat viele Ursachen. Großen Einfluss hatten und haben jedoch die gravierenden Veränderungen der Verkehrsmärkte. Für Kunden und Anbieter von SGNV wächst der Handlungsbedarf. Die Kunden des SGNV stehen überwiegend im internationalen Wettbewerb und fordern nachdrücklich solche logistischen Leistungsangebote, die ihre Wettbewerbsfähigkeit sichern. Sie fordern deshalb qualitativ bessere, kostengünstigere und individuell auf ihre Wertschöpfungsketten zugeschnittene Angebote. Voraussetzung für solche Angebote sind meist neue Formen der Zusammenarbeit zwischen den Dienstleistern und deren Kunden. Die konkurrierenden Dienstleister im Schienennahverkehr (z. B. die DB AG und die NE-Bahnen) sind deshalb gezwungen, gemeinsam neue Leistungsangebote zu entwickeln und umzusetzen. Gelingt dies nicht, werden weitere Verkehre auf andere Verkehrsträger verlagert, hauptsächlich die Straße. Es ist davon auszugehen, dass durchaus Potentiale für den Schienengüternahverkehr vorhandenen sind[84].

---

[84] vergl. z. B. Untersuchungen in: Boës, H. / Hesse, M. (Hrsg.): Güterverkehr in der Region: Technik, Organisation, Innovation. - Marburg: Metropolis-Verl. 1996

Das Umfeld für die Durchführung von Regionalisierungsprojekten ist lokal unterschiedlich. Die jeweilige Ausgangssituationen ergibt sich aus:

* Umfang und Struktur des Verkehrsaufkommens,
* Kundenstruktur und
* Wettbewerbssituation.

Nach diesen Kriterien lassen sich die Regionen vor allem unterscheiden nach:

* Ballungsgebieten mit mehreren Kunden (hohes Verkehrsaufkommen mit Aufkommensschwerpunkten) und das Vorhandensein mehrerer Bahnen,
* Standorte mit dominierendem Großkunden (häufig verfügen diese über Werkseisenbahnen) und anderen Kunden, deren Verkehrsaufkommen wesentlich geringer ist,
* Gebiete mit flächenhaftem Verkehrsaufkommen (mittleres Aufkommen ohne deutliche Aufkommensschwerpunkte) sowie
* Gebiete mit geringem Verkehrsaufkommen ohne ausgeprägte Aufkommensschwerpunkte („grauer Bereich").

Attraktivität des regionalen Verkehrsmarktes und Wettbewerb wachsen mit der Höhe sowie der Konzentration des Verkehrsaufkommens auf möglichst wenige Punkte. Deshalb sind vorrangig dort Kooperationen von Interesse. Bild 8.45 verdeutlicht diesen Zusammenhang.

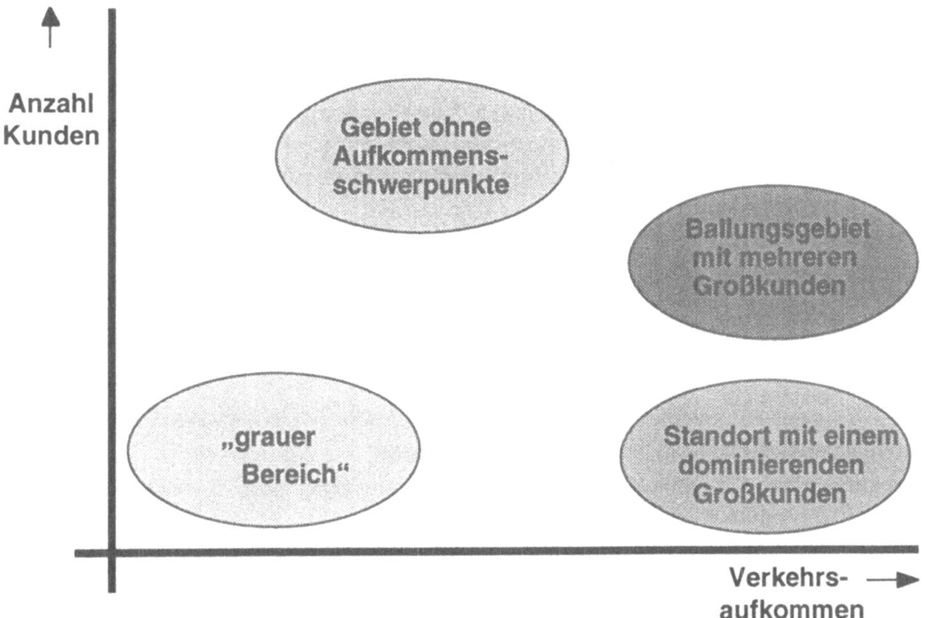

Bild 8.45: Unterscheidung von Regionen nach Verkehrsaufkommen und Kundenstruktur

Jede Bahn steht vor der Aufgabe das Leistungsangebot kundenspezifisch auszurichten. Dazu sind zunächst interne Reserven zu erschließen. Daran wird seit jeher gearbeitet. Nicht immer kann eine Bahn allein alle Leistungen zu den gewünschten Konditionen erbringen. Es gibt daher oft keine sinnvolle Alternative zur Zusammenarbeit mit einem oder mehreren Partnern. Partner kann eine andere Bahn oder ein spezieller Dienstleister sein. Die Optimierung der Zusammenarbeit mehrerer Akteure ist meist schwierig. Genau dies ist jedoch notwendig, da die Kunden eine individuelle, komplette, in gleichbleibender Qualität gelieferte logistische Dienstleistung erwarten. Ein typisches Beispiel dafür ist die Zusammenarbeit von Werkseisenbahnen großer Industrieunternehmen oder von NE-Bahnen mit DB Cargo.

Rationalisierungseffekte im Rahmen der Zusammenarbeit mehrerer Partner können durch

- "interne" Optimierung jedes Partners,
- verbesserte Zusammenarbeit an den Nahtstellen zwischen den Partnern oder
- gemeinsame Leistungserstellung der Partner

erreicht werden. Die "interne" Optimierung sowie die Verbesserung der Zusammenarbeit an der Nahtstelle sind seit langem übliche Ansätze.

Von besonderem Interesse ist im Zusammenhang mit der Regionalisierung die **gemeinsame, partnerschaftliche Leistungserstellung**. Hierbei sind analoge Formen der Zusammenarbeit zwischen Eisenbahnunternehmen wie im Öffentlichen Personennahverkehr (ÖPNV) möglich. Im Unterschied zum ÖPNV forcieren jedoch weder gesetzliche Vorgaben noch finanzielle Mittel größeren Umfangs die Regionalisierung im SGNV. Es wirken lediglich die Marktmechanismen.

Erfolgversprechend erscheinen Ansatzpunkte, die im Zusammenhang mit **virtuellen Unternehmen** diskutiert wurden[85]. **Ziele** bei der Bildung solcher Unternehmen sind:

- größere Flexibilität im Hinblick auf sich dynamisch verändernde Marktbedingungen,
- optimale Abdeckung realer Kundenbedürfnisse durch starken Kundenbezug,
- massiver, nutzbringender Einsatz von Informations- und Kommunikationstechniken und damit
- dauerhafte Besetzung lukrativer Märkte.

Die Erreichung dieser Ziele birgt Chancen und Risiken. Die **Chancen** aus der Sicht der Unternehmen bestehen vorrangig in

- Kostensenkungen durch die ständig bessere Beherrschung von Kernkompetenzen und die totale Fokussierung auf reale Kundenbedürfnisse,
- Entwicklung zum führenden Innovator der Branche durch intensive Einbeziehung von Kunden in Produktentwicklungen,
- Gewinnung von attraktiven Kunden durch Differenzierung des Leistungsangebotes,
- Nutzen von Zeitvorteilen durch schnelle, frühzeitige Erkennung von neuen Marktentwicklungen sowie

---

[85] Berndt, T.: Die virtuelle Regionalbahn. In: Internationales Verkehrswesen. – Hamburg: 50 (1998) 10 S. 448 - 451

- höhere, schneller wachsende Gewinne durch Differenzierung, Zeitvorteile und Kundenbindung.

Risiken entstehen vor allem durch:

- die starke wechselseitige Abhängigkeit von Kunden und Lieferanten,
- Einblicke in interne Daten und Geschäftsgeheimnisse des Partners, die aus der engen Beziehung resultieren,
- Unsicherheiten bezüglich Art, Dauer und Verlässlichkeit der Strukturen und
- Umfangreiche, sich ständig wandelnde Beziehungen zwischen den beteiligten Partnern.

Die Umsetzung des Konzeptes des virtuellen Unternehmens im SGNV führt zur "virtuellen Regionalbahn". Eine solche "virtuelle Regionalbahn" ist gekennzeichnet durch das partnerschaftliche Zusammenwirken von Wettbewerbern hinsichtlich definierter Leistungen und die Einbeziehung der Kunden. Die Verbesserung gegenüber traditionellen Formen der Zusammenarbeit kann durch optimal gestaltete Leistungsverbünde erreicht werden. Dazu ist es notwendig, dass die Leistungen partnerschaftlich (d. h. heterogen) geplant, erstellt und abgerechnet werden und trotzdem aus Kundensicht homogene Leistungen angeboten werden können. Das Interesse der Kunden erstreckt sich lediglich auf den In- und Output der jeweiligen Leistung. Die Leistungserstellung selbst, einschließlich der Koordination einzelner dazu notwendiger Arbeitsabläufe, ist Sache der Spediteure im Sinne qualifizierter Logistikdienstleister. Die „virtuelle Regionalbahn" ist somit eine Umsetzung dessen im Schienengüternahverkehr, was der Spediteur im Straßengüterverkehr leistet. Auch hier werden Teilleistungen zu einem auf den Kundenbedarf zugeschnittenen Leistungspaket kombiniert. Dazu werden genau die Ressourcen und Kompetenzen der beteiligten Partner genutzt, die ein optimales Angebot für den Kunden und eine wirtschaftliche Leistungserstellung ermöglichen. Beim Einsatz der Ressourcen können unterschiedliche Vorgehensweisen gewählt werden (Bild 8.46).

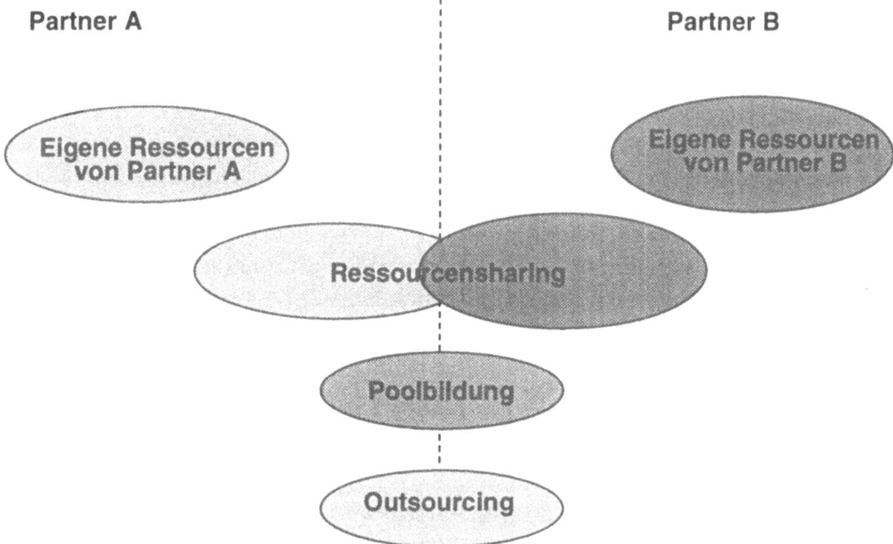

Bild 8.46: Formen der Ressourcennutzung

Beim partnerschaftlichen Zusammenwirken von Wettbewerbern kauft der Kunde die Leistung aus einer Hand. Wie sich die Dienstleister intern organisieren, bleibt deren Angelegenheit. In der Praxis kann dies auch bedeuten, dass an der Erstellung verschiedener Leistungen verschiedene Dienstleister beteiligt sind. Die Zusammenarbeit bei der Erstellung einer Leistung schließt Wettbewerb bei anderen Leistungen nicht aus. Gegenstand der Kooperation sind dabei immer bestimmte Produkte bzw. Leistungen. Die Dauer der Zusammenarbeit ist an den Lebenszyklus der Leistung gebunden und kann durchaus enden, wenn die nachlassende Nachfrage dies zweckmäßig erscheinen lässt.

Möglichkeiten der Zusammenarbeit bestehen nicht nur bezogen auf ganze Arbeitsabläufe sondern auch auf einzelne Arbeitsaufgaben. So kann zum Beispiel das Güterwagenmanagement durch einen der Partner übernommen werden, während die Erbringung der Güterverkehrsleistung heterogen durch mehrere Partner erfolgt.

Im Rahmen solcher Kooperationen kann die Arbeitsteilung bei der Leistungserstellung horizontal oder vertikal erfolgen.

Horizontale Formen der Zusammenarbeit beziehen sich auf hintereinanderliegende Arbeitsabläufe bzw. Abschnitte eines Arbeitsablaufes. Bei der Zusammenarbeit zwischen einer Regional- und einer Fernbahn ist es durchaus praktikabel, wenn die Ladestellenbedienung durch die Regionalbahn durch vorsortierte Übergabezüge erleichtert wird. Die Fernbahn müsste dazu bei der Bildung von Übergabezügen die Wagen so ordnen, dass nochmalige Sortiervorgänge überflüssig werden. Im Gegenzug kann die Rückgabe von Wagen an die Fernbahn ebenfalls bereits sortiert erfolgen. Die Ausgangszugbildung bei bzw. für die Fernbahn erleichtert sich dadurch. Basis für solche Formen der Zusammenarbeit sind wiederum entsprechende Informationssysteme zum Austausch der aktuell erforderlichen Informationen.

Vertikale Formen der Zusammenarbeit sind gekennzeichnet durch die Beteiligung von Ressourcen mehrerer Partner an der Leistungserbringung im Rahmen eines Arbeitsschrittes. So können zum Beispiel Rangieraufgaben benachbarter Bahnen in einem direkt angrenzenden Gleisbereich durch Ressourcen beider Partner erbracht werden. Wenn in der Vergangenheit beide Partner besetzte Loks vorhielten, kann jetzt der Lokführer eines Partners mit der Lok des anderen Partners Rangieraufgaben für beide Partner erbringen. Zu einer anderen Zeit oder an einem anderen Ort können die selben Ressourcen im Sinne optimaler Arbeitsabläufe anders kombiniert werden.

Diese Beispiele mögen den Eindruck erwecken, als handle es sich um traditionelle Formen der Zusammenarbeit an den Nahtstellen. Wesentliche Unterschiede bestehen jedoch hinsichtlich

- der völligen Ausrichtung auf qualitativ hochwertige Leistungen,
- die Produktverantwortung eines Partners und
- den Einsatz von Ressourcen der Partner nach Prinzipen der höchsten Wertschöpfung.

Das Eigentum bzw. das Verfügungsrecht über die für die Leistungserstellung notwendigen Ressourcen stellt somit bei der Gestaltung der Arbeitsabläufe keine Einschränkung dar. Bei der internen Leistungsverrechnung werden die erbrachten Leistungsanteile berücksichtigt.

Wie bisherige Erfahrungen zeigen, sind solche Konzepte nicht einfach umsetzbar. Schwierigkeit und Aufwand der Umsetzung wachsen meist „von unten nach oben". Das heißt in der operativen Ebene sind weit schneller pragmatische Lösungen zu erreichen als in den darüber liegenden Ebenen. So ist die technische und betriebliche Umsetzung meist vergleichsweise einfach und schneller zu realisieren. Die Klärung der rechtlichen und kommerziellen Fragen gestaltet sich dagegen oft schwierig. Rechtliche Fragen entstehen insbesondere hinsichtlich der Haftung und der Regelungen bei Beendigung der Zusammenarbeit. Kommerziell ist besonders die Aufteilung von Kosten und Erlösen brisant. Die vielfältigen Aspekte bei solchen Formen der Kooperation zeigt Bild 8.47.

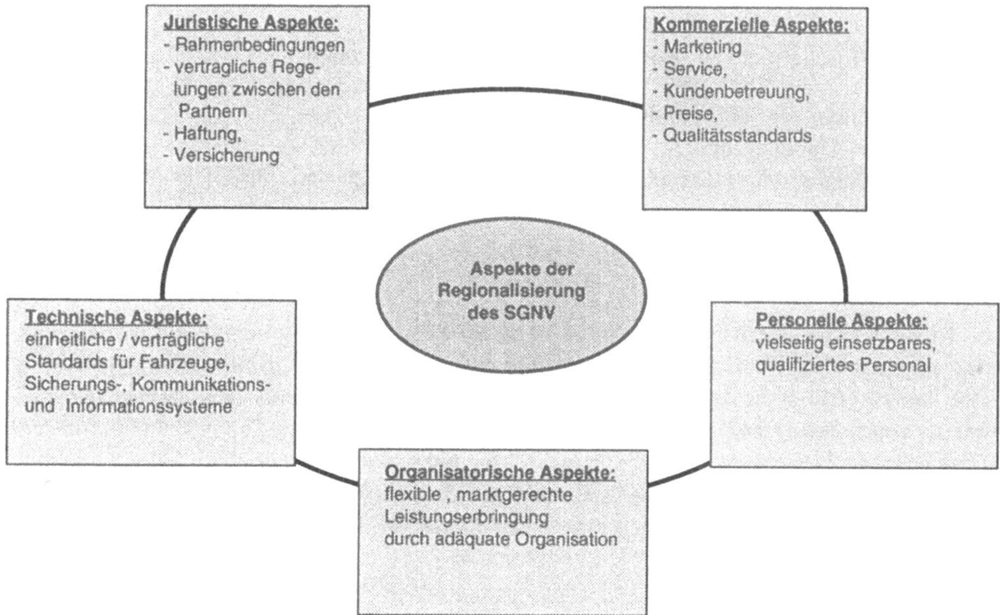

Bild 8.47: Aspekte der Regionalisierung des SGNV

Wie bei Reengineering-Konzepten[86] sind auch hier Erfolge nur zu erwarten, wenn das Management der beteiligten Unternehmen voll hinter der Zusammenarbeit steht und alle betroffenen Mitarbeiter dazu motiviert werden können, an einem Strang zu ziehen.

Zusammenfassend lassen sich folgende **Kriterien für die Gestaltung von Regionalbahnen** ableiten.

- Die Kundenanforderungen (Qualität, Quantität, Preis) bestimmen die Organisation der Leistungserstellung.

---

[86] vergl. z. B. Berndt, T.: Wechselseitige Bedeutung von Reengineering und Logistik. In: Logistik im Unternehmen. - Düsseldorf 8 (1994) 10, S. 78 - 81.

- Das Territorialprinzip ist umzusetzen, d. h. die Verantwortung für alle Leistungen in einem definierten geographischen Raum ist in diesen Raum zu verlagern.
- Es sind Leistungsarten zu definieren, die hinsichtlich Qualität, Leistungsumfang, Preis usw. exakt auf die Kundenanforderungen zugeschnitten sind.
- Jede Leistung bzw. Teilleistung ist von dem Dienstleister zu erbringen, der die größte Kompetenz sowie das beste Preis-Leistungsverhältnis anbieten kann.
- Die Dienstleistung ist nicht an das Eigentum der zu ihrer Erstellung notwendigen Infrastruktur, an Fahrzeugen usw. gebunden.
- Die optimale Größe der Kooperation wird bestimmt durch Profitabilität.
- Leistungsfähigkeit und Flexibilität bezüglich der Kundenanforderungen.

Die höhere Wirtschaftlichkeit (Kostensenkung) wird erreicht durch:

- Optimierung der Schnittstellen zu den Kunden,
- „Interne" Optimierung,
- value added services (komplexe Logistikdienstleistungen statt Einzelleistungen),
- Leistungsverbund mehrerer Dienstleister und
- Leistungsbezogene Abrechnung.

Das Konzept der virtuellen Regionalbahn ist sicher nicht kurzfristig immer und überall nutzbringend umsetzbar. Trotzdem scheint die Auseinandersetzung mit damit verbundenen Möglichkeiten langfristig erfolgversprechend. Dies gilt insbesondere unter dem Aspekt der Verbreitung von Supply Chain Management Konzepten. Wenn es um die Organisation komplexer Wertschöpfungsketten geht, steht die Frage, ob die Bahnen als austauschbare Subunternehmer eventuell integriert werden oder als Integrators selbst aktiv werden. Nur wenn es den Bahnen gelingt selbst gestaltend einzugreifen ergeben sich auch für die Zukunft wirtschaftlich interessante Perspektiven.

Literaturverzeichnis

Bücher

Aberle, G.: Transportwirtschaft: Einzelwirtschaftliche und gesamtwirtschaftliche Grundlagen. –2. Aufl. – München; Wien; Oldenbourg: Oldenbourg, 1997

Baumann, G. / Lewerenz, W.: Lehrbuch für Fachkräfte Für Lagerwirtschaft und Handelsfachpakker. – Bad Homburg vor der Höhe: Verl. Dr. Max Gehlen 1998

Boës, H. / Hesse, M. (Hrsg.): Güterverkehr in der Region: Technik, Organisation, Innovation. - Marburg: Metropolis-Verl. 1996

Bundesministerium für Verkehr: Verkehr in Zahlen 1998. –Hamburg: Deutscher Verkehrsverl. 1998

Freise, R.: Taschenbuch der Eisenbahngesetze. 12. Aufl. –Darmstadt: Hestra-Verl. 1998

Friedrichs, H.: Zug- und Stoßeinrichtungen der Regelbauart. Eisenbahn Ingenieur Kalender 1994. – Hamburg: Tetzlaff-Verl. 1997 S. 229-244

Gall L. / Pohl, M. (Hrsg.): Die Eisenbahn in Deutschland: von den Anfängen bis zur Gegenwart. – München: Beck, 1999

George, W. u. a.: Transporttechnologie Eisenbahn. Bd. 2 -1. Aufl. – Berlin: Transpress 1989

Grau, B.: Bahnhofsgestaltung. Band 1 und 2. -Berlin: Transpress 1968

Grundwissen des Ingenieurs. 11. Aufl. –Leipzig: Fachbuchverl. 1982

Gütertransport im Land-, See- und Luftverkehr. 40. Aufl. K. O. Storck Verl. 2000

Horn, A. u. a.: ÖBB Handbuch 1999. – Wien: Bohmann 1999

Krampe, H. (Hrsg.) : Transport-Umschlag-Lagerung. –1. Aufl. –Leipzig: Fachbuchverl. 1990

Krampe, H.: Handbuch Anschlussbahnen. –Berlin: Transpress; 1979

Lehberger, K.-D.: Die Netzleitzentrale der DB AG. In: Eisenbahn-Ingenieur-Kalender, Tetzlaff-Verl. 1999

Leinhos, D.: Analyse und Entwurf von Ortungssystemen für den Schienenverkehr mit strukturierten Methoden. TU Braunschweig, Dissertation. VDI-verl. Fortschritt Berichte Reihe 12, Nr. 238, Düsseldorf, 1996

Marktstudie neue Eisenbahninfrastrukturvorhaben weltweit, Landesinitiative Bahntechnik NRW, 1998

Marktstudie Schienengüterverkehr, Landesinitiative Bahntechnik NRW, 1999

Matthews, V.: Bahnbau. 3., erw. Aufl. – Stuttgart: Teubner, 1996

Melzow, R.: Strecken und ihre Standards. In: Der Eisenbahningenieurkalender 1999

Meyer, H.-J. / Euler, L.: Moderne Rangiertechnik. In: Blank, P. / Rahn (Hrsg.): Die Eisenbahntechnik – Entwicklung und Ausblick. –Darmstadt: Hestra-Verl. 1982 S. 199-206

Pachl, J.: Systemtechnik des Schienenverkehrs. – Stuttgart; Leipzig: B. G. Teubner Verl. 1999

Pielok, T.: Management von Prozeßketten mittels Logistik Function Deployment. Reihe Unternehmenslogistik, Verlag Praxiswissen, Dortmund 1994

Potthoff, G.: Verkehrsströmungslehre Band 2: Betriebstechnik des Rangierens. –3., neu bearb. Auflage –Berlin: Transpress, 1977

Rossberg, R.: Deutsche Eisenbahnfahrzeuge 1838 bis heute. – Düsseldorf: VDI-Verl. 1988

Schnieder, E.: Geleitwort. Formale Techniken für die Eisenbahnsicherung FORMS´98. Institut für Regelungs- und Automatisierungstechnik (IfRA) der Technischen Universität Braunschweig, 1998

Wöhe, G: Einführung in die Allgemeine Betriebswirtschaftslehre. 17. überarb. Aufl. , -München: Vahlen: 1990

Beiträge in Fachzeitschriften, Firmenschriften

13. 000 Wagen werden mit GPS ausgerüstet. In: Der Eisenbahningenieur 52(2001)2 S. 84-85

Abdrücklok automatisch. In: BahnTech (2000)1 S. 11

Aberle, G. u. a. : Faire Preise für die Infrastrukturbenutzung. Ansätze für ein alternatives Konzept zum Weißbuch der Europäischen Kommission. Gutachten vom August 1999. In: Internationales Verkehrswesen 51(1999) 10 S. 436-446

Abraham, W.: LARSYG - Ein laufleistungs- und lastabhängiges Revisionssystem für Güterwagen. ZEV+DET Glasers Annalen 115 (1991) 3, S. 64-70

Acacia, C. : HERMES PLUS - Das Informationsnetz der Zukunft. In: - rail international . (1996) 5 S. 22-24

ACTS, die Sache mit dem Dreh (Abroll-Container-Transport-System). Firmenschrift der Abroll-Container-Transport-Service GmbH

Albrecht, E. / Berndt, T.: Neue Dienstleister im Eisenbahnmarkt – Lokpools. In: Internationales Verkehrswesen. – Hamburg: 51 (2000) 9 S. 373-375

Allgemeinen Leistungsbedingungen (ALB) in der Fassung vom 01.07.2000

Alms, J.: Leit- und Sicherungstechnik für Nebenbahnen. In: Der Eisenbahningenieur

48(1997) 6 S. 17-19

Antscher, M.: GSM-Rail – Eine länderübergreifende Lösung für Bahnkommunikation. In: Signal + Draht 90(1998)10 S. 5-7

Arms, J.-C.: Dezentrale Intelligenz für Leit- und Sicherungstechnik – Voraussetzung für funkbasierte Betriebskonzepte. In: Der Eisenbahningenieur 48(1997) 6 S. 12-16

Arnold, D. / Rall, B.: Neues Umschlag und Transportsystem für den Kombinierten Verkehr entwickelt. In: Logistik im Unternehmen. 10 (1996) 7/8 S. 59-61

ATIS-MT - System zur Ortung und Überwachung von Schienenfahrzeugen. Firmenschrift der Krupp Timtec Telematik GmbH 1997

Baranek, M. / Nitka, W.: Von der Werkbahn zum potentiellen Partner der DB Cargo. In: Der Eisenbahningenieur 51(2000) 2 S. 37-39

BASF/ADtranz: Neue Loks für den Güterverkehr. In: Der Eisenbahningenieur 50(1999)12 S. 89

Beisler, L.: Transportzeiten im Schienengüterverkehr. In: Eisenbahntechnische Rundschau 48(1999)6 S. 361-366

Berndt, T., Demian, B.: UNIX-basierte Informationslogistik für Anschluß- und Werkseisenbahnen. - In: Der Eisenbahningenieur. - Frankfurt 45 (1994) 1 . - S. 48 - 50

Berndt, T.: Die virtuelle Regionalbahn. In: Internationales Verkehrswesen. – Hamburg: 50 (1998) 10 S. 448 - 451

Berndt, T.: Objektverfolgung im Güterverkehr der Bahnen. - In: Eisenbahntechnische Rundschau. - Darmstadt 48 (1999) 6. S. 372 - 377

Berndt, T.: Wechselseitige Bedeutung von Reengineering und Logistik. In: Logistik im Unternehmen. - Düsseldorf 8 (1994) 10, S. 78 - 81.

Beyer, B. / Richter, K.-A.: Pool-Loks. In: Bahn-Jahrbuch 2001 S.46-47

BNSF, CN: A Valentine´s Day pledge to the customers. In: Railway Age, March 2000 S. 14

Böhme, G. / Schlecht, B.: Maschientechnische Ausrüstungen zur Fahrzeugproduktion und -instandhaltung. In: Der Eisenbahningenieur 51(2000) 4 S. 42-50

Bosserhoff, D. / Biehl, H.-N.: „HessenCargo“ – Neues Zugsystem für den regionalen Kombinierten Verkehr. In: Internationales Verkehswesen, 47(1995) 9 S. 535-542

Braanen, J.: Mehr Transparenz für Frachtkunden. In: DVZ 53(1999) 145 S. 5 28

Buchholz, J. / Melzer, K.-M. : Zusammenarbeit zwischen Eisenbahnunternehmen: Wettbewerb und Kooperation. In: Internationales Verkehrswesen. - 48 (1996) 3 S. 18 - 22, 51

CSC Ploenzke optimiert Bahndisposition bei BASF, VW und AUDI. Pressemitteilung der CSC Ploenzke AG. 4. September 2000

Dannehl, A. : zerstörungsfreie Prüfung im Eisenbahnwesen. In. Der Eisenbahningenieur52(2001) 2 S. 75

Das Eisenbahn-Bundesamt stellt sich vor. 1994

Datenblatt der DWA Deutsche Waggonbau AG

DB Cargo KundenServiceZentrum. Firmenschrift der DB Cargo, 2000

DB Cargo Report, Firmenschrift der DB Cargo AG, Mai 1999

DB Cargo Report. DB Cargo AG Mai 1999

DB Netz Produkte & Leistungen. Stand 1/1999

DB Netz. Für Sie geöffnet. Firmenschrift der DB Netz, Deutsche Bahn Gruppe Januar 1999

DB Netz. Für Sie geöffnet. Informationen rund um den Zugang zum Netz. Firmenschrift der DB Netz AG, Januar 1999

Der Bahnspediteur: ein Weg zur modernen Schienenlogistik. In: VDV-Jahresbericht 1998 S.70-71

Deutsche Bahn AG, Daten und Fakten 1998/99 S. 17

Dezentrale Rangiertechnik, Firmenschrift der Tiefenbach GmbH

Die Güterwagen der Bahn. DB Cargo AG, 2000

Die Infrastruktur – Achillesferse der Eisenbahnen. In: VDV-Jahresbericht 1999 S. 70-71

Die neue Servicefunktion im KundenServiceZentrum: Zentrale Auftragsbearbeitung. DB Cargo AG Februar 1999

Dorn, C.: Innovative Güterwagen – Entwicklungsstand und Perspektiven. In: Der Eisenbahningenieur. - Frankfurt 48 (1997) 8 . - S. 7 - 13

Drehrahmen für Abrollcontainer nach UIC-Zulassung im Einsatz. In: Der Eisenbahningenieur (51) 2000 9 S. 162

Dyllik, K.-P.: DB Cargo durch PU (LPU) auf dem Weg von der Abfertigung zum Kundenservice: Dadurch marktfähiger und produktiver. In: Deine Bahn - ?: (1997)4 S. 209-212

Einsatz von Wagen im XXL-Format für DaimlerChrysler. In: Cargo aktuell Nr. 6 / Dezember 2000 S. 19

Einsätze ändern sich. In: Der Eisenbahningenieur. – Frankfurt: 50 (1999) 12 S. 82

Elektrisch ortsbediente Eisenbahnstelleinrichtungen. Firmenschrift der Verkehrsbetriebe Peine-Salzgitter GmbH

Elektronisches Transportmanagement via EDI/Internet. Firmenschrift der DB Cargo AG Februar 1999

Erste E-Lok übernomme. In: Der Eisenbahningenieur 52(2000)5 S. 181

ERTMS - The track into the 21st century for rail traffic management. Information der UIC 2000

Falster, J. T. / Kallmerten, A.: Betriebsleittechnik bei den Dänischen Staatsbahnen. In: Eisenbahntechnische Rundschau 40 (1991) 1-2 S. 49-58

Finnische Bahn spürt Belebung. In: DVZ 53(1999) 136 S. 5

Firmenschrift der CBI Engineering A/S Frederikssund, Dänemark

Firmenschrift der On Rail Gesellschaft für Eisenbahnausrüstung und Zubehör mbH 2000

Firmenschrift der Tiefenbach GmbH, 2000

Firmenschrift der VTG-Lehnkering AG

Flesing, A.: Revolutionieren innovative Wagenkomponenten die Zugbildung im Güterverkehr? In: Eisenbahntechnische Rundschau 45(1996)7/8 S. 421-424

Florczyk, N.: Das Cargo Projekt Unternehmensmodel (CPU) – Softwareentwicklung für ein Großprojekt. In: Heinisch, R. U. a. (Hrsg.) Informationstechnologie bei den Bahnen. Edition Eisenbahntechnische Rundschau, 2000 S. 128-131

Frank, W.: Die Zukunft elektronischer Stellwerke. In: Eisenbahntechnische Rundschau 40(1991) 9 S.575-584

Fricke, E. : Netz 21. In: Der Eisenbahningenieur - Frankfurt 51 (2000) 1 . - S. 10 – 13

Fricke, M. u. a. : „Netz 21" – Integrierte Netzoptimierung und Korridor-Vorplanungen. In: Eisenbahntechnische Rundschau 49 (2000) 7/8 S. 494 - 499

Friedrich, C./ Nousiainen, H.: TAIKA-Betriebsleittechnik für die finnische Bahn AG. In: Signal + Draht 88(1996) 11 S. 27-29

Fruchtbare Transportlösung. In: cargo aktuell. (1999)5 S.11

Funkferngesteuerte Luftfüll- und Bremsprobenanlage. Firmenschrift der Verkehrsbetriebe Peine-Salzgitter GmbH

Gerhard, M.: Trassenpreise für Schienentransporte als Anreizsystem zur Innovationsförderung. Der Eisenbahningenieur 52(2001) 3 S. 12-15

Gerstner, G. : Gebraucht-Loks ziehen den Wettbewerb in den Markt. In: In: VDI-nachrichten (2000)4 S. 14

Geschäftsbericht der Mittelthurgaubahn 1997

Grolms, R. ; Jung, M.: Der Intelligente Güterwagen – Komponenten für eine Realisierung. In: Transport- und Umschlagtechnik. –Darmstadt: Folge 54 (1994) S.27-31

Gründung eines neuen Lokomotivpools. In: Internationales Verkehrswesen. 53(2001)3 S. 70

Heimerl, G.: Strukturelle Hemmnisse im grenzüberschreitenden Güterverkehr. In: Internationales Verkehrswesen. –Hamburg: 50(1998) 12 S. 594-598

Heinrich, J. : Räder auf der Riesenrolle. In: DB mobil, (2000)5 S. 12-14

Heinrich, J. : Schwere Jungs für Schwedens schwerste Lasten. In: VDI-Nachrichten vom 3.11.00 (2000) 44 S. 30

Henrici, T.: Parcel Intercity: Eine glückliche Verbindung. In: Internationales Verkehrswesen 52(2000) 7+8, S. 334 - 335

Hille, A.: Warendienstleistungszentrum in Erfurt eröffnet. In: Logistik im Unternehmen. 10(1996) 9 S. 34-36

Hille, P.: Konzepte und Strategien für KOBS. In: Signal + Draht 89(1997)9 S. 18-22

Information über ARTIS. Firmenschrift der ÖBB 1995

Intercontainer will Eisenbahn werden. In: Verkehrsrundschau (2000) 1 S. 9

Internationale Zusammenarbeit für Audi-Transporte nach Norwegen. In: Cargo aktuell Nr. 6 / Dezember 2000 S. 18

Janicki, J.: Einteilung der Schienenfahrzeuge. In: Deine Bahn (1993)5 S. 294-297

Kant, M. / Mura, S.: Betriebsleittechnik für den modernen Bahnbetrieb. In: Eisenbahntechnische Rundschau 47(1998) 2-3 S. 105-112

Kempfert, O.: Datenaustausch zur Durchführung des Eisenbahnbetriebs.In: Signal +Draht 90(1998)12 S. 6-7

Kollmannsberger, Florian/Ptok, Frank Bernhard/ Wojanowski, Erich: ERTMS - Europan Railway Transport Management System. In: Eisenbahntechnische Rundschau. - : 45(1996)3 S.121-125

Kombi-Netz 2000+ Das Ganzzugsystem für den Kombinierten Verkehr. Firmenschrift der Kombiverkehr GmbH & Co KG. Januar 2000

Kortschak, B. H.: Richtlinie 440/91 (EWG): Quersubvention ade? Auswirkungen auf das Produktionsprogramm im Bahngüterverkehr, in: Internationales Verkehrswesen 45 (1993) 3, S.103-110

Kortschak, B. H.: Vertikalrangieren - das alternative Rangierkonzept. In. Der Eisenbahningenieur 48(1997)3 S. 24-30

Kriegel, T. / Trebst, W.: Präventive und korrektive Instandhaltung. In: Der Eisenbahninge-nieur50(1999) 10 S. 30-34

Kühlwetter, H.-J.: Der Eisenbahnbetriebsleiter.

Teil 1: Historie, Bestellung, Prüfung und Stellung im Unternehmen. In: Der Eisenbahninge-nier - Frankfurt 50 (1999) 10 . - S. 51 – 60

Teil 2: Der Begriff Leiten, Rücknahme, Widerruf und Ruhen der Betriebsleiterbefähigung, Haftung, Strafrecht – Ordnungswidrigkeit. In: Der Eisenbahningenier - Frankfurt 50 (1999) 11 . - S. 75 – 86

Teil 3: Unfallmanagement, LfB, Blick in die Zukunft. In: Der Eisenbahningenier - Frankfurt 50 (1999) 12 . - S. 60 – 66

Kühlwetter, H.-J.: Die „Zulassung" von Eisenbahnfahrzeugen im deutschen und internationa-len Eisenbahnrecht. In: Sonderdruck aus Eisenbahn-Revue International der Ausgaben 6/2000, 8-9/2000 und 10/2000.

Künftig auch mit eigenen Loks? In: Der Eisenbahningenieur 52(2001)1 S. 74

Linack, J. : Einsatz von Zweiwegefahrzeugen bei der DB AG. In: Der Eisenbahningenieur. 51(2000) 8 S. 26-37

Lok Pool: Neuer Vermieter in der Schweiz. In: Der Eisenbahningenieur 51(2000)1 S. 54

Lublow, R. / van Bonn, B. : Telematikanwendungen im Sammelgutumschlag. In: Internatio-nales Verkehrswesen - Hamburg: 49(1997)7-8 S. 371 - 375

Mayer, J.: Produktionskapazitäten durch flexible Modulzugsysteme. In: Eisenbahntechnische Rundschau 48(1999)9 S. 560-565

Molle, P.: Deutsche Bahn's Tests on the SST – a Driverless Goods Train Controlled by Sig-nals. In: Railway Technical Revue (1998) 1 S. 12-16

Mülleneisen, H.: Das Datenerfassungssystem PRODIS beim Gemeinschaftsbetrieb Eisenbahn und Häfen. In: Eisenbahntechnische Rundschau (1990)3 S. 129-132

Müller, C.: Amerikaner für die Kölner. In: DVZ vom 18.11.99, 53(1999) 138 S. 6

Müller, H.: Betriebsinformationssystem BIS bei den ÖBB. In: Signal + Draht 89(1997) 9 S. 38-41

Naumann, E.: Zugfunksysteme DB und DR sowie deren Anpassung. In: Deine Bahn. (1992) 5 S.287-289

Neues digitales Funksystem (GSM-R) auch für nichtbundeseigene Eisenbahnen gesichert. In: VDV-Jahresbericht 1998 S. 54-55

Neues Drehscheiben-Konzept für die Volkswagen-Gruppe. In: Cargo aktuell Nr. 5 / Oktober 2000 S. 16

Neues Konzept für den Güterverkehr der Deutschen Bahn AG. In: Internationales Verkehrswesen. 53(2001) 3 S.

Neuregelung bei Standgeld: „Die Verfügbarkeit von Güterwagen aktiv gestalten". In: Cargo aktuell Nr. 1/ Februar 2001 S. 14 - 15

Pachl, J.: Zugbeeinflussungssysteme europäischer Bahnen. In: Eisenbahntechnische Rundschau 49 (2000) 11 S.725-733

Parcel InterCity: zuverlässig und schnell. In: Cargo aktuell Nr. 3/ Juni 2000 S. 5

Pomp, R. / Zabelt, H.-J.: Wegbereiter des Betriebszentralenkonzeptes der DB AG: Die Pilotanlage Magdeburg. In: Deine Bahn (1999) 1 S. 40-44.

Porsche Boxter und 911: Sportwagen auf neuen Wegen in Richtung Übersee. In: Cargo aktuell Nr. 5 / Oktober 2000 S. 13

Preise und Konditionen für den Wagenladungsverkehr (PKL) mit Allgemeiner Preisliste. DB Cargo AG, Stand: 01.07.1998

Produkte & Leistungen. DB Netz AG 1999

Prüfcenter Wegberg-Wildenrath – Schienengebundene Verkehrssysteme umfassend prüfen. Firmenschrift der Siemens AG, 2000

Ptok, B. / Nitschke, E. : ERTMS Einführung moderner Betriebsleit und Steuertechnik bei der DB AG. In: Eisenbahningenier - Frankfurt 48 (1997) 10 . - S. 31 – 39

Railway Research Institute Prague and its test track at velim. The Czech Railways, Railway Research Institute

Rangierbahnhof München Nord. In: Kundenbrief der DB (1992)1 S.9-10

Rendevous zwischen Schiene und Straße. In: Logistik im Unternehmen. 9(1995) 7/8 S. 56-57

Ringzug Rhein-Ruhr soll auch im Regionalverkehr Güter auf die schiene locken. In: Logistik im Unternehmen) 9 (1995)3 S. 55

Rossberg, R. R. Hartmut Mehdorn plant in langen Zügen. In: VDI-Nachrichten vom 29.12.00, (2000)52 S. 20

Rossberg, R. R.: Raupenfahrzeug hievt Brummies auf die Bahn. In: VDI-Nachrichten (1997) 29 S. 15

Rossberg, R. R.: Transport '99: Mehr Konkurrenz auf Deutschlands Schienen – Charter-Loks bringen den Wettbewerb in Fahrt. In: VDI-Nachrichten (1999)26 S.19

Sachse, M. / Voges, W. : Neue Dimensionen für den Güterverkehr In: Eisenbahntechnische

Rundschau 47(1998)10 S. 606 - 610

Satellitengestützte Zugortung. In: Eisenbahntechnische Rundschau. - Darmstadt: 46(1997)11 S. 757

Scheibel, G.: Rangierfahrzeugtechnik für besondere Anwendungen. In: Der Eisenbahningenieur 48(1997) 6 S. 36-38

Schinkel, P.: Mannesmann Arcor – der GSM-R service Provider der DB AG. In: Der Eisenbahningenieur 51(200) 5 S. 24-25

Schlabschi, M. / Pannier, E. : Moderne Steuerungstechnik für rangiertechnische Anlagen-Steuerungssystem der Ablaufanlage Seddin-Süd. In: Der Eisenbahningenieur 44 (1993) 10 S. 648-656

Schmidt, F. / Will, A.: DV-gestütztes Planungssystem in der Traktion. In: Eisenbahntechnische Rundschau 45(1997) 7/8 S. 455-460

Schrenk, R. GSM-R: Quality of Service Test at Costumer Trial Sites. In: Signal + Draht 92(2000)9 S. 61-64

Schulte, D.: Spedition wird Eisenbahn? In: Gefahrgut (2000)Juli S.12-13

Schwarz, A.: Logistiklösungen auf die Bahn gebracht. In. Internationales Verkehrswesen. 52(2000) 6 S. 274-275

Siegmann, J.: Neue Betriebskonzepte eines intelligenten Güterzuges – Anstoß für mehr Güter auf die Bahn? Vortrag auf der railtec 2000

Thomasch, A.: EU-Zertifizierung durch die deutsche Benannte Stelle Interoperabilität. In: Eisenbahntechnische Rundschau, 49(2000) 7/8 S. 510-516

Thyssen Balkengleisbremsen TW-F/ TW-E Ein variables System zur Geschwindigkeitsregelung in Zugbildungsanlagen. Firmenschrift der Thyssen Umformtechnik + Guss GmbH, 2000

Thyssen Gefälleausgleichsbremse TKG Ein innovatives System zur Automatisierung von Zugbildungsanlagen. Firmenschrift der Thyssen Umformtechnik + Guss GmbH, 2000

VDV aktuell '98/99. Verband Deutscher Verkehrsunternehmen 1999

Vollert-Waggon-Schiebebühne in grubenloser Ausführung. Firmenschrift der Vollert GmbH & Co KG

WADIS – Das Wagendispositions- und Informationssystem der Bremischen Seehäfen und der deutschen Bahn. Firmenschrift der dbh Datenbank Bremische Häfen GmbH 1996

Wagner, M. / Fasking, H.: Mittelpufferkupplungen und neue Stoßeinrichtungen bei der DB AG. In: Eisenbahn Ingenieur Kalender 1997. – Hamburg: Tetzlaff-Verl. 1997 S. 209-240

Wagner, W. u. a.: Informationslogistik-Nutzung der Informationssysteme der Bahn für ein integriertes logistisches Gesamtkonzept der Krupp Stahl AG. In: Die Bundesbahn (1992)2 S. 222-224

Waldinger, P. / Sieg, H.-C.: Rechnergesteuerte Leerwagenverteilung LWV. In: Die Bundesbahn. (1991) 4 S. 389 - 431.

Warmbold, J.: „Kombilifter" verknüpft Straße mit Schiene ohne Terminal. In: Logistik im Unternehmen 9(1995) 9 S. 66

Weltweite Datenkommunikation für die Verkehrswirtschaft. Firmenschrift der DAKOSY Datenkommunikationssystem GmbH, 1998

Welty, G.: Semless Transportation: The vital role of information systems. In: Railway Age (1997) February, S. 48-49

Wenn Sie für wenig Geld Sendungen verfolgen. In: KEP-Spezial (2000)2 S. 28

Wieloch, B.: Anhebung der Radsatzlasten von Güterwagen. In: Eisenbahntechnische Rundschau 48(1999) 5 S.367 - 371

Windau, M.: TIS: System Traktions-Informations-System. In: Deine Bahn (1998)9 S. 554-557

Wir machen das Beste aus Straße und Schiene. Firmenschrift der Kombiverkehr GmbH & Co KG. 1998

Zapp, K.: Logistik statt Spedition – Der feine Unterschied. In: Internationales Verkehrswesen. – Hamburg: 52 (2000) 6 S. 269 – 271

Zuliefertransporte für die Adam Opel AG: Umlaufzeiten um drei Tage verkürzt. In: Cargo aktuell Nr. 6 / Dezember 2000 S. 8

Verweise auf Online-Dokumente

http://www.belifret.lu

http://www.btz-bimodal.de

http://www.cdrail.cz

http://www.dakosy.de

http://www.dbh.de/wadis.htm

http://www.dispolok.com

http://www.duss-terminal.de

http://www.eisenbahn-bundesamt.de

http://www.essmann.de

http://www.global-container.com

http://www.hafas.de

http://www.icfonline.com

http://www.icfonline.com

http://www.kombiverkehr.de

http://www.kombiwaggon.de

http://www.lohr.fr

http://www.maersk.com

http://www.modalohr.com

http://www.pfister.de

http://www.port-rotterdam.nl

http://www.railcargo.at

http://www.railconsult.de

http://www.roadrailer.com

http://www.sbb.ch

http://www.sbbcargo.ch

http://www.schenk.de

http://www.tiefenbach.de

http://www.tradav.de/kordiss/kordiss.html

http://www.uic.asso.fr

http://www.uirr.com

http://www.vollert.de

http://www.eisenbahn-cert.de

Regelwerke

Anlage 1 der Verordnung (EWG) Nr. 2598/70 der Kommission vom 18. Dezember 1970 zur Festlegung des Inhalts der verschiedenen Positionen der Verbuchungsschemata des Anhangs I der Verordnung (EWG) Nr. 1108/70 des Rates vom 4. Juni 1970

Anlage II zum Übereinkommen über die gegenseitige Benutzung von Güterwagen im internationalen Verkehr RIV (Regolamento Internazionale Veicoli) - Verladerichtlinien, Band 1 und 3, 1999-1

Anordnung über den Bau und Betrieb von Anschlußbahnen (Bau und Betriebsordnung für Anschlußbahnen –BOA) vom 13. Mai 1982 Gesetzblatt der Deutschen Demokratischen Republik Nr. 1080 - Sonderdruck – vom 31.12.1982

Deutsche Reichsbahn: Fahrdienstvorschriften (FV) – DV 408, gültig ab 15. Juni 1970

DIN 15141, Paletten - Formen und Hauptmaße von Flachpaletten. Ausgabe: 1986-01

DIN 15146-4, Vierwege Flachpaletten aus Holz 1000 mm x 1200 mm. Ausgabe: 1986-01

DIN 15146-4, Vierwege Flachpaletten aus Holz 600 mm x 800 mm. Ausgabe: 1991-12

DIN 15155, Gitterboxpalette mit 2 Vorderwandklappen, Ausgabe: 1986-12

DIN 25003 (Entwurf) Systematik der Schienenfahrzeuge – Übersicht, Benennungen, Definitionen. Ausgabe: 1999-09

DIN 30781 Teil 1 Transportkette - Grundbegriffe. Ausgabe: 1989-05

DIN EN 283 Wechselbehälter; Prüfung. Ausgabe: 1991-08

DIN ISO 1161 ISO-Container der Reihe 1. – Eckbeschläge - Spezifikation Ausgabe: 1984

DIN ISO 6346 Container– Kodierung, Identifizierung und Kennzeichnung. Ausgabe: 1995

DIN ISO 688 ISO-Container der Reihe 1, Ausgabe: 1999-10

DIN ISO 688 ISO-Container der Reihe 1. Ausgabe: 1999-10

DS 1753 Handbuch Güterwageneinsatz. Ausgabe 1999-05

DS 407.9001 Verzeichnis der Zuggattungen – Zuggattungshaupt- und –unternummern. Ausgabe: 1998-05

DS 408.01-09 - Züge fahren und Rangieren – Fahrdienstvorschrift (FV), 2000-05

DS 423 Notfallmanagement. Ausgabe: 1999-01

DS 800 04: Bahnanlagen entwerfen - Rangierbahnhöfe

DS 800 06 Bahnanlagen entwerfen – Güterverkehrsanlagen- Ausgabe: 1992-04

DS 999/368 Anlagen des maschinen- und elektrotechnischen Dienstes – Band 1 vom 01.01.1964 mit Berichtigungen und Bekanntgaben

Gesetz über Kreuzungen von Eisenbahnen und Straßen (Eisenbahnkreuzungsgesetz-EkrG) In der Fassung der Bekanntmachung vom 21. März 1971, zuletzt geändert durch Gesetz vom 27. Dezember 1993

UIC-Kodex 304 V - Abrechnungsvorschriften für den internationalen Güter- und Expressgutverkehr. 2. Ausgabe: Februar 2000 und UIC-Kodex 305 V - Abrechnungsvorschriften für den informatisierten, internationalen Güter- und Expressgutverkehr. 1. Ausgabe: 1994-01, Neuauflage: 1997-01

UIC-Kodex 432 VE Güterwagen – Fahrgeschwindigkeiten – Einzuhaltende technische Bedingungen. Ausgabe: 2000-02

UIC-Kodex 504 VE Anlagen zum Rangieren, zur Entladung und zum Anheben und Aufgleisen von Güterwagen. 5. Ausgabe 1978-01

UIC-Kodex 912 V Grundsätze für die Einheitsmeldungen für den Informationsaustausch auf internationaler Ebene. 2. Ausgabe: 1994-07

UIC-Merkblatt 640VE Triebfahrzeuge – Anschriften, Merk- und Kennzeichen. 2. Ausgabe 1997-01

UIC-Merkblatt 751 Technische Vorschriften für Zugfunksysteme im internationalen Dienst

UIC-Vorschriften, Blatt 543

Verordnung (EWG) Nr. 1191/69 des Rates vom 26. Juni 1969 über das Vorgehen der Mitgliedsstaaten bei mit dem Begriff des öffentlichen Dienstes verbundenen Verpflichtungen auf dem Gebiet des Eisenbahn-, Straßen- und Binnenschiffsverkehrs (ABL. der EG Nr. L 156 vom 28. Juni 1969, S. 1, zuletzt geändert durch VO (EWG) Nr. 1893/91 , ABL. der EG Nr. L 169, vom 29. Juni 1991, S. 1) .Artikel 2 (1)

Verordnung über die Eisenbahnbetriebsleiter für Eisenbahnen vom 7. Juli 2000 veröffentlicht im Bundesgesetzblatt Jahrgang 2000 Teil I Nr. 32

Stichwortverzeichnis

Informationstechnik

Walke, Bernhard

Mobilfunknetze und ihre Protokolle

Band 1 Grundlagen, GMS, UMTS und andere zellulare Mobilfunknetze
Band 2 Bündelfunk, schnurlose Telefonsysteme, W-ATM, HIPERLAN, Satellitenfunk, UPT

Band 1: 2. überarb. u. erw. Aufl. 2000. XXII, 535 S., mit 216 Abb. u. 74 Tab. Geb. DM 102,00
ISBN 3-519-16430-2
Band 2: 2. Aufl. 2000. XXIV, 559 S,. mit 281 Abb. u. 78 Tab. Geb. DM 98,00
ISBN 3-519-16431-0

(Informationstechnik, hrsg. von Martin Bossert und Norbert Fliege)

Eberspächer, J./ Vögel, H.-J.

GSM Global System for Mobile Communication

Vermittlung, Dienste und Protokolle in digitalen Mobilfunknetzen

3., überarb. u. erw. Aufl. 2001. XVIII, 422 S. (Informationstechnik, hrsg. von Martin Bossert und Norbert Fliege)
Geb. DM 78,00
ISBN 3-519-26192-8

Jung, Peter

Analyse und Entwurf digitaler Mobilfunksysteme

1997. XI, 416 S., mit 97 Abb. (Informationstechnik, hrsg. von Martin Bossert und Norbert Fliege) Geb. DM 69,00
ISBN 3-519-06190-2

Hasslinger, G. / Klein, Th.

Breitband-ISDN und ATM-Netze

Multimediale (Tele-)Kommunikation mit garantierter Übertragungsqualität

1999. XII, 352 S., mit 140 Abb. (Informationstechnik, hrsg. von Martin Bossert und Norbert Fliege)
Geb. DM 78,00
ISBN 3-519-06251-8

Stand 1.4.2001
Änderungen vorbehalten.
Erhältlich im Buchhandel oder beim Verlag.

B. G. Teubner
Abraham-Lincoln-Straße 46
65189 Wiesbaden
Fax 0611.7878-400
www.teubner.de

Teubner